전자기학의 이해

ELECTR

이상회 · 김형락 지음

청문각

머리말

본 저서는 전자회로와 통신에 기본이 되는 전자기파를 기본 원리로부터 응용까지 이해하는 전자기학에 대한 저서이다. 기초 물리학의 4개 영역(거시물리학, 미시물리학, 열역학, 전자기학) 중 하나인 전자기학에 대한 교재로 물리적인 현상을 전계, 자계, 전자계 현상으로 구분하여 쉽게 이해할 수 있도록 집필하였다. 본 저서의 구성을 좀 더 자세하게 설명하면 다음과 같다.

크게 3개의 단락으로 나누어 3, 4장에서는 전계의 기본 원리와 이론을 설명하고, 7~9장까지는 자계의 기본 원리와 기초를 설명한다. 12장에서는 전계와 자계 이론을 바탕으로 한 전자장의 원리와 맥스웰 방정식의 유도와 물리적인 특성을 설명하였다. 과정의 이해를 좀 더 충실하게 하기 위해서 1장에서는 전자기학의 역사와 학문적인 배경을 서술하여 이 학문을 배우는 목적에 대해 분명히 언급하였으며, 2장은 전자기학 현상을 이해할 수 있는 수학적 기반 지식으로 벡터를 다루고, 부록에서는 전자기학에서 참고할 중요자료로 기초 물리상수의 값과 기초수학을 첨가하였다. 5장에서는 전자계 이론의 해석 방법 중 영상법과 반복법을 설명하였으며, 6장, 8장, 10장, 11장에서는 전기 발생과 회로 이론 및 인덕턴스의 개념을 적절하게 삽입하여 설명하였다.

본 저서의 특징으로는 각 장마다 중요한 이론 원리를 설명하고, 다음 단계로 예제와 수련문제를 두어 이론 원리의 충분한 숙지와 응용을 하도록 구성하였으며, 각 장의 끝부분에는 연습문제와 해답을 수록하여 학습 이해에 많은 도움을 주도록 하였다. 이러한 절차는 저자들의 오랜 강의 경험과 연구를 바탕으로 교수강의와 학습에 충분한 효과를 주도록 한 것으로, 대학의 강의에서는 주당 3시간 2학기 분량이면 충분하고, 혼자 독학하는 분들에게도 자기주도적 학습 교재로 좋은 지침서가 될 것으로 믿는다.

본 저서는 이전 전자기학 교재를 강의를 통하여 계속적인 수정 · 보완하여 완성하였으며, 이후 e-교재의 기본으로 활용할 수 있도록 제작할 계획이다.

끝으로 본 저서가 출간되기까지 많은 관심과 지원을 아끼지 않은 청문각 사장님과 편집부 여러분께 감사드린다.

2016년 8월
저자 일동

그동안 강의와 학문연구를 통하여 전자기학은 물리학의 한 부분이며 공학의 근간으로 학문(교과목)의 필요성과 중요함을 새삼 확증하게 되었으며, 여러 독자 분들의 많은 성원과 지적에 감사드립니다. 이에 편집 과정에서 잘못된 부분들의 교정과 약간의 내용 추가를 하였습니다. 특히 부록 부분은 전계와 자계의 종합인 전자파 물리적 특성을 추가하여 2쇄를 출간합니다. 추후 계속적인 추가 보정이 이뤄져야 할 것으로 생각하며, 독자 분들의 많은 지적과 편달을 요망합니다. 감사합니다.

2019년 8월
저자 배상

차례

01

전자기학을 역사적으로 이해하기

1.1 전자기학의 정의 13
1.2 전자기학의 이론적 집대성 13

02

수학적으로 접근하기

2.1 스칼라와 벡터 21
2.2 벡터의 표시와 정의 21
2.3 벡터의 가감법 22
2.4 단위 벡터와 기본 벡터 23
2.5 직각좌표에서의 벡터 표시 24
2.6 공간좌표에서의 벡터 표시 30
2.7 벡터의 스칼라적 32
2.8 벡터의 벡터적 33
2.9 세 벡터의 스칼라적과 벡터적 36
2.10 벡터의 미분 39
2.11 곡선좌표계 44

03

정전계에서 해석하기

3.1 대전현상 53
3.2 전계에서 쿨롱 법칙 56
3.3 전계 59
3.4 전기력선 64
3.5 전기력선의 방정식 66
3.6 전계의 일 68
3.7 전위 69
3.8 등전위면 74
3.9 전위경도 76
3.10 전기 쌍극자 78
3.11 입체각 81
3.12 가우스의 법칙 83
3.13 가우스 법칙의 계산 예 86
3.14 전기력선의 발산 92
3.15 직각좌표에서 발산 94
3.16 발산의 정리 97
3.17 라플라스 방정식과 포아송의 방정식 100

04

유전체를 이해하고 정전계에서 해석하기

4.1 유전체와 분극 107
4.2 분극의 종류 107
4.3 분극의 세기 109
4.4 전속밀도 113

4.5 유전체의 경계조건 115
4.6 정전용량 118
4.7 커패시터의 연결 119
4.8 정전용량의 계산 예 121
4.9 정전용량과 전기저항 130
4.10 정전 에너지 131
4.11 도체계 134
4.12 등가용량 140
4.13 정전차폐 142

05

전기영상법과 실험적 사상법 이해하기

5.1 전기영상법 149
5.2 실험적 사상법 156

06

전류현상 이해하기

6.1 전류의 정의 169
6.2 전도전류 169
6.3 변위전류 171
6.4 옴의 법칙 172
6.5 전력과 주울의 법칙 177
6.6 옴의 법칙과 주울 법칙의 미분형 178
6.7 정상 전류계의 여러 관계식 181
6.8 도전에 관한 특수현상 188

07

정자계에서 해석하기

7.1 자기 현상 195
7.2 자계에서 쿨롱 법칙 195
7.3 자계의 세기 197
7.4 자위와 자위차 199
7.5 자기쌍극자 200
7.6 자성체의 자화 204
7.7 자화의 세기 205
7.8 감자력과 자기차폐 208
7.9 자성체의 경계조건 210
7.10 자계에 의한 힘과 자계 에너지 211

08

전류의 자기작용 이해하기

8.1 전류에 의한 자계 221
8.2 전류에 의한 자계 에너지 238
8.3 전자석의 흡인력 241
8.4 전자력 243
8.5 벡터 퍼텐셜 249
8.6 핀치 효과와 홀 효과 252

09

강자성체를 이해하고 자기회로에서 해석하기

9.1 강자성체 261

9.2 자화 곡선과 투자율 262

9.3 히스테리시스 현상 263

9.4 자기저항과 투자율 266

9.5 자기회로 268

10

전자유도 현상을 이해하기

10.1 전자유도 법칙 281

10.2 전자유도 법칙의 미분형 285

10.3 운동 도체의 기전력 286

10.4 와전류 290

10.5 표피 효과 293

11

인덕턴스 이해하기

11.1 자기 인덕턴스 303

11.2 상호 인덕턴스 304

11.3 상호 인덕턴스의 크기 307

11.4 자계 에너지와 인덕턴스 310

11.5 인덕턴스의 직렬접속 312

11.6 자기 인덕턴스의 계산 예 314

12

전자계에서 해석하기

12.1 맥스웰 방정식 333
12.2 균일평면파 337
12.3 헬몰츠 방정식 342
12.4 포인팅 벡터와 전력 344
12.5 전송선로 방정식 346
12.6 정재파비와 스미스 도표 354
12.7 전자파의 복사 357

부록(참고할 사항)

A.1 물리상수 369
A.2 단위(량) 369
A.3 물질상수 370
A.4 자주 사용하는 기호와 단위 373
A.5 좌표계 사이의 변환식 375
A.6 미소길이 벡터, 미소면적 벡터, 미소부피 375
A.7 벡터 미분 376
A.8 벡터 항등식 377
A.9 맥스웰 방정식 정리 378
A.10 스미스 차트 379
A.11 전자파의 물리적 특성 380

찾아보기 381

Chapter 01

전자기학을 역사적으로 이해하기

1. 전자기학의 정의
2. 전자기학의 이론적 집대성

1.1 전자기학(electromagnetics)의 정의

전기현상, 자기현상, 그리고 전기와 자기의 상호작용 등의 전자기현상 전반에 대해 연구하는 학문이다.

1.2 전자기학의 이론적 집대성

1860년대 영국의 물리학자 맥스웰은 빛의 특성을 이용해 전기적 현상과 자기적 현상을 하나의 이론으로 집대성하였고, 이 연구를 통해 전자기파의 존재가 예측되었다. 전자기파의 현상을 이해하기 위해서 전자기학의 구분을 간략히 전기, 자기, 전자기 상호작용으로 나누어 생각해 볼 수 있다. 맥스웰의 세기적 발견이 있기까지 전기와 자기 이론은 꾸준히 발전해 왔다. 그 장구한 역사를 간단히 정리해보면 다음과 같다.

1. 전기(electricity)

전기에 관한 최초의 발견은 시대의 철학자 탈레스에 의해서이며, 이는 고대 그리스 사람들이 애용했던 호박을 뜻하는 'electron'에서 유래되었다. 호박은 나무에서 흘러나온 액이 돌처럼 단단하게 굳어 만들어진 보석으로 문지를수록 광택이 나는 특성으로 인해 그리스 사람들의 장식품으로 널리 애용되었다. 호박을 문지르면 작은 종이조각이나 마른 나뭇잎 부스러기 등이 달라붙는 특성을 보였다. 이와 같은 현상에 대해 당시의 사람들은 특별한 관심도 없었고, 단지 신비한 힘으로만 여기는 경향이 있었다고 전해진다.

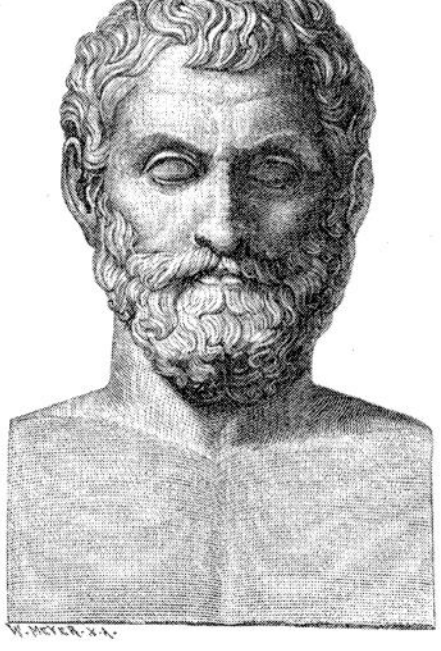

그림 1.1 탈레스(출처 : Wikipedia)

이후 1600년이 되어서야 비로소 영국의 과학자 윌리엄 길버트가 처음으로 전기 현상을 체계적으로 연구하여 여러 물체를 서로 문질러 보고 다른 물질, 예를 들어 유리, 보석류, 가죽, 면 등도 호박과 같은 정전기 현상이 나타난다는 사실을 발견하였다. 이렇게 두 물체를 마찰하여 대전(electrification)된 전기를 정전기라 한다. 정전기가 대전되는 이유는 물체를 이루는 원자가 지니는 전자의 일부가 적은 에너지로도 쉽게 원자에서 자유로워질 수 있기 때문이다. 이후 1733년 프랑스 물리학자 뒤페는 전기의 양과 음을 확인하였다. 1752년 미국의 과학자 벤저민 프랭클린은 연을 이용해 번개의 전기적 성질을 증명하였다. 전하 사이의 척력과 인력의 크기는 물체가 갖고 있는 전하의 양과 두 물체 사이의 거리에 관계되며, 정전기로 대전된 두 물체 사이에 작용하는 힘은 샤를 드 쿨롱에 의해 제시되었다. 대전된 한 개의 물체 근처에 다른 대전된 물체가 존재할 때, 쿨롱의 법칙에 따라 서로간의 거리가 가까워질수록 더 강한 힘을 받게 되고, 서로간의 거리가 멀어지면 두 전하 사이의 힘은 점점 작아진다.

그림 1.2 샤를 드 쿨롱(출처 : Wikipedia)

어떤 물체에 고여있는 정전기와 달리 전류는 양전하에서 음전하로 흐르는 전하의 흐름이다. 이탈리아 과학자 알렉산드로 볼타는 1794년 전류의 생성에 대해 금속 자체만 존재해도 전류가 흐를 수 있다고 주장하였고, 결국 1800년에 처음으로 황산 수용액에 담겨진 구리막대와 아연막대 각각에 금속선으로 연결한 역사상 최초의 지속적 전류를 생성하는 전지를 만들어 내는 데 성공하여 자신의 이론이 옳다는 것을 증명하였다.

2. 자기(magnetism)

자기에 관한 최초의 발견은 고대 그리스 시대의 철학자 탈레스에 의해서이다. 탈레스는 자철석이 철을 끌어당기고, 철이 붙을 때마다 같은 방향으로 정렬하며, 철을 자철석에 문지르면 그 철도 비슷한 성질을 지니게 됨을 발견하였다고 기술하고 있다. 또한 고대 중국에서도 자철석에 철이 달라붙는다는 사실과 자철석이 남북을 가리킨다는 사실을 알고 있었다. 고대 중국인들은 이러한 성질을 이용하여 나침반을 만들어 사용하기도 하였다. 자석에 대한 최초의 연구는 1269년 페트루스 페레그리누스(Petrus Peregrinus de Maricourt)의 실험으로 여기서 그는 자석은 항상 두 극을 가지고, 하나의 자석이 두 쪽으로 나뉘어도 각 조각은 다시 두 극을 가지며, 같은 극은 서로 밀어내고 다른 극은 서로 당긴다는 것을 발견하였다. 이후 1600년에 영국의 과학자 윌리엄 길버트는 자기 현상에 대한 첫 과학적 연구로 여겨지는 '자석에 대하여'라는 제목의 자기 현상을 연구한 책을 출판하였다. 이 책에서 길버트는 나침반이 지구의 자기적 성질에 의하여 움직인다는 것을 주장하였다. 길버트는 그의 대부분의 시간을 지구의 자기에 대한 연구에 쏟아부었다. 또한 그는 지구 자체를 하나의 큰 자성체로 설명하였고, 이에 대한 많은 실험들을 진행하였다. 그 실험들의 결론으로 지구는 하나의 거대한 자석이며, 이러한 이유로 인해 나침반이 항상 북쪽을 가리킨다라는 자신만의 이론을 제시하였다.

그림 1.3 윌리엄 길버트(출처 : Wikimedia Commons)

그 이후, 자기에 대한 연구는 더욱 가속도가 붙어 활발해지기 시작하였다. 당시의 자기 현상은 어떤 가상의 자기 유체(magneticfluids)로 인해 발생된다는 가설이 지배적이었다. 하지만 19세기에 와서 자기장은 전류의 흐름에 의해서 발생된다는 프랑스의 과학자 앙드레마리 암페어의 실험 이후 비로소 전기와 자기는 서로 연관성을 갖는다는 것이 알려지기 시작하였다.

3. 전자기 상호작용(electromagnetic interaction)

사실 전기와 자기는 아주 오래 전부터 알려진 현상이었지만, 이 둘이 상호작용에 의해 연관성을 가지는 것은 19세기에 와서야 밝혀졌다. 1820년 덴마크의 과학자 한스크리스티안 외르스테드는 전류가 흐르는 도선 가까이 나침반을 두면 나침반의 바늘이 가리키는 방향이 정확히 북쪽을 가리키지 않고 동쪽에서 서쪽으로 향하도록 90도로 회전한다는 것을 관찰하였고, 전류의 방향을 바꾸어 보았을 때 나침반의 바늘이 서쪽에서 동쪽으로 향하도록 180도 회전하는 것을 발견하여 전류와 자기 사이에 연관이 있음을 밝혀냈다. 이후 프랑스의 과학자 앙드레 마리 암페어는 외르스테드의 논문을 바탕으로 전류가 흐르는 도선 주위에 생기는 자기장의 방향을 관찰하였고, 전류가 오른손의 엄지손가락 방향으로 흐를 때 자기장은 나머지 네 손가락을 말아쥔 방향으로 형성된다는 것을 밝혔다. 이러한 발견은 암페어의 오른나사 법칙이라는 이름으로 명명되었다.

그림 1.4 앙드레 마리 암페어(출처 : Wikipedia)

이후 1831년 파라데이는 로렌츠가 수학적으로 증명했던 전류의 변화가 자기에 미친다는 결과를 바탕으로, 역으로 자기장의 변화를 통해 전류가 유도될 수 있다는 전자기 유도실험을 진행하였고, 후에 이를 바탕으로 발전기를 개발하였다. 자기에서 전기가 유도될 수 있다는 것이 알려지면서 이 원리를 이용한 많은 들이 발명되었는데 대표적으로 니콜라 테슬라의 교류 발전기가 있다.

그림 1.5 마이클 파라데이(출처 : Wikipedia)

파라데이의 자기와 전기현상에 대한 발견 이후, 1864년 스코틀랜드 과학자인 제임스 클라크 맥스웰은 지금까지의 전기 및 자기 현상들을 바탕으로 전자기 이론을 통합한 8개의 전자기장에 대한 일반적인 방정식으로 제시하였다. 이후 이 방정식들은 1884년 올리버 헤비사이드에 의해 오늘날 널리 사용되고 있는 4개의 방정식으로 다시 정리되었다. 하지만 아인슈타인은 사이언스의 기고문에서 이를 맥스웰 방정식으로 명명하였으며, 이후 맥스웰 방정식의 이름으로 널리 사용되었다. 맥스웰은 그의 방정식을 정리한 후, 전기장과 자기장의 성질을 모두 포함하는 전자파의 존재를 예측하였다.

그림 1.6 제임스 클라크 맥스웰(출처 : Wikipedia)

맥스웰이 예측한 전자파는 1888년 하인리히 루돌프 헤르츠에 의해 실험으로 증명되었는데, 여기서 전자기파는 횡파라는 것을 확인하였으며, 빛의 속도와 같은 속도로 전파된다는 것을 모두 밝혔다. 이를 바탕으로 전기 회로에서의 전압/전류 형태의 전기 에너지는 공기 중의 전기장/자기장 필드 에너지로 방사되거나 역으로 수신될 수 있다는 것이 알려지게 되었다. 1901

년 이탈리아 물리학자 굴리엘모 마르코니는 연에 매달린 안테나를 이용하여 캐나다와 영국 사이의 대서양 횡단 무선통신을 성공시켰고, 이를 시발점으로 전자파를 이용한 연구는 본격적으로 발전하게 되었다.

그림 1.7 굴리엘모 마르코니(출처 : Wikimedia Commons)

현재에 이르러 이러한 전자파를 이용한 많은 응용 기술들이 발명되어 무선 통신, 위성, 방송, 각종 전자기기, 의료, 우주탐사와 같은 분야에 널리 쓰이고 있다.

Chapter 02

수학적으로 접근하기

1. 스칼라와 벡터
2. 벡터의 표시와 정의
3. 벡터의 가감법
4. 단위 벡터와 기본 벡터
5. 직각좌표에서의 벡터 표시
6. 공간좌표에서의 벡터 표시
7. 벡터의 스칼라적
8. 벡터의 벡터적
9. 세 벡터의 스칼라적과 벡터적
10. 벡터의 미분
11. 곡선좌표계

이 장에서는 벡터 대수학에 관한 기본 개념과 방법 그리고 물리 및 기하학의 문제에 대한 응용에 대하여 공부한다.

전자기학에서 벡터의 개념이 많이 사용되는 것은 전기, 자기의 현상들이 크기와 방향을 갖는 벡터로서 표시될 수 있다는 것과 또 여러 현상들이 벡터 연산의 법칙을 사용하면 단순하게 표현되기 때문이다. 물론 전자기에 대한 현상을 크기만을 갖는 스칼라(scalar)량으로 풀이할 수도 있으나 크기와 방향을 갖는 벡터(vector)량으로 풀이하는 것이 보다 간단하게 정리할 수 있으므로 전자기학에서는 벡터를 사용하여 해석한다.

따라서 이 장에서는 벡터의 기본적인 개념과 계산법에 의하여 벡터를 이해하고, 전자기학의 현상을 습득, 응용하는 데 기초를 둔다. 그러나 벡터의 표시에는 새로운 기호, 규칙 등이 필요하므로 주의와 연습을 하도록 한다.

본 교재에서는 예제와 연습문제를 풀이하여 벡터의 현상들을 충분히 이해하도록 한다.

2.1 스칼라와 벡터

스칼라는 그 값이 크기만으로 완전히 표시되는 양을 말한다.

예를 들면, 길이, 속력, 물체의 질량, 각도, 온도, 일, 물의 비열, 원의 직경, 삼각형의 면적, 입방체의 체적, 전력, 전압, 전류, 저항 등과 같이 그 크기만으로 성질이 표시되는 양들은 스칼라이다. 또한 단 하나의 수만으로는 나타낼 수 없는 크기와 방향을 갖는 또 다른 물리 및 기하학적 양인 벡터가 있다. 예를 들면, 변위, 속도, 가속도, 힘, 전계, 자계 등과 같이 크기와 방향을 동시에 표시해야 그 상태가 완전하게 표현되는 양이다.

그리고 이 물리적인 양을 문자나 기호로 표시할 때 스칼라량은 A, B, C 등으로 표시하고 벡터량은 $\boldsymbol{A}$, $\boldsymbol{B}$, $\boldsymbol{C}$ 등으로 표시한다.

2.2 벡터의 표시와 정의

물리적인 양이 크기와 방향으로 나타내야 완전하게 표현되는 양을 벡터라고 한다. 이 벡터를 그림 2.1과 같이 길이와 방향을 가진 화살표로 나타내며 그 길이를 벡터의 크기라 하고, 그 방향을 벡터의 방향이라 한다. 이때 방향을 표시하는 크기(길이)가 1인 벡터를 단위벡터라 하고 방향표시에 사용한다.

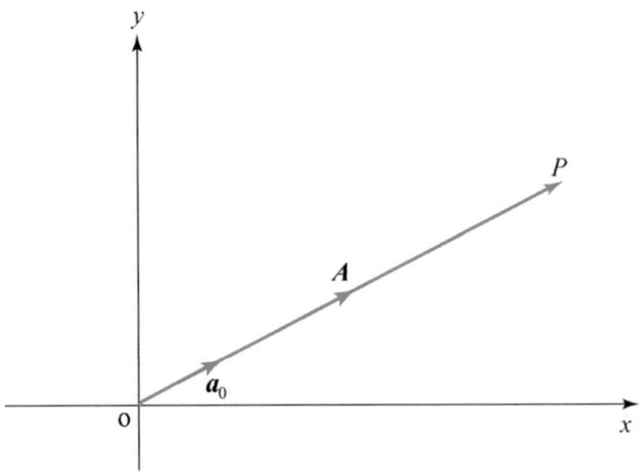

그림 2.1 벡터의 표시

2.3 벡터의 가감법

1. 가법(합)

(1) 평행사변형법

그림 2.2(a)와 같이 벡터 $\boldsymbol{A}$ 와 $\boldsymbol{B}$ 의 합은 두 벡터의 시작점을 O점에 놓은 후 벡터 $\boldsymbol{A}, \boldsymbol{B}$ 를 양변으로 하는 평행사변형을 그렸을 때 대각선 벡터 $\overrightarrow{OC} = \boldsymbol{C}$로 나타낸다.

$$\boldsymbol{A} + \boldsymbol{B} = \boldsymbol{C} \tag{2.1}$$

(2) 삼각형법

그림 2.2 (b)와 같이 벡터 $\boldsymbol{A}$의 끝점에 벡터 $\boldsymbol{B}$의 시작점을 평행 이동한 후 벡터 $\boldsymbol{A}$의 시작점과 벡터 $\boldsymbol{B}$ 의 끝점을 연결한다. $\overrightarrow{OC} = \boldsymbol{C}$ 로 나타낸다.

2. 감법(차)

벡터 $\boldsymbol{A}$에서 벡터 $\boldsymbol{B}$를 빼는 것은 식 (2.1)에서 벡터 $\boldsymbol{A}$에 벡터 $-\boldsymbol{B}$를 더한 것과 같으므로 그림 2.2(a)와 같이 벡터 $\boldsymbol{A}$, $\boldsymbol{B}$의 끝점을 연결하는 대각선인 점 B에서 점 A로 향하는 방향을 갖는 벡터 $\boldsymbol{D}$로 표시되며, $\boldsymbol{D}$는 점 B에서 점 A로 변위한 벡터로도 사용된다.

$$\boldsymbol{A} - \boldsymbol{B} = \boldsymbol{A} + (-\boldsymbol{B}) = \boldsymbol{D} \tag{2.2}$$

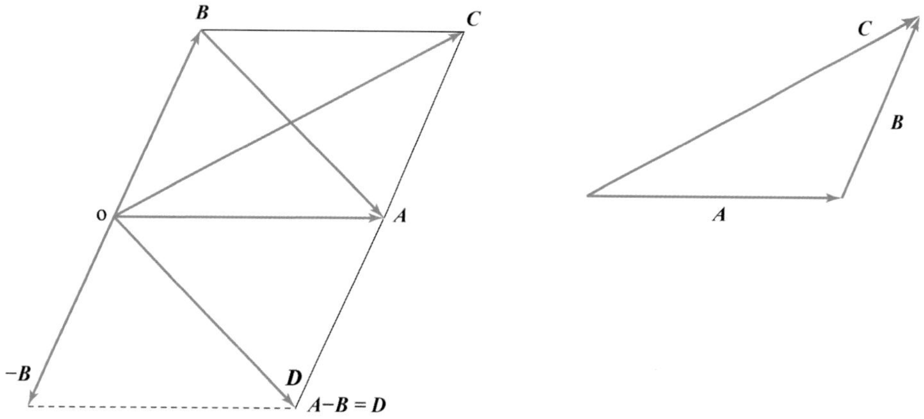

(a) 평행사변형법 (b) 삼각형법

그림 2.2 벡터의 가감법

2.4 단위 벡터와 기본 벡터

이때 그림 2.3과 같이 벡터 $\boldsymbol{A}$의 방향으로 크기가 1인 단위벡터를 a_0 라 하면 벡터 $\boldsymbol{A}$는

$$\boldsymbol{A} = A\boldsymbol{a}_0 \quad A : \text{벡터 } \boldsymbol{A}\text{의 크기} \tag{2.3}$$

$$a_0 = \frac{\boldsymbol{A}}{A} \tag{2.4}$$

이며 A를 벡터 $\boldsymbol{A}$의 a_0 방향의 성분(Component)이라 한다.

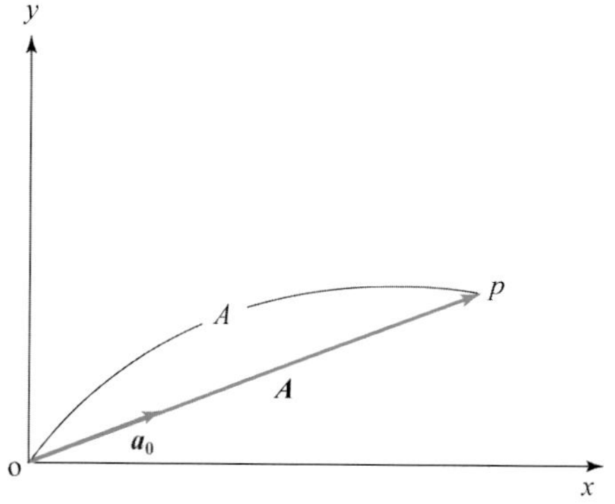

그림 2.3 벡터와 단위벡터

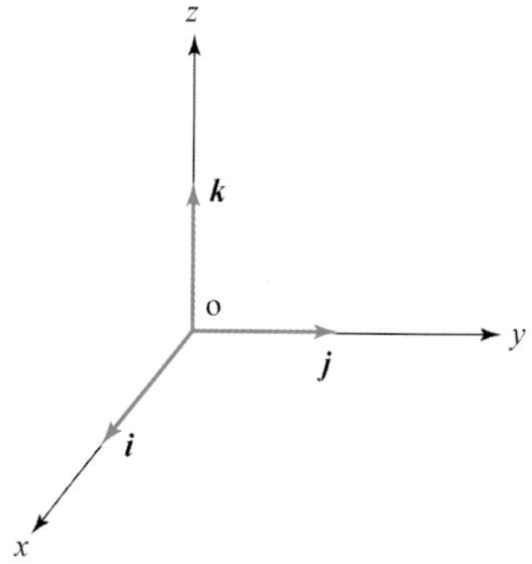

그림 2.4 그림 2.4 기본 벡터

또한 그림 2.4와 같이 직교좌표를 취했을 때 x, y, z의 각 축의 방향의 단위벡터를 $\boldsymbol{i}$, $\boldsymbol{j}$, $\boldsymbol{k}$라 하고, 이들을 기본 벡터라 하며 직각좌표에서는 이 기본 벡터를 이용하여 각 방향을 표시한다.

2.5 평면좌표에서의 벡터 표시

벡터 $\boldsymbol{A} = Ax\boldsymbol{i} + Ay\boldsymbol{j}$이면 그림 2.5와 같이 표시할 수 있다.

$$\text{벡터 } \boldsymbol{A}\text{의 크기 } A = \sqrt{{A_x}^2 + {A_y}^2} \tag{2.5}$$

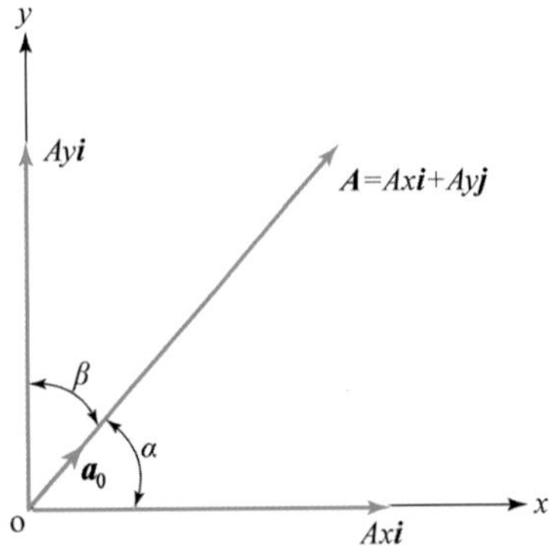

그림 2.5 벡터 $\boldsymbol{A} = A_x\boldsymbol{i} + A_y\boldsymbol{j}$ 의 직각 좌표에서의 표시

단위벡터 $\boldsymbol{a}_0$는 식 (2.4)에 의하여

$$\boldsymbol{a}_0 = \frac{\boldsymbol{A}}{A} = \frac{1}{A}(A_x\boldsymbol{i} + A_y\boldsymbol{j}) = \frac{A_x}{A}\boldsymbol{i} + \frac{A_y}{A}\boldsymbol{j} \tag{2.6}$$

벡터 $\boldsymbol{A}$와 x축이 이루는 각도를 α라 하고 y축과 이루는 각도를 β라 하면

$$\cos\alpha = \frac{A_x}{A} \tag{2.7}$$

$$\cos\beta = \frac{A_y}{A} \tag{2.8}$$

$$\text{단위 벡터 } \boldsymbol{a}_0 = \cos\alpha\,\boldsymbol{i} + \cos\beta\,\boldsymbol{j} \tag{2.9}$$

로 나타낼 수 있다.

예제 2.1

벡터 $\boldsymbol{A} = 3\boldsymbol{i}$ 일 때 이 벡터의 크기와 방향은?

풀이 $\boldsymbol{A} = 3\boldsymbol{i}$ 는 식 (2.3)에서 크기 A는 3이고 방향은 x축 방향이고 그림 2.6과 같다.

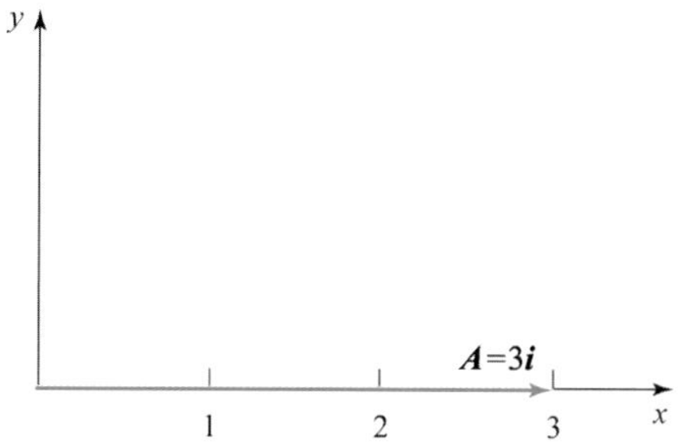

그림 2.6 벡터 $\boldsymbol{A} = 3\boldsymbol{i}$

예제 2.2

원점 (0,0)에서 점 $P(4,3)$[m]로 변위한 벡터의 단위벡터를 구하시오.

풀이 원점에서 점 P로 변위한 벡터를 $\boldsymbol{A}$라 하면

$$\boldsymbol{A} = 4\boldsymbol{i} + 3\boldsymbol{j}\ [\mathrm{m}]$$

벡터 $\boldsymbol{A}$의 크기는 식 (2.5)에서

$$A = \sqrt{4^2 + 3^2} = 5\ [\mathrm{m}]$$

단위벡터는 식 (2.6)에서

$$\boldsymbol{a}_0 = \frac{\boldsymbol{A}}{A} = \frac{4}{5}\boldsymbol{i} + \frac{3}{5}\boldsymbol{j} = 0.8\boldsymbol{i} + 0.6\boldsymbol{j}\ [\mathrm{m}]$$

식 (2.7)에서

$$\cos\alpha = \frac{A_x}{A} = \frac{4}{5} = 0.8$$

식 (2.8)에서

$$\cos\beta = \frac{A_y}{A} = \frac{3}{5} = 0.6$$

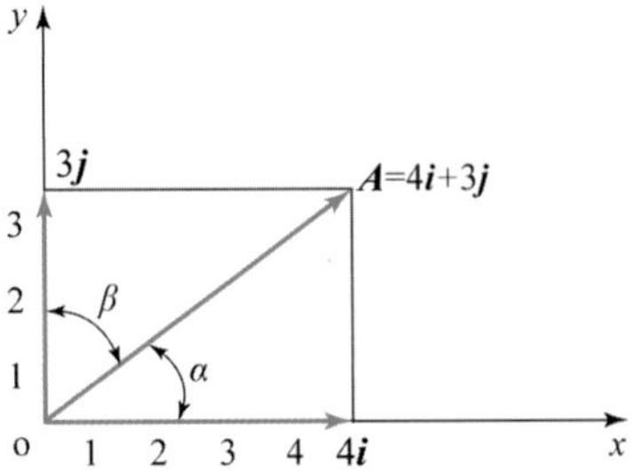

그림 2.7 $\boldsymbol{A} = 4i + 3j$

예제 2.3

벡터 $\boldsymbol{A} = 4\boldsymbol{i}$, 벡터 $\boldsymbol{B} = 3\boldsymbol{j}$의 두 벡터를 더한 벡터의 크기와 단위벡터를 구하시오.

풀이 그림 2.8과 같이 벡터 $\boldsymbol{A}$와 $\boldsymbol{B}$를 더한 벡터를 $\boldsymbol{C}$라 하면 식 (2.1)에서 $\boldsymbol{C} = \boldsymbol{A} + \boldsymbol{B} = 4\boldsymbol{i} + 3\boldsymbol{j}$ 이므로 벡터 $\boldsymbol{C}$의 크기는
식 (2.5)에서

$$C = \sqrt{4^2 + 3^2} = 5$$

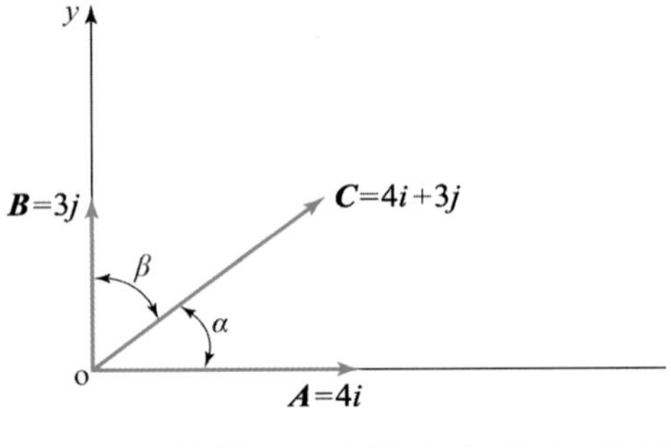

그림 2.8 $\boldsymbol{C} = 4\boldsymbol{i} + 3\boldsymbol{j}$의 표시

단위벡터는 식 (2.6)에서

$$c_0 = \frac{\boldsymbol{C}}{C} = \frac{4}{5}\boldsymbol{i} + \frac{3}{5}\boldsymbol{j} = 0.8\boldsymbol{i} + 0.6\boldsymbol{j}$$

방향여현은 식 (2.7), (2.8)에서

$$\cos\alpha = \frac{C_x}{C} = \frac{4}{5} = 0.8,\quad \cos\beta = \frac{C_y}{C} = \frac{3}{5} = 0.6$$

예제 2.4

벡터 $\boldsymbol{A}=2i+3j$, 벡터 $\boldsymbol{B}=2i-6j$의 두 벡터가 있다. 두 벡터의 합을 $\boldsymbol{A}+\boldsymbol{B}=\boldsymbol{D}$라 할 때 이 벡터의 크기는 얼마인가?

풀이 식 (2.1)에서 $\boldsymbol{D}=\boldsymbol{A}+\boldsymbol{B}=\boldsymbol{D}=(2+2)\boldsymbol{i}+(3-6)\boldsymbol{j}=4\boldsymbol{i}-3\boldsymbol{j}$ 벡터의 크기는 식 (2.5)에서 $D=\sqrt{4^2+(-3^2)}=\sqrt{16+9}=\sqrt{25}=5$ 이고 그림 2.9와 같다.

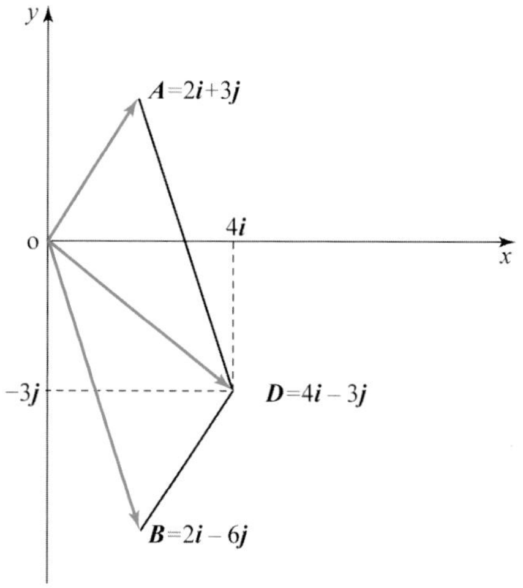

그림 2.9 $\boldsymbol{D}=\boldsymbol{A}+\boldsymbol{B}=4i-3j$

예제 2.5

두 벡터 $\boldsymbol{A}=5i+2j$, $\boldsymbol{B}=2i-2j$가 있을 때 두 벡터의 차를 $\boldsymbol{A}-\boldsymbol{B}=\boldsymbol{C}$라 하면 이 벡터의 단위벡터를 구하시오.

풀이 $\boldsymbol{A}-\boldsymbol{B}=(5-2)i+(2-(-2))\boldsymbol{j}=3i+4j=\boldsymbol{C}$

벡터 $\boldsymbol{C}$의 크기 $C=\sqrt{3^2+4^2}=\sqrt{25}=5$

벡터 $\boldsymbol{C}$의 단위벡터

c_0는 $c_0=\dfrac{\boldsymbol{C}}{C}=\dfrac{3}{5}i+\dfrac{4}{5}j=0.6i+0.8j$이다.

만일 그림 2.11과 같이 벡터 $\boldsymbol{A}$와 $\boldsymbol{B}$가 평면좌표에서 $\boldsymbol{A}=Ax\,\boldsymbol{i}+Ay\boldsymbol{j}$, $\boldsymbol{B}=Bx\,\boldsymbol{i}+By\,\boldsymbol{j}$ 를 갖는다면 두 벡터의 합 $\boldsymbol{C}$는

$$\begin{aligned}\boldsymbol{C}&=\boldsymbol{A}+\boldsymbol{B}=(\boldsymbol{i}\,Ax+\boldsymbol{j}\,Ay)+(\boldsymbol{i}\,Bx+\boldsymbol{j}\,By)\\&=\boldsymbol{i}(Ax+Bx)+\boldsymbol{j}(Ay+By)\\&=\boldsymbol{i}\,Cx+\boldsymbol{j}\,Cy\end{aligned} \tag{2.10}$$

으로 표시된다.

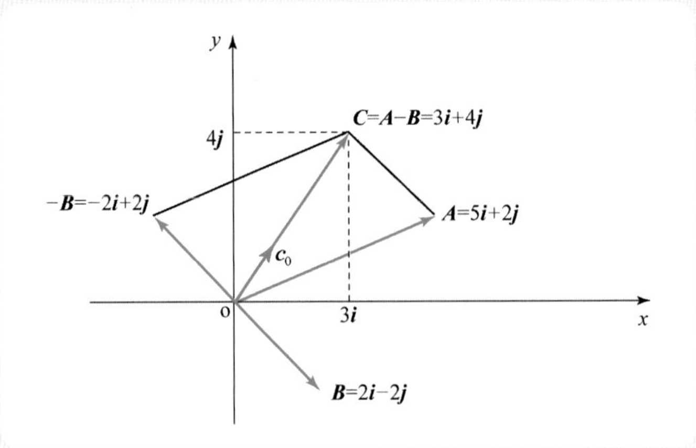

그림 2.10 $\boldsymbol{A}-\boldsymbol{B}=\boldsymbol{C}=3\boldsymbol{i}+4\boldsymbol{j}$, $c_0=0.6\boldsymbol{i}+0.8\boldsymbol{j}$

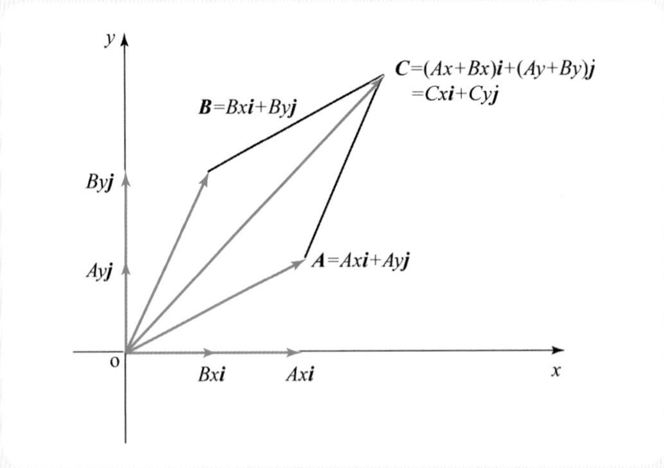

그림 2.11 두 벡터의 합 $\boldsymbol{C}=\boldsymbol{A}+\boldsymbol{B}$

두 벡터의 차 $\boldsymbol{A}-\boldsymbol{B}=\boldsymbol{D}$를 구하면

$$\boldsymbol{D}=\boldsymbol{A}+(-\boldsymbol{B})=\boldsymbol{A}-\boldsymbol{B}$$

이때 벡터 $\boldsymbol{A},\boldsymbol{B}$가

$$\boldsymbol{A}=Ax\boldsymbol{i}+Ay\boldsymbol{j}$$

$\boldsymbol{B}=Bx\boldsymbol{i}+By\boldsymbol{j}$ 이므로

$$\begin{aligned}\boldsymbol{D}=\boldsymbol{A}-\boldsymbol{B}&=(Ax\boldsymbol{i}+Ay\boldsymbol{j})-(Bx\boldsymbol{i}+By\boldsymbol{j})\\&=\boldsymbol{i}(Ax-Bx)+\boldsymbol{j}(Ay-By)\\&=\boldsymbol{i}Dx+\boldsymbol{j}Dy\end{aligned} \tag{2.11}$$

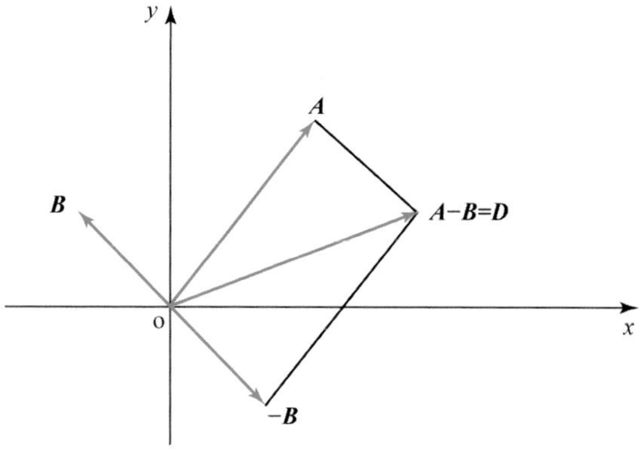

그림 2.12 벡터의 차 $\boldsymbol{A}-\boldsymbol{B}=\boldsymbol{D}$

예제 2.6

한 점이 $A(1, 0, 3)$ [m]에서 $B(-1, 1, 1)$ [m]로 이동하였을 때 변위를 구하시오.

풀이 점 A, B 의 위치벡터는 각각

$$\boldsymbol{A} = \boldsymbol{i} + 3\boldsymbol{k}$$
$$\boldsymbol{B} = -\boldsymbol{i} + \boldsymbol{j} + \boldsymbol{k}$$

이므로 변위벡터 $\boldsymbol{D}$는 식 (2.2)에 의하여

$$\boldsymbol{D} = \boldsymbol{B} - \boldsymbol{A} = -2\boldsymbol{i} + \boldsymbol{j} - 2\boldsymbol{k} \text{ [m]}$$

예제 2.7

한 점이 점 $A(2, -3)$ [m]에서 점 $B(4, 3)$ [m]의 위치로 변위하였을 때 이 변위벡터가 x, y축과 이루는 각도를 구하시오.

풀이 두 벡터를 좌표로 표시하면 그림 2.13과 같이 되므로 그림 2.13에서 점 A에서 점 B로 변위한 벡터를 D라 하면 식 (2.2)에서

$$\boldsymbol{D} = \boldsymbol{B} - \boldsymbol{A} = (4\boldsymbol{i} + 3\boldsymbol{j}) - (2\boldsymbol{i} - 3\boldsymbol{j}) = (4-2)\boldsymbol{i} + (3+3)\boldsymbol{j} = 2\boldsymbol{i} + 6\boldsymbol{j} \text{ [m]}$$

가 되며 이 벡터의 크기(이동한 거리)를 D라 하면

$$D = \sqrt{2^2 + 6^2} = \sqrt{40} = 6.3 \text{ [m]}$$

이 벡터의 단위벡터를 $\boldsymbol{d}_0$라 하면

$$\boldsymbol{d}_0 = \frac{\boldsymbol{D}}{D} = \frac{1}{\sqrt{40}}(2\boldsymbol{i} + 6\boldsymbol{j}) = \frac{1}{\sqrt{10}}(\boldsymbol{i} + 3\boldsymbol{j}) \text{ [m]}$$

이며 x, y축과 이루는 각도(방향여현)는 식 (2.5), (2.6)에 의하여

$$\cos\alpha = \frac{Ax}{A} = \frac{1}{\sqrt{10}} = 0.316 \qquad \alpha = 71.5°$$

$$\cos\beta = \frac{Ay}{A} = \frac{3}{\sqrt{10}} = 0.949 \qquad \beta = 18.5°$$

가 되고 그림 2.13과 같다.

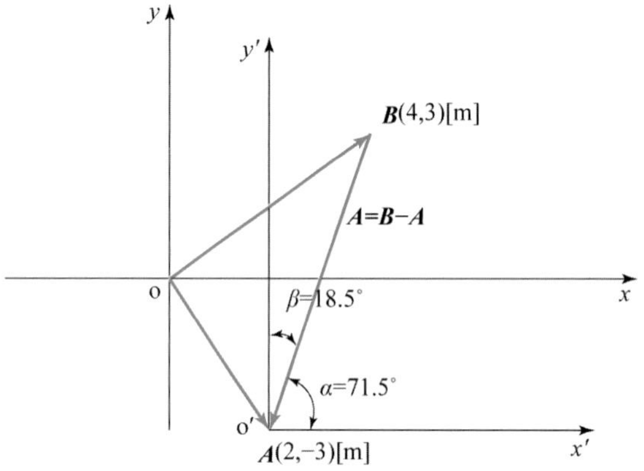

그림 2.13 변위벡터 $\boldsymbol{D} = 2\boldsymbol{i} + 6\boldsymbol{j}$

2.6 공간좌표에서의 벡터 표시

벡터 $\boldsymbol{A} = Ax\boldsymbol{i} + Ay\boldsymbol{j} + Az\boldsymbol{k}$이면 그림 2.14와 같이 나타낸다.
이때 벡터 $\boldsymbol{A}$의 크기 A는

$$A = \sqrt{{A_x}^2 + {A_y}^2 + {A_z}^2} \tag{2.12}$$

이다. 벡터 $\boldsymbol{A}$의 x, y, z의 각 축에 대한 각을 α, β, γ라 하면

$$\cos\alpha = l = \frac{A_x}{A} \tag{2.13}$$

$$\cos\beta = m = \frac{A_y}{A} \tag{2.14}$$

$$\cos\gamma = n = \frac{A_z}{A} \tag{2.15}$$

로 주어지며 l, m, n을 방향여현이라 한다.

따라서 벡터 $\boldsymbol{A}$의 단위벡터는 식 (2.2)에 의해

$$\begin{aligned} \boldsymbol{a}_0 &= \frac{\boldsymbol{A}}{A} = \frac{A_x}{A}\boldsymbol{i} + \frac{A_y}{A}\boldsymbol{j} + \frac{A_z}{A}\boldsymbol{k} \\ &= \cos\alpha\,\boldsymbol{i} + \cos\beta\,\boldsymbol{j} + \cos\gamma\,\boldsymbol{k} \\ &= l\boldsymbol{i} + m\boldsymbol{j} + n\boldsymbol{k} \end{aligned} \tag{2.16}$$

으로 표시할 수 있다.

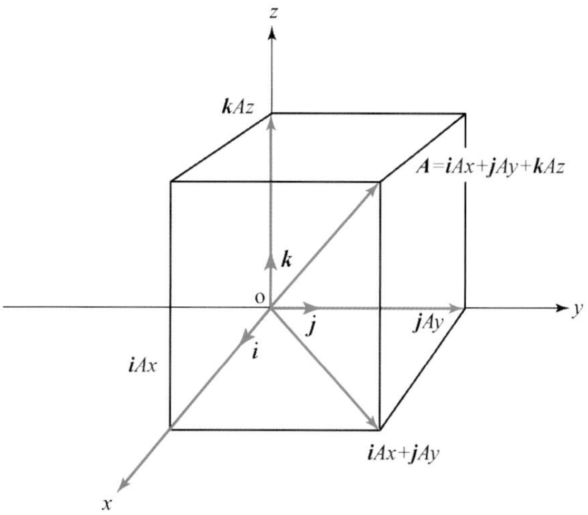

그림 2.14 공간좌표에서의 벡터의 표시

예제 2.8

원점에서 점 $P(2, 2, 1)$ [m]로 변위한 변위벡터의 크기와 방향을 구하시오.

풀이 원점에서 점 P[m]까지 변위한 벡터를 $\boldsymbol{A}$라 하면
$\boldsymbol{A} = 2\boldsymbol{i} + 2\boldsymbol{j} + \boldsymbol{k}$ [m]이므로 벡터 $\boldsymbol{A}$의 크기는 식 (2.12)에 의하여

$$A = \sqrt{A_x^2 + A_y{}^2 + A_z{}^2} = \sqrt{2^2 + 2^2 + 1^2} = 3 \text{ [m]}$$

방향은 식 (2.16)에서 $\boldsymbol{a}_0 = \dfrac{\boldsymbol{A}}{A} = \dfrac{1}{3}(2\boldsymbol{i} + 2\boldsymbol{j} + \boldsymbol{k})$ [m]

예제 2.9

공간에서 한 점이 $A(1,0,3)$ [m]에서 $B(-1,1,1)$ [m]로 이동하였을 때 변위벡터를 구하시오.

풀이 점 A, B의 위치벡터를 각각

$$\boldsymbol{A}=\boldsymbol{i}+3\boldsymbol{k}$$

$$\boldsymbol{B}=-\boldsymbol{i}+\boldsymbol{j}+\boldsymbol{k} \text{ 이므로}$$

변위벡터 $\boldsymbol{D}$는 식 (2.2)에 의하여

$$\boldsymbol{D}=\boldsymbol{B}-\boldsymbol{A}=(-1-1)\boldsymbol{i}+\boldsymbol{j}(1-0)+(1-3)\boldsymbol{k}=-2\boldsymbol{i}+\boldsymbol{j}-2\boldsymbol{k}\,[\mathrm{m}]$$

2.7 벡터의 스칼라적

물리량 중에 일(W)은 힘($\boldsymbol{F}$)과 변위($\boldsymbol{l}$)의 곱의 크기이며 스칼라량이다. 이러한 양을 나타내는 것이 두 벡터의 스칼라적이다. 즉,

$$W=\boldsymbol{F}\cdot\boldsymbol{l}=Fl\cos\theta \tag{2.17}$$

로 나타낸다.

직각좌표에서 두 벡터 $\boldsymbol{A}$, $\boldsymbol{B}$의 스칼라적은

$$\boldsymbol{A}=\boldsymbol{i}A_x+\boldsymbol{j}A_y+\boldsymbol{k}A_z$$

$$\boldsymbol{B}=\boldsymbol{i}B_x+\boldsymbol{j}B_y+\boldsymbol{k}B_z \text{ 이면}$$

$$\boldsymbol{A}\cdot\boldsymbol{B}=A\cdot B\cos\theta=B\cdot A\cos\theta \text{ 이므로} \tag{2.18}$$

$$\boldsymbol{i}\cdot\boldsymbol{i}=\boldsymbol{j}\cdot\boldsymbol{j}=\boldsymbol{k}\cdot\boldsymbol{k}=1 \tag{2.19}$$

$$\boldsymbol{i}\cdot\boldsymbol{j}=\boldsymbol{j}\cdot\boldsymbol{k}=\boldsymbol{k}\cdot\boldsymbol{i}=0$$

$$\boldsymbol{A}\cdot\boldsymbol{B}=(A_x\cdot B_x)+(A_y\cdot B_y)+(A_z\cdot B_z) \tag{2.20}$$

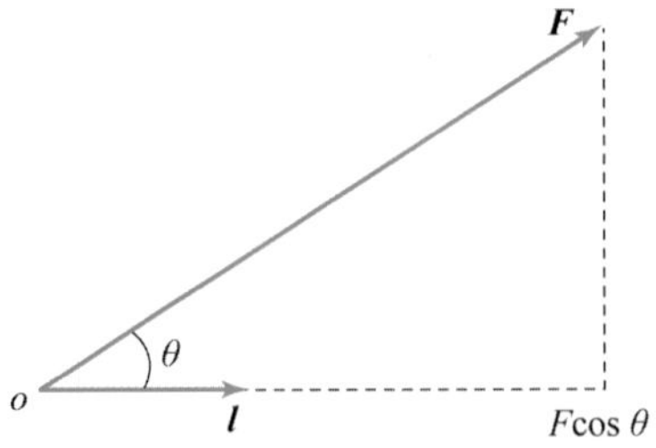

그림 2.15 두 벡터의 스칼라적

예제 2.10

어떤 물체에 $\boldsymbol{F} = -3\boldsymbol{i} + 4\boldsymbol{j} + 2\boldsymbol{k}$ [N]의 힘이 작용하여 점 (1,1,1) [m]에서 점 (2,3,4) [m]까지 이동하였을 때 이 힘이 행한 일은 얼마인가?

풀이 식 (2.17)에

$$W = \boldsymbol{F} \cdot \boldsymbol{l} = (-3\boldsymbol{i} + 4\boldsymbol{j} + 2\boldsymbol{k}) \cdot [((2-1)\boldsymbol{i} + (3-1)\boldsymbol{j} + (4-1)\boldsymbol{k})]$$
$$= (-3\boldsymbol{i} + 4\boldsymbol{j} + 2\boldsymbol{k}) \cdot (\boldsymbol{i} + 2\boldsymbol{j} + 3\boldsymbol{k}) = -3 + 8 + 6 = 11\ [\mathrm{J}]$$

예제 2.11

두 벡터 $\boldsymbol{A} = 2\boldsymbol{i} + \boldsymbol{j} - \boldsymbol{k}$, $\boldsymbol{B} = \boldsymbol{i} + 2\boldsymbol{j} + \boldsymbol{k}$ 일 때 다음을 구하시오.

1) 두 벡터의 스칼라적(내적) $\boldsymbol{A} \cdot \boldsymbol{B}$

2) 두 벡터 사이의 사이각 θ

풀이 1) 두 벡터 사이의 내적은 식 (2.20)에 의하여

$$\boldsymbol{A} \cdot \boldsymbol{B} = (A_x \cdot B_x) + (A_y \cdot B_y) + (A_z \cdot B_z) = (2 \cdot 1) + (1 \cdot 2) + (-1 \cdot 1)$$
$$= 2 + 2 - 1 = 3$$

2) 두 벡터 사이의 사이각 θ는 식 (2.18)에 의하여

$$\cos\theta = \frac{\boldsymbol{A} \cdot \boldsymbol{B}}{A \cdot B} = \frac{3}{\sqrt{6} \cdot \sqrt{6}} = \frac{3}{6} = \frac{1}{2}$$

따라서

$$\theta = 60°$$

2.8 벡터의 벡터적

두 벡터의 작은 나사의 회전과 같이 두 벡터가 작용하여 그 결과가 크기와 방향을 갖는 벡터로 표시되는 것이 두 벡터의 벡터적이다. 그림 2.16에서와 같이 정의한다.

$$\boldsymbol{A} \times \boldsymbol{B} = \boldsymbol{n}\, AB\sin\theta \tag{2.21}$$

$\boldsymbol{n}$: $\boldsymbol{A}$에서 $\boldsymbol{B}$로 회전했을 때 오른손 나사의 진행방향

$AB\sin\theta$: $\boldsymbol{A}, \boldsymbol{B}$가 이루는 평행 사변형의 크기

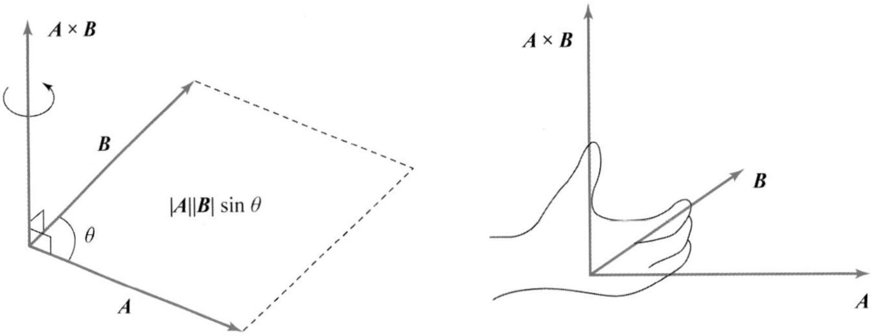

그림 2.16 두 벡터의 벡터적

1. 벡터적의 성질

1) 두 벡터 $\boldsymbol{A}$와 $\boldsymbol{B}$가 같은 방향일 때 ($\theta = 0°$)
   식 (2.21)에서

$$\boldsymbol{A} \times \boldsymbol{B} = \boldsymbol{n}\, AB \sin 0° = 0 \tag{2.22}$$

2) 두 벡터 $\boldsymbol{A}$와 $\boldsymbol{B}$가 같은 반대일 때 ($\theta = 180°$)
   식 (2.21)에서

$$\boldsymbol{A} \times \boldsymbol{B} = \boldsymbol{n}\, AB \sin 180° = 0 \tag{2.23}$$

3) 두 벡터 $\boldsymbol{A}$와 $\boldsymbol{B}$가 수직일 때 ($\theta = 90°$)
   식 (2.21)에서

$$\boldsymbol{A} \times \boldsymbol{B} = \boldsymbol{n}\, AB \sin 90° = \boldsymbol{n}\, AB \tag{2.24}$$

4) $\boldsymbol{A} \times \boldsymbol{B} = -\boldsymbol{B} \times \boldsymbol{A}$ (2.25)

5) $a\boldsymbol{A} \times \boldsymbol{B} = \boldsymbol{A} \times a\boldsymbol{B} = a(\boldsymbol{A} \times \boldsymbol{B})$ (2.26)

6) $(\boldsymbol{A} + \boldsymbol{B}) \times \boldsymbol{C} = \boldsymbol{A} \times \boldsymbol{C} + \boldsymbol{B} \times \boldsymbol{C}$ (2.27)

두 벡터 $\boldsymbol{A}$, $\boldsymbol{B}$가 다음과 같이 직각좌표의 값을 가질 때 벡터적은

$$\boldsymbol{A} = \boldsymbol{i}\,A_x + \boldsymbol{j}\,A_y + \boldsymbol{k}\,A_z$$

$$\boldsymbol{B} = \boldsymbol{i}\,B_x + \boldsymbol{j}\,B_y + \boldsymbol{k}\,B_z$$

$$\boldsymbol{A} \times \boldsymbol{B} = (\boldsymbol{i} A_x + \boldsymbol{j} A_y + \boldsymbol{k} A_z) \times (\boldsymbol{i} B_x + \boldsymbol{j} B_y + \boldsymbol{k} B_z)$$
$$= \boldsymbol{i}(A_y B_z - A_z B_y) + \boldsymbol{j}(A_z B_x - A_x B_z) + \boldsymbol{k}(A_x B_y - A_y B_x) \quad (2.28)$$

이때 벡터적의 정의에서

$$\boldsymbol{i} \times \boldsymbol{i} = \boldsymbol{j} \times \boldsymbol{j} = \boldsymbol{k} \times \boldsymbol{k} = 0$$
$$\boldsymbol{i} \times \boldsymbol{j} = \boldsymbol{k} = -\boldsymbol{j} \times \boldsymbol{i}$$
$$\boldsymbol{j} \times \boldsymbol{k} = \boldsymbol{i} = -\boldsymbol{k} \times \boldsymbol{j}$$
$$\boldsymbol{k} \times \boldsymbol{i} = \boldsymbol{j} = -\boldsymbol{i} \times \boldsymbol{k} \quad (2.29)$$

식 (2.28)을 행렬식으로 나타내면

$$\boldsymbol{A} \times \boldsymbol{B} = \begin{vmatrix} \boldsymbol{i} & \boldsymbol{j} & \boldsymbol{k} \\ A_x & A_y & A_z \\ B_x & B_y & B_z \end{vmatrix} = \boldsymbol{i} \begin{vmatrix} A_y & A_z \\ B_y & B_z \end{vmatrix} - \boldsymbol{j} \begin{vmatrix} A_x & A_z \\ B_x & B_z \end{vmatrix} + \boldsymbol{k} \begin{vmatrix} A_x & A_y \\ B_x & B_y \end{vmatrix}$$
$$= \boldsymbol{i}(AyBz - AzBy) + \boldsymbol{j}(AzBx - AxBz) + \boldsymbol{k}(AxBy - AyBx) \quad (2.30)$$

그림 2.16에서 두 벡터 $\boldsymbol{A}$와 $\boldsymbol{B}$가 이루는 삼각형의 면적은

$$S = \frac{1}{2}|\boldsymbol{A} \times \boldsymbol{B}|$$
$$= \frac{1}{2}\sqrt{(A_y B_z - A_z B_y)^2 + (A_z B_x - A_x B_z)^2 + (A_x B_y - A_y B_x)^2} \quad (2.31)$$

예제 2.12

두 벡터 $\boldsymbol{A} = \boldsymbol{i} + 2\boldsymbol{j} + 3\boldsymbol{k}$, $\boldsymbol{B} = 3\boldsymbol{i} + 2\boldsymbol{j} + \boldsymbol{k}$일 때 두 벡터의 적은?

풀이 식 (2.30)에 의하여

$$\boldsymbol{A} \times \boldsymbol{B} = \begin{vmatrix} \boldsymbol{i}\,\boldsymbol{j}\,\boldsymbol{k} \\ 1\,2\,3 \\ 3\,2\,1 \end{vmatrix} = \boldsymbol{i}\begin{vmatrix} 2\,3 \\ 2\,1 \end{vmatrix} - \boldsymbol{j}\begin{vmatrix} 1\,3 \\ 3\,1 \end{vmatrix} + \boldsymbol{k}\begin{vmatrix} 1\,2 \\ 3\,2 \end{vmatrix}$$
$$= \boldsymbol{i}(2-6) + \boldsymbol{j}(9-1) + \boldsymbol{k}(2-6) = -4\boldsymbol{i} + 8\boldsymbol{j} - 4\boldsymbol{k}$$

예제 2.13

두 벡터 $\boldsymbol{A} = -\boldsymbol{i} + 2\boldsymbol{j}$, $\boldsymbol{B} = -\boldsymbol{i} + 3\boldsymbol{k}$일 때 두 벡터의 벡터적과 두 벡터가 이루는 삼각형의 면적을 구하시오.

풀이 두 벡터의 벡터적은 식 (2.30)에서

$$A\times B=\begin{vmatrix} i & j & k \\ -1 & 2 & 0 \\ -1 & 0 & 3\end{vmatrix}=i\begin{vmatrix}2 & 0\\ 0 & 3\end{vmatrix}-j\begin{vmatrix}-1 & 0\\ -1 & 3\end{vmatrix}+k\begin{vmatrix}-1 & 2\\ -1 & 0\end{vmatrix}$$

$$=6i+3j+2k$$

두 벡터가 이루는 삼각형의 면적은 식 (2.31)에서

$$S=\frac{1}{2}|A\times B|=\sqrt{6^2+3^2+2^2}=\frac{1}{2}\sqrt{49}=3.5$$

2.9 세 벡터의 스칼라적과 벡터적

세 벡터가 다음과 같은 형태일 때

1) $A(B\cdot C)=A\,(BC\cos\theta)=A\,a_0\,BC\cos\theta=ABC\cos\theta\, a_0$ (2.32)

2) $A\cdot(B\times C)=(iA_x+jA_y+kA_z)\cdot\{i(B_yC_z-B_zC_y)+j(B_zC_x-B_xC_z)$
$+k(B_xC_y-B_yC_z)\}=A_x(B_yC_z-B_zC_y)+A_y(B_zC_x-B_xC_z)$
$+A_z(B_xC_y-B_yC_x)$

$$=\begin{vmatrix} A_x & A_y & A_z \\ B_x & B_y & B_z \\ C_x & C_y & C_z\end{vmatrix} \quad (2.33)$$

$A(B\times C)$는 그림 2.17과 같이 세 벡터 A, B, C가 이루는 직육면체의 체적으로 표시된다.

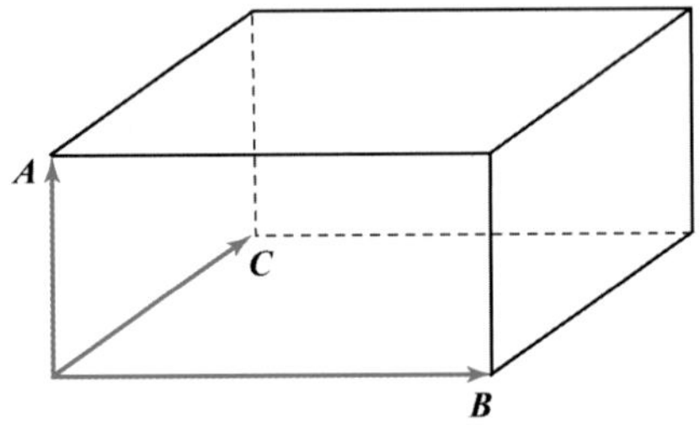

그림 2.17 $A(B\times C)$로 표시된 직육면체

3) $A\times(B\times C)=A\times D=E$라 하면

$A\times D=i(A_yD_z-A_zD_y)+j(A_zD_x-A_xD_z)+k(A_xD_y-A_yD_x)$

$D=B\times C=i(B_yC_z-B_zC_y)+j(B_zC_x-B_xC_z)+k(B_xC_y-B_yC_x)$

$\boldsymbol{E} = \boldsymbol{i}E_x + \boldsymbol{j}E_y + \boldsymbol{k}E_z$ 에서

$$\begin{aligned} Ex &= A_y D_z - A_z D_y = A_y(B_x C_y - B_y C_x) + A_z(B_z C_x - B_x C_z) \\ &= B_x(A_y C_y + A_z C_z) - C_x(A_y B_y + A_z B_z) \\ &= B_x(A_x C_x + A_y C_y + A_z C_z) - C_x(A_x B_x + A_y B_y + A_z B_z) \\ &= B_x(\boldsymbol{A} \cdot \boldsymbol{C}) - C_x(\boldsymbol{A} \cdot \boldsymbol{B}) \end{aligned}$$

같은 방법으로 구하면

$$\begin{aligned} E_y &= B_y(\boldsymbol{A} \cdot \boldsymbol{C}) - C_y(\boldsymbol{A} \cdot \boldsymbol{B}) \\ E_z &= B_z(\boldsymbol{A} \cdot C) - C_z(\boldsymbol{A} \cdot B) \end{aligned}$$

따라서

$$\begin{aligned} \boldsymbol{E} &= \boldsymbol{i}E_x + \boldsymbol{j}E_y + \boldsymbol{k}E_z \\ &= \boldsymbol{i}[B_x(\boldsymbol{A} \cdot \boldsymbol{C}) - C_x(\boldsymbol{A} \cdot \boldsymbol{B})] + \boldsymbol{j}[B_y(\boldsymbol{A} \cdot \boldsymbol{C}) - C_y(\boldsymbol{A} \cdot \boldsymbol{B})] \\ &\qquad + \boldsymbol{k}[B_z(\boldsymbol{A} \cdot \boldsymbol{C}) - C_z(\boldsymbol{A} \cdot \boldsymbol{B})] \\ &= (\boldsymbol{i}B_x + \boldsymbol{j}B_y + \boldsymbol{k}B_z)(\boldsymbol{A} \cdot C) - (\boldsymbol{i}C_x + \boldsymbol{j}C_y + \boldsymbol{k}C_z)(\boldsymbol{A} \cdot B) \\ &= \boldsymbol{B}(\boldsymbol{C} \cdot A) - \boldsymbol{C}(\boldsymbol{A} \cdot B) \end{aligned} \tag{2.34}$$

예제 2.14

세 벡터 $\boldsymbol{A} = 2\boldsymbol{i} + 4\boldsymbol{j} + 6\boldsymbol{k}$, $\boldsymbol{B} = \boldsymbol{i} - 3\boldsymbol{j} + 2\boldsymbol{k}$, $\boldsymbol{C} = 3\boldsymbol{i} + 2\boldsymbol{j} - \boldsymbol{k}$일 때 $\boldsymbol{A}(\boldsymbol{B} \cdot \boldsymbol{C})$를 구하시오.

풀이 식 (2.32)에서

$$\boldsymbol{A}(\boldsymbol{B} \cdot \boldsymbol{C}) = (2\boldsymbol{i} + 4\boldsymbol{j} + 6\boldsymbol{k}) \cdot (3 - 6 - 2) = -5(2\boldsymbol{i} + 4\boldsymbol{j} + 6\boldsymbol{k}) = -10\boldsymbol{i} - 20\boldsymbol{j} - 30\boldsymbol{k}$$

예제 2.15

세 벡터 $\boldsymbol{A} = \boldsymbol{i} + 2\boldsymbol{j} + 3\boldsymbol{k}\,[\mathrm{m}]$, $\mathrm{B} = 2\mathrm{i} - \mathrm{j} - \mathrm{k}\,[\mathrm{m}]$, $\mathrm{C} = 3\mathrm{i} + \mathrm{j} - 2\mathrm{k}\,[\mathrm{m}]$를 세 변으로 하는 평행 육면체의 체적을 구하시오.

풀이 식 (2.33)에서

$$\boldsymbol{A} \cdot (\boldsymbol{B} \times \boldsymbol{C}) = \begin{vmatrix} 1 & 2 & 3 \\ 2 & -1 & -1 \\ 3 & 1 & -2 \end{vmatrix} = 1(2+1) - 2(-4+3) + 3(2+3) = 3 + 2 + 15 = 20\,[\mathrm{m}^3]$$

수련문제

1 $\boldsymbol{A}=5i-4j+6k$ 일 때 $\boldsymbol{A}\times 10$은 얼마인가?

답 $50i-40j+60k$

2 $\boldsymbol{A}=2i-5j+3k$ 일 때

(1) $i\times \boldsymbol{A}$는 답 $-5k-3j$

(2) $j\times \boldsymbol{A}$는 답 $-2k+3i$

(3) $k\times \boldsymbol{A}$ 는 답 $2j+5k$

3 $\boldsymbol{A}=2i+j-k$이고 $\boldsymbol{B}=i+2j+k$일 때 다음을 구하시오.

(1) A의 크기 답 $\sqrt{6}$

(2) B의 크기 답 $\sqrt{6}$

(3) $\boldsymbol{A}\cdot\boldsymbol{B}$의 값 답 3

(4) $\boldsymbol{A}$와 $\boldsymbol{B}$의 사이각 θ 답 $\theta=60°$

4 $\boldsymbol{A}=i-4j+k$이고 $\boldsymbol{B}=-i+2j+2k$가 있을 때 다음을 구하시오.

(1) $\boldsymbol{A}\times\boldsymbol{B}$ 답 $-6i-3j+6k$

(2) $\boldsymbol{A}\times\boldsymbol{B}$의 크기 답 $\sqrt{113}$

(3) $\boldsymbol{A}$, $\boldsymbol{B}$가 이루는 삼각형의 면적 답 $\dfrac{\sqrt{113}}{2}\ [\mathrm{m}^2]$

5 벡터 $\boldsymbol{A}=i+2j+3k$, $\boldsymbol{B}=i+j+k$, $\boldsymbol{C}=2i+3j+k$ 일 때 $\boldsymbol{A}(\boldsymbol{B}\times\boldsymbol{C})$는?

답 3

6 벡터 $\boldsymbol{A}=i+2j+k$, $\boldsymbol{B}=2i+j-k$, $\boldsymbol{C}=i-2j+k$일 때 $\boldsymbol{A}\times(\boldsymbol{B}\times\boldsymbol{C})$는?

답 $-7i+4j-k$

2.10 벡터의 미분

벡터의 미분계산에는 미분 연산자 ∇(nabla)를 사용한다.

$$\nabla = \boldsymbol{i}\frac{\partial}{\partial x} + \boldsymbol{j}\frac{\partial}{\partial y} + \boldsymbol{k}\frac{\partial}{\partial z} \tag{2.35}$$

1. 경도(gradient)

V를 좌표(x, y, z)로 정해지는 스칼라량(온도, 높이, 위치에너지)이라 할 때

$$\nabla V = \boldsymbol{i}\frac{\partial V}{\partial x} + \boldsymbol{j}\frac{\partial V}{\partial y} + \boldsymbol{k}\frac{\partial V}{\partial z} \tag{2.36}$$

은 $V(x, y, z)$의 x, y, z의 각 방향의 길이에 대한 변화율, 즉 기울기(경사도 또는 구배), (gradient)라 하며

$$\nabla V = grad\ V \tag{2.37}$$

로 표시하며 이때 계산된 결과는 벡터량이다.

이 관계식은 같은 두께(거리)에 대한 온도 차(높이 차), 즉 온도 구배(산의 경사)가 심한 곳에서의 열의 흐름을 나타내는 자연 현상을 수식으로 나타내는 데 사용된다.

예제 2.16

$\psi = x^2 + y^2 + z^2$일 때 $grad\ \psi$는?

풀이 식 (2.36)에서

$$\begin{aligned} grad\,\psi = \nabla\psi &= \left(\boldsymbol{i}\frac{\partial}{\partial x} + \boldsymbol{j}\frac{\partial}{\partial y} + \boldsymbol{k}\frac{\partial}{\partial z}\right)(x^2 + y^2 + z^2) \\ &= 2x\boldsymbol{i} + 2y\boldsymbol{j} + 2z\boldsymbol{k} \end{aligned}$$

예제 2.17

$V = xyz$일 때 점 $(1, 1, 1)$ [m]에서 $grad\ V$는?

풀이 식 (2.37)에서

$$grad\,V = \nabla V = \left(\boldsymbol{i}\frac{\partial}{\partial x} + \boldsymbol{j}\frac{\partial}{\partial y} + \boldsymbol{k}\frac{\partial}{\partial z} \right)(xyz)$$

$$= yz\boldsymbol{i} + xz\boldsymbol{j} + xy\boldsymbol{k}$$

이때 점 (1, 1, 1) [m]을 대입하면 점 (1, 1, 1) [m]에서

$$grad\,V = \boldsymbol{i} + \boldsymbol{j} + \boldsymbol{k}$$

2. 발산(divergence)

위치 함수로 주어지는 벡터량을

$$\boldsymbol{E} = \boldsymbol{i}\,Ex + \boldsymbol{j}\,Ey + \boldsymbol{k}\,Ez$$

와 벡터의 미분 연산자와의 내적은

$$\nabla \cdot E = \boldsymbol{i}\frac{\partial}{\partial x} + \boldsymbol{j}\frac{\partial}{\partial y} + \boldsymbol{k}\frac{\partial}{\partial z} \cdot (\boldsymbol{i}\,E_x + \boldsymbol{j}\,E_y + \boldsymbol{k}\,E_z)$$

$$= \frac{\partial E_x}{\partial x} + \frac{\partial E_y}{\partial y} + \frac{\partial E_z}{\partial z} \quad (2.38)$$

이 되며 이 관계식은 벡터 $\boldsymbol{E}$방향으로 그려진 전기력선의 단위체적당 발산하는 양을 표시하는 물리적 의미를 갖는다.

$$\nabla \cdot \boldsymbol{E} = div\,\boldsymbol{E} \quad (2.39)$$

또한 발산의 물리적 성질로부터

$$div\,\boldsymbol{E} = \lim_{\Delta v \to 0} \frac{\int\int \boldsymbol{E} \cdot n\,dS}{\Delta v} \quad (2.40)$$

으로 주어지며 $\int\int \boldsymbol{E} \cdot n\,dS$는 폐곡면 $S\,[\mathrm{m}^2]$를 통하여 나가는 전기력선의 총수이며, $\Delta v\,[\mathrm{m}^3]$는 폐곡면 $S\,[\mathrm{m}^2]$ 내의 체적이며, $div\,\boldsymbol{E}$는 공간 전하 분포에서 전기력선의 수를 해석할 때 사용된다.

예제 2.18

$\boldsymbol{A} = 2x\boldsymbol{i} + 2y\boldsymbol{j} + 2z\boldsymbol{k}$일 때 $div\,\boldsymbol{A}$는?

풀이 $div\,\boldsymbol{A}$는 식 (2.38), (2.39)에서

$$div\,\boldsymbol{E} = \frac{\partial 2x}{\partial x} + \frac{\partial 2y}{\partial y} + \frac{\partial 2z}{\partial z} = 2 + 2 + 2 = 6$$

예제 2.19

$\boldsymbol{A} = (3x+2)\boldsymbol{i} + (5z+3)\boldsymbol{j} + (2y+4)\boldsymbol{k}$일 때 $div\,\boldsymbol{A}$는?

풀이 식 (2.38), (2.39)에서

$$\begin{aligned} div\,\boldsymbol{A} &= \nabla \cdot \boldsymbol{A} \\ &= \frac{\partial Ax}{\partial x} + \frac{\partial Ay}{\partial y} + \frac{\partial Az}{\partial z} = \frac{\partial(3x+2)}{\partial x} + \frac{\partial(5z+3)}{\partial y} + \frac{\partial(2y+4)}{\partial z} = 3 \end{aligned}$$

3. 회전(rotation)

$\boldsymbol{H} = \boldsymbol{i}H_x + \boldsymbol{j}H_y + \boldsymbol{k}H_z$라 할 때

$\boldsymbol{H}$와 ∇의 외적(벡터적)은

$$\begin{aligned} \nabla \times \boldsymbol{H} &= \left(\boldsymbol{i}\frac{\partial}{\partial x} + \boldsymbol{j}\frac{\partial}{\partial y} + \boldsymbol{k}\frac{\partial}{\partial z}\right) \times (\boldsymbol{i}Hx + \boldsymbol{j}Hy + \boldsymbol{k}Hz) \\ &= \boldsymbol{i}\left(\frac{\partial H_z}{\partial y} - \frac{\partial H_y}{\partial z}\right) + \boldsymbol{j}\left(\frac{\partial H_x}{\partial z} - \frac{\partial H_z}{\partial x}\right) + \boldsymbol{k}\left(\frac{\partial H_y}{\partial x} - \frac{\partial H_x}{\partial y}\right) \\ &= \begin{vmatrix} \boldsymbol{i} & \boldsymbol{j} & \boldsymbol{k} \\ \frac{\partial}{\partial x} & \frac{\partial}{\partial y} & \frac{\partial}{\partial z} \\ H_x & H_y & H_z \end{vmatrix} \end{aligned} \tag{2.41}$$

로 계산되며 이것은 $\boldsymbol{H}$의 방향으로 그려진 자기력선이 회전하고 있다는 물리적인 의미를 갖는다.

$$\nabla \times \boldsymbol{H} = rot\ \boldsymbol{H} = curl\ \boldsymbol{H} \tag{2.42}$$

회전의 물리적 성질로부터

$$rot\ \boldsymbol{H} = \lim_{\Delta S - 0} \frac{\oint_v \boldsymbol{H} \cdot dl}{\Delta S} \tag{2.43}$$

으로 주어진다.

여기서 $\oint_c \boldsymbol{H} \cdot d\boldsymbol{l}$은 미소면적 $\Delta S[\mathrm{m}^2]$의 주변 $C[\mathrm{m}]$에 대한 $\boldsymbol{H}$의 선 적분이며 $\boldsymbol{n}$은 $\Delta S[\mathrm{m}^2]$에 세워진 법선 방향의 단위벡터이다.

$rot\ H$는 전류에 의한 자력선이 회전하는 모양을 수식화하는 데 사용된다.

예제 2.20

$\boldsymbol{A} = z\boldsymbol{i} + x\boldsymbol{j} + y\boldsymbol{k}$일 때 $rot\boldsymbol{A}$는?

풀이 $rot\,\boldsymbol{A}$는 식 (2.41), (2.42)에서

$$\begin{aligned} rot\boldsymbol{A} &= \nabla \times \boldsymbol{A} \\ &= \boldsymbol{i}\left(\frac{\partial A_z}{\partial y} - \frac{\partial A_y}{\partial z}\right) + \boldsymbol{j}\left(\frac{\partial A_x}{\partial z} - \frac{\partial A_z}{\partial x}\right) + \boldsymbol{k}\left(\frac{\partial A_y}{\partial x} - \frac{\partial A_x}{\partial y}\right) \\ &= \boldsymbol{i}\left(\frac{\partial (y)}{\partial y} - \frac{\partial (x)}{\partial z}\right) + \boldsymbol{j}\left(\frac{\partial (z)}{\partial z} - \frac{\partial (y)}{\partial x}\right) + \boldsymbol{k}\left(\frac{\partial (x)}{\partial x} - \frac{\partial (x)}{\partial y}\right) \\ &= \boldsymbol{i} + \boldsymbol{j} + \boldsymbol{k} \end{aligned}$$

예제 2.21

$\boldsymbol{A} = xy\boldsymbol{i} + 2yz\boldsymbol{j} + 3zx\boldsymbol{k}$일 때 점 $(0, 2, 3)$ [m]에서 $rot\,\boldsymbol{A}$는?

풀이 식 (2.41)에서

$$\begin{aligned} rot\boldsymbol{A} &= \nabla \times \boldsymbol{A} \\ &= \boldsymbol{i}\left(\frac{\partial A_z}{\partial y} - \frac{\partial A_y}{\partial z}\right) + \boldsymbol{j}\left(\frac{\partial A_x}{\partial z} - \frac{\partial A_z}{\partial x}\right) + \boldsymbol{k}\left(\frac{\partial A_y}{\partial x} - \frac{\partial A_x}{\partial y}\right) \\ &= -2y\boldsymbol{i} - 3z\boldsymbol{j} - \boldsymbol{x}\boldsymbol{k} \end{aligned}$$

이고 점 $(0, 2, 3)$ [m]에서는

$$rot\,\boldsymbol{A} = -4\boldsymbol{i} - 9\boldsymbol{j}$$

4. 라플라션(Laplacian ∇^2)

스칼라 함수 V에 ∇의 이중 미분연산 $\nabla \cdot \nabla$를 구하면

$$\begin{aligned} \nabla \cdot \nabla V &= \nabla^2 V \\ &= \left(\boldsymbol{i}\frac{\partial}{\partial x} + \boldsymbol{j}\frac{\partial}{\partial y} + \boldsymbol{k}\frac{\partial}{\partial z}\right) \cdot \left(\boldsymbol{i}\frac{\partial}{\partial x} + \boldsymbol{j}\frac{\partial}{\partial y} + \boldsymbol{k}\frac{\partial}{\partial z}\right) V \\ &= \left(\frac{\partial^2}{\partial x^2} + \frac{\partial^2}{\partial y^2} + \frac{\partial^2}{\partial z^2}\right) V \end{aligned} \tag{2.44}$$

가 얻어지는데 ∇^2를 **Laplacian**이라 하며 Δ (delta)로도 사용된다. 이 계산은 공간 전하분포에 의한 전위를 구할 때 사용된다.

예제 2.22

$V = x^2 + y^2 + z^2$일 때 $\nabla^2 V$는?

풀이 $\nabla^2 V$는 식 (2.44)에서

$$\nabla^2 V = \left(\frac{\partial^2}{\partial x^2} + \frac{\partial^2}{\partial y^2} + \frac{\partial^2}{\partial z^2}\right)(x^2 + y^2 + z^2) = 2 + 2 + 2 = 6$$

수련문제

1 $\boldsymbol{A} = x\boldsymbol{i} + y\boldsymbol{j} + z\boldsymbol{k}$일 때 $div\,\boldsymbol{A}$는?

답 3

2 $V = xyz$일 때 점 $(1,2,3)$에서 $grad\,V$의 크기는?

답 7

3 $\boldsymbol{r} = x\boldsymbol{i} + y\boldsymbol{j} + z\boldsymbol{k}$일 때 ∇r은?

답 $\frac{\boldsymbol{r}}{r} = \boldsymbol{r}_0$

2.11 곡선좌표계

전자기학을 해석하는데 지금까지의 직선 직교좌표계(rectangular coordinate system)보다는 원통좌표계(cylindrical coordinate system) 및 구좌표계(spherical coordinate system)를 이용하는 것이 더욱 편리할 경우가 있으므로, 이들 좌표계에 대한 상호 좌표 변환을 알 필요가 있다.

1. 원통좌표계

x, y, z를 좌표축으로 하는 점 $P(x, y, z)$를 그림 2.18과 같이 $\rho = \sqrt{x^2 + y^2}$ 을 반경으로 하는 원통상의 점 $P(\rho, \phi, z)$로 표시하는 것을 원통좌표계라 한다. 이 경우 각 방향의 단위벡터는 그림 2.19와 같이 $(\boldsymbol{a}_\rho, \boldsymbol{a}_\phi, \boldsymbol{a}_z)$로 주어지며 서로 직교하므로

$$\boldsymbol{a}_\rho \times \boldsymbol{a}_\phi = \boldsymbol{a}_z, \;\; \boldsymbol{a}_\phi \times \boldsymbol{a}_z = \boldsymbol{a}_\rho, \;\; \boldsymbol{a}_z \times \boldsymbol{a}_\rho = \boldsymbol{a}_\phi$$

의 관계가 얻어지며, 직각좌표계의 단위벡터 $\boldsymbol{i}, \boldsymbol{j}, \boldsymbol{k}$와의 사이에는

$$\boldsymbol{i} \cdot \boldsymbol{a}_\rho = \cos\phi, \;\; \boldsymbol{i} \cdot \boldsymbol{a}_\phi = -\sin\phi, \;\; \boldsymbol{i} \cdot \boldsymbol{a}_z = 0 \tag{2.45}$$

$$\boldsymbol{j} \cdot \boldsymbol{a}_\rho = \sin\phi, \;\; \boldsymbol{j} \cdot \boldsymbol{a}_\phi = \cos\phi, \;\; \boldsymbol{j} \cdot \boldsymbol{a}_z = 0 \tag{2.46}$$

의 관계가 성립한다. 그리고 두 좌표계 사이에는

$$x = \rho\cos\phi, \;\; y = \rho\sin\phi, \;\; z = z \tag{2.47}$$

$$\rho = \sqrt{x^2 + y^2}, \;\; \phi = \tan^{-1}\frac{y}{x}, \;\; z = z \tag{2.48}$$

의 변환(transformation)이 성립된다.

그리고 원통좌표계의 미소체적소는 그림 2.20과 같다.

직각좌표계와 원통좌표계에서의 미소체적소는 그림 2.20과 같이 나타나므로 각 경우 미소변위에 대한 면적계 및 체적계를 직각좌표로 나타내면

$$dl = \boldsymbol{i}\,dx + \boldsymbol{j}\,dy + \boldsymbol{k}\,dz$$

$$dl^2 = dx^2 + dy^2 + dz^2$$

$$dS = dxdy,\ dydz,\ dzdx$$

$$dv^3 = dx\,dy\,dz \tag{2.49}$$

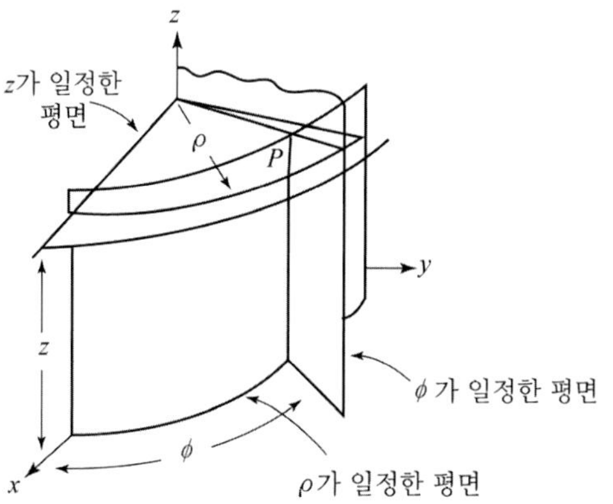

그림 2.18 원통좌표계에서 서로 직교하는 3개의 면

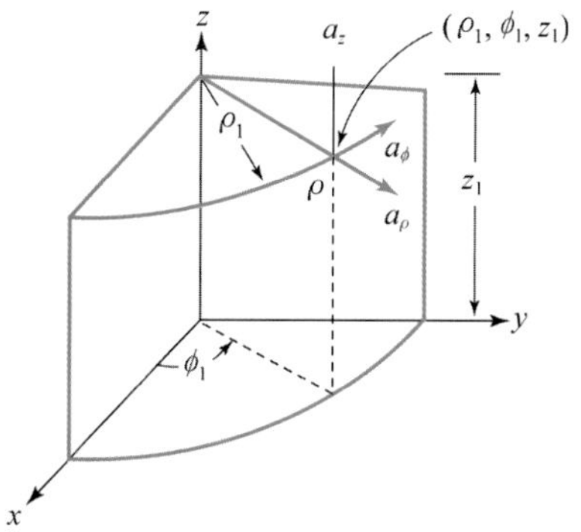

그림 2.19 원통좌표계의 단위벡터

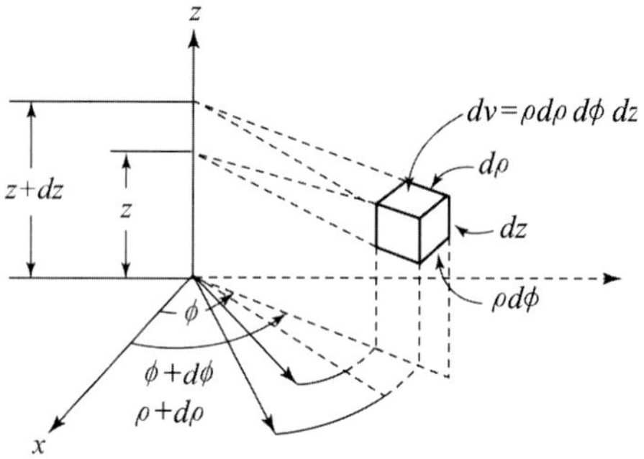

그림 2.20 원통좌표계의 미소체적소

원통좌표계로 나타내면

$$\boldsymbol{dl} = \boldsymbol{a}_\rho d\rho + \boldsymbol{a}_\phi \rho d\phi + \boldsymbol{a}_z dz$$
$$dl^2 = d\rho^2 + (\rho d\phi)^2 + dz^2$$
$$dS = \rho d\phi dz,\ d\rho dz,\ \rho d\phi d\rho$$
$$dv = \rho d\rho d\phi dz \text{로 주어진다.} \quad (2.50)$$

2. 구좌표계

점 $P(x, y, z)$를 그림 2.21과 같이 $r = \sqrt{(x^2 + y^2 + z^2)}$를 반경으로 하는 구면상의 점 $P(r, \theta, \phi)$로 표시하는 것을 구좌표계라 한다.

이 경우 r, θ, ϕ의 각 방향의 단위벡터는 그림 2.21과 같이 $\boldsymbol{a}_r$, $\boldsymbol{a}_\theta$, $\boldsymbol{a}_\phi$로 주어지며 서로 직

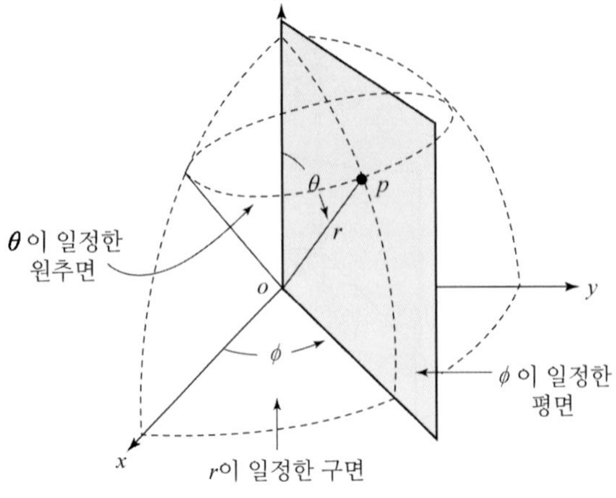

그림 2.21 구좌표계에 서로 직교하는 3개면

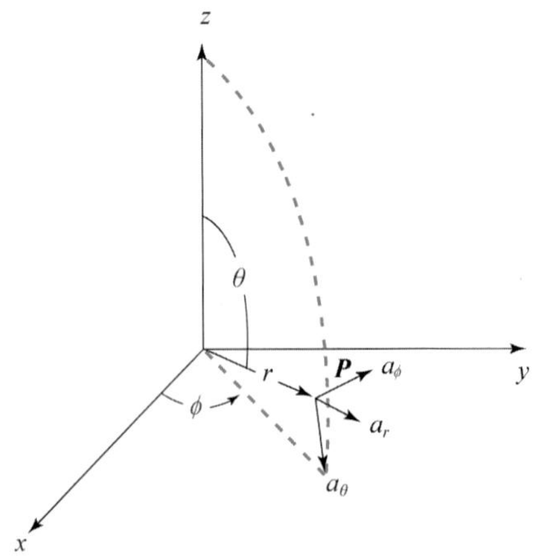

그림 2.22 구좌표계의 단위벡터

교하므로

$$\boldsymbol{a}_r \times \boldsymbol{a}_\theta = \boldsymbol{a}_\phi, \quad \boldsymbol{a}_\theta \times \boldsymbol{a}_\phi = \boldsymbol{a}_r, \quad \boldsymbol{a}_\phi \times \boldsymbol{a}_r = \boldsymbol{a}_\theta$$

의 관계가 있다.

그리고 $\boldsymbol{a}_r$, $\boldsymbol{a}_\theta$, $\boldsymbol{a}_\phi$ 와 $\boldsymbol{i}$, $\boldsymbol{j}$, $\boldsymbol{k}$ 사이의 내적 계산은 그림 2.22와 같이 r 방향의 단위벡터 $\boldsymbol{a}_r$ 을 먼저 x, y 평면에 수직과 수평의 두 성분으로 나눈다.

$$\boldsymbol{a}_r = \boldsymbol{a}_\perp + \boldsymbol{a}_\parallel$$

이 경우

$$\boldsymbol{i} \cdot \boldsymbol{a}_\perp = 0$$

이며 $\boldsymbol{a}_{11}$ 의 크기는 $\sin\theta$ 가 되므로

$$\boldsymbol{a}_r \cdot \boldsymbol{i} = \boldsymbol{a}_\parallel \cdot \boldsymbol{j} = \sin\theta\cos\phi$$

가 된다.

같은 계산방식을 각 기본벡터에 대하여 적용하면

$$\boldsymbol{a}_r \cdot \boldsymbol{i} = \sin\theta\cos\phi\,,\ \boldsymbol{a}_r \cdot \boldsymbol{j} = \sin\theta\sin\phi\,,\ \boldsymbol{a}_r \cdot \boldsymbol{k} = \cos\theta$$

$$\boldsymbol{a}_\theta \cdot \boldsymbol{i} = \cos\theta\cos\phi\,,\ \boldsymbol{a}_\theta \cdot \boldsymbol{j} = \cos\theta\sin\phi\,,\ \boldsymbol{a}_\theta \cdot \boldsymbol{k} = -\sin\theta$$

$$a_\phi \cdot i = -\sin\phi\,,\ a_\phi \cdot j = \cos\phi\,,\ a_\phi \cdot k = 0 \tag{2.51}$$

이 얻어진다. 그리고 양 좌표계 사이의 변환은

$$x = r\sin\theta\cos\phi\,,\ y = r\sin\theta\sin\phi\,,\ z = r\cos\theta$$
$$r = \sqrt{x^2+y^2+z^2}\,,\quad \theta = \cos^{-1}\frac{z}{r}\,,\quad \phi = \tan^{-1}\frac{y}{x} \tag{2.52}$$

와 같이 된다.

구좌표계에서의 미소체적계는 그림 2.23과 같으므로 미소 변위와 면적소 및 체적소는

$$dl = dr\,a_r + r\,d\theta\,a_\theta + r\sin\theta\,d\phi\,a_\theta$$
$$dl^2 = dr^2 + (r\,d\theta)^2 + (r\sin\theta\,d\theta)^2$$
$$dS = r^2\sin\theta\,d\theta\,d\phi,\ r\,d\theta\,dr,\ r\sin\theta\,d\phi\,dr$$
$$dv = r^2\,dr\,d\theta\,d\phi \tag{2.53}$$

으로 주어진다.

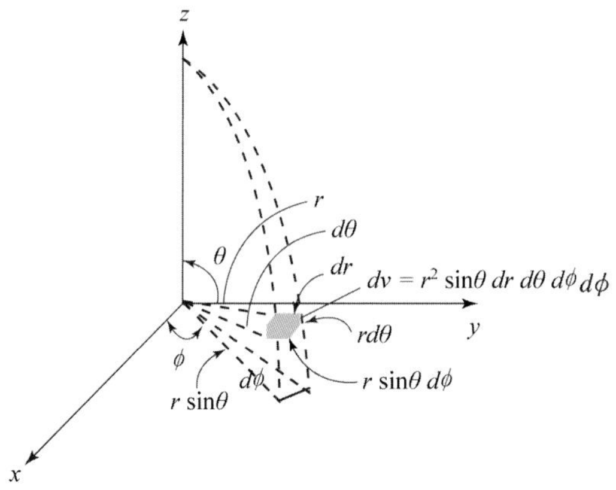

그림 2.23 구좌표의 체적소

예제 2.23

식 (2.53)을 이용하여 지구의 표면적과 체적을 구하시오. 단 지구의 반경은 6,366 [km]이다.

풀이 지구의 표면적 $S = R^2\int_0^\pi \sin\theta\,d\theta\int_0^{2\pi} d\phi 1 = 4\pi R^2 = 5.1\times 10^8$ [km]

지구의 체적 $v = \int_0^{2\pi} r^2\,dr\int_0^\pi \sin\theta\,d\theta\int_0^{2\pi} d\phi = \frac{4}{3}\pi R^3 = 6.9\times 10^{12}$ [km]

연습문제

1. 원점에서 점 $P(2,-2,-1)$ [m]로 향하는 벡터의 단위벡터는?

… $\frac{2}{3}\boldsymbol{i}-\frac{2}{3}\boldsymbol{j}-\frac{1}{3}\boldsymbol{k}$ [m]

2. 점 $A(10,5,8)$ [m]에서 점 $B(12,6,10)$ [m]로 변위한 벡터의 크기는?

… 3 [m]

3. 속도 $\boldsymbol{v}=2y\boldsymbol{i}+3xy\boldsymbol{j}-xyz\boldsymbol{k}$ [m/s]일 때 점 $P(1,1,-6)$에서 이 속도의 방향은?

… $\frac{1}{7}(2\boldsymbol{i}+3\boldsymbol{j}+6\boldsymbol{k})$ [m/s]

4. 두 벡터 $\boldsymbol{A}=\boldsymbol{i}+2\boldsymbol{j}+3\boldsymbol{k}$, $\boldsymbol{B}=3\boldsymbol{i}+2\boldsymbol{j}+\boldsymbol{k}$일 때

(1) 두 벡터의 벡터적은? … $-4\boldsymbol{i}+8\boldsymbol{j}-4\boldsymbol{k}$

(2) 두 벡터가 이루는 삼각형의 면적은? … $\sqrt{24}$

5. $\boldsymbol{A}=2\boldsymbol{i}+3\boldsymbol{j}+4\boldsymbol{k}$일 때 $[(\boldsymbol{A}\times\boldsymbol{i})\times\boldsymbol{j}]\times\boldsymbol{k}$는

… $-3\boldsymbol{j}$

6. $V=xyz$일 때 점 $(2,0,4)$ [m]에서의 $grad\ V$의 크기는?

… 8

7. $\boldsymbol{A}=xy\boldsymbol{j}+yx\boldsymbol{j}+zx\boldsymbol{k}$일 때 점 $(1,2,3)$ [m]에서의 $rot\,\boldsymbol{A}$는?

… $-2\boldsymbol{i}-3\boldsymbol{j}-\boldsymbol{k}$

8. $\boldsymbol{A}=Ax\boldsymbol{i}+Ay\boldsymbol{j}+Az\boldsymbol{k}$일 때 $div\ rot\,\boldsymbol{A}$는?

… 0

9. $f=x^3+y^3+z^3$일 때 점 $P(1,1,2)$ [m]에서의 $\nabla^2 f$의 값은?

… 24

⑩ 벡터 $\boldsymbol{A}= 4\boldsymbol{j}+ 10\boldsymbol{k}$, $\boldsymbol{B}=2\boldsymbol{i}+ 4\boldsymbol{k}$일 때 벡터 $\boldsymbol{A}$의 벡터 $\boldsymbol{B}$방향의 성분은?

… $A\cos\theta= \dfrac{40}{\sqrt{20}}$

⑪ 평행 사변형의 두 대각선 벡터가 $\boldsymbol{A}= 2i+ 3j- 5\boldsymbol{k}$, $\boldsymbol{B}= - 4i+ \boldsymbol{j}+ 5\boldsymbol{k}$일 때 평행 사변형의 두 변을 나타내는 벡터를 구하시오.

… $\pm[(\boldsymbol{i}+ 2\boldsymbol{j}),\ (3\boldsymbol{i}+ \boldsymbol{j}- 5\boldsymbol{k})]$

⑫ $\boldsymbol{A}= Ax\boldsymbol{i}+ Ay\boldsymbol{j}+ Az\boldsymbol{k}$일 때 $rot\ rot\,\boldsymbol{A}$?

… $grad\ div\ \boldsymbol{A}- \nabla^2\boldsymbol{A}$

⑬ 벡터 $\boldsymbol{A} = \boldsymbol{i}Ax+ \boldsymbol{j}Ay+ \boldsymbol{k}Az$일 때 $div\ rot\boldsymbol{A}$?

… 0

Chapter 03

정전계에서 해석하기

1. 대전현상
2. 전계에서 쿨롱의 법칙
3. 전계
4. 전기력선
5. 전기력선의 방정식
6. 전계의 일
7. 전위
8. 등전위면
9. 전위경도
10. 전기 쌍극자
11. 입체각
12. 가우스의 법칙
13. 가우스 법칙의 계산 예
14. 전기력선의 발산
15. 직각좌표에서 발산
16. 발산의 정리
17. 라플라스 및 포아송의 방정식

3.1 대전현상

1. 마찰전기

서로 다른 두 물체를 마찰하면 두 물체 사이나 주위의 가벼운 물체가 끌리는 힘을 받는다. 이러한 현상은 B.C. 6세기경 희랍의 탈레스(Thales)의 시에 기록된 바 있으며, 17세기 중반에 마찰에 의하여 물체에 전기가 발생된다는 것을 알게 되었다.

이때 발생된 전기를 마찰전기(triboelectricity)라 하며 물체가 갖는 전기의 양을 전하량(electric quantity) 또는 전하(elecric charge)라고 한다.

그 후 마찰에 의하여 발생된 전기 상호간에 서로 다른 전하 사이에는 당기는 힘(인력), 서로 같은 전하 사이에는 미는 힘(척력)이 작용한다는 사실을 알았다.

그리고 서로 다른 두 전하를 정 또는 양(positive)의 (+)전하와 부 또는 음(negative)의 (−)전하로 구별하였다.

마찰에 의하여 발생된 전하의 크기와 종류는 물질의 종류와 마찰 조건에 따라 다르나 다음의 물체를 마찰하였을 때 좌측이 정 우측의 물체가 부가되며 이 마찰계열 순서는 온도, 습도 등의 영향을 받아 바뀌는 경우가 있다. 일반적인 마찰 계열의 순서는 다음과 같다. (+)모피, 유리, 운모, 명주, 수정, 나무, 호박, 수지, 금속, 유황, 에보나이트, 셀룰로이드(−).

2. 도체와 절연체

마찰전기 계열 중 마찰에 의하여 발생된 전하가 그 물체 전체에 전달되는 물체를 도체라 하며, 전하가 그 물체의 전달된 그 자리에 정지하고 있는 것을 절연체(부도체)라 한다.

그러나 도체나 절연체는 온도, 습도 등 주위의 여건에 따라 저항률이 변화하지만 다음과 같이 구별한다.

도체(conductor) : 금속, 전해액, 대지, 인체, 등으로 저항률이 $10^{-4}\,[\Omega\mathrm{m}]$ 이하인 것.

반도체(semi-conductor) : 실리콘(Si), 게르마늄(Ge), 셀렌늄, 이산화 등으로 저항률이 $10^{-3}\,[\Omega\mathrm{m}] - 10^{7}\,[\Omega\mathrm{m}]$

절연체(insurator) : 공기, 종이, 고무, 목제, 나무, 합성수지 등으로 저항률이 $10^{8}\,[\Omega\mathrm{m}]$ 이상인 것

표 3.1 물질의 저항률

물질	저항률 $\rho[\Omega \cdot m]$	저항 온도계수 α [1/℃]
은	1.62×10^{-8}	0.0038
동	$1,72\times10^{-8}$	0.0043
금	2.44×10^{-8}	0.0034
Al	2.83×10^{-8}	0.0042
W	5.51×10^{-8}	0.0045
Mo	5.7×10^{-8}	0.0033
Ni	7.8×10^{-8}	0.0060
철	10×10^{-8}	0.0050
백금	10.5×10^{-8}	0.0030
수은	94×10^{-8}	0.00089
탄소	350×10^{-8}	−0.0005
황동	8.2×10^{-8}	0.002
망가닌(Cu 84%, Mn 12%, Ni 4%)	44×10^{-8}	0.000000
콘스탄탄(Cu 60%, Ni 40%)	49×10^{-8}	0.000002
동(Si 4%)	62×10^{-8}	0.0008
니크롬	100×10^{-8}	0.0004
수 – 증류수	10^{5}	
수 – 수도수	10^{2}	
수 – 해 수	0.5	
수 – 식염수 – 5%	0.15	
수 – 식염수 – 20%	0.05	
회황산 – 5%	4.86×10^{-2}	
회황산 – 20%	1.37×10^{-2}	
회황산 – 80%	9.18×10^{-2}	
유리 – 소다석회	$10^{11}\sim10^{12}$	
유리 – 납	$10^{11}\sim10^{12}$	−
유리 – 붕규산	$10^{12}\sim10^{13}$	
운모	$10^{12}\sim10^{15}$	
자기(장석, 스테아타이트)	$10^{12}\sim10^{13}$	
절연용광유	$10^{12}\sim10^{13}$	
천연고무	$10^{13}\sim10^{14}$	
화	10^{14}	
염화비닐수지	$10^{14}\sim10^{15}$	
4플루오르화에틸렌(테프론)	$10^{16}\sim10^{18}$	

3. 정전 유도

대전되지 않은 절연도체에 대전체를 가까이 가져가면 그림 3.1과 같이 절연도체 가까운 부분에 서로 다른 전하, 먼 곳에 같은 전하가 나타난다. 이러한 현상을 정전유도라 한다.

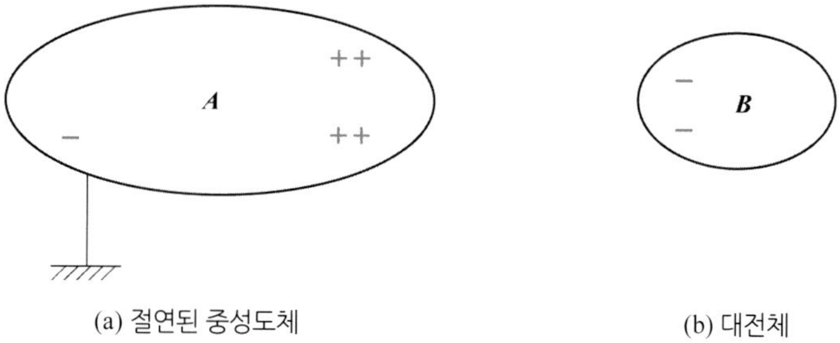

그림 3.1 정전유도 현상

정전 유도 작용에 의하여 물체의 대전 상태 및 대전 전하의 종류 및 크기를 알 수 있는 검류기가 개발되어 전하의 정량적인 취급이 가능하게 되었다. 또한 전하로서 존재할 수 있는 최소량인 전자와 양자의 전하와 질량은 다음과 같다.

- 전자 전하 : -1.602×10^{-19} [C]
- 양자 전하 : $+1.602 \times 10^{-19}$ [C]
- 전자 질량 : 9.109×10^{-31} [kg]
- 양자 질량 : 1.625×10^{-27} [kg](전자 질량의 1,780배)

원자를 구성하는 전자 및 양자가 갖는 전하로 물체를 마찰하면 접촉점에 발생된 열에너지

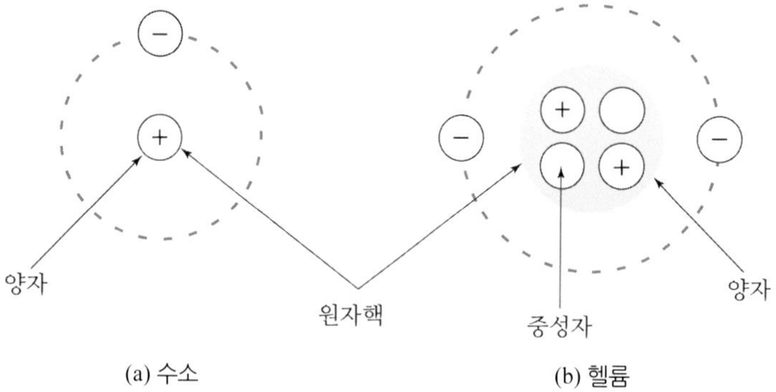

그림 3.2 원자의 구조

에 의하여 외곽 전자가 다른 물체로 이동한 결과 정(+), 부(−)로 대전된다고 보며, 이 경우 두 물체에 발생된 정, 부의 전하량은 같다.

일반적으로 도체에 전하를 주면 전하 상호간에 반발력에 의하여 도체 내를 이동하게 되는데 상호간에 힘이 평형되면 전하분포는 그 상태에서 정지하게 된다. 이러한 정지상태의 전기현상을 논하는 학문 분야를 정전기학(electrostatic)이라 하며, 5장까지 자유공간 및 유전체 내부에 대한 정전기 상태의 여러 현상을 풀이한다.

3.2 전계에서 쿨롱(Coulomb) 법칙

대전체 사이에 작용하는 전기적인 힘을 정량적으로 확립하기 위하여 프랑스의 쿨롱(Coulomb)은 비틀림 저울을 이용한 실험으로 다음과 같은 법칙을 얻었다. 이 경우 대전체 상호간에 거리를 정확히 하기 위하여 극히 미소한 대전체를 가정하고 이것을 점전하(point charge)라 하였다. 점전하 Q_1, Q_2 사이에 작용하는 힘 $\boldsymbol{F}$는 각 전기량의 크기에 비례하고 상호거리 r의 제곱에 반비례함을 알게 되고

$$\boldsymbol{F} = k\,\frac{Q_1 Q_2}{r^2} \tag{3.1}$$

의 관계식을 얻었다. 여기서 k는 주위의 매질에 의하여 정해지는 상수를 나타낸다.

MKS 단위계에서는 진공 중에 같은 양의 두 점전하를 $1\,[\mathrm{m}]$의 거리에 놓았을 때 작용하는 힘이 $9\times 10^9\,[\mathrm{N}]$이 되었을 때의 전하가 $1\,[\mathrm{C}]$이므로 식 (3.1)에서 $Q_1 = Q_2 = 1\,[\mathrm{C}]$, $r = 1\,[\mathrm{m}]$이면 $\boldsymbol{F} = 9\times 10^9\,[\mathrm{N}]$이 되어 $k = 9\times 10^9$이 된다.

따라서 진공 중에서 쿨롱의 법칙은

$$F = 9\times 10^9\,\frac{Q_1 Q_2}{r^2}\,[\mathrm{N}] \tag{3.2}$$

여기서

$$9\times 10^9 = \frac{1}{4\pi\epsilon_0} \tag{3.3}$$

이라 하면 식 (3.1)은

$$F = \frac{Q_1 Q_2}{4\pi\epsilon_0 r^2} = 9 \times 10^9 \frac{Q_1 Q_2}{r^2} \text{ [N]} \tag{3.4}$$

한편 식 (3.3)에서 $9 \times 10^9 = \frac{1}{4\pi\epsilon_0}$ 에서

$$\epsilon_0 = \frac{1}{36\pi \times 10^9} = 8.854 \times 10^{-12} \text{ [F/m]} \tag{3.5}$$

여기서 ϵ_0 : 진공 중의 유전율 [F/m]

여기에 $4\pi\epsilon_0$는 전기 현상을 합리적으로 표시하기 위한 것으로 이렇게 함으로써 원주율 π가 평행판 커패시터의 용량식$\left(C = \frac{\epsilon S}{d}\right)$에 포함되지 않고 구의 커패시터의 용량식($C = 4\pi\epsilon a$)에 포함되기 때문이다.

이 단위계를 MKS 합리화 단위계라 한다.

점전하 Q_1, Q_2 [C]이 있을 때 쿨롱의 법칙을 벡터식으로 표시하면 식 (3.6)과 같이 되고, 점전하 Q_2 [C]에 작용하는 힘을 나타내면 변위 $\boldsymbol{r}$ [m]이 Q_1 [C]에서 Q_2 [C]의 방향으로 향하게 하며 그림 3.3과 같이 나타낸다.

$$\boldsymbol{F} = \frac{Q_1 Q_2}{4\pi\epsilon_0 r^2} \boldsymbol{r}_0 = 9 \times 10^9 \frac{Q_1 Q_2}{r^2} \boldsymbol{r}_0 \text{ [N]} \tag{3.6}$$

여기서 $\boldsymbol{r}_0$: 힘 $\boldsymbol{F}$[N] 방향의 단위벡터

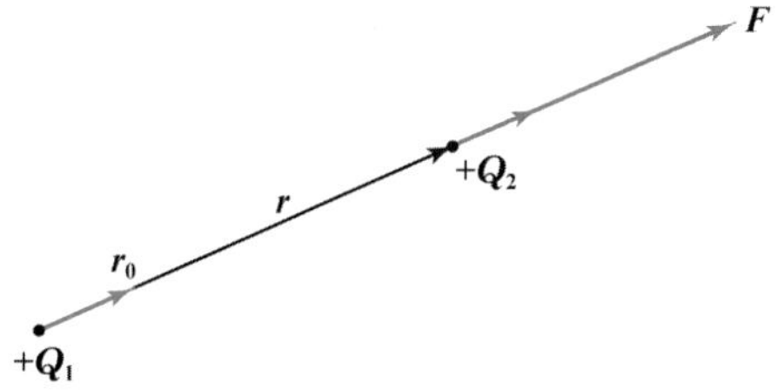

그림 3.3 점전하 Q_2 [C]에 작용하는 힘

예제 3.1

진공 중 1 [m]의 거리에 10^{-6} [C]과 10^{-3} [C]의 두 점전하가 있다. 두 점전하 사이에 작용하는 힘은 몇 [N]인가?

풀이 식 (3.5)에서

$$F = 9 \times 10^9 \frac{10^{-6} \times 10^{-3}}{1^2} = 9\,[\mathrm{N}]$$

예제 3.2

진공 중에 원점 (0, 0) [m]에 10 [μC]의 점전하가 있을 때 이 점전하로부터 (3, 4) [m]인 점 P에 5 [μc]의 점전하에 작용하는 힘은 몇 [N]인가?

풀이 식 (3.6) 쿨롱의 법칙에서

$$\boldsymbol{F} = \frac{Q_1 Q_2}{4\pi\epsilon_0 r^2}\boldsymbol{r}_0\,[\mathrm{N}]$$

$$F = 9 \times 10^9 \frac{10 \times 10^{-6} \times 5 \times 10^{-6}}{5^2} \frac{1}{5}(3\boldsymbol{i} + 4\boldsymbol{j}) = 18 \times 10^{-3}(0.6\boldsymbol{i} + 0.8\boldsymbol{j})\,[\mathrm{N}]$$

수련문제

1 공기 중에 2×10^{-6} [C]의 두 점전하가 있을 때 두 점전하 사이에 4×10^{-3} [N]의 힘이 작용하면 두 점전하 사이의 거리는 몇 [m]인가?

답 3 [m]

2 점 $A(0, 3, 0)$ [m]에 5 [μC], $B(0, -3, 0)$ [m]에 5 [μC], $C(4, 0, 0)$ [m]에 3 [μC]의 전하를 놓았을 때 점 C에 있는 3 [μC]에 작용하는 힘은?

풀이 선분 AC의 길이를 $\boldsymbol{r}$ [m]라 하면

$$\boldsymbol{r}_1 = 4\boldsymbol{i} - 3\boldsymbol{j}\,[\mathrm{m}],\ r_1 = 5\,[\mathrm{m}],\ \boldsymbol{r}_{01} = \frac{1}{5} \times (4\boldsymbol{i} - 3\boldsymbol{j})\,[\mathrm{m}]$$

$$\boldsymbol{F}_1 = 9 \times 10^9 \times \frac{5 \times 3 \times 10^{-12}}{25} \times \frac{1}{5}(4\boldsymbol{i} - 3\boldsymbol{j}) = (4.32\boldsymbol{i} - 3.224\boldsymbol{j}) \times 10^{-3}\,[\mathrm{N}]$$

선분 BC의 길이를 $\boldsymbol{r}_2$ [m]라 하면

$$\boldsymbol{r}_2 = 4\boldsymbol{i} + 3\boldsymbol{j}\,[m],\ r_2 = 5\,[\mathrm{m}],\ \boldsymbol{r}_{02} = \frac{1}{5} \times (4\boldsymbol{i} + 3\boldsymbol{j})$$

$$\boldsymbol{F}_2 = 9 \times 10^9 \times \frac{5 \times 3 \times 10^{-12}}{25} \times \frac{1}{5}(4\boldsymbol{i} + 3\boldsymbol{j}) = (4.32\boldsymbol{i} + 3.224\boldsymbol{j}) \times 10^{-3} \text{ [N]}$$

$$\boldsymbol{F} = \boldsymbol{F}_1 + \boldsymbol{F}_2 = 8.64 \times 10^{-3}\boldsymbol{i} \text{ [N]}$$

3 한 변의 길이가 1 [m]인 정삼각형의 각 꼭지점에 10^{-8} [C]의 점전하가 있을 때 한 꼭지점에 작용하는 힘은?

답 $9\sqrt{3} \times 10^{-7}\boldsymbol{j}$ [N]

3.3 전계(electric field)

대전체 주위의 전하는 쿨롱의 법칙에 의한 힘을 받는다. 이와 같이 전기력이 존재하는 공간을 그 대전체에 의한 전계 또는 전장이라 한다.

특히 전하가 공간에 있을 때 시간이 변화하여도 전하의 크기와 위치가 항상 일정한 경우를 정전계(electrostatic field)라 한다.

그리고 전계 내의 한 점에 $+1$ [C] 단위 정전하를 놓았을 때 이에 작용하는 힘을 그 점에 대한 전계의 세기라 한다.

여기서 단위 정전하에 의한 전계가 처음의 전계에 영향을 주면 전계를 구하는 의미가 없으므로, 처음의 상태의 전계에 영향을 주지 않는 미소 전하를 가정하고 이를 점전하(test charge)라 한다.

그림 3.4에서와 같이 점전하 Q [C]으로부터 $\boldsymbol{r}$ [m]인 P점의 전계의 세기는

$$\boldsymbol{E} = \frac{1}{4\pi\epsilon_0}\frac{Q}{r^2}\boldsymbol{r}_0 \text{ [N/C]} \tag{3.7}$$

전계가 크기만을 나타내는 스칼라일 때는

$$E = \frac{Q}{4\pi\epsilon_0 r^2} \text{ [N/C]} \tag{3.8}$$

전계의 세기가 $\boldsymbol{E}$인 곳, 점 P에 점전하 Q' [C]을 놓으면 점 P에 작용하는 힘은

$$\boldsymbol{F} = \boldsymbol{E} \cdot Q' \text{ [N]} \tag{3.9}$$

가 된다.

또 전계의 세기의 단위는 [N/C] = [N m/C m] = [J/C m] = [V/m]로 사용된다.

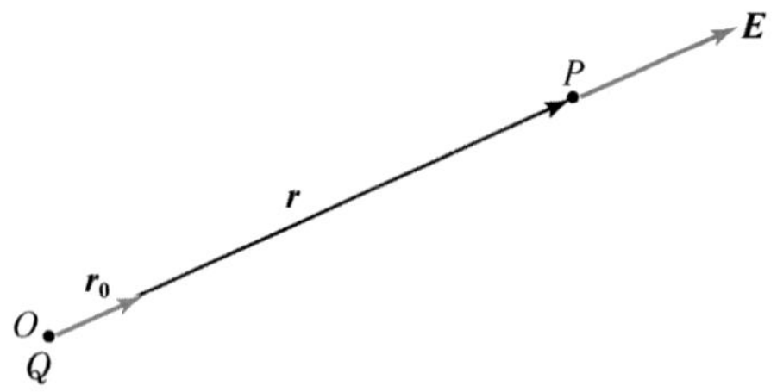

그림 3.4 점전하 Q[C]로부터 P점의 전계

예제 3.3

공기 중에 원점 (0, 0) [m]에 1 [μC]의 점전하가 있다. 점 $P(3, 4)$ [m]의 전계의 세기는 얼마인가?

풀이 식 (3.7)에서

$$\boldsymbol{E} = \frac{Q}{4\pi\epsilon_0 r^2}\boldsymbol{r}_0 = 9\times10^9\frac{Q}{r^2}\boldsymbol{r}_0 \text{ [V/m]}$$

이므로

$$\boldsymbol{r} = \boldsymbol{P}-0 = 3\boldsymbol{i}+4\boldsymbol{j} \text{ [m]}$$

이므로

$$r = \sqrt{3^2+4^2} = 5 \text{ [m]},\quad \boldsymbol{r}_0 = \frac{1}{5}(3\boldsymbol{i}+4\boldsymbol{j})$$

이고,

$$Q = 10^{-6} \text{ [C]}$$

이므로 식 (3.7)에서

$$\boldsymbol{E} = 9\times10^9\frac{10^{-6}}{5^2}\frac{(3\boldsymbol{i}+4\boldsymbol{j})}{5} = 216\boldsymbol{i}+288\boldsymbol{j} \text{ [V/m]}$$

예제 3.4

공기 중 점 (2, −4, 5) [m]에 2.25×10^{-6} [C]의 점전하가 있다. 점 $P(4, 6, -6)$ [m]의 전계의 세기는 얼마인가?

풀이 식 (3.7)에서

$$\boldsymbol{E} = \frac{Q}{4\pi\epsilon_0 r^2}\boldsymbol{r}_0 = 9\times10^9\frac{Q}{r^2}\boldsymbol{r}_0 \text{ [V/m]}$$

이므로

$$r = 2i + 10j - 11k\,[\mathrm{m}],\ r = 15\,[\mathrm{m}],\ r_0 = \frac{1}{15}(2i + 10j - 11k)$$

$$E = 9 \times 10^9 \frac{2.25 \times 10^{-6}}{15^2} \frac{1}{15}(2i + 10j - 11k)$$
$$= 12i + 60j - 66k\,[\mathrm{V/m}]$$

예제 3.5

공기 중 10 [pC]의 점전하에 작용하는 힘 $F = 2i + j + 2k$ [mN]일 때 이 점전하에 작용하는 전계의 세기의 크기는?

풀이 식 (3.9)에

$$E = \frac{F}{Q} = \frac{(2i + j + 2k) \times 10^{-3}}{10 \times 10^{-12}} = (2i + j + 2k) \times 10^{+8}\,[\mathrm{V/m}]$$
$$E = \sqrt{2^2 + 1^2 + 2^2} \times 10^{+8} = 3 \times 10^{+8}\,[\mathrm{V/m}]$$

수련문제

1 전하량이 10^{-9} [C]인 점전하로부터 10 [m] 떨어진 점의 전계의 세기는?

답 9×10^{-2} [V/m]

2 진공 중에 A점 (1, 0) [m]에 −3 [C], B점 (−1, 0) [m]에 +6 [C]의 전하가 있을 때 전계의 세기가 0 [V/m]인 곳은 −3 [C]로부터 몇 [m]인 곳인가?

답 −3 [C]에서부터 4.83 [m]

1. 점전하계

공간에 여러 개의 전하가 분포되어 있을 때 점 P의 전계는 각 점전하의 전계를 벡터의 대수로 합성하면 된다. 그림 3.5의 두 점전하로부터의 점 P의 전계의 세기는

$$E = E_1 + E_2\,[\mathrm{V/m}]$$
$$= \frac{1}{4\pi\epsilon_0}\frac{Q_1}{r_1^2} r_{01} + \frac{1}{4\pi\epsilon_0}\frac{Q_2}{r_2^2} r_{02}\,[\mathrm{V/m}]$$

$$= \frac{1}{4\pi\epsilon_0}\left(\sum_{l=1}^{n}\frac{Q_n}{r_l^{\ 2}}\boldsymbol{r}_{0l}\right)\ [\mathrm{V/m}] \tag{3.10}$$

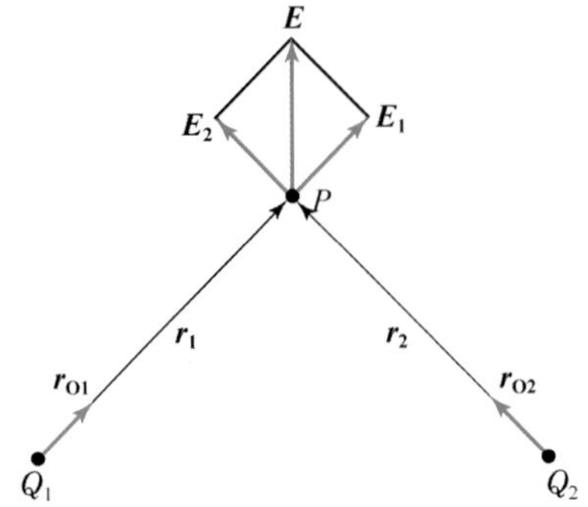

그림 3.5 두 점전하로부터 P점의 전계

예제 3.6

진공 중의 점 $A(0, 0)$ [m]와 점 $B(5,0)$ [m]에 각각 -40 [μC], 90 [μC]의 점전하가 있을 때 점 $P(2, 0)$ [m]의 전계의 세기는 얼마인가?

풀이 $\boldsymbol{AP} = 2\boldsymbol{i} = \boldsymbol{r}_1$ [m], $\boldsymbol{r}_{01} = \boldsymbol{i}$

$\boldsymbol{BP} = -3\boldsymbol{i} = \boldsymbol{r}_2$ [m], $\boldsymbol{r}_{02} = -\boldsymbol{i}$

$$\boldsymbol{E}_1 = 9\times 10^9\,\frac{(-40)\times 10^{-6}}{2^2}\boldsymbol{i} = -9\times 10^4\boldsymbol{i}\ [\mathrm{V/m}]$$

$$\boldsymbol{E}_2 = 9\times 10^9\,\frac{90\times 10^{-6}}{3^2}(-\boldsymbol{i}) = -9\times 10^4\boldsymbol{i}\ [\mathrm{V/m}]$$

$$\boldsymbol{E} = \boldsymbol{E}_1 + \boldsymbol{E}_2 = -18\times 10^4\,\boldsymbol{i}\ [\mathrm{V/m}]$$

2. 선전하분포

선전하의 전하밀도를 λ [C/m]라 할 때 미소길이 dl [m]의 전하 $dQ = \lambda dl$ [C]을 미소점전하로 보고 구하고자 하는 점의 전계를 식 (3.10)을 적용하여 벡터 대수로 구하면

$$\boldsymbol{E} = \frac{1}{4\pi\epsilon_0}\int_l \frac{\lambda dl}{r^2}\boldsymbol{r}_0\ [\mathrm{V/m}] \tag{3.11}$$

여기서 l [m]은 선전하의 길이이다.

예제 3.7

공기 중에 무한히 긴 직선 전하가 선 전하 밀도 λ [C/m]를 가지고 있다. 선전하로부터 수직으로 r [m]인 점의 전계의 세기는 얼마인가?

풀이 그림 3.6과 같이 유한길이의 직선 전하를 z축으로 하고 축상의 O점에서 r [m]인 점 P의 전계를 구하면 z축의 미소길이 dz [m]가 갖는 미소전하 $dQ = \lambda dz$ [C]로부터 $\boldsymbol{R}$ [m]인 점 P점의 전계 $d\boldsymbol{E}$ [V/m]는

$$d\boldsymbol{E} = \frac{1}{4\pi\epsilon_0}\frac{dQ}{R^2}\boldsymbol{R_0}\ [\text{V/m}] = \frac{1}{4\pi\epsilon_0}\frac{\lambda dz}{R^2}\boldsymbol{R_0}\ [\text{V/m}] \tag{3.12}$$

이것을 수평방향과 수직방향의 두 성분으로 나누면

수평방향의 성분 : $dE_z = dE\sin\theta$ [V/m]

그러나 이 값은 대칭성에 의하여 서로 상쇄되어 전체의 합계는 0이다.

수직방향의 성분 : $dE_r = dE\ \cos\theta = \dfrac{\lambda dz}{4\pi\epsilon_0 R^2}\cos\theta$ [V/m]

여기서 $z = r\ \tan\theta$가 되고 $dz = r\sec^2\theta\, d\theta$이고, $\cos\theta = \dfrac{r}{R}$을 대입하면

$$E_r = \int_{-\infty}^{\infty} dE_r = \frac{\lambda}{4\pi\epsilon_0 r}\int_{\frac{-\pi}{2}}^{\frac{\pi}{2}}\cos\theta\, d\theta = \frac{\lambda}{2\pi\epsilon_0 r}\ [\text{V/m}] \tag{3.13}$$

벡터로 표시하면 전계의 방향은 r [m]의 방향과 같으므로

$$\boldsymbol{E} = \frac{\lambda}{2\pi\epsilon_0 \boldsymbol{r}}\boldsymbol{r_0}\ [\text{V/m}] \tag{3.14}$$

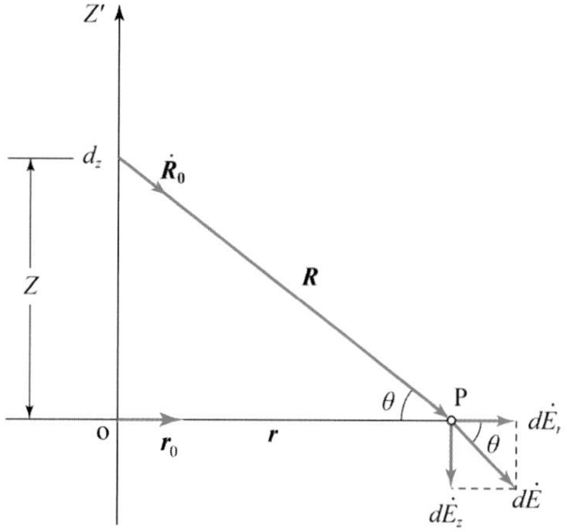

그림 3.6 무한히 긴 직선 전하의 전계

예제 3.8

선전하밀도가 50 [nC/m]인 무한길이의 선전하가 z 축에 놓여 있다. $P(3, 4, 0)$ [cm]인 곳의 전계의 세기는 얼마인가?

풀이 식 (3.14)에서 전계 $\boldsymbol{E} = \dfrac{\lambda}{2\pi\epsilon_0 r}\boldsymbol{r}_0$ [V/m]이고

$$\boldsymbol{r} = (3\boldsymbol{i} + 4\boldsymbol{j}) \times 10^{-2}\,[\mathrm{m}],\ r = 5 \times 10^{-2}\,[\mathrm{m}],\ \boldsymbol{r}_0 = \frac{\boldsymbol{r}}{r} = 0{,}6\boldsymbol{i} + 0.8\boldsymbol{j}$$

$$\boldsymbol{E} = 18 \times 10^9 \frac{50 \times 10^{-3}}{5 \times 10^{-2}}(0.6\boldsymbol{i} + 0.8\boldsymbol{j}) = (108\boldsymbol{i} + 140\boldsymbol{j}) \times 10^2\,[\mathrm{V/m}]$$

3.4 전기력선

전계 내의 전계의 세기 $\boldsymbol{E}$ [V/m]를 알면 그 점에 대한 전기력이 작용하는 모양을 알 수 있다. 그런데 전계 $\boldsymbol{E}$ [V/m]의 수식으로는 모든 공간의 전계를 구하기는 어려우므로 이를 직시적으로 표현하여 전계의 상태를 쉽게 알도록 전기력선 또는 전력선(line of electric flux)을 제안하였다.

전계 내에 단위 정전하 +1 [C]을 아무런 저항 없이 전기력에 따라 이동할 때 이동한 자취를 선으로 이어준 것이 전기력선으로 그림 3.7로 나타낸다.

전기력선은 서로 반발하며 정전하에서 부전하로 향하거나 무한대로 간다.

그리고 전기력선에 수직되는 단위 면적 1 [m^2]은 전력선의 수가 그 점에서 전계의 세기 $\boldsymbol{E}$ [V/m]의 크기이고 전기력선에서 접선을 그은 방향이 전계의 방향으로 정의한다.

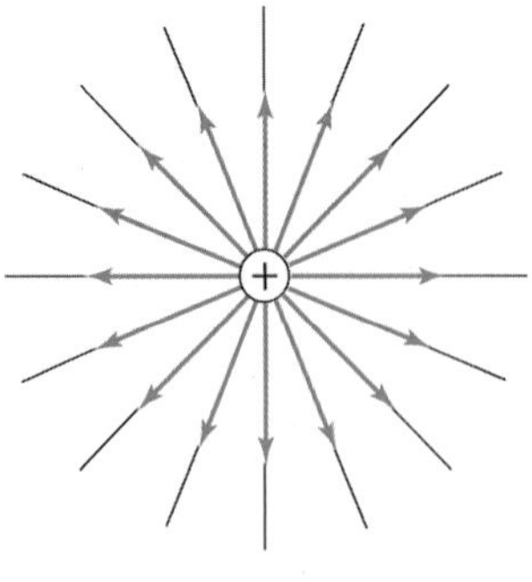

(a) 양전하

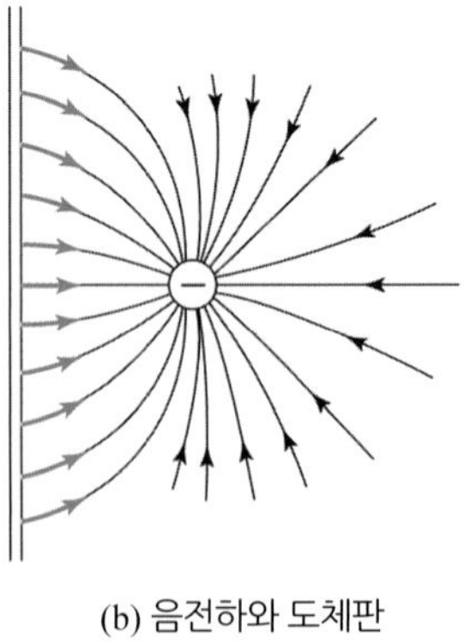

(b) 음전하와 도체판

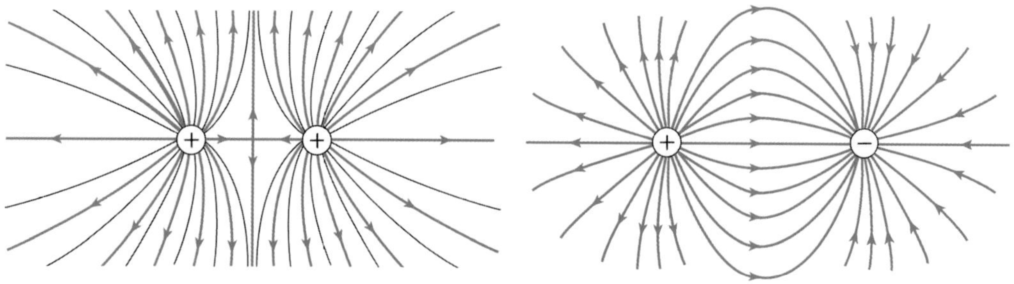

(c) 두 개의 양전하 (d) 양, 음 두 개의 전하

그림 3.7 점전하와 전기력선

그림 3.8(a)에서와 같이 전계에 수직되는 미소면적 $\Delta S\,[\mathrm{m}^2]$를 지나는 전기력선 수를 $\Delta N\,[\mathrm{lines}]$이라 하면

$$\lim_{\Delta S \to o} \frac{\Delta N}{\Delta S} = \frac{dN}{dS} = E \tag{3.15}$$

라 정의한다.

따라서 $dS\,[\mathrm{m}^2]$를 수직으로 통과하는 전계를 $\boldsymbol{E}\,[\mathrm{V/m}]$라 할 때 면적 $dS\,[\mathrm{m}^2]$를 수직으로 통과하는 전기력선은

$$dN = E\,dS\,[\mathrm{lines}] \tag{3.16}$$

이 된다.

그림 3.8(b)와 같이 $dS\,[\mathrm{m}^2]$가 $\boldsymbol{E}\,[\mathrm{V/m}]$에 대하여 각도 θ만큼 기울어졌을 경우 $dS\,[\mathrm{m}^2]$ 면적을 수직으로 통과하는 전기력선 N는

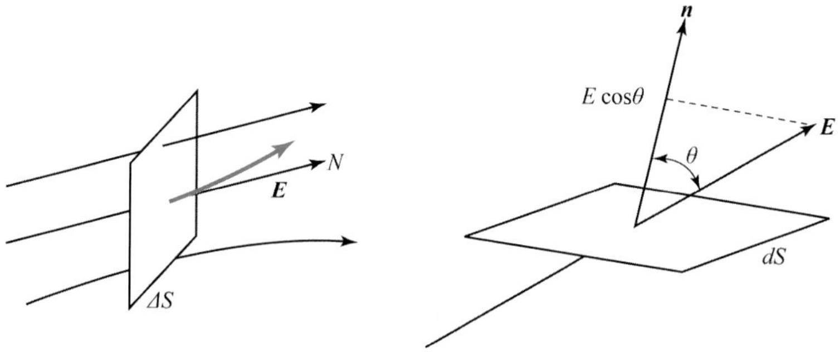

(a) (b)

그림 3.8 전기력선

$$E\cos\theta\, dS = \boldsymbol{E} \cdot \boldsymbol{n}\, dS \text{ [lines]}$$

$$N = \int_s \boldsymbol{E} \boldsymbol{n} ds \tag{3.17}$$

여기서 $\boldsymbol{n}$은 $dS[\mathrm{m}^2]$에 대한 법선 단위벡터이다.

예제 3.9

그림 3.8와 같이 면적이 $4\,[\mathrm{cm}^2]$인 면적에 전계의 세기 $10\,[\mathrm{V/m}]$가 면적의 법선 성분 $\boldsymbol{n}$과 60°의 각도를 이루고 있을 때 이 면적을 수직으로 통과하는 전기력선의 수는 얼마인가?

풀이 식 (3.17)에서 면적에 수직성분인 전기력선의 밀도는

$$E\cos\theta = 10\cos 60° = 5\,[\mathrm{V/m}]$$

$S = 4\,[\mathrm{cm}^2] = 4 \times 10^{-4}\,[\mathrm{m}^2]$이고, 전기력선의 수는

$$\therefore\; E\cos\theta\, S = 2 \times 10^{-3}\,[\text{lines}]$$

3.5 전기력선의 방정식

전기력선을 작도하기 위한 평면에서의 전기력선의 방정식을 다음과 같이 구한다.

그림 3.9와 같이 x, y 평면에 전계 $\boldsymbol{E}\,[\mathrm{V/m}]$가 분포하면 전기력 선상의 점 P에서의 전계 $\boldsymbol{E}\,[\mathrm{V/m}]$와 접선의 성분 중 미소길이 $d\boldsymbol{l}\,[\mathrm{m}]$을 각각

$$\boldsymbol{E} = \boldsymbol{i} E_x + \boldsymbol{j} E_y\ [\mathrm{V/m}] \tag{3.18}$$

$$d\boldsymbol{l} = \boldsymbol{i} d_x + \boldsymbol{j} d_y\ [\mathrm{m}] \tag{3.19}$$

전기력선의 정의에 의하여

$$\boldsymbol{E} \,/\!/\, dl \text{ 이므로 } E_x : E_y = dx : dy$$

$$\frac{dx}{E_x} = \frac{dy}{E_y} \tag{3.20}$$

의 전기력선의 방정식이 얻어진다.

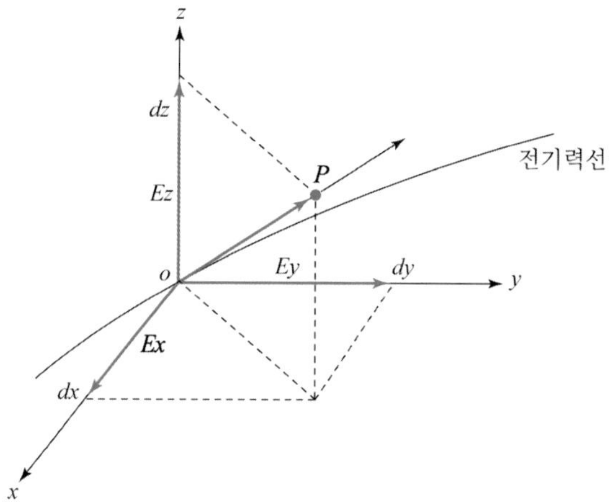

그림 3.9 전기력선의 방정식

예제 3.10

전계의 세기가 $\boldsymbol{E} = 4x\boldsymbol{i} - 4y\boldsymbol{j}$ [V/m]일 때 점 $P(2, 3)$ [m]를 통과하는 전기력선의 방정식을 구하시오.

풀이 식 (3.20)에서 전기력선의 방정식은

$$\frac{dx}{E_x} = \frac{dy}{E_y},\ E_x = 4x,\ E_y = -4y$$

이므로

$$\frac{dx}{4x} = \frac{dy}{-4y},\ \ln x = -\ln y + c_1$$

$xy = c$. 단 c, c_1은 상수

점 $P(2, 3)$ [m]를 지나므로

$$c = 6,\ xy = 6,\ y = \frac{6}{x}$$

수련문제

1 원점에 있는 점전하 Q[C]에 의한 임의의 점 $P(x, y)$ [m]의 전기력선의 방정식을 구하시오.

답 $y = cx$ 단 c는 상수

따라서 원점을 지나는 직선으로 나타나는데 전하가 $+Q$[C]이면 원점에서 무한대로 향하는 직선이 되고, $-Q$[C]이면 무한대에서 원점으로 향하는 직선이 된다.

2 공기 중에 무한히 긴 전선이 z축상에 선전하밀도 $\lambda = 2\pi\epsilon_0$ [C/m]를 가지고 있을 때 점 $P(2, 3)$ [m]를 지나는 전기력선의 방정식은?

답 $y = \frac{3}{2}x$

3.6 전계의 일

공기 중의 전계 $\boldsymbol{E}$[V/m] 내의 한 점 P에 Q[C]의 전하를 놓으면 이 전하에는 힘이 작용된다. 이때 작용하는 힘은 식 (3.9)에 의하여 $\boldsymbol{F} = Q\boldsymbol{E}$[N]이 된다. 이 전하를 그림 3.10과 같이 전계의 반대 방향으로 이동하려면 외부에서 힘 $\boldsymbol{F}$[N]를 가해야 하며 이때 가한 힘과 거리에 따르는 일을 하여야 한다. 그림 3.10과 같이 P점의 전하 Q[C]에게 힘 $\boldsymbol{F}$[N]를 전계와 반대방향으로 가하여 점 B와 점 A 사이의 미소길이 Δl [m]만큼 이동하면 이때 필요한 일 ΔW [J]은

$$\Delta W = -F\Delta l\cos\theta = -QE\Delta l\cos\theta \text{ [J]} \tag{3.21}$$

이때 $\cos\theta$는 0°이므로

$$\Delta W = -QE\Delta l \tag{3.22}$$

이때 점 B에서 점 A까지 Q[C]을 이동하는 데 필요한 일 W [J]는

$$W = -\int_B^A Q\boldsymbol{E} \cdot dl = Q\int_A^B \boldsymbol{E} \cdot dl \text{ [J]} \tag{3.23}$$

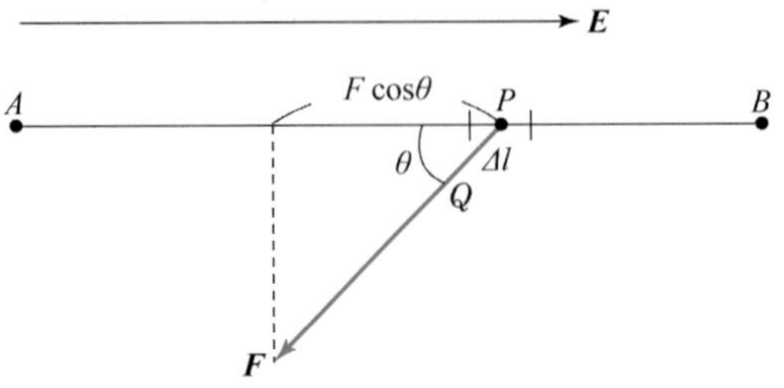

그림 3.10 전계와 일

이때 계산된 결과가 >0, 즉 (+)이면 전위의 증가로 나타나고 외부에서 일이 행하여진 것이고, 계산된 결과가 <0, 즉 (−)이면 전위의 감소로 나타나고 전계가 일을 한 것이다.

예제 3.11

공기 중에서 전계와 반대 방향으로 10 [μC]의 점전하를 2 [m] 이동시키는 데 1 [mJ]의 에너지가 소비되었다. 두 점 사이의 전위차는 얼마인가?

풀이 $W = QV$[J]에서 $V = \frac{W}{Q} = \frac{10^{-3}}{10\times 10^{-6}} = 100$ [V]

예제 3.12

전계 $\boldsymbol{E} = 2\boldsymbol{i}$[V/m]일 때 +1[C]의 전하를 $B(3,0)$[m]점에서 점 $A(1,0)$[m]로 이동시킬 때 필요한 일은?

풀이 식 (3.22)에서

$$W = -\int_B^A Q\boldsymbol{E}\cdot d\boldsymbol{l} = -Q\int_B^A (Ex\boldsymbol{i} + Ey\boldsymbol{j} + Ez\boldsymbol{k})\cdot(\boldsymbol{i}dx + \boldsymbol{j}dy + \boldsymbol{k}dz)\,[\mathrm{J}]$$

에서 전계와 변위가 x방향에서 발생하였으므로

$$W = -\int_3^1 2\boldsymbol{i}\cdot 2\boldsymbol{i}\,dx = -\int_3^1 4\,dx = 8[\mathrm{J}]$$: 위치에너지의 증가

3.7 전위(electric potential)

전하 분포에 의한 전계를 보다 이해하기 쉽게 하기 위하여 스칼라인 에너지의 개념을 도입하여 벡터인 전계를 구한다.

그림 3.11(a)에서와 같이 중력 $\boldsymbol{H}$[N]가 작용하는 중력장에서 P점에서 W[J]의 위치에너지를 갖는 물체가 P'점으로 미소길이 dl [m]만큼 중력 방향으로 변위하였다면, 중력이 행한 일 $\boldsymbol{H}\cdot d\boldsymbol{l}$ [J]로 인하여 P'점의 위치에너지는 $-dW$[J]만큼 감소하게 된다.

따라서 $-dW = \boldsymbol{H}\cdot d\boldsymbol{l}$ [J] 반대로 그림 3.11(b)에서와 같이 중력에 반대방향으로 물체를 P'로 상승하였다면 물체의 위치에너지는 $+dW$[J]만큼 증가하며, 이때 필요한 일은 $-\boldsymbol{H}\cdot d\boldsymbol{l}$ [J]이 되며

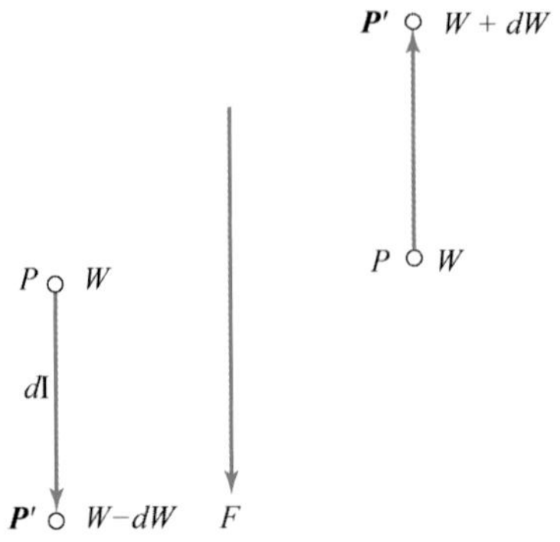

그림 3.11 중력장과 위치에너지

$$d\,W = \boldsymbol{H} \cdot d\boldsymbol{l}\ [\mathrm{J}] \tag{3.24}$$

가 된다.

이와 같은 원리로 전계 내에서는 그림 3.12와 같이 중력($\boldsymbol{H}$)을 전계($\boldsymbol{E}$)로 위치에너지 W를 식 (3.23)에 의하여 전위 V[V]로 표시하면

그림 3.12에서 전계 $\boldsymbol{E}$[V/m] 내의 두 점 A, B의 전위차는

$$V_{AB} = -\int_B^A \boldsymbol{E} \cdot d\boldsymbol{l}\,[\mathrm{V}] = V_A - V_B \tag{3.25}$$

가 된다.

전위의 기준은 이론적 계산에서는 전계가 0 [V/m]이 되는 무한원점으로 하고, 그 값을 0 [V]으로 한다.

무한 원점을 기준으로 한 전계 내의 임의의 점 P의 전위는

$$V_P = -\int_\infty^P \boldsymbol{E} \cdot d\boldsymbol{l} = \int_P^\infty \boldsymbol{E} \cdot d\boldsymbol{l}\,[\mathrm{V}] \tag{3.26}$$

전계 내의 점 P의 전위는 +1 [C](단위 정전하)을 전계가 0 [V/m]인 무한원점에서 점 P

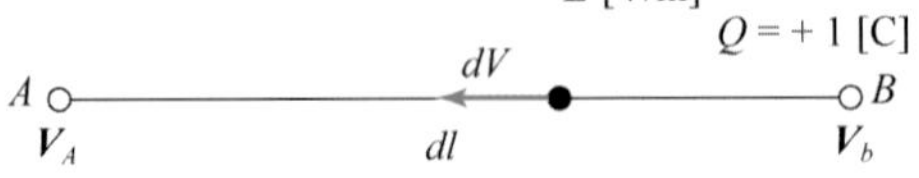

그림 3.12 전계와 전위 및 전위차

까지 운반한 외부에서 한일 또는 점 P에서 무한원점까지 $+1$ [C]의 전하를 운반한 전계가 한 일로 정의된다.

실제의 전위의 기준점은 우리 주위에서 가장 큰 물체이며 도체인 지구를 0 [V]으로 하고 모든 전기장치를 접지하여 사용한다.

예제 3.13

공기 중의 점전하 Q[C]에서 a[m]되는 점을 P라 할 때 점 P의 전위를 구하시오.

풀이 그림에서 보는 바와 같이 점전하 Q[C]에서 a[m]인 점 P의 전위는 식 (3.26)에서

$$V_P = -\int_{\infty}^{a} \frac{Q}{4\pi\epsilon_0 r^2} dr = \frac{Q}{4\pi\epsilon_0}\left[\frac{1}{r}\right]_{\infty}^{a} = \frac{Q}{4\pi\epsilon_0 a} \text{ [V]}$$

이때 점전하로부터의 거리를 r [m]이라 하면

$$V = \frac{Q}{4\pi\epsilon_0 r} \text{ [V]} = 9\times 10^9 \frac{Q}{r} \text{ [V]}$$

예제 3.14

공기 중에서 점전하 $Q=1$ [μC]이 있을 때 점전하로부터 9 [m]인 점 A의 전위는 얼마인가?

풀이 예제 3.13으로부터 점 A의 전위 V_A는

$$V_A = 9\times 10^9 \frac{10^{-6}}{9} = 1000 \text{ [V]}$$

예제 3.15

공기 중에서 $Q=1$ [μC]이 있을 때 점전하로부터 9 [m]인 점 A와 12 [m]인 점 B 사이의 전위차는 얼마인가?

풀이 예제 3.13으로부터 점 A의 전위 V_A는

$$V_A = 9\times 10^9 \frac{10^{-6}}{9} = 1000 \text{ [V]}$$

점 B의 전위 V_B는

$$V_B = 9\times 10^9 \frac{10^{-6}}{12} = 750 \text{ [V]}$$

두 점 간의 전위차 V_{AB}는

$$1000 - 750 = 250 \text{ [V]}$$

즉, 점 A가 점 B보다 250 [V] 높다.

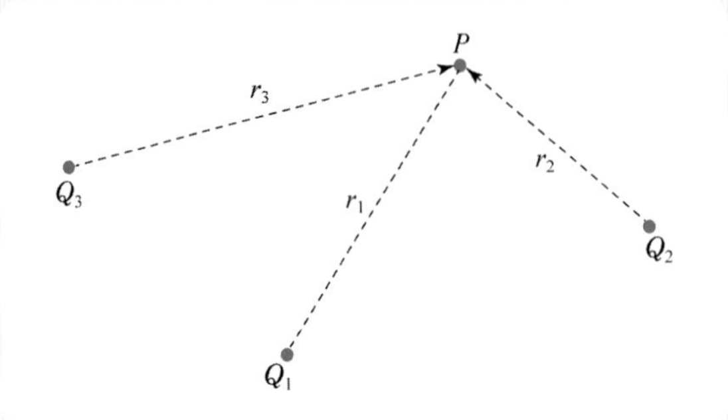

그림 3.13 점전하 분포의 전위

단위 정전하가 전계에 의하여 높은 전위의 점에서 낮은 전위의 점으로 이동하는데, 이때 전계는 일을 하게 되므로 전하는 그 자신의 위치에너지가 감소하게 된다.

따라서 전계 내의 전하는 그 자신의 에너지가 최소로 되는 분포상태에서 안정(정지상태)을 유지한다고 볼 수 있는데, 이 관계를 톰슨(Thomson)의 정리라 하며 이러한 상태의 전위분포에 의한 전계가 정전계이다.

그림 3.13과 같이 점전하 Q_1, Q_2, Q_3, $Q_4 \cdots + Q_n$ [C]이 분포되어 있는 경우 임의의 점 P의 전위 V_P [V]는

$$\begin{aligned} V_P &= V_1 + V_2 + \cdots\cdots\cdots + V_n \\ &= \frac{1}{4\pi\epsilon_0}\left(\frac{Q_1}{r_1} + \frac{Q_2}{r_2} + \cdots\cdots\cdots + \frac{Q_n}{r_n}\right) \\ &= \frac{1}{4\pi\epsilon_0}\sum_{i=1}^{n}\frac{Q_i}{r_i} \text{ [V]} \end{aligned} \tag{3.27}$$

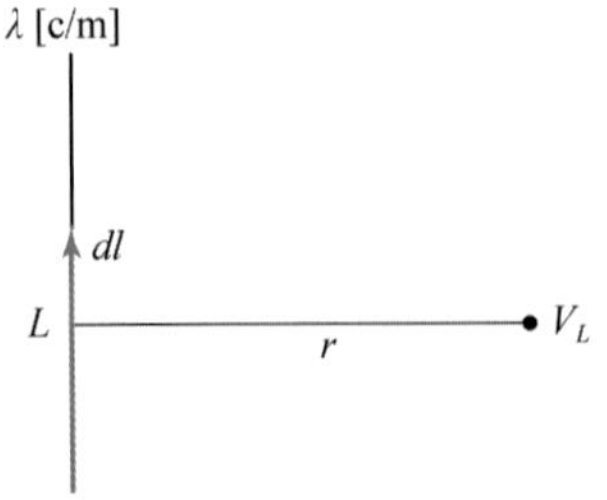

그림 3.14 선전하 분포와 전위

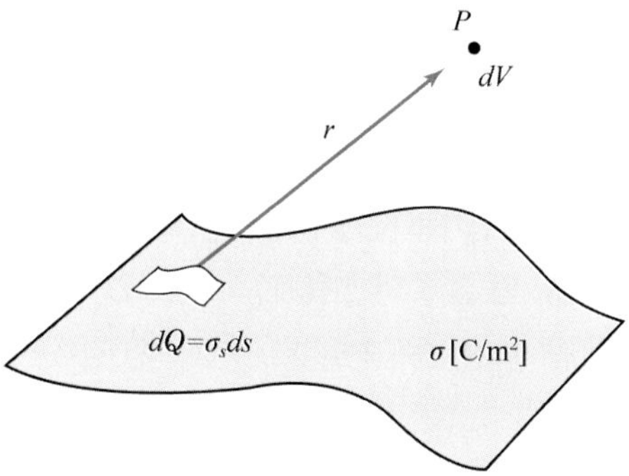

그림 3.15 면전하 분포와 전위

그림 3.14와 같이 직선 l [m]의 도선에 선전하밀도 λ [C/m]가 분포되어 있는 경우 점 p의 전위는

$$V_P\,[\mathrm{V}]\text{는 } V_P = \frac{1}{4\pi\epsilon_0}\int_l \frac{\lambda\, dz}{r}\,[\mathrm{V}] \tag{3.28}$$

그림 3.15와 같이 면적 $S[\mathrm{m}^2]$에 면적전하밀도 σ [C/m²]가 분포하는 경우 점 P의 전위는

$$V_P = \frac{1}{4\pi\epsilon_0}\int_S \frac{\sigma}{r}\, dS\,[\mathrm{V}] \tag{3.29}$$

그림 3.16과 같이 체적 v [m³]에 체적전하밀도 ρ[C/m³]가 분포하는 경우 점 P의 전위는

$$V = \frac{1}{4\pi\epsilon}\int_v \frac{\rho\, dv}{r}\,[\mathrm{V}] \tag{3.30}$$

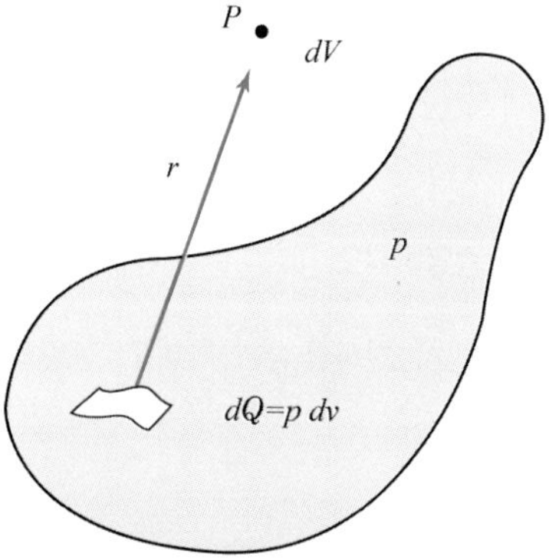

그림 3.16 체적전하 분포와 전위

수련문제

1 원점에 1 [μC]의 점전하가 있을 때 $r = 6$[m]점 A의 전위를 다음의 조건에서 구하시오.

a) 점전하로부터 무한원점의 전위가 0 [V]인 경우 답 1500 [V]

b) 점전하로부터 $r = 10$[m]인 점 C의 전위 $V_C = 0$[V]인 경우 답 600 [V]

c) 점전하로부터 $r = 9$[m] 인 점 B의 전위 $V_B = 0$[V]인 경우 답 500 [V]

2 진공 중에서 점 P는 점전하 10[μC]으로부터 2 [m]이고, 30[μC]으로부터 3[m]일 때 이 점의 전위는 얼마인가?

답 45 [kV]

3.8 등전위면(equipotential)

전계 내에 전위가 같은 점을 연결하여 얻어지는 면이 등전위면이다. 공기 중의 한 점에 점전하가 있는 경우의 등전위면은 점전하로부터 거리가 같은 점으로 이어지므로 구 표면처럼 곡면이 된다.

이때 등전위면은 다음과 같은 성질을 갖는다.

1. 서로 다른 등전위면은 교차하지 않는다.
2. 등전위면과 전기력선은 서로 수직이다.
3. 어떤 등전위면 내부에 전위가 높은 등전위면이 있으면 등전위면 내부에 정(+)전하가 존재하고, 반대로 전위가 낮은 등전위면이면 부(−)전하가 존재한다.

예제 3.16

등전위면과 전기력선이 서로 수직임을 증명하시오.

풀이 그림 3.17과 같이 등전위면상에서 전하를 운반하여도 전위의 변화가 없으므로 $dV = 0$[V]이 된다.

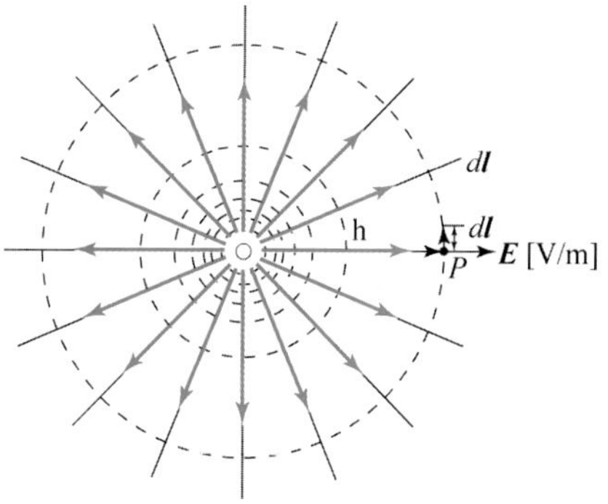

그림 3.17 등전위면과 전계

지금 그림 3.17의 등전위면 상의 한 점 P의 전기력선의 접선의 방향인 전계를 $\boldsymbol{E}$ [V/m], 등전위면상의 미소거리를 dl [m]라 하면 $dV = \boldsymbol{E} \cdot dl = E\cos\theta \cdot dl = 0$. [V]이 된다. 이 경우 $\boldsymbol{E} \neq 0$, $dl \neq 0$이므로 $\theta = 90°$이다. 즉, 전계와 이동거리(dl [m])는 서로 수직이므로 전기력선과 등전위면은 서로 수직이다.

예제 3.17

점전하 $Q = 10$ [μC]으로부터 전위가 10 [V]와 18 [V]인 등전위를 나타내는 곳의 위치는 점전하로부터 몇 [m]인가?

풀이 점전하로부터의 전위는 예제 3.13에서 점전하로부터의 거리를 r [m]이라 하면
$Q = 10$ [μC] 으로부터 10 [V]인 점은

$$E = 9 \times 10^9 \frac{Q}{r^2}$$

$$V = E \cdot r = 9 \times 10^9 \frac{Q}{r} \text{에서}$$

$$r_1 = 9 \times 10^9 \frac{Q}{V} = 9 \times 10^9 \frac{10 \times 10^{-6}}{10} = 9 \text{ [km]}$$

즉, 점전하로부터 9 [km]인 곳은 전위가 10 [V]로 등전위이다.
$Q = 10$ [μC]으로부터 18 [V]인 점은

$$r_2 = 9 \times 10^9 \frac{10 \times 10^{-6}}{18} = 5 \text{ [km]}$$

즉, 점전하로부터 5 [km]인 곳은 전위가 18 [V]로 등전위이다.

3.9 전위경도(potential gradient)

전위와 전계의 관계를 수식화하기 위하여 가상 변위의 원리 식 (3.23)을 이용하여 다음과 같이 유도한다. 그림 3.18과 같이 전계 $\boldsymbol{E}$ [V/m] 내의 임의의 점 $P(x,\ y,\ z)$ [m]의 전위를 V [V]라면 전계 내의 $+1$ [C]의 단위 정전하를 미소길이 dl [m]만큼 이동하였다면 전위의 감소는 식 (3.25)에서 $-dV = \boldsymbol{E} \cdot dl$ [V]가 된다. 이것을 공간 내의 각 좌표의 방향으로 표시하면, x 축에서는

$$-dV = E_x\, dx \text{ [V]}$$

$$E_x = -\frac{dV}{dx} = -\frac{\partial V}{\partial x}$$

y 축에서는

$$-dV = E_y\, dy \text{ [V]}$$

$$E_y = -\frac{dV}{dy} = \frac{\partial V}{\partial y}$$

z 축에서는

$$-dV = E_z\, dz \text{ [V]}$$

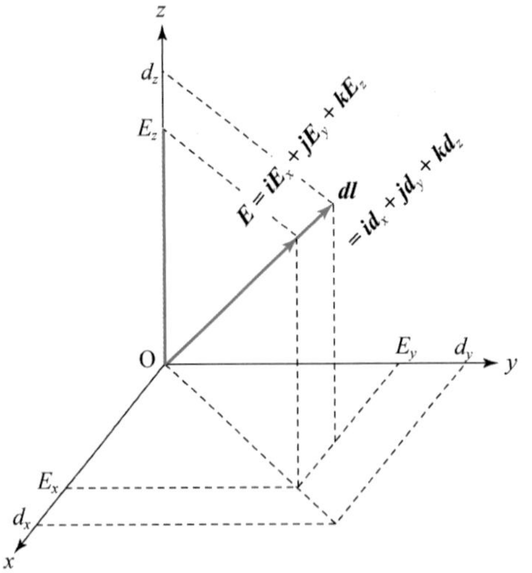

그림 3.18 전위경도

$$E_z = -\frac{dV}{dz} = \frac{\partial V}{\partial z}\ [\mathrm{V}]$$

가 된다.

$$\begin{aligned}\text{전계 } \boldsymbol{E} &= \boldsymbol{i}E_x + \boldsymbol{j}E_y + \boldsymbol{k}E_z \\ &= -\left(\boldsymbol{i}\frac{\partial V}{\partial x} + \boldsymbol{j}\frac{\partial V}{\partial y} + \boldsymbol{k}\frac{\partial V}{\partial z}\right) \\ &= -\left(\boldsymbol{i}\frac{\partial}{\partial x} + \boldsymbol{j}\frac{\partial}{\partial y} + \boldsymbol{k}\frac{\partial}{\partial z}\right)V \\ &= -\nabla V = -grad\ V\ [\mathrm{V/m}]\end{aligned} \tag{3.31}$$

여기서 전위 $V\,[\mathrm{V}]$의 $x,\ y,\ z$ 방향의 증가율, 즉 전위의 길이에 대한 경도(구배 gradient)를 벡터로 표시한

$$\boldsymbol{i}\frac{\partial V}{\partial x} + \boldsymbol{j}\frac{\partial V}{\partial y} + \boldsymbol{k}\frac{\partial V}{\partial z} = grad\ V \tag{3.32}$$

를 전위경도(potential gradient)라 한다(즉, 전위의 $-$기울기는 전계이다).

식 (3.32)는 같은 거리에 대한 전위의 변화가 크면 전계가 강하게 작용한다는 물리 현상을 수식화한 것으로, 이러한 모든 해석은 열역학 유체역학 등 벡터해석이 적용되는 모든 분야에서 서로 관련되는 스칼라량과 벡터량 사이의 양적 관계를 구하는 데 이용된다.

예제 3.18

전위가 $V = x^2 + y^2\ [\mathrm{V}]$일 때 전계의 세기를 구하고, 전기력선의 방정식도 구하시오.

풀이 전위로부터의 전계는 식 (3.31)에서

$$\boldsymbol{E} = -grad\ V = -2x\boldsymbol{i} - 2y\boldsymbol{j}\ [\mathrm{V/m}]$$

전계로부터 전기력선은 식 (3.20)에서

$$\frac{dx}{E_x} = \frac{dy}{E_y}$$

이므로

$$\frac{dx}{-2x} = \frac{dy}{-2y}$$

$$\frac{dx}{x} = \frac{dy}{y} \qquad x = cy$$

단 c는 상수

즉, 원점에 점전하가 있는 경우이다.

이때 점전하가 정(+)이면 무한대의 거리를 향하여 방사하는 전기력선이고 점전하가 부(-)이면 무한대의 거리에서 원점으로 향하는 전기력선이 된다.

수련문제

1 진공 중에 전위가 $V = 2x^2 - 2y^2$ [V]일 때 점 $P(2,3)$ [m]를 지나는 전기력선의 방정식은?

답 $y = \frac{6}{x}$

2 공기 중에서 Q [C]의 점전하가 원점에 있을 때 점 $P(x, y, z)$ [m]의 전계를 구하시오.

답 $\boldsymbol{E} = \frac{Q}{4\pi\epsilon_0 r^2} \boldsymbol{r}_0$ [V/m]

3.10 전기 쌍극자(electric dipole)

미소물질인 원자 또는 분자와 같이 정(+), 부(-)의 두 점전하의 크기가 같고 두 전하 사이의 거리가 미소거리 δ[m]인 경우 이 한 쌍의 전하를 전기 쌍극자라 하며, 두 전하를 하나로 모아 취급한다.

전기 쌍극자에 의한 전계의 개념은 전자 재료 또는 반도체 내의 전계를 풀이하는 데 중요하

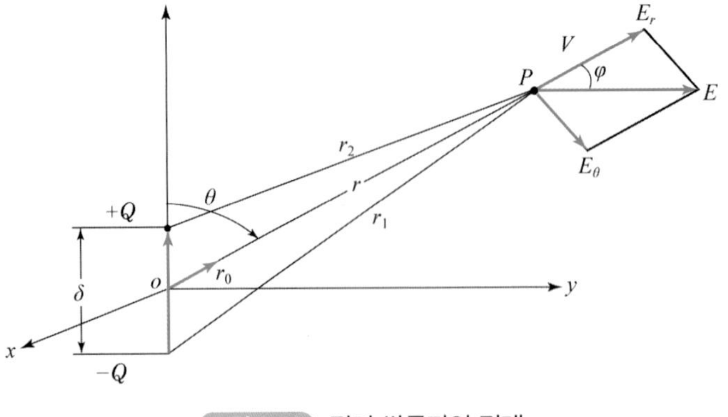

그림 3.19 전기 쌍극자의 전계

게 이용된다.

그림 3.19에서 전기 쌍극자의 양극에서 각각 r_1 [m], r_2 [m] 거리인 점 P의 전위는

$$V = \frac{Q}{4\pi\epsilon_0}\left(\frac{1}{r_1} - \frac{1}{r_2}\right)[\mathrm{V}] \tag{3.33}$$

지금 전기 쌍극자의 중심에서 점 p의 거리를 r[m], $-Q$[C]에서 $+Q$[C]로 향하는 쌍극자의 축을 δ[m]라고 하고, 쌍극자 축의 중심과 r[m]과의 각을 θ라고 한 후 점 P를 중심으로 r[m]을 반경으로 하는 원호를 취하면 $r \gg \delta$이므로

$$r_1 \fallingdotseq r - \frac{\delta\cos\theta}{2}\ [\mathrm{m}],\ r_2 \fallingdotseq r + \frac{\delta\cos\theta}{2}\ [\mathrm{m}]$$

로 놓을 수 있다. 따라서 식 (3.33)은

$$V = \frac{1}{4\pi\epsilon_0}\frac{Q\delta\cos\theta}{r^2}[\mathrm{V}] \tag{3.34}$$

$$\mu = Q\delta\ [\mathrm{C\ m}] : \text{전기 쌍극자 능률(electric dipole moment)} \tag{3.35}$$

$$V = \frac{1}{4\pi\epsilon_0}\frac{\mu\cos\theta}{r^2} = \frac{1}{4\pi\epsilon_0}\frac{\boldsymbol{\mu}\cdot\boldsymbol{r_0}}{r^2}[\mathrm{V}] \tag{3.36}$$

식 (3.36)에서 전위 V[V]는 구좌표로 표시되는 $(r,\ \theta,\ \phi)$의 함수이므로 식 (3.31)을 사용하면 P점의 전계는

$$\boldsymbol{E} = -\nabla V = -grad\ V = -\left(\frac{\partial V}{\partial r}\boldsymbol{a_r} + \frac{\partial V}{r\,\partial\theta}\boldsymbol{a_\theta} + a_\phi\frac{1}{r\sin\theta}\frac{\partial V}{\partial\phi}\right)[\mathrm{V/m}] \tag{3.37}$$

에서 $y-z$면상의 $P(r,\theta)$에서 전계

$$E_r = -\frac{\partial V}{\partial r} = \frac{1}{4\pi\epsilon_0}\frac{2\mu\cos\theta}{r^3}[\mathrm{V/m}] \tag{3.38}$$

$$E_\theta = -\frac{\partial V}{r\partial\theta} = \frac{1}{4\pi\epsilon_0}\frac{\mu\sin\theta}{r^3}[\mathrm{V/m}] \tag{3.39}$$

$$\text{전계 } \boldsymbol{E} = \sqrt{E_r^2 + E_\theta^2} = \frac{1}{4\pi\epsilon_0}\frac{\mu}{r^3}\sqrt{1+3\cos\theta}\ [\mathrm{V/m}] \tag{3.40}$$

r의 방향에 대한 전계 $\boldsymbol{E}$[V/m]방향의 각을 φ라 하면

$$\tan\varphi = \frac{E_r}{E_\theta} = \frac{1}{2}\tan\theta \tag{3.41}$$

예제 3.19

공기 중에 전기 쌍극자의 전하가 $\pm 9\,[\mu C]$이고 두 점전하의 거리가 $1\,[mm]$인 이 쌍극자의 중심으로부터 거리가 $3\,[m]$이고 각도가 60°인 점의 전위는?

풀이 식 (3.34)에서

$$V = \frac{1}{4\pi\epsilon_0}\frac{Q\delta\cos\theta}{r^2} = 9\times10^9\frac{9\times10^{-6}\times10^{-3}\times0.5}{9} = 4.5\,[V]$$

예제 3.20

공기 중에 전기 쌍극자 모멘트 $\mu = 4\pi\epsilon_0\,[Cm]$가 있다. 다음의 전계의 세기를 구하시오.

a) $r = 1\,[m]$, $\theta = 0°$
b) $r = 1\,[m]$, $\theta = 45°$
c) $r = 1\,[m]$, $\theta = 90°$

풀이 a) 식 (3.38)과 (3.39)에서

$$E_r = \frac{1}{4\pi\epsilon_0}\frac{2\mu\cos\theta}{r^3}\,[V/m] = \frac{2}{4\pi\epsilon_0}\frac{4\pi\epsilon_0\cos0°}{1^3} = 2\,[V/m]$$

$$E_\theta = \frac{1}{4\pi\epsilon_0}\frac{\mu\sin\theta}{r^3} = \frac{1}{4\pi\epsilon_0}\frac{4\pi\epsilon_0\sin0°}{1^3} = 0\,[V/m]$$

$$\therefore\ \boldsymbol{E} = 2\boldsymbol{a}_r\,[V/m]$$

b) 식 (3.38)과 (3.39)에서

$$E_r = \frac{1}{4\pi\epsilon_0}\frac{2\mu\cos\theta}{r^3} = \frac{2}{4\pi\epsilon_0}\frac{4\pi\epsilon_0\cos45°}{1^3} = 1.414\,[V/m]$$

$$E_\theta = \frac{1}{4\pi\epsilon_0}\frac{\mu\sin\theta}{r^3} = \frac{1}{4\pi\epsilon_0}\frac{4\pi\epsilon_0\sin45°}{1^3} = 0.707\,[V/m]$$

$$\therefore\ \boldsymbol{E} = 1.414\boldsymbol{a}_r + 0.707\boldsymbol{a}_\theta\,[V/m]$$

c) 식 (3.38)과 (3.39)에서

$$E_r = \frac{1}{4\pi\epsilon_0}\frac{2\mu\cos\theta}{r^3} = \frac{2}{4\pi\epsilon_0}\frac{4\pi\epsilon_0\cos90°}{1^3} = 0\,[V/m]$$

$$E_\theta = \frac{1}{4\pi\epsilon_0}\frac{\mu\sin\theta}{r^3} = \frac{1}{4\pi\epsilon_0}\frac{4\pi\epsilon_0\sin90°}{1^3} = 1\,[V/m]$$

$$\therefore\ \boldsymbol{E} = \boldsymbol{a}_\theta\,[V/m]$$

3.11 입체각(solid angle)

한 개의 직선이 한 점을 중심으로 회전하였을 때 만들어지는 원뿔각을 입체각이라 한다.

그림 3.20과 같이 원뿔의 정점을 중심으로 하는 임의의 길이 r [m]을 반경으로 하는 구면을 그렸을 때 원뿔면이 구면과 이루는 면적을 S [m^2]라 하면 입체각 ω [steradian]는

$$\omega = \frac{S}{r^2}\ [sr] \tag{3.42}$$

이때 $S = 4\pi r^2$ [m^2]인 구면의 입체각은 식 (3.42)에서 $\omega = 4\pi$ [sr]

$S = 2\pi r^2$ [m^2]인 반구의 입체각은 식 (3.42)에서 $\omega = 2\pi$ [sr]

지금 그림 3.21과 같이 미소면적 dS [m^2]가 임의의 점 o에 대하여 이루는 입체각 $d\omega$ [sr]은 점 o를 중심으로 하는 임의의 길이 r [m]를 반경으로 하는 구면을 그렸을 때 이 구면에 대한 dS [m^2]의 투형 면적을 dS' [m^2]라 하면 식 (3.42)에서 입체각 $d\omega$는

$$d\omega = \frac{dS}{r^2}\ [\mathrm{sr}] \tag{3.43}$$

이 된다. 이때 ds [m^2]에 세워진 법선 단위벡터 n이 r [m]과 이루는 각을 θ [rad]라 하면

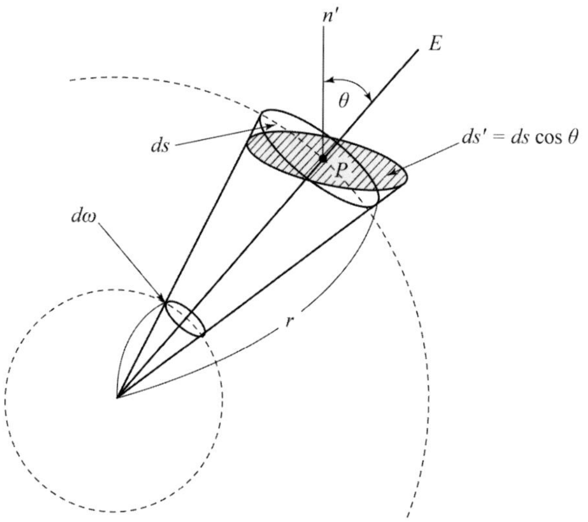

그림 3.20 입체각

$$ds' = ds\cos\theta\ [\mathrm{m}^2] \tag{3.44}$$

$$d\omega = \frac{dS\cos\theta}{r^2}\ [\mathrm{sr}] \tag{3.45}$$

예제 3.21

그림 3.21과 같이 반경 a [m]인 원판이 있다. 원판의 중심 축상 x [m]인 점 P 에서 이 원판과 이루는 입체각을 구하시오.

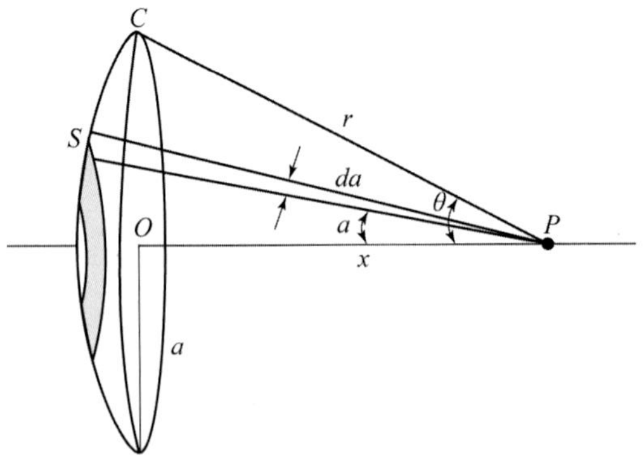

그림 3.21 원판의 입체각

풀이 그림 3.21과 같이 점 P와 원주상의 한 점 C를 연결하는 선과 중심 축상의 점 P가 이루는 각을 θ [rad]라 하고, $CP=r$을 반경으로 하는 구면상의 원판을 투형하였을 때 얻어지는 구면상의 면적을 S[m^2]라 하면 이 면적 S[m^2] 중 미소면적 dS[m^2]는

$$dS = 2\pi r^2 \sin\alpha\, r\, d\alpha\,[\mathrm{m}^2] = 2\pi r^2 \sin\alpha\, d\alpha\ [\mathrm{m}^2]$$

$$S = \int_0^\theta 2\pi r^2 \sin\alpha\, d\alpha = 2\pi r^2 (1-\cos\theta)\,[\mathrm{m}^2] \tag{3.46}$$

식 (3.42)에서

$$\omega = \frac{S}{r^2} = 2\pi(1-\cos\theta) = 2\pi\left(1-\frac{x}{\sqrt{a^2+x^2}}\right)[\mathrm{sr}] \tag{3.47}$$

이때 $x=0$이면 $\omega = 2\pi$ [sr](반구의 입체각, 면의 입체각)

3.12 가우스의 법칙(Gauss's law)

전하가 점으로 주어지는 경우의 전계는 쿨롱의 법칙을 바탕으로 구하였다. 전하가 점으로 주어지지 않은 경우(구, 선, 면적, 체적 등) 쿨롱의 법칙으로 해석하기에는 한계가 있다. 이 경우에 이를 간단히 해석하는 방법으로 가우스 법칙이 있다.

그림 3.22와 같이 점전하 $Q\,[\mathrm{C}]$이 P점에 있는 전계 중에 폐곡면 $S\,[\mathrm{m}^2]$를 정하고 그 면위에 미소면적 $dS\,[\mathrm{m}^2]$라 하고, 그 점의 전계의 세기를 $\boldsymbol{E}\,[\mathrm{V/m}]$라 하면 $dS\,[\mathrm{m}^2]$면을 수직으로 통과하는 전기력선의 수 dN은

$$dN = \boldsymbol{E} \cdot \boldsymbol{n}\,dS = E\cos\theta\,[\mathrm{lines}] \;\; (\text{단 } \boldsymbol{n}\text{은 법선단위벡터}) \tag{3.48}$$

폐곡면 전체를 수직으로 통과하는 전기력선의 수는

$$N = \int_S \boldsymbol{E} \cdot \boldsymbol{n}\,dS = \int_S E\cos\theta\,dS\,[\mathrm{lines}] \tag{3.49}$$

그리고 이 점의 전계의 세기 $\boldsymbol{E}\,[\mathrm{V/m}]$는 점 P에서 구하는 점까지의 거리를 $r\,[\mathrm{m}]$이라 하면

$$\boldsymbol{E} = \frac{1}{4\pi\epsilon_0}\,\frac{Q}{r^2}\,\boldsymbol{r}_0\,[\mathrm{V/m}] \tag{3.50}$$

또 식 (3.49)는

$$N = \int_S \boldsymbol{E} \cdot \boldsymbol{n}\,dS = \frac{Q}{4\pi\epsilon_0}\int_S \frac{\boldsymbol{r}_0 \cdot \boldsymbol{n}\,dS}{r^2} \tag{3.51}$$

가 된다. 이것을 입체각으로 표시하면

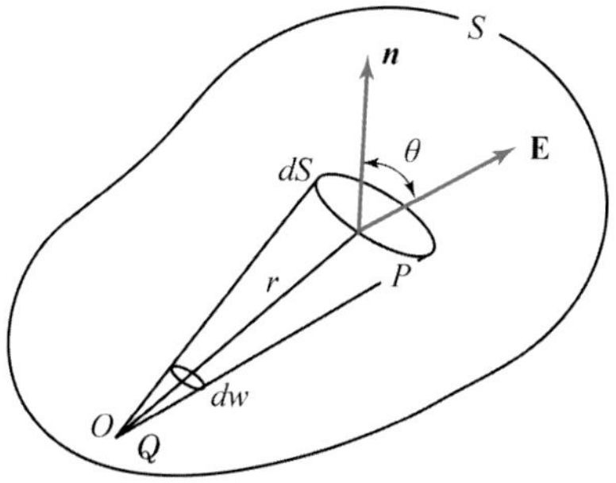

그림 3.22 폐곡선을 통과하는 전기력선 수(가우스의 법칙)

$$\frac{\boldsymbol{r}_0 \cdot \boldsymbol{n} dS}{r^2} = \frac{dS\cos\theta}{r^2} = d\omega\,[\mathrm{sr}] \tag{3.52}$$

이 된다. 따라서 폐곡면 $S[\mathrm{m}^2]$를 수직으로 통과하는 전기력선 $N[\mathrm{lines}]$은

$$N = \int_S \boldsymbol{E} \cdot \boldsymbol{n}\, dS = \frac{Q}{4\pi\epsilon_0} \int_\omega d\omega\,[\mathrm{lines}] \tag{3.53}$$

이때 점전하 $Q[\mathrm{C}]$은 폐곡면 내부에 있으므로 폐곡면의 입체각 w는

$$w = \int_\omega d\omega = 4\pi\,[\mathrm{sr}]$$

이므로 $N[\mathrm{lines}]$은

$$N = \int_S \boldsymbol{E} \cdot \boldsymbol{n}\, dS = \frac{Q}{\epsilon_0}\,[\mathrm{lines}] \tag{3.54}$$

가 된다.

즉, 전계 내의 임의의 폐곡면을 통과하여 나가는 전기력선의 총수는 폐곡면 내부 전하량의 $\frac{Q}{\epsilon_0}$ 배와 같다. 이 관계식을 **Gauss 법칙**이라 한다.

Gauss의 법칙은 전하의 크기와 모양에 관계없이 성립되는 것으로 이 경우의 폐곡면 S를 Gauss 표면이라 한다. 이 Gauss의 법칙은 일반적인 전하분포에 의한 전계 $\boldsymbol{E}[\mathrm{V/m}]$를 구할 때 또는 전계 $\boldsymbol{E}[\mathrm{V/m}]$를 형성하는 전하분포를 구하는 데 이용되는 중요한 법칙이다.

폐곡면 내의 전하분포가 선전하 분포, 면전하 분포, 체적전하 분포이고 그 전하밀도를 각각 $\lambda[\mathrm{C/m}]$, $\sigma[\mathrm{C/m}^2]$, $\rho[\mathrm{C/m}^3]$이면 가우스의 법칙은

$$N = \int_S \boldsymbol{E} \cdot \boldsymbol{n}\, dS = \frac{1}{\epsilon_0} \int_l \lambda\, dl \tag{3.55}$$

$$\int_S \boldsymbol{E} \cdot \boldsymbol{n}\, dS = \frac{1}{\epsilon_0} \int_S \sigma\, dS \tag{3.56}$$

$$\int_S \boldsymbol{E} \cdot \boldsymbol{n}\, dS = \frac{1}{\epsilon_0} \int_v \rho\, dv \tag{3.57}$$

만일 폐곡면 내에 전하분포가 없는 경우는

$$\int_S \boldsymbol{E} \cdot \boldsymbol{n}\, dS = \frac{Q}{\epsilon_0} = \frac{\lambda}{\epsilon_0} = \frac{\sigma}{\epsilon_0} = \frac{\rho}{\epsilon_0} = 0 \tag{3.58}$$

이 되어 폐곡면 $S[\mathrm{m}^2]$를 통하여 유입, 유출하는 전기력선의 총합은 0이 됨을 알 수 있고, 이것은 폐곡면 내에 전하분포가 없으면 전력선은 연속이 됨을 알 수 있다.

예제 3.22

$-0.2\,[\mu\mathrm{C}]$으로 대전된 동전과 선전하밀도가 $2\,[\mu\mathrm{C/m}]$인 $20\,[\mathrm{cm}]$의 전선을 폐곡면으로 둘러쌓였을 때 폐곡면에서 발산하는 전기력선의 수는?

풀이 폐곡면 내의 총전하는 점전하와 선전하의 합이므로

$$Q = -0.2\times10^{-6} + (2\times10^{-6}\times0.2) = 0.2\times10^{-6}\,[\mathrm{C}]$$

식 (3.53)에서 폐곡면에서 발산하는 전기력선의 수는

$$N = \int_S \boldsymbol{E}\cdot\boldsymbol{n}\,dS = \frac{Q}{\epsilon_0} \text{에서}$$

$$N = \frac{0.2\times10^{-6}}{8.854\times10^{-12}} = 2.25\times10^{4}\,[\mathrm{lines}]$$

수련문제

1 반경 $20\,[\mathrm{cm}]$인 원판에 면전하밀도 $\sigma = 8.854\times10^{-10}\,[\mathrm{C/m^2}]$가 분포되어 있을 때 이 원판에서 발산되는 전기력선의 수는 얼마인가?

답 $100\,[\mathrm{lines}]$

3.13 가우스 법칙의 계산 예

1. 구도체의 전하분포

그림 3.23과 같이 반경 a [m]인 구도체의 내부에 Q [C]의 전하가 대칭 분포하고 있을 때 구 중심에서 반경 $(r > a)$ [m]인 점 P의 전계 $\boldsymbol{E}$ [V/m]를 구하면

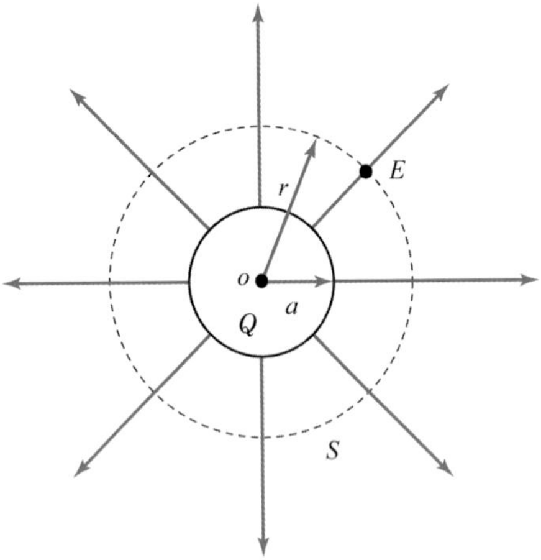

그림 3.23 구도체의 전계

구도체 중심 o에서 반경$(r > a)$ [m]인 구면을 폐곡면으로 하면 이 폐곡면의 면적 S [m^2]는 $S = 4\pi r^2$ [m^2]이고 폐곡면 내의 전하는 Q [C]이므로 가우스의 법칙을 적용하면 식 (3.53)에서

$$N = \int_S \boldsymbol{E} \cdot \boldsymbol{n}\, dS = \frac{Q}{\epsilon_0}\ [\text{lines}] = 4\pi r^2 E$$

$$E = \frac{Q}{4\pi \epsilon_0 r^2}\ [\text{V/m}]$$

$$\boldsymbol{E} = \frac{Q}{4\pi \epsilon_0 r^2} \boldsymbol{r}_0 = 9 \times 10^9 \frac{Q}{r^2} \boldsymbol{r}_0\ [\text{V/m}] \tag{3.59}$$

식 (3.59)는 점전하가 중심 o에 있고, 중심으로부터 $\boldsymbol{r}$ [m]인 P점의 전계의 식인 식 (3.7)과 같다. 따라서 전하 Q [C]가 구도체의 원점을 중심으로 하여 구도체에 균일하게 분포하고 있을 때에는 구도체 중심에 점전하 Q [C]가 있는 것으로 생각하여도 된다.

구도체 표면의 전계를 E_a [V/m]라 하면 E_a [V/m]는 식 (3.50)에 의하여 $r=a$로 하면

$$E = \frac{Q}{4\pi\epsilon_0 a^2} \text{ [V/m]} \tag{3.60}$$

이 된다.

또한 구도체 중심으로부터 거리 $(0 < r < a)$ [m]의 점 P'의 전계는 표면에 P'이 있는 반경 r [m]의 폐곡면을 생각하면 된다. 이 폐곡면 내부의 전하를 Q' [C]이라 하고 체적전하밀도를 ρ[C/m^3]라 하면

$$\frac{Q'}{Q} = \frac{\frac{4}{3}\pi r^3 \rho}{\frac{4}{3}\pi a^3 \rho} \qquad Q' = \frac{r^3}{a^3} Q \text{ [C]}$$

여기에 가우스의 정리를 적용하면 식 (3.54)에서

$$N = 4\pi r^2 E = \frac{Q'}{\epsilon_0}$$

$$E = \frac{r}{4\pi\epsilon_0 a^3} Q \qquad (0 < r < a) \text{ [V/m]} \tag{3.61}$$

이 되어 구도체 내부의 전계는 r에 비례하여 증가한다.

도체 표면에 전하가 분포하는 경우이면 폐곡면 내부에는 전하분포가 없으므로

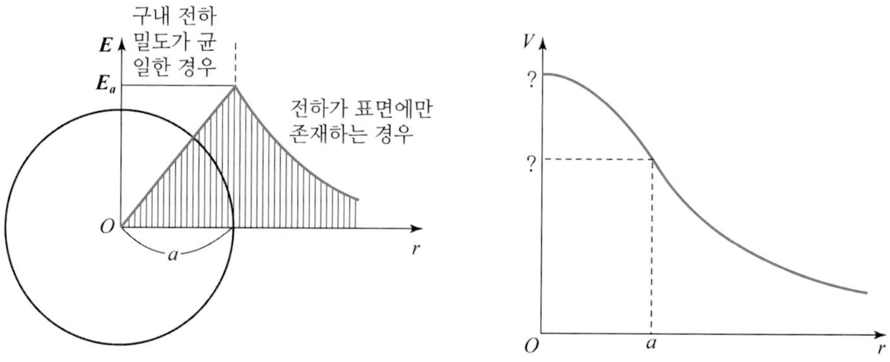

(a) 전계 (b) 전위

그림 3.24 균일한 구도체 내·외부의 전계

$$\int_S \boldsymbol{E} \cdot \boldsymbol{n}\, dS = 0$$

따라서 전계의 세기는 0이다.

예제 3.23

공기 중에 반경 1 [m]의 구 내부에 공간 전하밀도 $\rho = 10\ [\mathrm{nC/m^3}]$가 균일하게 분포되어 있을 때 구 중심에서 0.5 [m] 되는 점 P의 전계를 구하시오.

풀이 구 내부의 전하

$$Q_i = \int_v \rho\, dv\,[\mathrm{C}] = 10 \times 10^{-9} \times \frac{4\pi r^3}{3} = \frac{4\pi \times 10^{-8}}{3}[\mathrm{C}]$$

$$E = \frac{rQ_i}{4\pi\epsilon_0 a^3} = 9 \times 10^9 \frac{0.5 \times 4\pi \times 10^{-8}}{1^3 \times 3} = 188.4\,[\mathrm{V/m}]$$

2. 원주 도체의 전하분포

그림 3.25와 같이 무한장 원주도체에 $\lambda\ [\mathrm{C/m}]$의 전하밀도가 균일하게 분포되어 있으면 전계는 축 대칭되어 방사상 분포를 나타낸다.

그림 3.25와 같이 반경 $(r > a)$ [m]과 길이 1 [m]로 폐곡면을 취하면 가우스의 법칙에 의하여

$$N = \int_S \boldsymbol{E} \cdot \boldsymbol{n}\, dS = \frac{1}{\epsilon_0} \int_l \frac{\lambda\, dz}{r}$$

전계는 폐곡면에 수직이므로

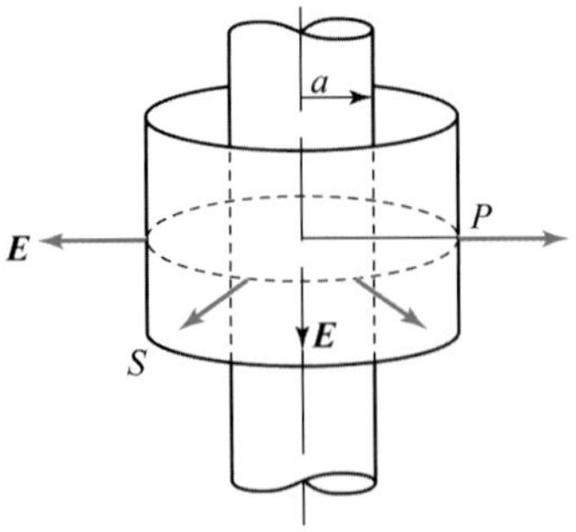

그림 3.25 원주형 도체의 전하와 전계

$$\boldsymbol{E}\cdot\boldsymbol{n}dS = E\cos\theta = Eds \text{ (단 } n\text{은 법선단위벡터)}$$

폐곡면의 면적은 $2\pi rl\,[\mathrm{m}^2]$이므로

$$\int_S \boldsymbol{E}\cdot\boldsymbol{n}\,dS = E2\pi rl = \frac{\lambda}{\epsilon_0}l$$

따라서 전계

$$\boldsymbol{E} = \frac{\lambda}{2\pi\epsilon_0 r}\boldsymbol{r}_0\,[\mathrm{V/m}] \tag{3.62}$$

가 된다. 반경 $a\,.(b>a)\,[\mathrm{m}]$의 동축 원통에서 각각 선전하밀도가 $\pm\lambda\,[\mathrm{C/m}]$이면 두 원통도체 사이의 전위차는 식 (3.25)에 의해

$$V_{ab} = -\int_b^a \boldsymbol{E}\cdot dl = -\frac{1}{2\pi\epsilon_0}\int_b^a \frac{\lambda\,dl}{r} = \frac{\lambda}{2\pi\epsilon_0}\ln\frac{b}{a}\,[\mathrm{V}] \tag{3.63}$$

이 된다.

예제 3.24

진공 중에 반경 $2\,[\mathrm{mm}]$인 무한장 직선원통에 $1\,[\mu\mathrm{C/m}]$의 선전하밀도가 균일하게 분포되어 있다. 원통의 중심으로부터 $2\,[\mathrm{m}]$인 점의 전계의 세기는?

풀이 식 (3.62)에서

$\boldsymbol{E} = \dfrac{\lambda}{2\pi\epsilon_0 r}\boldsymbol{r}_0\,[\mathrm{V/m}]$에서 $r = 2\,[\mathrm{m}]$, $\lambda = 10^{-6}\,[\mathrm{C/m}]$이므로

전계 $\boldsymbol{E} = \dfrac{1}{2\pi\epsilon_0 r} = 18\times 10^9\dfrac{10^{-6}}{2} = 9\,[\mathrm{KV/m}]$

3. 평행판 도체의 전계

한 장의 평행판

그림 3.26과 같은 평행판에 면적전하밀도 $\sigma\,[\mathrm{C/m}^2]$가 분포하면 평행판 위의 P점의 전계 $\boldsymbol{E}\,[\mathrm{V/m}]$는 가우스의 법칙에서 폐곡면을 $\Delta S\,[\mathrm{m}^2]$로 한다.

판에 폐곡면의 면적을 $\Delta S\,[\mathrm{m}^2]$으로 하면 폐곡면 내의 전하는 $\sigma\Delta S\,[\mathrm{C}]$이 된다. 전기력선

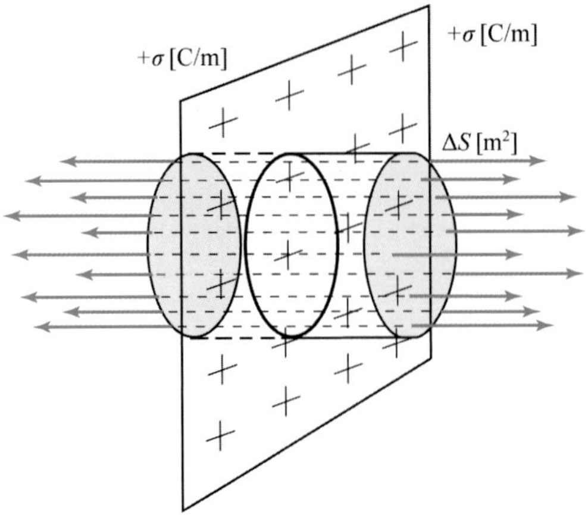

그림 3.26 한 장의 평행판의 전하분포에 의한 전계

은 양 폐곡면으로 수직으로 발산하고 전계도면에 수직이므로 가우스의 법칙에서

$$\int_S \boldsymbol{E} \cdot \boldsymbol{n}\, dS + \int_S \boldsymbol{E} \cdot \boldsymbol{n}\, dS = 2E \triangle S = \frac{\sigma \triangle S}{\epsilon_0}$$

$$E = \frac{\sigma}{2\epsilon_0} \text{ [V/m]} \tag{3.64}$$

가 된다.

평행판이 무한히 넓을 때 이 판 위에 전하가 균등하게 분포되어 있을 때 전기력선은 판면에 수직으로 밀도가 일정하게 평행으로 발산한다. 이와 같은 전계를 평등 전계라 한다.

4. 도체 표면의 전하분포

그림 3.27과 같이 도체에 σ [C/m²]의 면전하 밀도가 균등하게 분포하면 가우스의 법칙에서

$$N = \int_S \boldsymbol{E} \cdot \boldsymbol{n}\, dS = ES = \frac{\sigma}{\epsilon_0}$$

$$E = \frac{\sigma}{\epsilon_0} \text{ [V/m]} \tag{3.65}$$

$$\boldsymbol{E} = \frac{\sigma}{\epsilon_0}\boldsymbol{n} \text{ [V/m]} \text{ (단 } \boldsymbol{n}\text{은 면적 } S\text{[m}^2\text{]의 법선 단위벡터)} \tag{3.66}$$

이 전계의 세기는 두 장의 평행한 도체의 전계의 세기에서도 적용되며, 이때의 전계

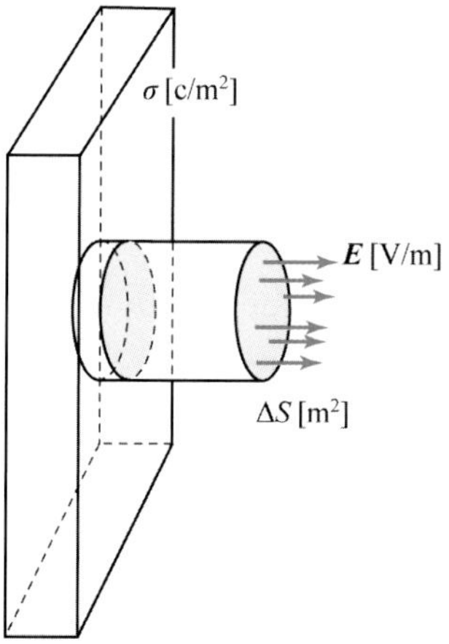

그림 3.27 도체 표면의 전하분포에 의한 전계

$\boldsymbol{E}$[V/m]는 평등 전계이지만 평행판의 면적이 작고 거리 사이가 벌어짐에 따라 도체의 끝 부분에는 전기력선이 호를 그리고 연결되기 때문에 전계는 평등이 되지 않는다. 이와 같은 현상을 단부효과(end effect)라 한다.

예제 3.25

공기 중에서 전극판의 전하가 단위 면적당 100 [μC/m^2]일 때 이 전극판에 10 [V]의 전위차를 가하면 전극판 사이의 전계의 세기는?

풀이 전계 $E = \dfrac{V}{d} = \dfrac{\sigma}{\varepsilon_0} = \dfrac{100 \times 10^{-6}}{8.854 \times 10^{-12}} = 1.129 \times 10^7$

$$\boldsymbol{E} = \frac{V}{d} = \frac{\sigma}{\epsilon_0} = 8.854 \times 10^{-10} 112.9 \times 10^6 \text{ [V/m]}$$

수련문제

1 공기 중에서 점전하부터 r [m]인 곳의 전위가 300 [V] 전위경도는 20 [V/m]이다. 점전하의 전하량은 얼마인가?

답 5×10^{-7} [C]

2 원통의 길이 1 [m]인 3개의 동축 원통이 있다. 원통의 각 반경이 $a = 1$[mm], $b = 2$[mm],

$c = 3$[mm]이고 전하밀도가 각각 $\lambda_1 = 5$ [C/m], $\lambda_2 = -2$ [C/m]일 때 원통의 외각($r > c$)의 전계가 0[V]가 되려면 λ_3는 얼마인가?

답 $\lambda_3 = -3$ [C/m]

3 진공 중에 평행한 금속판의 면적이 1[m^2]이고 거리가 3[mm]일 때 두 금속판에 1[KV]의 전위차를 주었을 때 평행판 사이의 전계와 면전하밀도는?

답 전계 $E = 3.33 \times 10^6$[V/m]

전하밀도 $\sigma = -2.97$[μC/m^2]

4 지표면의 전계의 세기가 0.5[V/m]인 곳에서 지구의 면전하밀도는 얼마인가?

답 $0.5\epsilon_0$ [C/m^2]

3.14 전기력선의 발산

진공 중에 점전하 Q[C]가 분포할 때 가우스의 법칙은 식 (3.54)에서

$$N = \int_S \boldsymbol{E} \cdot \boldsymbol{n}\, dS = \frac{Q}{\varepsilon_0} \text{ [lines]}$$

가 된다.

또 전하가 체적전하밀도 ρ[C/m^3]가 균등하게 분포하면 식 (3.57)에서

$$\int_S \boldsymbol{E} \cdot \boldsymbol{n}\, dS = \frac{1}{\epsilon_0} \int_v \rho dv$$

이다. 이때 전하밀도 ρ[C/m^3]가 공간에 균일하게 분포되어 있으면 식 (3.54)가 적용되지만 전하밀도 ρ[C/m^3]가 균일하게 분포하지 않으면 공간의 미소체적 dv[m^3]에 분포하는 미소전하를 dQ[C]로 하여

$$\rho = \lim_{dv \to 0} \frac{dQ}{dv} \text{ [C/m}^3\text{]} \tag{3.67}$$

로 정의하여 그 부근의 평균치를 의미한다.

이와 같이 식 (3.67)의 미분형으로는 모든 공간의 전계를 해석하기가 불편하므로 공간의 임의의 점에 대하여서는 그 점의 전하밀도와 전계의 관계를 구하여야 한다.

전계 내의 임의의 한 점을 포함하는 미소체적 dv [m^3]에서 이 체적을 에워싸는 미소면적 dS [m^2]에 가우스의 법칙을 적용하면

$$\int_S \boldsymbol{E} \cdot \boldsymbol{n}\, dS = \frac{\rho}{\epsilon_0} dv \tag{3.68}$$

가 된다. 이때 식 (3.68)에서 dv [m^3]를 0에 접근시키면(극한) 두 변은 대단히 작아져 불확정한 값이 된다. 따라서 두변을 dv [m^3]로 나누어

$$\lim_{\Delta V \to 0} \frac{1}{\Delta v} \int_s \boldsymbol{E} \cdot \boldsymbol{n}\, ds = \frac{\rho}{\epsilon_0} \tag{3.69}$$

로 확정한 관계식을 구한다. 이 식에 의하여 전계의 세기와 전하밀도의 관계를 나타내면 식 (3.69)의 좌변은 등가적으로 단위체적에서 나오는 전기력선의 수를 나타내는데, 이것을 전계 세기의 발산(divergence)이라 정의하고

$$div\ \boldsymbol{E} = \nabla \cdot \boldsymbol{E}$$

로 부르고 식 (3.69)는

$$div\ \boldsymbol{E} = \frac{\rho}{\epsilon_0} \tag{3.70}$$

으로 쓴다.

만일 그 점의 전하밀도 ρ가 0이면

$$div\, \boldsymbol{E} = 0 \tag{3.71}$$

이 된다.

식 (3.70)은 단위체적당 전계의 발산이 그 점의 체적전하밀도의 $\frac{1}{\epsilon_0}$ 배가 됨을 의미하는 가우스 법칙의 미분형으로 전자계를 해석하는 기본 식의 하나이다. 전계 중에 체적 v [m^3] 내에 미소체적 dv [m^3]의 체적전하밀도를 ρ [C/m^3]라 하면 체적 v [m^3] 내의 총 전하량 Q [C]은

$$Q = \int_v \rho dv \,[\mathrm{C}] \tag{3.72}$$

이 식에 식 (3.69)에서 $\rho\,[\mathrm{C/m^3}]$를 구하여 대입하면

$$Q = \epsilon_0 \int_v div\,\boldsymbol{E}\, dv \,[\mathrm{C}] \tag{3.73}$$

가 된다.

한편 $v\,[\mathrm{m^3}]$를 포함하는 폐곡면 $S\,[\mathrm{m^2}]$에서 가우스의 법칙을 적용하면

$$\epsilon_0 \int_S \boldsymbol{E} \cdot \boldsymbol{n}\, dS = \int_v \rho dv = Q\,[\mathrm{C}] \tag{3.74}$$

이 된다.

따라서 식 (3.68), (3.73)에서

$$\int_S \boldsymbol{E} \cdot \boldsymbol{n}\, dS = \int_v div\,\boldsymbol{E} dv = \int_v DEL \cdot \boldsymbol{E} dv \tag{3.75}$$

의 관계식이 성립된다.

이것을 발산의 정리라 하며 발산하는 성질은 체적에서 발산하는 양과 그 체적 내의 면적에서 발산하는 양이 같다는 것을 나타낸다.

3.15 직각좌표에서 발산

진공 중의 공간에 체적전하밀도 $\rho\,[\mathrm{C/m^3}]$가 분포되어 있을 때 공간전하분포에서 발산하는 전기력선은 그림 3.28과 같이 직각좌표를 정하고 전계 내의 점 o'를 중심으로 그 점의 전계의 세기를 $\boldsymbol{E}\,[\mathrm{V/m}]$, 각 축의 성분을 $E_x\,[\mathrm{V/m}]$, $E_y\,[\mathrm{V/m}]$, $E_z\,[\mathrm{V/m}]$로 하면

$$\boldsymbol{E} = \boldsymbol{i}E_x + \boldsymbol{j}E_y + \boldsymbol{k}E_z \,[\mathrm{V/m}]$$

가 된다. 또 o'를 중심으로 하는 미소체적을 $dv\,[\mathrm{m^3}]$라 하면

$$dv = dx\,dy\,dz \,[\mathrm{m^3}]$$

이다. 각 좌표축에 수직인 면으로 발산하는 전기력선의 밀도를 구하면

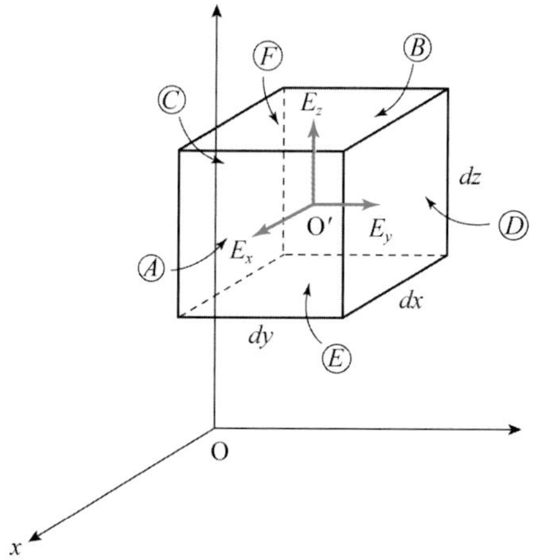

그림 3.28 전기력선의 발산

x방향 : (B면에서 발산 : 중심으로부터 $-\frac{dx}{2}$ [m]인 곳의 발산을 구하면)

$$\left(E_x - \frac{\partial E_x}{\partial x} \cdot \frac{dx}{2}\right) [\mathrm{V/m}] \tag{3.76}$$

(A면에서 발산 : 중심으로부터 $+\frac{dx}{2}$ [m]인 곳의 발산을 구하면)

$$\left(E_x + \frac{\partial E_x}{\partial x} \cdot \frac{dx}{2}\right) [\mathrm{V/m}] \tag{3.77}$$

x방향(A, B)으로 발산하는 전기력선의 수는 식 (3.76), (3.77)에 면적 $dy\,dz$ [m^2]를 곱하고 그 차를 구하면

$$\frac{\partial E_x}{\partial x} dx\,dy\,dz \tag{3.78}$$

y방향 : (C면에서 발산 : 중심으로부터 $-\frac{dy}{2}$ [m]인 곳의 발산을 구하면)

$$\left(E_y - \frac{\partial E_y}{\partial y} \cdot \frac{dy}{2}\right) [\mathrm{V/m}] \tag{3.79}$$

(D면에서 발산 : 중심으로부터 $+\frac{dy}{2}$ [m]인 곳의 발산을 구하면)

$$\left(E_y + \frac{\partial E_y}{\partial y} \cdot \frac{dy}{2}\right) [\mathrm{V/m}] \tag{3.80}$$

y 방향(C, D)으로 발산하는 전기력선의 수는 식 (3.79), (3.80)에 면적 $dx\,dz$ [m^2]를 곱하고 그 차를 구하면

$$\frac{\partial E_y}{\partial x} dx\,dy\,dz \tag{3.81}$$

z 방향 : (E 면에서 발산 : 중심으로부터 $-\frac{dz}{2}$ [m]인 곳의 발산을 구하면)

$$\left(E_z - \frac{\partial E_z}{\partial z} \cdot \frac{dz}{2}\right) [\mathrm{V/m}] \tag{3.82}$$

(F 면에서 발산 : 중심으로부터 $+\frac{dz}{2}$ [m]인 곳의 발산을 구하면)

$$\left(E_z + \frac{\partial E_z}{\partial z} \cdot \frac{dz}{2}\right) [\mathrm{V/m}] \tag{3.83}$$

z 방향(E, F)으로 발산하는 전기력선의 수는 식 (3.82), (3.83)에 면적 $dx\,dy$ [m^2]를 곱하고 그 차를 구하면

$$\frac{\partial E_x}{\partial x} dx\,dy\,dz \tag{3.84}$$

가 되며, 전 폐곡면으로 발산하는 전기력선은 식 (3.78), (3.81), (3.84)의 합이므로

$$\left(\frac{\partial E_x}{\partial x} + \frac{\partial E_y}{\partial y} + \frac{\partial E_z}{\partial z}\right) dx\,dy\,dz \tag{3.85}$$

가 된다. 미소체적 dv [m^3] 체적을 에워싸는 폐곡면을 취하고 가우스의 법칙을 적용하면

$$\left(\frac{\partial E_x}{\partial x} + \frac{\partial E_y}{\partial y} + \frac{\partial E_z}{\partial z}\right) dx\,dy\,dz$$

$$\left(\frac{\partial E_x}{\partial x} + \frac{\partial E_y}{\partial y} + \frac{\partial E_z}{\partial z}\right) dx\,dy\,dz = \frac{\rho}{\epsilon_0} dx\,dy\,dz \tag{3.86}$$

식 (3.85)을 미소체적 $dv = dx\,dy\,dz\,[\mathrm{m}^3]$으로 나누면 단위체적당 발산하는 전기력선은

$$div\ \boldsymbol{E} = \boldsymbol{i}\frac{\partial E_x}{\partial x} + \boldsymbol{j}\frac{\partial E_y}{\partial y} + \boldsymbol{k}\frac{\partial E_z}{\partial z}\ [\mathrm{lines/m}] \tag{3.87}$$

이다.

이때 벡터 미분연산자를 사용하면

$$div\,\boldsymbol{E} = \nabla \cdot E = \frac{\rho}{\epsilon_0}\ [\mathrm{lines/m}^3] \tag{3.88}$$

이 된다.

예제 3.26

전하밀도가 일정한 공간에 전위가 $V = x^2 + y^2\,[\mathrm{V}]$으로 주어질 때 이 공간 내의 $v = 3[\mathrm{m}^3]$ 안의 전하는 얼마인가?

풀이 식 (3.88)과 (3.31)에서

$div\,\boldsymbol{E} = \frac{\rho}{\epsilon_0}\,[\mathrm{lines/m}^3]$이고, $\boldsymbol{E} = -grad\,V$이므로

$v = 3\,[\mathrm{m}^3]$ 안의 전하는

$$Q = \rho v = \epsilon_0 div\,\boldsymbol{E}_v = \epsilon_0 div(-grad\ \ V)v = -\epsilon_0 \nabla^2 Vv = -12\epsilon_0\,[\mathrm{C}]$$

3.16 발산의 정리

전계 $\boldsymbol{E}\,[\mathrm{V/m}]$ 벡터계에서 그림 3.29와 같이 미소체적 $\Delta v_1\,[\mathrm{m}^3]$ 내에서 발산한 전기력선이 그 표면 $S_1\,[\mathrm{m}^2]$을 통하여서도 발산하면 체적과 면적을 통하여 발산하는 전기력선은 식 (3.75)에서

$$\int_{S_1} \boldsymbol{E}_1 \cdot \boldsymbol{n}_1\, dS = div\,\boldsymbol{E}_1 \Delta v_1$$

이 된다. 이때 $\boldsymbol{n}_1$은 S_1의 법선 단위벡터이다.

같은 방법으로 $\Delta v_2\,[\mathrm{m}^3]$, $\Delta v_3\,[\mathrm{m}^3]$의 미소체적에 대하여 발산하는 전기력선을 구하면

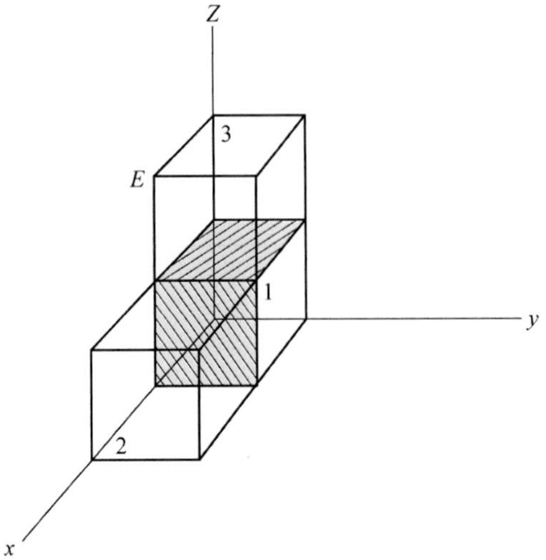

그림 3.29 발산의 정리

$$\int_{S_2} \boldsymbol{E}_1 \cdot \boldsymbol{n}_2\, dS = div\, \boldsymbol{E}_2 \Delta v_2$$

$$\int_{S_3} \boldsymbol{E}_3 \cdot \boldsymbol{n}_3\, dS = div\, \boldsymbol{E}_3 \Delta v_3$$

가 성립한다.

이들 양변을 더하면 좌변은 인접한 경계면에서 각각의 전기력선의 발산이 반대가 되어 상쇄되므로 세 미소 육면체의 외측 표면 $S\,[\mathrm{m}^2]$에 대한 적분만 남게 되고, 좌변은 세 미소 육면체의 체적에 대한 합이 되어

$$\int_S \boldsymbol{E} \cdot \boldsymbol{n}\, dS = \sum div\, \boldsymbol{E}_i \Delta v_i$$

가 된다. 따라서 공간 전하분포에 의한 전계 $\boldsymbol{E}(x,\, y,\, z)\,[\mathrm{V/m}]$ 내의 임의의 폐곡면을 취하고 내부를 미소체적으로 나눈 다음 위의 계산 방식을 적용하여 그 총합을 구하면

$$\int_S \boldsymbol{E} \cdot \boldsymbol{n}\, dS = \int_v div\, \boldsymbol{E} dv \tag{3.89}$$

의 관계식을 얻을 수 있다.

이때 $\boldsymbol{n}$은 폐곡면 $S\,[\mathrm{m}^2]$에 대한 법선 단위벡터이고 $v\,[\mathrm{m}^3]$는 $S[\mathrm{m}^2]$ 내의 체적이다.

이 식의 물리적인 해석은 **임의의 폐곡면 내의 체적에서 발산하는 전기력선의 총합은 이 체적의**

표면에서 발산하는 전기력선의 합과 같다로 정의하며, 이것을 **발산의 정리** 또는 **가우스의 선속정리**라 한다.

이 관계식은 전계뿐 아니라 모든 벡터계에서 일반적으로 성립되는 것으로 체적에 대한 적분(3중 적분)을 표면에 대한 적분(2중 적분)으로 변환하므로 내부의 문제를 외부에서 구하는 방법(또는 그 역도 가능함)을 제시한다.

예제 3.27

공기 중에서 전계의 세기가 $\boldsymbol{E}=\frac{3}{4}x^3y^2\boldsymbol{i}$ [V/m]일 때 원점에 전하를 갖고 각 변들의 길이가 4[m]이며 모든 변들이 좌표축에 평행되는 입방체에서 발산되는 전기력선의 수는 얼마인가?

풀이 1) 전계의 세기가 x방향만 있으므로 x방향으로 발산하는 것만 생각한다.

x가 -2[m]인 면에서 발산하는 전기력선은 식 (3.89)에서

$$\int_{-2}^{2}\int_{-2}^{2}\frac{3}{4}x^3y^2\boldsymbol{i}(-\boldsymbol{i})\,dy\,dz=\int_{-2}^{2}\int_{-2}^{2}\frac{3}{4}(-1)(-2^3)y^2\,dy\,dz$$

$$=\int_{-2}^{2}\int_{-2}^{2}\frac{3}{4}2^3y^2\,dy\,dz=128\,[\text{줄}]$$

x가 $+2$[m]인 면에서 발산하는 전기력선은

$$\int_{-2}^{2}\int_{-2}^{2}\frac{3}{4}x^3y^2\boldsymbol{i}(\boldsymbol{i})\,dy\,dz=\int_{-2}^{2}\int_{-2}^{2}\frac{3}{4}2^3y^2\,dy\,dz=128\,[\text{줄}]$$

∴ 이 입방체에서 발산되는 전기력선은 256 [줄]이다.

2) 이 입방체의 전체 체적에서 발산되는 전기력선은 식 (3.89)에서

$$\iiint_v div\,\boldsymbol{E}dv \text{ 이므로}$$

$$div\ E=\frac{\partial E_x}{\partial x}+\frac{\partial E_y}{\partial y}+\frac{\partial E_z}{\partial z}\,[\text{V/m}]$$

이고 각 변의 길이가 2[m]이므로

$$\frac{3}{4}\int_{-2}^{2}\int_{-2}^{2}\int_{-2}^{2}\frac{\partial}{\partial x}x^3y^2\,dx\,dy\,dz=\frac{9}{4}\int_{-2}^{2}\int_{-2}^{2}\int_{-2}^{2}x^2y^2\,dx\,dy\,dz=256\,[\text{줄}]$$

따라서 입방체의 체적에서 발산되는 전기력선과 그 입방체의 표면에서 발산되는 전기력선의 수는 같다.

3.17 라플라스(Laplace) 방정식과 포아송(Poisson)의 방정식

전하분포로부터 전계를 구하는 방법은 쿨롱의 법칙, 가우스의 법칙, 전위로부터 구하는 방법을 공부하였다. 이 방법 외에 전하가 다양하게 분포되었을 때 전위를 구하는 방법으로 라플라스와 포아송의 방법이 있다.

공간에 전하밀도 $\rho\,[\mathrm{C/m^3}]$에서 발산하는 전기력선은 식 (3.83)에서

$$div\ \boldsymbol{E} = DEL \cdot \boldsymbol{E} = \frac{\rho}{\epsilon_0}\ [\mathrm{lines/m^3}]$$

가 되며 식 (3.32)에서

$$\boldsymbol{E} = -\,grad\ V = -\nabla V\ [\mathrm{V/m}]$$

로 된다. 따라서 공간 전하밀도 $\rho\,[\mathrm{C/m^3}]$와 전위 $V\,[\mathrm{V}]$ 사이의 관계는

$$\begin{aligned}\rho &= \epsilon_0\, div\ \boldsymbol{E} = \epsilon_0\, div(-\,grad\ V)\\ &= -\epsilon_0 \nabla \cdot \nabla V = -\epsilon_0 \nabla^2 V\,[\mathrm{C/m^3}]\end{aligned}$$

이며

$$\nabla^2 V = -\frac{\rho}{\epsilon_0} \tag{3.90}$$

이 된다.

전위 $V\,[\mathrm{V}]$가 직각좌표 $(x,\ y,\ z)$의 함수로 표시될 때

$$\frac{\partial^2 V}{\partial x^2} + \frac{\partial^2 V}{\partial y^2} + \frac{\partial^2 V}{\partial z^2} = -\frac{\rho}{\epsilon_0} \tag{3.91}$$

의 관계가 된다. 이것을 포아송(Poisson)의 방정식이라 하며 공간에 전하밀도 $\rho\,[\mathrm{C/m^3}]$가 분포되었을 때 공간 내의 한점의 전위를 구하는 2차 미분방정식이다.

이에 대하여 전하분포영역 밖에 있는 점 P의 전위를 구하는 경우에는 점 P에는 전하 $\rho\,[\mathrm{C/m^3}]$가 없으므로 식 (3.90)은

$$\nabla^2 V = 0 \tag{3.92}$$

또는

$$\frac{\partial^2 V}{\partial x^2}+\frac{\partial^2 V}{\partial y^2}+\frac{\partial^2 V}{\partial z^2}=0 \tag{3.93}$$

이 된다. 이 방정식을 라플라스 방정식이라고 한다.

위의 두 방정식은 정전계의 모든 법칙을 총 집약한 것으로 공간의 전하분포로부터 전위를 구한 다음 전계를 구하는 방법을 많이 이용한다.

예제 3.28

전위 V[V]가 x만의 함수이며 $x=0$에서 전위 $V[\mathrm{V}]=100\,[\mathrm{V}]$, 전계 $Ex=100\,[\mathrm{V/m}]$일 때 전위 V[V]를 라플라스의 방정식으로 구하시오.

풀이 식 (3.90)에서 라플라스의 방정식은 전위가 x 만의 함수이므로

$$\frac{\partial^2 V}{\partial x^2}=0$$

에서 전위 V[V]는 x 만의 함수이므로

$$\frac{d^2 V}{dx^2}=0$$

로 쓸 수 있다. 이 미분방정식을 풀면

$$\frac{dV}{dx}=A \qquad A:\text{상수}$$

$$V=Ax+B \qquad B:\text{상수}$$

$$\therefore V=Ax+B\ [\mathrm{V}]$$

주어진 조건 $x=0$일 때 $V=100\,[\mathrm{V}]$를 대입하면 $B=100$이다. 식 (3.31)에서

$$Ex=-\frac{dV}{dx}=100\,[\mathrm{V}]$$

가 구해진다.

$$\therefore V==100x+100\,[\mathrm{V}]$$

수련문제

1 전위 $V=x^2+y^2$[V]를 형성하는 전하분포에서 $1\,[\mathrm{m}^3]$ 안의 전하는 얼마인가?

답 $-4\epsilon_0$ [C]

연습문제

1. 수소원자에는 1개의 전자와 1개의 양자가 있으며 이들 사이의 거리는 약 0.5 [Åm]이다. 이때 전자에 작용하는 힘의 크기는? 단 1 [Å] $= 10^{-8}$ [m]이다.

   … 4.7×10^{-12} [N]

2. 진공 중에서 10 [cm] 떨어진 점에 전하량이 각각 10^{-9} [C], 10^{-10} [C]인 점전하가 있을 때 점전하 사이의 흡인력은?

   … 9×10^{-8} [N]

3. 공기 중에 $Q_1 = 4 \times 10^{-3}$ [C]의 점전하와 $Q_2 = -5 \times 10^{-3}$ [C]의 점전하가 있다. 1 [m]의 거리에 놓여 있을 때 두 점전하 사이의 전기력이 0인 곳은 Q_1 [C]로부터 몇[m]인 곳인가?

   … 8.5 [m]

4. 진공 중에 있는 반경 10 [cm]인 고립된 도체구에 전하를 줄 때 도체표면에서의 전계의 세기가 $+3$ [kV/cm]이었다. 도체구에 준 전하는?

   … 0.33 [μC]

5. 반경 a [m]의 원판도체에 σ [c/m^2]의 전하가 분포되어 있다. 이때 원판의 중심에서 수직으로 z [m]인 점 P의 전위와 전계를 구하시오.

   … $V = \dfrac{\sigma}{2\epsilon_0}\left(\sqrt{z^2+a^2} - z\right)$ [V]

   $\boldsymbol{E} = \dfrac{\sigma}{2\epsilon_0}\left(1 - \dfrac{z}{\sqrt{z^2+a^2}}\right)$ [V/m]

6. 공기 중에 x, y 평면에 원점을 중심으로 반경 1 [m]인 원주권선에 5 [nC/m]의 선전하 밀도가 분포되어 있을 때 점 $P(0, 0, 2)$ [m]의 전계의 세기는?

   … $\dfrac{\pi}{\sqrt{5}} \times 10^{-8}\epsilon_0$ [V/m]

7. x, y 평면에 원점을 중심으로 반경 1 [m]인 원주 위에 선전하밀도 $\lambda = 5$ [C/m]가 분포되어 있을 때 z 축상의 점 $P(0, 0, 2)$ [m]의 전위는 얼마인가?

… $\dfrac{\sqrt{5}}{2\epsilon_0}$ [V]

8. 전계의 세기 $\boldsymbol{E}= \dfrac{2x}{x^{2+y^2}}\boldsymbol{i}+ \dfrac{2y}{x^{2+y^2}}\boldsymbol{j}$ [V/m]인 경우 전력선의 방정식은? 단 $\boldsymbol{i}$, $\boldsymbol{j}$ 는 각각 x, y 축의 정방향의 단위벡터이다.

… $y = Cx$

9. 진공 중에 반경 a [m]인 가는 원형 도선에 Q [C]의 전하가 균일하게 분포되어 있을 때 원의 중심으로부터 x [m] 떨어져 있는 중심축상의 점의 전위는?

… $\dfrac{Q}{4\pi\epsilon_0 \sqrt{a^2+x^2}}$ [V]

10. 동심 구도체의 반경이 a [m]인 내구를 A, 외구 B의 내반경을 b [m], 외반경이 $c1$ [m]일 때(즉, $a< b< c$, 두께 bc) 도체 A, B가 갖는 전하량을 각각 Q_A, Q_B라 하고 $Q_A= Q$, $Q_B= 0$ [C]인 경우 도체 A의 전위 V_A[V]는?

… $\dfrac{Q}{4\pi\epsilon_0}\left(\dfrac{1}{a}- \dfrac{1}{b}+ \dfrac{1}{c}\right)$ [V]

11. x , y 평면 내의 점$(2,1)$ [m] 및 점 $(1,2)$ [m]에 각각 $+1$ [pC], -1 [pC]의 전하가 있을 때 점$(3,3)$ [m]의 전계의 세기의 크기는? 단 주위공간은 공기라고 한다.

… 1.14 [mV/m]

12. 진공 중에 밀도가 25×10^{-9}[C/m]인 무한히 긴 선전하가 z 축상에 있을 때 점 $(3,4,0)$ [m]의 전계의 세기는?

… $54\boldsymbol{i}+72\boldsymbol{j}$ [V/m]

⑬ 점 $(1, 0, 0)$, $(3, 0, 0)$, $(0, 1, 0)$ [m]에 각각 5 [μC], -3 [μC], -2 [μC]의 점전하가 있다. 이때 원점 $(0, 0, 0)$ [m]을 중심으로 하는 반경이 2 [m]인 구면을 통과해서 구면 내로부터 구면 밖으로 나가는 전력선의 전체 수는?

… $1.08\times 10^5\pi$

⑭ 공기 내의 전계의 세기가 $\boldsymbol{E}= x\boldsymbol{i}+y\boldsymbol{j}+z\boldsymbol{k}$ [V/m] 때 1 [cm^3] 내에 있는 전하량은?

… $3\times 10^{-6}\epsilon_0$ [C]

⑮ 공기 중에 있는 반경 5[mm]인 무한길이 직선 도선의 표면의 전계의 세기가 $E=2$ [KV/mm]일 때 이 도선의 전하밀도는?

… 0.556 [μC/m]

⑯ $(-1, 0, 0)$, $(1, 0, 0)$ [m]에 각각 1 [μC], -2 [μC]인 점전하가 놓여 있는 자유공간이 있다. 지금 $+1$[μC]의 전하를 점 $A(0, 0, 0)$ [m]에서 점 $B(0, 1, 0)$ [m]까지 이동시키는 데 요하는 일은?

… 2.64×10^{-3}[J]

Chapter 04

유전체를 이해하고 정전계에서 해석하기

1. 유전체와 분극
2. 분극의 종류
3. 분극의 세기
4. 전속밀도
5. 유전체의 경계조건
6. 정전용량
7. 커패시터의 연결
8. 정전용량의 계산 예
9. 정전용량과 전기저항
10. 정전 에너지
11. 도체계
12. 등가용량
13. 정전차폐

4.1 유전체와 분극

3장에서 전계는 공기 중이나 진공상태의 자유 공간에서의 정전계에 대하여 논하였으나 4장에서는 전기장치의 구성 요소의 하나인 절연체 내에서의 정전계 이론에 대하여 설명하고자 한다.

절연체에서는 자유전자가 없다고 보지만 이 물질을 구성하는 원자 내의 전자(구속전자) 및 양자가 외부로부터 전계를 받았을 때 이들 정·부 전하들은 서로간에 변위를 일으켜 **분극(polarization)**이 발생하여 전기 쌍극자를 형성하므로 새로운 전계가 발생하게 된다. 이와 같이 절연체 중에서도 전기작용이 발생하므로 절연체를 **유전체(dielectric material)**라고 한다.

4.2 분극의 종류

그림 4.1과 같이 평행판의 양 극판에 정·부의 전하를 준 후 그 사이에 절연체를 넣으면 평행판 내의 절연체 양 끝에 전하가 생긴다. 이 전하를 분극 전하라 한다.

분극 전하는 절연체 중에 있는 정·부 두 전하의 분포가 변위에 의하여 생기는 것이다.

즉, 절연체를 구성하는 원자나 분자의 구조 및 배열은 전계가 작용하므로 원 상태로부터 변위하므로 절연체 양끝에 분극 전하가 발생한다. 이러한 현상을 나타내는 분극 작용은 전자 분극, 배향 분극, 이온 분극 등이 있다.

1. 이온 분극

염화 나트륨 결정체에 전계가 작용하면 Na^+와 Cl^-는 각각 반대 방향으로 변위하여 쌍극자가 되어 분극이 발생한다. 이 분극을 이온 분극이라 한다.

2. 전자 분극

헬륨과 같은 단원자 기체에 그림 4.1(b) 전계가 가해지면 원자는 정전하를 갖는 원자핵과 이와 동량의 부전하를 갖는 전자운으로 구성되어 있다. 따라서 원자는 중성이다.

그러나 이 물체에 전계가 작용하면 원자핵은 우측으로 전자운은 좌측으로 몰려 분극이 발생하며 전기 쌍극자가 된다.

분극 두 전하 사이의 정전인력은 분극을 발생하는 외부전계 $\boldsymbol{E}$의 힘과 서로 평형되어 어떤 크기의 분극을 발생하므로 평형을 이룬다. 이와 같은 현상을 전자 분극이라 한다.

전자 분극을 발생한 원자가 여러 개 모이면 절연체 내부의 분극 전하는 서로 상쇄되지만 전극의 양끝면의 전하는 남게 되어 이러한 절연체를 유전체라 한다.

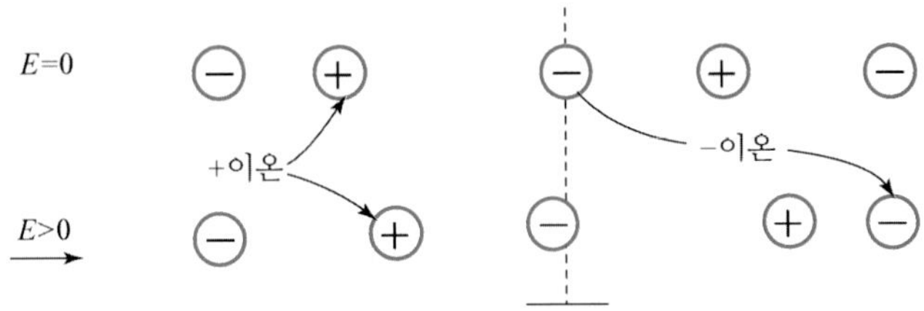

(a) 이온 분극

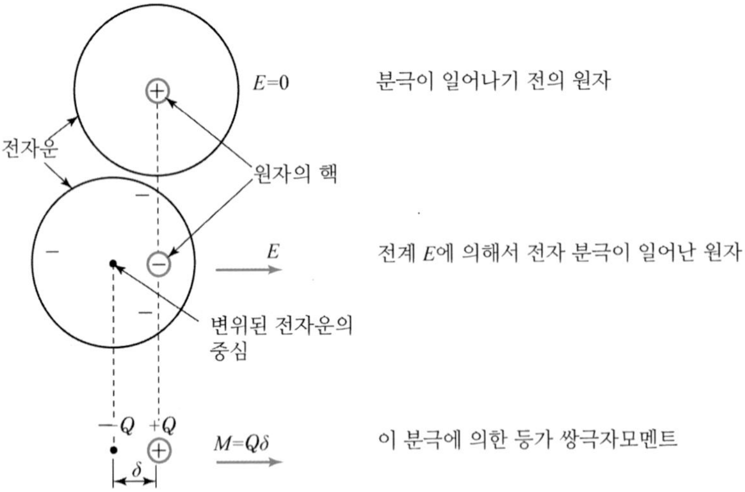

(b) 전자분극

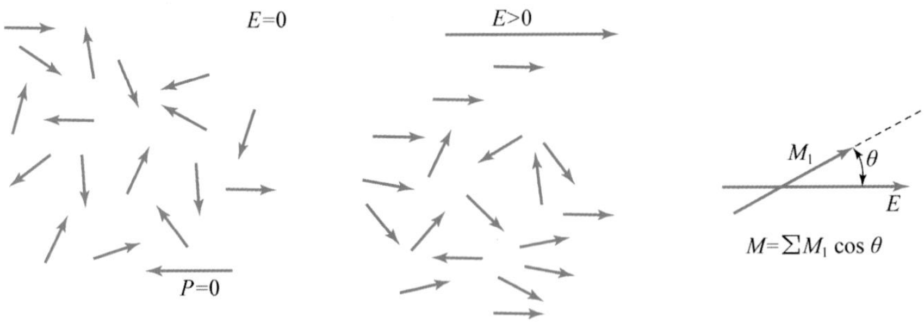

(c) 배향 분극

그림 4.1 분극의 종류

3. 배향 분극

그림 4.1(c)의 물 분자와 같이 영구 쌍극자를 형성하는 분자가 여러 개가 불규칙하게 모여 있는 기체나 액체의 경우 외부에서 전계가 작용하지 않을 때는 각 분자의 영구 쌍극자가 열운동에 의해 각기 임의의 방향을 향하고 있기 때문에, 전체로서는 평균화되어 전체의 쌍극자 모멘트는 0이 된다. 그러나 외부에서 전계가 작용하면 영구 쌍극자는 전계방향으로 배열하려고 한다.

이 경우에도 정렬한 쌍극자가 만드는 정전계나 열운동은 그 배열을 흐트러뜨리려고 하기 때문에 정전계와 열운동이 평형을 이루는 쌍극자의 방향이 정해진다. 이와 같이 발생하는 분극을 **배향 분극**이라 한다.

물질의 결정의 원자 배열은 그 방향에 따라 다른데, 분극이 나타나는 방향에 따라 등방성과 이방성이 있으며, 본 교재에서는 특별한 경우 외에는 유전체를 등방성으로 취급한다.

4.3 분극의 세기

평행판 콘덴서 사이를 진공으로 하고 두 전극판에 각각 $+\sigma$ [C/m^2], $-\sigma$ [C/m^2]의 면전하밀도를 준 다음 극판 사이에 유전체를 삽입하면 그림 4.2와 같이 유전체에는 전계에 의하여 분극이 발생하고, $+\sigma'$ [C/m^2], $-\sigma'$ [C/m^2]의 면전하밀도가 유전체 양단면에 나타난다. 따라서 유전체 내부에는 면전하밀도 $\sigma-\sigma'$ [C/m^2]에 의한 전계가 작용하게 된다. 즉, 유전체 내부의 전계는 평행판의 매질이 진공일 때보다 약하게 되고, 이때 유전체의 분극 전하의 변위 방향에 수직인 단위면적을 통과하는 분극 전하량(Q') [C]의 크기와 전기 쌍극자의 축의 방향을 갖는 벡터 P를 **분극(polarization)**이라 한다.

$$P = \frac{Q'}{S} = \sigma' \ [\mathrm{C/m^2}] \tag{4.1}$$

유전체 내부에서 분극된 정 · 부전하 간의 거리를 δ [m]라 하면 분극된 유전체의 전기 쌍극자 모멘트는 식 (3.34)에서

$$\mu = Q\delta \ [\mathrm{C \cdot m}]$$

벡터로 표시하면

$$\boldsymbol{\mu} = Q \cdot \boldsymbol{\delta} \ [\mathrm{C \cdot m}]$$

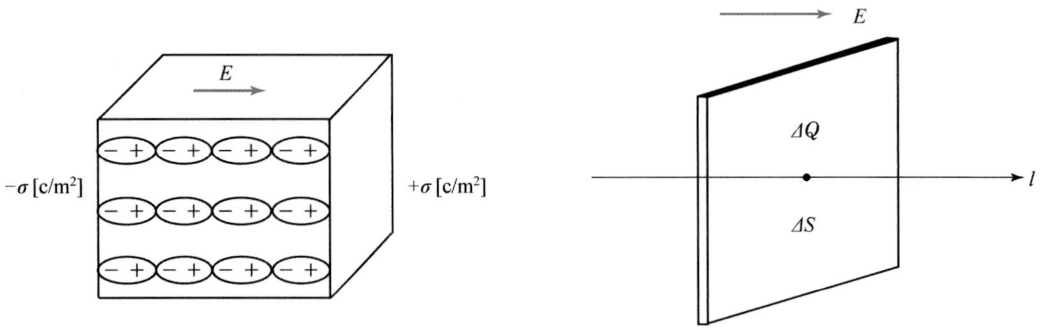

그림 4.2 유전체 내의 분극 현상

가 되므로 식 (4.1)은

$$P = \frac{Q \cdot \delta}{S \cdot \delta} = \frac{\mu}{v} \; [\mathrm{C/m^2}] \tag{4.2}$$

벡터로 표시하면

$$\boldsymbol{P} = \frac{\mu}{v} \; [\mathrm{C/m^2}] \tag{4.3}$$

분극의 세기 $\boldsymbol{P}[\mathrm{C/m^2}]$는 유전체 내의 전계 $\boldsymbol{E}[\mathrm{V/m}]$에 비례하므로

$$\boldsymbol{P} = \chi \boldsymbol{E} \; [\mathrm{C/m^2}] \tag{4.4}$$

여기서 χ : 전화율

그림 4.2와 같이 유전체가 유전율이 균일한 등방성 물질일 때 유전체 내의 분극은 어느 곳이나 일정하고 유전체 표면의 분극전하밀도 σ' $[\mathrm{C/m^2}]$는

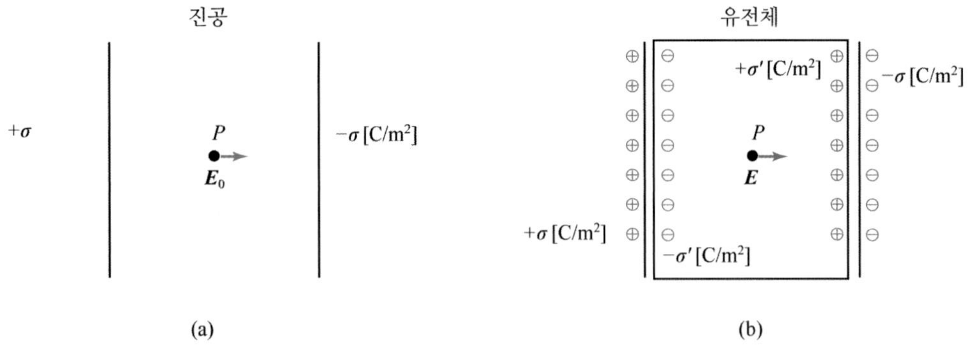

그림 4.3 진공과 유전체의 전계

$$P = \chi E = \sigma' \ [\mathrm{C/m^2}] \tag{4.5}$$

유전체 내부의 전계 $\boldsymbol{E}\,[\mathrm{V/m}]$는

$$\boldsymbol{E} = \frac{\sigma - \sigma'}{\epsilon_0} = \frac{\sigma - P}{\epsilon_0} \ [\mathrm{V/m}] \tag{4.6}$$

로 놓을 수 있다. 그런데 평행판 전하의 감소는 유전체의 종류에 따라 정해지므로

$$\sigma - \sigma' = \frac{\sigma}{\epsilon_r} \ [\mathrm{C/m^2}] \qquad (\text{단 } \epsilon_r > 1) \tag{4.7}$$

로 된다. 여기서 ϵ_r은 유전체의 종류에 따라 정해지는 양으로 표 4.1과 같이 1보다 큰 값을 가지며 이를 비유전율이라 한다.

따라서 유전체 내의 전계는 식 (4.6), (4.7)에서 전계 $\boldsymbol{E}\,[\mathrm{V/m}]$는

$$\boldsymbol{E} = \frac{\sigma - \sigma'}{\epsilon_0} = \frac{\sigma}{\epsilon_0 \epsilon_r} = \frac{E_0}{\epsilon_r} \ [\mathrm{V/m}] \tag{4.8}$$

가 되므로 면전하밀도 $\sigma\,[\mathrm{C/m^2}]$에 의한 유전체 내의 전계는 진공의 경우보다 $\frac{1}{\epsilon_0}$로 감소함을 알 수 있다.

식 (4.6)과 (4.8)에서

$$P = \epsilon_0(\epsilon_r - 1)E \ [\mathrm{C/m^2}] \tag{4.9}$$

벡터로 표시하면

$$\boldsymbol{P} = \epsilon_0(\epsilon_r - 1)\boldsymbol{E} \ [\mathrm{C/m^2}] \tag{4.10}$$

과 같이 유전체 내의 전계와 분극도 사이의 관계식이 얻어진다.

한편 식 (4.9)에서

$$\epsilon_r - 1 = \chi_r, \quad \epsilon_0 \chi_r = \chi \ [\mathrm{F/m}] \tag{4.11}$$

$$\boldsymbol{P} = \chi \boldsymbol{E} \ [\mathrm{C/m^2}] \tag{4.12}$$

여기서 χ와 χ_r을 유전체에 대한 전화율 및 비전화율이라 한다.

식 (4.10)과 (4.12)는 분극도 $\boldsymbol{P}[\mathrm{C/m^2}]$와 전계 $\boldsymbol{E}[\mathrm{V/m}]$가 선형 비례를 갖는 등방성 유전체에서 성립하는 것으로, 이방성 결정체에서는 전계 $\boldsymbol{E}[\mathrm{V/m}]$에 대한 분극도 $\boldsymbol{P}[\mathrm{C/m^2}]$의 방향이 다를 수 있다.

특히 분극도 $\boldsymbol{P}[\mathrm{C/m^2}]$와 전계 $\boldsymbol{E}[\mathrm{V/m}]$가 비선형인 강유전체(ferro electric material, $\mathrm{BaTio_3}$, 롯셀염 등)에서는 이력효과가 있어 식 (4.10), (4.12)를 그대로 적용할 수 없다.

예제 4.1

비유전율이 8인 유리(SiO_2)에 3 $[\mathrm{mV/m}]$의 전계를 가하였다. 이때 유리의 제조 시에 발생한 유리의 일부에 기포가 있는 부분의 전계의 세기는?

풀이 식 (4.8)의 $E = \dfrac{E_0}{\epsilon_r}$ 에서

$$E_0 = \epsilon_r E = 8 \times 3 \times 10^{-3} = 24\,[\mathrm{mV/m}]$$

즉, 기포부분에서 전계의 세기가 비유전율 배만큼 커진다.

표 4.1 각종 물질의 비유전율과 절연내력

물질	비유전율 ϵ_r	절연내력 [kV/mm]
진공	1.000	∞
공기	1.000	3
물	75~81	-
종이	1.2~2.6	5~10
백운모(白雲母)	6.7	70~220
호박(琥珀)	2.9	90
자기(磁器)	6.5	30~35
용융석영(熔融石英)	3.8	8
유리	3.8~10	5~20
폴리에틸렌	2.3	50
폴리스티롤	2.6	25
테플론	2.1	60
네오플레인(합성고무종류)	6.9	12
산화티탄	100	6
산화티탄자기	30~80	-
티탄산발륨자기	1000~3000	-
변압기유	2.2~2.4	24~57

예제 4.2

비유전율이 5인 베클라이트 내에 전계의 세기가 1 [mV/m]라면 분극도는 얼마인가?

풀이 식 (4.9)에서

$$P = \epsilon_0(\epsilon_r - 1)E = 8.854 \times 10^{-12} \times (5-1) \times 10^{-3} = 3.5 \times 10^{-14}\ [\mathrm{C/m^2}]$$

4.4 전속밀도

유전체 내의 전계를 구하기 위하여 Faraday는 동신 구도체 내구에 $+Q$ [C]의 전하를 주고 구 사이에 유전체를 채웠을 때 외구에 $-Q$ [C]의 전하가 유도됨을 관찰하고 전하의 전달은 유전체의 변위 또는 전속이라 하였다.

그리고 이 전속 ψ [C]는 내구의 전하 Q [C]에 비례함을 확인하고 $Q = 1$ [C]일 때 ψ [C]이 되는 단위계를 정하여 전속의 단위를 [C]으로 정의하므로

$$\psi = Q\ [\mathrm{C}]$$

의 관계를 얻는다. 그리고 내구의 표면에서 발산하는 전속의 밀도를 전속밀도라 한다.

따라서 그림 4.4에서 구면상의 전속밀도는

$$\boldsymbol{D} = \frac{Q}{4\pi a^2}\boldsymbol{a}_r\ [\mathrm{C/m^2}] \tag{4.13}$$

이 된다.

한편 전계 중에 놓여진 유전체 내에는 내부전계 $\boldsymbol{E}$ [V/m]와 분극으로 인한 분극도 $\boldsymbol{P}$ [C/m^2]의 두 벡터가 공존하므로, 이를 종합한 것을 전속밀도 $\boldsymbol{D}$ [C/m^2]라 하고 전속밀도 $\boldsymbol{D}$ [C/m^2]를 벡터로 표시한다. 따라서 이들 사이에는

$$\boldsymbol{D} = \epsilon_0\boldsymbol{E} + \boldsymbol{P}\ [\mathrm{C/m^2}] \tag{4.14}$$

의 관계가 있으며 여기서 ϵ_0 [F/m]는 양변(전계와 분극)의 단위를 통일하기 위한 것이다.

식 (4.10)과 (4.13)에서

$$\boldsymbol{D} = \epsilon_0\boldsymbol{E} + \epsilon_0(\epsilon_r - 1)\boldsymbol{E} = \epsilon_0\epsilon_r\boldsymbol{E}\ [\mathrm{C/m^2}] \tag{4.15}$$

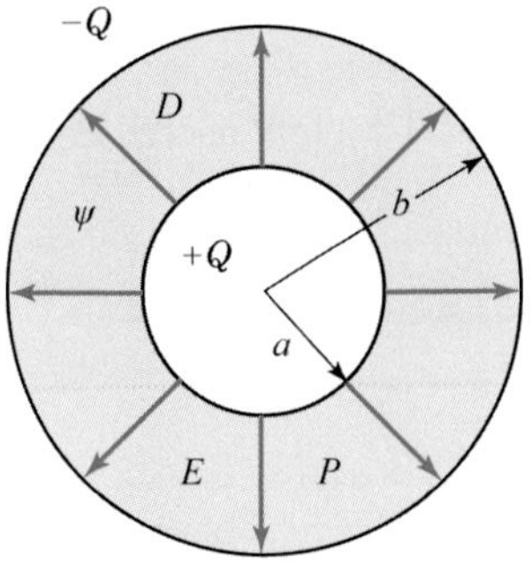

그림 4.4 전속밀도

여기서

$$\epsilon_0 \epsilon_r = \epsilon \, [\mathrm{F/m}], \quad \epsilon_r = \frac{\epsilon}{\epsilon_0} \tag{4.16}$$

으로 놓으면

$$\boldsymbol{D} = \epsilon \boldsymbol{E} \, [\mathrm{C/m^2}] \tag{4.17}$$

이 얻어진다. 여기서 ϵ [F/m]을 유전체의 유전율이라 한다.

유전체가 등방성이면 전계 $\boldsymbol{E}$ [V/m]와 전속밀도 $\boldsymbol{D}$ [C/m^2]는 같은 방향이고 $\boldsymbol{D}$ [C/m^2]의 벡터 방향으로 그려지는 선을 전속선이라 하며, 전속선 밀도를 전속밀도와 같도록 정의한다.

만일 공간이 진공이면 식 (4.17)에서

$$\boldsymbol{D} = \epsilon_0 \boldsymbol{E} \, [\mathrm{C/m^2}] \tag{4.18}$$

예제 4.3

진공과 유전체에서 전계, 쿨롱의 법칙, 가우스의 법칙은 각각 어떻게 되나?

풀이 진공과 유전체의 관계를 표와 같이 정리하면

	전계	쿨롱의 법칙	가우스의 법칙
진공, 공기	$\boldsymbol{E}_0 = \frac{1}{4\pi\epsilon_0}\frac{Q}{r^2}\boldsymbol{r}_0$ [V/m]	$\boldsymbol{F}_0 = \frac{Q_1 Q_2}{4\pi\epsilon_0 r^2}\boldsymbol{r}_0$ [N]	$N_0 = \frac{Q}{\epsilon_0}$
유전체	$\boldsymbol{E} = \frac{1}{4\pi\epsilon}\frac{Q}{r^2}\boldsymbol{r}_0$ [V/m]	$\boldsymbol{F} = \frac{Q_1 Q_2}{4\pi\epsilon r^2}\boldsymbol{r}_0$ [N]	$N = \frac{Q}{\epsilon}$

따라서 진공 속의 유전율 ϵ_0 [F/m] 이 매질의 유전율로 $\epsilon = \epsilon_0 \epsilon_r$ [F/m] 대치됨을 알 수 있다.

4.5 유전체의 경계조건

1. 전계의 경계조건

그림 4.5와 같이 유전율 ϵ_1, ϵ_2 [F/m]를 갖는 두 종류의 유전체가 접하는 경계면에서도 전계의 보존법칙이 성립하므로

$$\int_C \boldsymbol{E} \cdot dl = 0\ [\mathrm{V}] \tag{4.19}$$

따라서

$$\int_{ABCDA} \boldsymbol{E} \cdot dl = \int_A^B \boldsymbol{E} \cdot dl + \int_B^C \boldsymbol{E} \cdot dl + \int_C^D \boldsymbol{E} \cdot dl + \int_D^A \boldsymbol{E} \cdot dl = 0\ [\mathrm{V}]$$

이 된다.

이때 $BC = DA \fallingdotseq 0$으로 하면

$$\int_B^C \boldsymbol{E} \cdot dl = \int_D^A \boldsymbol{E} \cdot dl = 0$$

이 된다.

따라서

$$\int_{ABCDA} \boldsymbol{E} \cdot dl = \int_A^B \boldsymbol{E} \cdot dl + \int_C^D \boldsymbol{E} \cdot dl = 0\ [\mathrm{V}]$$

이므로, $AB = DC = \Delta l$로 하고 E_t [V/m]를 E [V/m]의 경계면의 접선의 크기로 하면

$$\int \boldsymbol{E}\boldsymbol{n} \cdot dl = E_{2t}\,\Delta l - E_{1t}\,\Delta l$$

이 되며

$$\int \boldsymbol{E} \cdot dl = 0\ [\mathrm{V}]\text{에서 } E_{1t} = E_{2t} \tag{4.20}$$

가 된다.

따라서 서로 다른 유전체 경계면에서 전계의 세기의 접선의 성분은 경계면 양측에서 서로

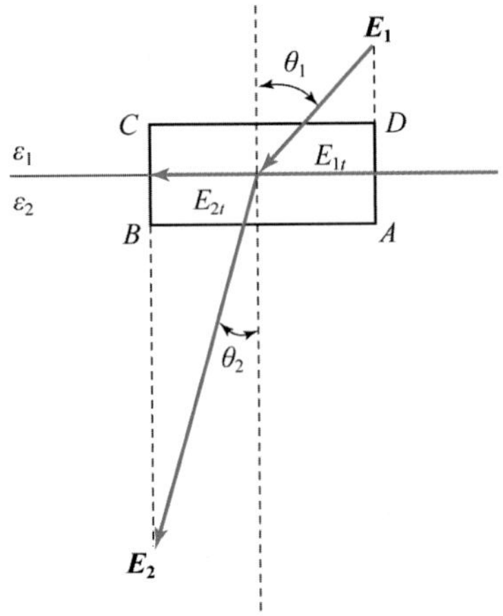

그림 4.5 유전체 경계면의 전계

같다. 그림 4.5와 같이 유전율 ϵ_1 [F/m] 의 유전체에서 E_1[V/m] 의 전계가 경계면에 입사하였을 때 ϵ_2 [F/m] 의 유전체에서 E_2[V/m] 처럼 굴절하므로 경계면의 조건에서

$$E_1 \sin\theta_1 = E_2 \sin\theta_2 \ [\mathrm{V/m}] \tag{4.21}$$

이 된다.

2. 전속밀도의 경계조건

그림 4.6과 같이 서로 다른 두 유전체의 유전율이 ϵ_1, ϵ_2 [F/m]일 때 유전체 경계면 양측에 미소면적 $\Delta S\,[\mathrm{m}^2]$, 체적 $\Delta v\,[\mathrm{m}^3]$의 원통을 폐곡면으로 정하고 가우스의 법칙을 적용한다. 원통의 높이를 낮게 하면 측면으로부터 전속의 유입을 무시할 수 있으므로 $\Delta S\,[\mathrm{m}^2]$면만으로 출입한다고 하면 식 (3.74)에서

$$D_{1n}\,\Delta S - D_{2n}\,\Delta S = \rho\,\Delta v \tag{4.22}$$

가 된다. 경계면에는 전하분포가 존재하지 않으면

$$D_{1n}\,\Delta S - \mathrm{D}_{2n}\,\Delta \mathrm{S} = 0$$

따라서

$$D_{1n} = D_{2n} \tag{4.23}$$

이 되며 서로 다른 유전체 경계면에서 전속밀도의 수직성분은 서로 같다.

따라서 그림 4.6에서 나타나듯이 전속밀도는

$$D_1 \cos\theta_1 = D_2 \cos\theta_2 \ [\mathrm{C/m^2}] \tag{4.24}$$

이 된다.

식 (4.21)을 식 (4.24)로 나누면

$$\frac{\epsilon_2}{\epsilon_1} = \frac{\tan\theta_2}{\tan\theta_1} \tag{4.25}$$

의 굴절의 법칙이 얻어진다. 따라서 식 (4.25)에서

$$\epsilon_1 > \epsilon_2 \text{ 이면 } \theta_1 > \theta_2$$

가 된다. 만약 $\theta_1 = 0$인 특수한 경우(전계가 경계면에 수직으로 입사)이면 식 (4.21), (4.23), (4.25)에서

1. $\theta_2 = 0$: 굴절하지 않는다.
2. $D_{1n} = D_{2n}$: 전속밀도의 수직성분은 같다(식 (4.23)).
3. $\dfrac{E_1}{E_2} = \dfrac{\epsilon_2}{\epsilon_1}$: 전계는 매질에 따라 결정된다.

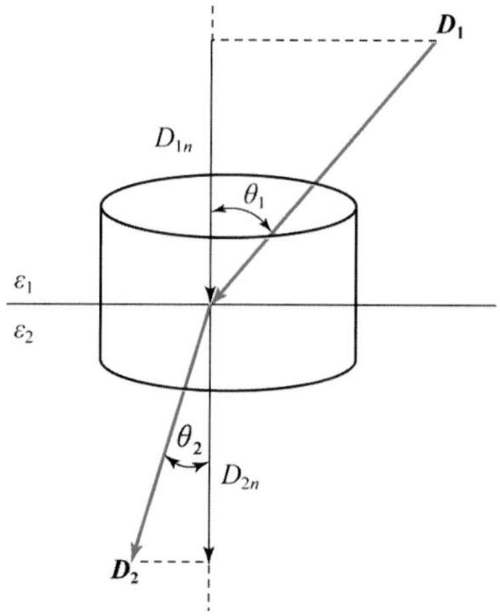

그림 4.6 유전체 경계면에서 전속밀도

4. $\dfrac{\epsilon_2}{\epsilon_1} = \dfrac{\tan\theta_2}{\tan\theta_1}$: 접선성분의 전계는 같다(식 (4.20)).

예제 4.4

공기와 비유전율이 $\epsilon_r = 3$인 호박이 경계면을 이루고 있는 경우 공기에서 호박의 경계면에 법선과 30°의 각도로 전계 10 [mV/m]이 입사되었을 때 호박에서의 굴절각은 얼마인가?

풀이 식 (4.25)에서

$$\frac{\tan\theta_2}{\tan\theta_1} = \frac{\epsilon_2}{\epsilon_1}$$

$$\tan\theta_2 = \frac{\epsilon_2}{\epsilon_1}\tan\theta_1 = \frac{3\epsilon_0}{\epsilon_0}\frac{1}{\sqrt{3}} = \sqrt{3}$$

$$\therefore\ \theta_2 = 60°$$

4.6 정전용량(capacitance)

도체가 전하를 저장할 수 있는 능력을 그 도체의 정전용량이라 하며 전하를 저장하는 장치를 축전기(capacitor)라 한다. 어느 한 도체에 Q [C]의 전하를 주었을 때 전위가 V [V]만큼 증가하였다면 정전용량은

$$C = \frac{Q}{V_{AB}}\ [\mathrm{F}] \tag{4.26}$$

이며, 그 단위는 1 V [V]의 전위를 증가시키는 데 1 [C]의 전하가 필요한 용량을 1 [F]이라 한다. 그러나 1 [F]의 용량은 전기단위에서는 그 값이 대단히 크므로 1 [μF] = 10^{-6} [F] 또는 1 [pF] = 10^{-12} [F]를 사용한다. 만일 A, B 두 도체에 각각 $\pm Q$ [C]의 전하를 주고 각각의 전위가 V_A, V_B [V]라 하면

$$C = \frac{Q}{V_A - V_B}\ [\mathrm{F}] \tag{4.27}$$

로 두 도체 사이의 정전용량을 구한다. 따라서 정전용량은 도체가 하나인 경우보다 두 도체를 대치시키므로 그 용량을 변화할 수 있으며, 대개의 커패시터는 이 원리를 이용하고 있다.

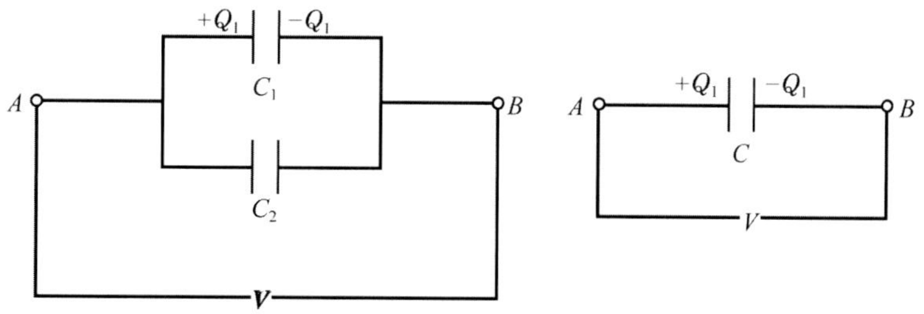

그림 4.7 두 커패시터의 병렬연결 및 합성용량

A, B 두 도체인 경우 A 도체에서 나온 전기력선은 B 도체로 도달할 것이므로 정전용량은 전기력선으로 연결된 도체 사이에는 항상 존재한다.

또한 도체가 두 개 이상인 경우에는 한 쌍씩의 도체간 정전용량(부분용량)에서 합쳐서 전체 용량을 구한다.

4.7 커패시터의 연결

1. 병렬 연결

그림 4.7의 두 커패시터 C_1, C_2 [F]를 병렬 연결한 후 단자 A, B에 V[V]의 전위차를 주면 각 커패시터 C_1, C_2 [F]에 충전되는 전하는 각각

$$Q_1 = C_1 V[\mathrm{C}], \quad Q_2 = C_2 V[\mathrm{C}]$$

가 되며 충전하는

$$Q_1 + Q_2 = C_1 + C_2 \, [\mathrm{C}]$$

이 된다.

지금 합성용량을 C[F]라 하면

$$Q = CV[\mathrm{C}]$$

에서

$$C = C_1 + C_2 \, [\mathrm{F}]$$

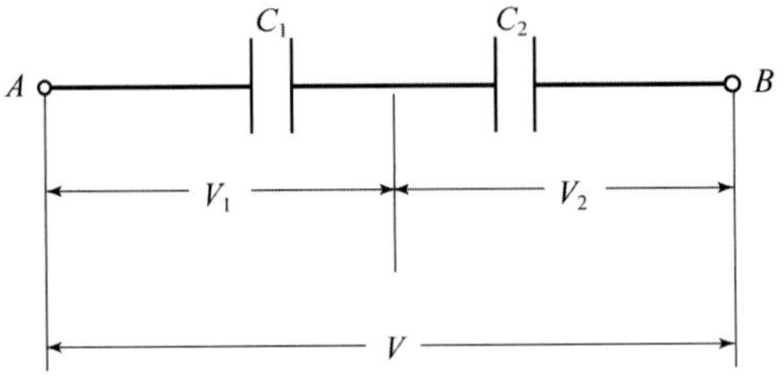

그림 4.8 정전용량의 직렬연결

가 되어 합성용량은 각각의 용량을 더한 것만큼 커진다.

그리고 각 커패시터가 분배받는 전하는

$$Q_1 = \frac{C_1}{C} Q \,[\mathrm{C}], \;\; Q_2 = \frac{C_2}{C} Q \,[\mathrm{C}] \tag{4.28}$$

과 같이 각각의 용량에 비례한다.

2. 직렬 연결

그림 4.8과 같이 두 커패시터 C_1, C_2 [F]를 직렬로 연결하고 단자 A, B에 전위차 V [V]를 주면 각 커패시터 C_1, C_2 [F]의 각 극판에는 $+Q$ [C], $-Q$ [C]의 전하가 충전되므로 각 커패시터에 걸리는 전위차는

$$V_1 = \frac{Q_1}{C_1} \,[\mathrm{V}], \;\; V_2 = \frac{Q_2}{C_2} \,[\mathrm{V}]$$

단자 A, B간의 전위차는

$$V = V_1 + V_2 = \left(\frac{1}{C_1} + \frac{1}{C_2}\right) Q \,[\mathrm{V}]$$

가 된다. 따라서 합성용량은 식 (4.25)에서

$$\frac{1}{C} = \frac{1}{C_1} + \frac{1}{C_2} \,[1/\mathrm{F}]$$

에서

$$C = \frac{C_1 C_2}{C_1 + C_2} \text{ [F]} \tag{4.29}$$

가 되므로 합성용량은 각각의 용량보다 작아진다. 그리고 각 커패시터에 걸리는 전위차는

$$V_1 = \frac{CV}{C_1} \text{ [V]} \tag{4.30}$$

이 되어 용량에 반비례하여 전위차가 분배된다.

4.8 정전용량의 계산 예

1. 평행판 커패시터

유전체 ϵ [F/m]가 채워진 평행판의 거리간격 d [m] 무한히 넓은 판의 전극에 각 $\pm\sigma$ [C/m^2]의 전하밀도를 주면 그림 4.9와 같이 판 사이의 전계는 전극에 항상 수직이므로 전계 $\boldsymbol{E}$ [V/m]는

$$\boldsymbol{E} = \frac{\sigma}{\epsilon} \boldsymbol{n} \text{ [V/m]}$$

여기서 $\boldsymbol{n}$: 법선 단위벡터

로 평등 전계가 되며 전극 간 전위차는

$$V = -\int_{-}^{+} \boldsymbol{E} \cdot d\boldsymbol{l} = \frac{\sigma}{\epsilon} d \text{ [V]}$$

따라서 단위면적당 정전용량은

$$C_0 = \frac{\sigma}{V} = \frac{\epsilon}{d} \text{ [F]}$$

가 되며 면적 S [m^2]의 커패시터에 대한 정전용량은

$$C = \frac{\epsilon S}{d} = \frac{\epsilon_0 \epsilon_r S}{d} \text{ [F]} \tag{4.31}$$

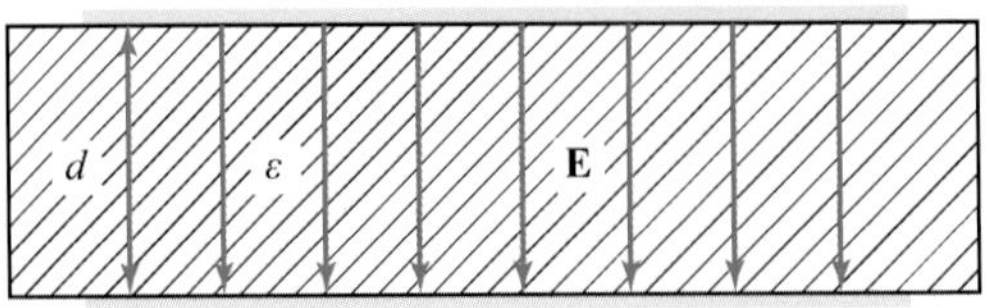

그림 4.9 평행판 커패시터

따라서 평행판 사이에 비유전율이 큰 유전체를 채우면 용량을 크게 할 수 있고 소형화할 수 있다. 보통 사용되는 유전체에는 종이, 운모, TiO_3, 각종 plastic film($d=2\,[\mu\mathrm{m}]$)정도 등이 있다.

위의 계산은 전극 간의 전계를 균일하다고 생각한 경우지만 일반적으로 거리 간격이 큰 경우 판 사이의 끝 부분에는 전계가 고르지 못하는 **단부효과(frenging effect)** 정밀장치에는 이에 대한 보완이 필요하다.

예제 4.5

극판의 면적이 $10\,[\mathrm{cm}^2]$이고, 극 간의 거리가 $0.1\,[\mathrm{mm}]$인 평행판 공기 콘덴서가 $\pm 10\,[\mathrm{pC}]$으로 충전되어 있을 때 다음의 문제를 풀이하시오.

1) 이 평행판 콘덴서의 용량은?
2) 이 평행판 콘덴서의 표면전하 밀도는?
3) 이 평행판 콘덴서의 전계의 세기는?
4) 이 평행판 콘덴서의 전위차는

풀이 1) 식 (4.31)에서 $C=\dfrac{\epsilon_0\epsilon_r S}{d}=\dfrac{8.854\times10^{-12}\times1\times10\times10^{-4}}{100\times10^{-6}}=88.54\,[\mathrm{pF}]$

2) $\sigma=\dfrac{Q}{S}=10\,[\mathrm{nC/m^2}]$

3) $E=\dfrac{\sigma}{\epsilon_0\epsilon_r}=1.13\,[\mathrm{KV/m}]$

4) $V=E\cdot d=1.13\times10^3\times0.1\times10^{-3}=0.113\,[\mathrm{V}]$

2. 동심 구도체

그림 4.10과 같은 반경 a, b, c [m]의 동심 구도체 내구에 $+Q$ [C]의 전하를 주면 외구의 내측에는 $-Q$ [C], 외측에는 $+Q$ [C]의 전하가 유도되며 두 구 반경(a, b) 사이의 전위차는

$$V_{ab} = -\int_b^a \frac{Q}{4\pi\epsilon r^2} dr = \frac{Q}{4\pi\epsilon_0}\left[\frac{1}{r}\right]_b^a = \frac{Q}{4\pi\epsilon}\left(\frac{1}{a} - \frac{1}{b}\right) [\mathrm{V}]$$

가 되므로, 정전용량은

$$C = \frac{Q}{V_{ab}} = 4\pi\epsilon\left(\frac{ab}{b-a}\right) [\mathrm{F}] \tag{4.32}$$

가 된다. 만일 반경 a [m]인 도체구만 있는 경우는 ($b = \infty$)가 되므로 그 용량은

$$C = 4\pi\epsilon\,[\mathrm{F}] \tag{4.33}$$

이 되며 주위 매질이 공기(ϵ_0)이면

$$C = 4\pi\epsilon_0 a = \frac{a}{9\times 10^9}\,[\mathrm{F}] \tag{4.34}$$

가 되므로 공기 중에서 1 [F]의 정전용량을 갖는 구의 반경은 되므로 정전용량은 9×10^9 [m]가 된다.

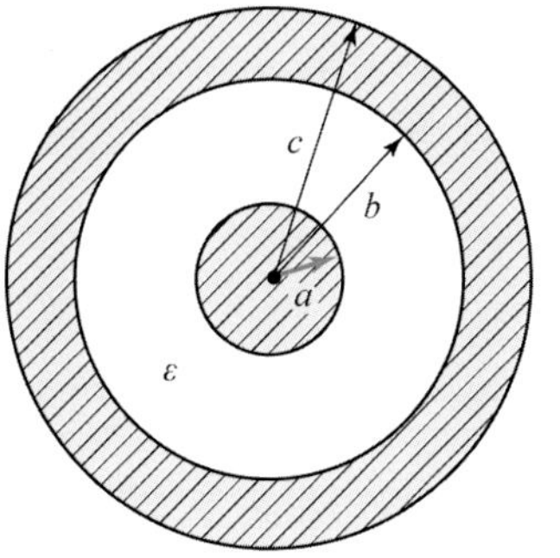

그림 4.10 동심구도체의 정전용량

예제 4.6

진공 중에 그림 4.10과 같이 동심구가 있다. 내구의 반경 $a=10$ [cm]이고 외구의 내반경 $b=50$ [cm]이면 이 동심구의 정전용량은 얼마인가?

풀이 식 (4.31)에서

$$C=\frac{Q}{V_{ab}}=4\pi\epsilon\left(\frac{ab}{b-a}\right)=\frac{1}{9\times 10^{9}}\left(\frac{10\times 50\times 10^{-4}}{40\times 10^{-2}}\right)=13.9\times 10^{-12}[F]=13.9\ [\text{pF}]$$

3. 무한장 길이의 동축 커패시터(capacitor)

(1) 매질이 단일 유전체로 채워진 경우

그림 4.11과 같이 반경 $a, b(>a)$ [m]의 동축 원통 도체에 $\pm\lambda$ [C/m]의 전하를 주었을 때 동축 원통 도체 사이의 전위차는 식 (3.63)에서

$$V_{ab}=\frac{\lambda}{2\pi\epsilon}\ln\frac{b}{a}\ [\text{V}]$$

가 되므로

단위 길이당 정전용량은

$$C_0=\frac{\lambda}{V}=\frac{2\pi\epsilon}{\ln\frac{b}{a}}\ [\text{F/m}] \tag{4.35}$$

이때 동축 원통의 길이를 l [m]라 하면

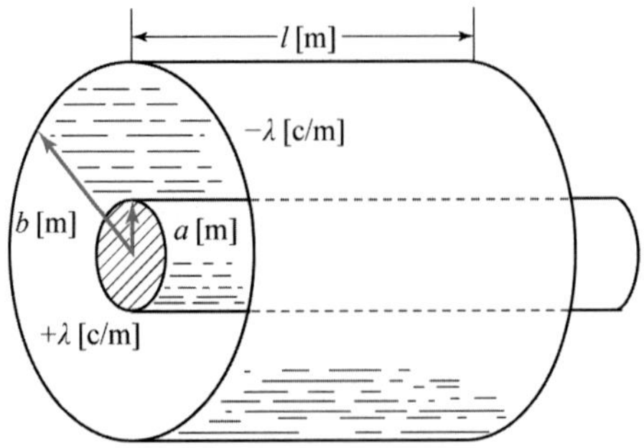

그림 4.11 동축 커패시터

$$C = C_0 l = \frac{2\pi\epsilon l}{\ln\frac{b}{a}} \text{[F]} \tag{4.36}$$

이 된다.

예제 4.7

그림 4.11과 같은 동축 원통이 있다. 이 원통에 비유전율 $\epsilon_r = 3$인 기름으로 채워져 있으며, 내부 원통의 반지름을 10[mm]과 부 원통의 내 반지름을 20 [mm]이고 두께가 2 [mm]라면 이 동축 원통의 단위 길이당 정전용량은 얼마인가?

풀이 식 (4.35)에서

$$C_0 = \frac{\lambda}{V} = \frac{2\pi\epsilon_0\,\epsilon_r}{\ln\frac{b}{a}} = \frac{3}{18\times 10^9}\,\frac{1}{\ln\frac{20}{10}} = 240\times 10^{-12}\text{[F/m]} = 240\text{ [pF/m]}$$

(2) 복합 유전체의 경우

그림 4.12와 같이 동축 원통 사이에 매질 ϵ_1, ϵ_2 [F/m]인 서로 다른 두 유전체가 채워져 있는 경우 이 동축원통의 내부도체에 λ [C/m]의 전하가 분포하면 반경 $r(a < r < b)$ [m]되는 위치의 전속밀도는 가우스의 법칙에 의하여

$$D = \frac{\lambda}{2\pi r}\ \text{[C/m}^2\text{]} \quad (a < r < b)\text{[m]}$$

가 되므로

각 유전체에서의 전계는

$$E_1 = \frac{D}{\epsilon_1} = \frac{\lambda}{2\pi\epsilon_1 r}\text{[V/m]} \quad (a < r < b)\text{[m]} \tag{4.37}$$

$$E_2 = \frac{D}{\epsilon_2} = \frac{\lambda}{2\pi\epsilon_2 r}\text{[V/m]} \quad (b < r < c)\text{[m]} \tag{4.38}$$

이 되며, 이 동축 원통 도체 사이의 전위차는

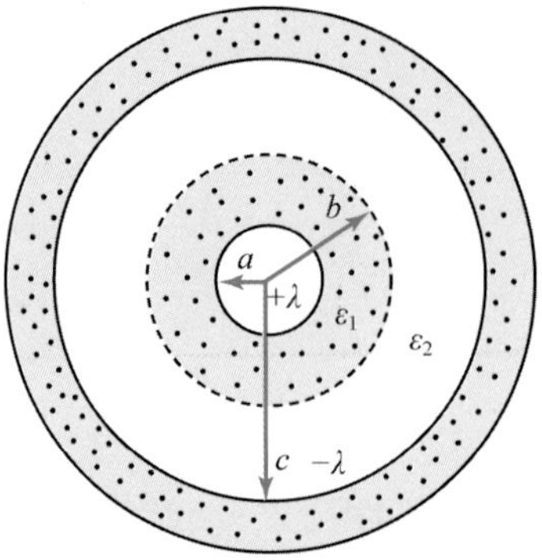

그림 4.12 복합 유전체의 정전용량

$$V_{ac} = \int_a^b E_1\, dr + \int_b^c E_2\, dr = \frac{\lambda}{2\pi}\left(\frac{1}{\epsilon_1} ln\frac{b}{a} + \frac{1}{\epsilon_2} ln\frac{c}{b}\right)[\mathrm{V}] \tag{4.39}$$

가 되므로, 복합 유전체가 채워진 원통 도체의 단위 길이당 정전용량은

$$C_0 = \frac{\lambda}{V_{ac}} = \frac{2\pi}{\frac{1}{\epsilon_1}\ln\frac{b}{a} + \frac{1}{\epsilon_2}\ln\frac{c}{b}}[\mathrm{F/m}] \tag{4.40}$$

이 된다. 이 결과는 두 유전체 ϵ_1, $\epsilon_2\,[\mathrm{F/m}]$를 갖는 2개의 동축 커패시터의 직렬 연결인 경우와 같다. 또 동축 원통 사이의 전위차가 $V\,[\mathrm{V}]$이면 두 유전체 사이의 전계의 세기는

$$E_1 = \frac{C_0 V}{2\pi\epsilon_1 r}\ [\mathrm{V/m}]\ \ (a < r < b)[\mathrm{m}] \tag{4.41}$$

$$E_2 = \frac{C_0 V}{2\pi\epsilon_2 r}\ [\mathrm{V/m}]\ \ (a < r < b)[\mathrm{m}] \tag{4.42}$$

가 되며 $\epsilon_1 > \epsilon_2\,[\mathrm{F/m}]$인 경우의 전하 분포는 그림 4.13과 같다.

그림의 점선은 한 종류의 유전체만을 채운 경우의 전계의 세기이며 두 종류의 유전체 $\epsilon_1\,[\mathrm{F/m}]$과 $\epsilon_2 > (\epsilon_1)\,[\mathrm{F/m}]$를 채우면 같은 전위차에 대한 최대 전계의 크기가 한 종류인 유전체로 채워진 경우보다 낮아져 절연 효과가 높아지므로 보다 높은 전압을 가할 수 있다.

이러한 원리를 이용한 절연 방식을 단절연(graded insulator)이라 하며 30 [KV]급 이상의 고전압 송배전 케이블 등에 이 원리를 이용하고 있다.

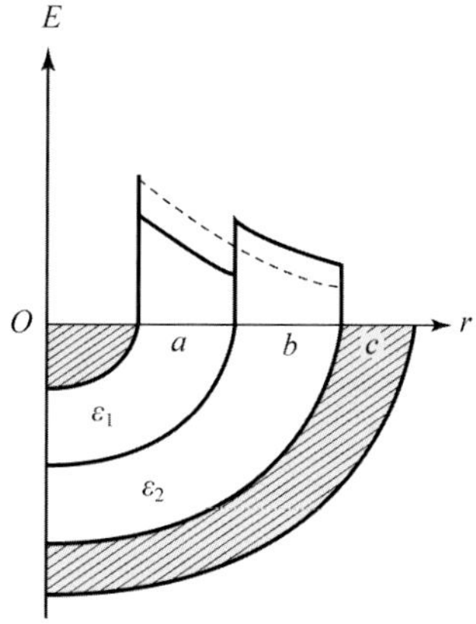

그림 4.13 복합 유전체의 전계 분포

예제 4.8

그림 4.12에서 단심 케이블을 유전율 $\epsilon_{r1}=5$ [F/m], $\varepsilon_{r2}=3$ [F/m]인 두 유전체로 채우고 절연하고자 한다. 반경은 각각 $a=1$ [cm], $b=2$ [cm], $c=3$ [cm]이며 $E_{1_{max}}=40$ [KV/m], $E_{2_{max}}=50$ [KV/m]이다. 이 단심 케이블에

1) 유전체 ϵ_1 [F/m]을 중심 가까이 채운 경우
2) 유전체 ϵ_2 [F/m]를 중심 가까이 채운 경우의 최대 사용전압은 얼마인가?

풀이 1) 유전체 ϵ_1 [F/m]을 중심 가까이 채운 경우 중심선의 선전하밀도를 λ_1 [C/m]라 하면 식 (4.37)에서

$$E_1=\frac{D}{\epsilon_1}=\frac{\lambda}{2\pi\epsilon_1 r}\,[\mathrm{V/m}]\quad(0.01<r<0.02)\,[\mathrm{m}]$$

이때 $r=a=0.01$ [m]에서

$$E_{1max}=4\times 10^4\,[\mathrm{V/m}]$$

이어야 하므로

$$4\times 10^4=\frac{\lambda}{2\pi\epsilon_0\times 5\times 0.01}\qquad \therefore\ \lambda=4\pi\epsilon_0\times 10^3\,[\mathrm{C/m}]$$

가 되어야 한다. 따라서 내외도체 사이의 전위는 식 (4.39)에 대입하면

$$V_{ac}=\int_a^b E_1\,dr+\int_b^c E_2\,dr=\frac{\lambda}{2\pi\epsilon_0}\left(\int_{0.01}^{0.02}\frac{dr}{5r}+\int_{0.02}^{0.03}\frac{dr}{3r}\right)$$

$$=\frac{\lambda}{2\pi\epsilon_0}[\frac{1}{5}lnr|_{0.01}^{0.02}+\frac{1}{3}lnr|_{0.02}^{0.03}]=54.8\,[\mathrm{KV}]$$

2) 유전체 ϵ_2 [F/m]를 중심 가까이 채운 경우
중심선의 선전하밀도를 λ_2 [C/m]라 하면 식 (4.37)에서

$$E_2 = \frac{D}{\epsilon_2} = \frac{\lambda}{2\pi\epsilon_2 r}\,[\mathrm{V/m}] \quad (0.01 < \mathrm{r} < 0.02)\,[\mathrm{m}]$$

이때 $r = 0.01\,[\mathrm{m}]$에서 $E_{2\max} = 5\times 10^4\,[\mathrm{KV/m}]$이어야 하므로

$$5\times 10^4 = \frac{\lambda}{2\pi\epsilon_0 \times 3 \times 0.01} \qquad \therefore\ \lambda = 3\pi\epsilon_0 \times 10^3\,[\mathrm{C/m}]$$

따라서 내외도체 사이의 전위는

$$V_{ac} = \int_a^b E_1\,dr + \int_b^c E_2\,dr = \frac{\lambda}{2\pi\epsilon_0}\left(\int_{0.01}^{0.02}\frac{dr}{3r} + \int_{0.02}^{0.03}\frac{dr}{5r}\right) = 46.8\,[\mathrm{KV}]$$

(3) 평행도선

그림 4.14와 같이 반경 $a\,[\mathrm{m}]$인 매우 긴 평행도선이 전선 사이의 거리가 ($d > a\,[\mathrm{m}]$) 간격으로 배선되어 있을 때 이 도선에 $\pm\lambda\,[\mathrm{C/m}]$ 의 선전하밀도가 분포되었다면 두 전선 사이의 한 점 P 의 전계의 세기는

$$a < r < d - a\,[\mathrm{m}]$$

라 하고, 도체 A로부터의 전계의 세기를 $E_a\,[\mathrm{V/m}]$라 하면

$$E_a = \frac{\lambda}{2\pi\epsilon_0 r}\,[\mathrm{V/m}]$$

도체 B로부터의 전계의 세기를 $E_b\,[\mathrm{V/m}]$ 라 하면

$$E_b = \frac{-\lambda}{2\pi\epsilon_0 (d-r)}\,[\mathrm{V/m}]$$

각 전선에 의한 전계의 세기의 합(전계가 같은 방향이므로)은 다음 식으로 나타난다. 두전

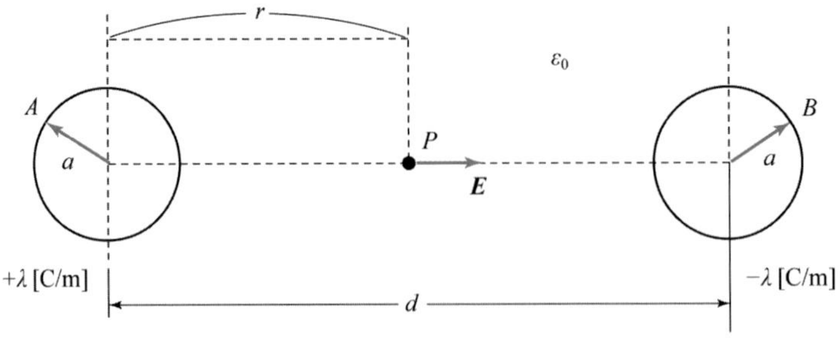

그림 4.14 평행도선의 정전용량

계의 세기의 합은

$$E = \frac{\lambda}{2\pi\epsilon_0 r} + \frac{\lambda}{2\pi\epsilon_0 (d-r)} \text{ [V/m]} \tag{4.43}$$

$$\begin{aligned} V &= \frac{\lambda}{2\pi\epsilon_0} \int_a^{d-a} \left(\frac{1}{r} + \frac{1}{d-r} \right) dr \\ &= \frac{\lambda}{2\pi\epsilon_0} [\ln r \,|_a^{(d-a)} - \ln(d-r) \,|_a^{(d-a)}] \\ &= \frac{\lambda}{2\pi\epsilon_0} [2\ln r - 2\ln(d-r)] \\ &= \frac{\lambda}{\pi\epsilon_0} \ln \frac{d-a}{a} \text{ [V]} \end{aligned} \tag{4.44}$$

가 된다.

따라서 단위길이당 전전용량은

$$C_0 = \frac{\pi\epsilon_0}{\ln \frac{d-a}{a}} \text{ [F/m]} \tag{4.45}$$

일반적으로 $d \gg a$ [m]이므로 단위길이당 정전용량은

$$C_0 \fallingdotseq \frac{\pi\epsilon_0}{\ln \frac{d}{a}} \text{ [F/m]} \tag{4.46}$$

이 된다. 이 전선의 길이가 l [m]이면 l [m]의 전선의 정전용량은

$$C = \frac{\pi\epsilon_0 l}{\ln \frac{d}{a}} \text{ [F]} \tag{4.47}$$

이 되며 이 결과는 송배전선로 또는 안테나 도입선의 정전용량을 구할 때 사용된다.

예제 4.9

반지름이 2 [mm]인 전주에 평행한 전선이 중심간격 50 [cm]으로 설치되어 있다. 이 전선의 길이가 1 [km]일 때 선간용량은 얼마인가?

풀이 식 (4.46)에서

$$C = \frac{\pi \epsilon_0 l}{\ln \frac{d}{a}} = \frac{3.14 \times 8.854 \times 10^{-12} \times 10^3}{\ln \frac{0.5}{0.02}} = 8687\ [\mathrm{pF}]$$

4.9 정전용량과 전기저항

완전 도체판으로 구성된 면적 $S\,[\mathrm{m}^2]$, 거리 간격이 $d\,[\mathrm{m}]$인 평행판 전극 사이에 유전율 $\epsilon\,[\mathrm{F/m}]$와 도전율 $\sigma\,[\mathrm{S/m}]$의 성질을 동시에 갖는 매질을 이 극판 사이에 채울 때 이 평행판 전극 사이의 정전용량은

$$C = \frac{\epsilon S}{d}\ [\mathrm{F}]$$

가 된다.

이때 평행판 도체 사이의 전기저항은

$$R = \rho \frac{d}{S} = \frac{d}{\chi S}\ [\Omega]$$

가 된다. 이 두 식에서 저항과 정전용량의 상호관계를 나타내면

$$RC = \epsilon \rho \tag{4.48}$$

의 관계식이 얻어진다.

이때 $\rho\,[\Omega\,\mathrm{m}]$: 유전체의 고유저항, k : 도전율 $[1/\Omega\,\mathrm{m}] = [\mathrm{S/m}]$, S : simens

식 (4.48)은 임의의 모양을 갖는 전극 사이에서도 일반적으로 성립하는 식으로 복잡한 모양을 갖는 안테나 또는 송배전 등의 용량이나 저항을 구하는 데 사용된다.

예제 4.10

반지름 $a\,[\mathrm{m}]$인 반구형의 도체를 대지에 그림 4.15와 같이 묻었을 때에 접지저항은 얼마인가? 단 대지의 도전율은 $\sigma\,[\mathrm{S/m}]$이고 유전율은 $\epsilon\,[\mathrm{F/m}]$이다.

풀이 식 (4.48)에서

$$RC = \epsilon \rho$$

이고, 대지에 묻힌 반구형 도체의 정전용량은

$$C = 2\pi\epsilon a\,[\mathrm{F}]$$

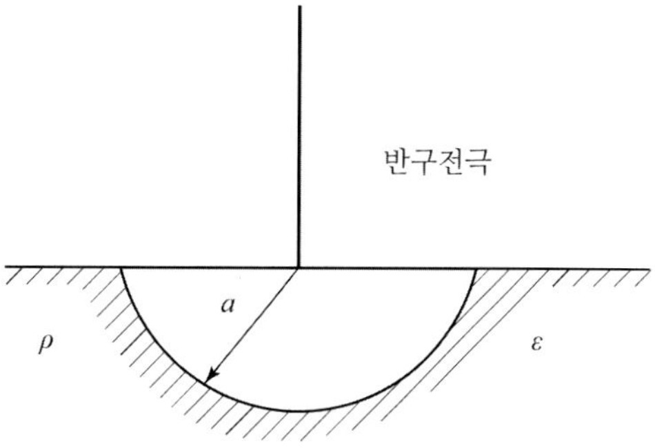

그림 4.15 접지저항

이므로

$$R = \frac{\epsilon}{C}\rho = \frac{\epsilon}{2\pi\epsilon a}\rho = \frac{\rho}{2\pi a}[\Omega]$$

가 된다. 이 원인은 대지에서의 전극 간 저항측정으로 땅속의 광물을 탐사(전기 저항 탐사방법)하는 데 응용된다.

4.10 정전 에너지

충전된 콘덴서의 양극을 가는 도선으로 연결하면 도선이 가열되거나 접촉이 나쁘면 불꽃이 생긴다. 이 현상은 콘덴서에 정전 에너지가 저장되어 있기 때문이다. 정전용량 $C\,[\mathrm{F}]$의 도체에 $Q\,[\mathrm{C}]$의 전하를 주면 식 (4.26)에서 전위가 증가하는데, $V = \dfrac{Q}{C}\,[\mathrm{V}]$의 식에서 $Q - V$의 관계를 좌표로 표시하면 그림 4.16과 같다.

지금 도체가 $q\,[\mathrm{C}]$의 전하가 대전된 상태의 전위를 $V\,[\mathrm{V}]$라 하고 여기에 $dq\,[\mathrm{C}]$의 전하를 더 운반하여 도체로 가지고 갈 때 필요한 일은 $Vdq\,[\mathrm{J}]$이 된다. 따라서 $dq\,[\mathrm{C}]$의 미소전하를

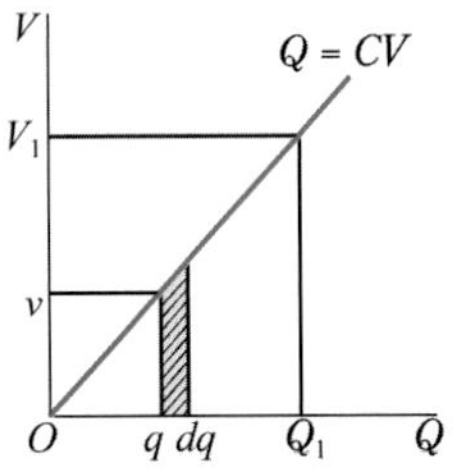

그림 4.16 정전 에너지

콘덴서에 저장하는 데 필요한 에너지를 dW[J]라 하면

$$dW = Vdq\,[\mathrm{J}],\quad V = \frac{q}{C}\,[\mathrm{V}]$$

이므로

$$dW = \frac{q}{C}dq\,[\mathrm{J}]$$

가 된다.

따라서 Q[C]의 전하를 운반할 때 콘덴서에 저장되는 에너지는

$$W = \int_0^Q Vdq = \int_0^Q \frac{q}{C}dq = \frac{Q^2}{2C} = \frac{1}{2}CV^2\,[\mathrm{J}] \tag{4.49}$$

가 된다.

Q_1, Q_2, Q_3, …… Q_n[C]의 전하가 n개의 도체에 분포하여 각 도체의 전위가 각각 V_1, V_2, V_3, …… V_n[V]라면 이 도체가 보유하는 정전 에너지는 각각 W_1, W_2, W_3, …… W_n[J]이 되며 이 도체계 전체가 갖는 정전 에너지는

$$\begin{aligned} W &= W_1 + W_2 + W_3, \cdots\cdots W_n\,[\mathrm{J}] \\ &= \frac{1}{2}Q_1V_1 + \frac{1}{2}Q_2V_2 + \cdots\cdots + \frac{1}{2}Q_nV_n\,[\mathrm{J}] \end{aligned} \tag{4.50}$$

이 된다.

한편 유전율 ϵ[F/m]인 메질로 채워진 평행판 콘덴서의 양 극판에 $\pm Q$[C]의 전하를 주었을 때 이 전극판의 전위차를 V[V]라 하면 이 평행판 전극 사이에 저장되는 정전 에너지는 식 (4.48)에서

$$W = \frac{1}{2} CV^2 \, [\mathrm{J}] \tag{4.51}$$

이고, 이때 평행판 전극의 정전용량은 식 (4.31)에서

$$C = \frac{\epsilon S}{V} \, [\mathrm{F}]$$

이고, 평행판 전극의 전위는

$$V = Ed \, [\mathrm{V}]$$

이므로

$$W = \frac{1}{2} CV^2 = \frac{1}{2} \epsilon E^2 Sd \, [\mathrm{J}] \tag{4.52}$$

가 된다.

이 식은 도체계가 저장하는 정전 에너지를 전극판 사이에 있는 유전체의 전계 내에 저장하는 에너지로 치환한 것으로, 이 관계는 콘덴서뿐 아니라 전계가 존재하는 모든 공간에 대하여 성립하는 것으로 매우 중요한 식이다. 지금 대전된 도체에 의하여 전계가 존재하는 구간에서 단위체적당 정전 에너지를 구하면

$$w = \frac{W}{Sd} = \frac{1}{2} \epsilon E^2 = \frac{D^2}{2\epsilon} = \frac{1}{2} DE \, [\mathrm{J/m^3}] \tag{4.53}$$

식 (4.51)을 벡터로 표시하면

$$w = \frac{1}{2} \boldsymbol{D} \cdot \boldsymbol{E} \, [\mathrm{J/m^3}] \tag{4.54}$$

가 된다.

단위 체적당의 에너지 밀도가 식 (4.53)과 같을 때 전 공간이 갖는 정전 에너지는

$$W = \iiint_v \boldsymbol{D} \cdot \boldsymbol{E} \, dv \, [\mathrm{J}] \tag{4.55}$$

가 된다.

예제 4.11

면적 $S=10[\text{m}^2]$, 간격 $d=1[\text{mm}]$, 비유전율 $\epsilon=2.5$인 평행판 콘덴서에 $100[\text{V}]$의 전압을 인가할 때 이 평행판 콘덴서에 저장되는 정전 에너지는?

풀이 평행판 콘덴서에 저장되는 정전 에너지는 식 (4.51)에서

$$W=\frac{1}{2}CV^2=\frac{1}{2}\epsilon E^2 Sd\,[\text{J}]\text{에서}$$

전위 $V=Ed\,[\text{V}]$이므로 위 식은

$$W=\frac{1}{2}\epsilon E^2 Sd=\frac{1}{2}\frac{\epsilon_0\epsilon_e S}{d}V^2=1.11\times 10^{-8}\,[\text{J}]$$

4.11 도체계

여러 개의 도체가 가까이 있어 하나의 도체계를 형성하는 경우, 각 도체에 주어진 각 전하에 의한 전계는 서로간에 영향을 줄 것이므로, 각 도체와 전하 또는 전위는 도체계 전체를 동시에 고려하여야 한다.

1. 전위계수

그림 4.17과 같이 ①, ②, ③ 3개의 도체가 일정한 위피에 배치된 도체계인 경우 도체 ①에만 $+1\,[\text{C}]$의 전하를 주고 다른 도체에는 전하를 주지 않았을 때 도체 ①의 전하에 의하여 도체 ②, ③에 정 부의 전하가 유도되지만 그 합은 0이 된다. 이때 각 도체의 전위를 각각 $p_{11}, p_{21}, p_{31}\,[\text{V/C}]$이라 하면 도체 ①에만 전하 $Q_1\,[\text{C}]$을 주었을 때 각 도체의 전위는 $Q_1\,[\text{C}]$배가 될 것이므로

$$p_{11}Q_1,\ p_{21}Q_1,\ p_{31}Q_1\,[\text{V}] \tag{4.56}$$

가 될 것이다.

마찬가지로 도체 ①에만 전하 $Q_2=1\,[\text{C}]$을 주고 $Q_1=Q_3=0\,[\text{C}]$일 때 각 도체의 전위를 $p_{12}, p_{22}, p_{32}\,[\text{V/C}]$이라 하면 도체 ②에 전하 $Q_2\,[\text{C}]$을 주었을 때 각 도체의 전위는 $Q_2\,[\text{C}]$배가 될 것이므로

$$p_{12}Q_2,\ p_{22}Q_2,\ p_{32}Q_2\,[\text{V}] \tag{4.57}$$

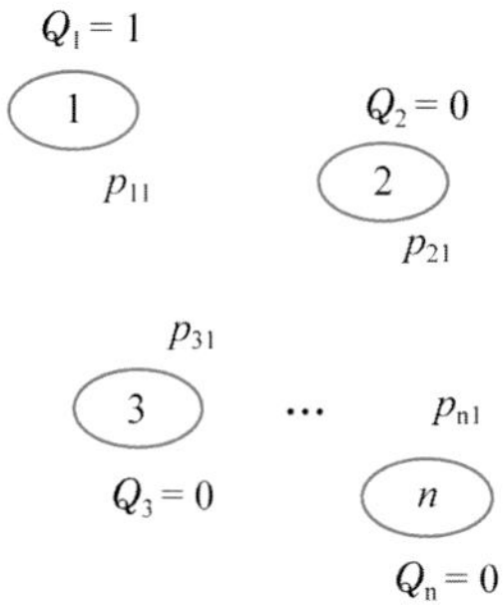

그림 4.17 전위계수

이 될 것이다.

마찬가지로 도체 ③에만 전하 $Q_3 = 1$ [C]을 주고 $Q_1 = Q_2 = 0$ [C]일 때 각 도체의 전위를 p_{13}, p_{23}, p_{33} [V/C]이라 하면 도체 ③에 전하 Q_3 [C]을 주었을 때 각 도체의 전위는 Q_3 [C] 배가 될 것이므로

$$p_{13}\,Q_3,\ p_{23}\,Q_3,\ p_{33}\,Q_3\ [\mathrm{V}] \tag{4.58}$$

이 될 것이다.

따라서 각 도체에 Q_1, Q_2, Q_3 [C]의 전하를 주었을 때의 각 도체의 전위는 각각

$$V_1 = p_{11}\,Q_1 + p_{12}\,Q_2 + p_{13}\,Q_3\ [\mathrm{V}] \tag{4.59}$$

$$V_2 = p_{21}\,Q_1 + p_{22}\,Q_2 + p_{23}\,Q_3\ [\mathrm{V}] \tag{4.60}$$

$$V_3 = p_{31}\,Q_1 + p_{32}\,Q_2 + p_{33}\,Q_3\ [\mathrm{V}] \tag{4.61}$$

여기서 p_{13}, p_{23}, p_{33} ……의 계수는 특정한 도체에 단위 정전하(+1 [C])를 주었을 때 각 도체의 전위로 도체의 크기와 상호간의 배전 상태 및 주위 매질에 따라 정해지는 상수로 전위계수(coefficient of potential)라 하며 [1/F]의 단위를 갖는다.

(1) 전위계수의 성질

도체 1에만 +1 [C]의 전하를 주었다면 도체 1에서 나온 전기력선의 대부분은 다른 도체에 이르고 그 일부는 도체 1로부터 무한대(∞)의 거리까지 갈 것이고 그곳의 전위는 0 [V]이 될 것이므로 도체 1의 전위가 가장 높게 된다. 따라서 도체 사이의 전위계수는

$$p_{11} \gg p_{11} \gg 0 \ \ (\text{일반적으로 } p_{rr} \gg p_{rs} \gg 0)$$

의 성질이 있으며 도체 상호간의 위치와 크기가 정해지므로

$$p_{21} = p_{12} \ (\text{일반적으로 } p_{rs} = p_{sr})$$

의 관계가 성립한다. 여기서 r, s는 도체의 숫자를 번호로 표시한 기호이다.

예제 4.12

그림 4.18과 같이 반지름 a [m]인 접지 구도체의 중심에서 $d(>a)$ [m]인 곳에 점전하 Q[C]이 있을 때 구도체에 유도되는 전하를 구하시오.

풀이 그림 4.18과 같이 도체구와 점전하를 각각 1, 2의 도체로 보고 식 (4.59), (4.60)을 적용하면

$$V_1 = p_{11}Q_1 + p_{12}Q_2 \text{ [V]} \tag{4.62}$$

$$V_2 = p_{21}Q_1 + p_{22}Q_2 \text{ [V]} \tag{4.63}$$

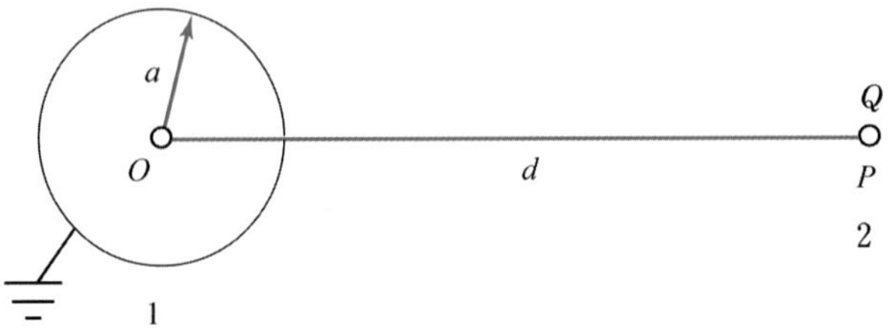

그림 4.18 점전하와 구도체

에서 도체 1에 $Q_1 = 1$ [C], $Q_1 = 0$일 때 도체 1과 도체 2의 전위는

$$V_1 = p_{11} \times 1 + p_{12} \times 0 = \frac{1}{4\pi\epsilon_0}\frac{1}{a} \text{ [V]}$$

$$V_2 = p_{21} \times 1 + p_{22} \times 0 = \frac{1}{4\pi\epsilon_0}\frac{1}{d} \text{ [V]}$$

이므로

$$p_{11} = \frac{1}{4\pi\epsilon_0}\frac{1}{a}, \quad p_{12} = p_{21} = \frac{1}{4\pi\epsilon_0}\frac{1}{a} \text{ [V/C]}$$

지금 점전하 Q[C]이 있을 때 접지 구도체의 전위는

$$V_1 = 0 \text{ [V]}$$

이므로

유도전하를 Q' [C]이라 하면 식 (4.59)에서

$$0 = p_{11}Q' + p_{12}Q \text{ [V]}$$

에서

$$Q' = -\frac{a}{d} Q\,[\mathrm{C}] \tag{4.64}$$

이 되고 유도전하는 점전하(원천전하)보다 작으며 부호는 반대가 된다. 또 점전하가 구도체 내부에 있을 경우에는

$$Q_1 = 1\,[\mathrm{C}],\ Q_2 = 0 \text{ 이고, } Q_2 = 1\,[\mathrm{C}],\ Q_1 = 0 \text{ 이면}$$

구도체의 전위는 같은 값을 가지므로

$$p_{11} = p_{12} = \frac{1}{4\pi\epsilon_0}\frac{1}{a}\,[\mathrm{V/C}]$$

가 된다.

따라서 접지 도체구의 전위는 0 [V]인데 이 접지 도체구애 유도된 전하를 Q' [C]이라 하면 식 (4.59)에서

$$0 = p_{11} Q' + p_{12} Q\,[\mathrm{V}]$$

$$Q' = -Q\,[\mathrm{C}]$$

가 되어 완전 도체가 된다.

(2) 용량계수와 유도계수

그림 4.19에서 도체 ②, ③의 전위를 접지(0 [V])로 하고 도체 ①의 전위를 +1 [V]로 하기 위한 전하를 q_{11} [C/V], 도체 ②, ③에 유도되는 전하를 각각 q_{21}, q_{31} [C/V]라 하면 도체 ①을 V_1 [V]로 한 경우 각 도체의 전하는

$$q_{11} V_1,\ Q_{21} V_1,\ q_{31} V_1\,[\mathrm{C}]$$

이 된다. 마찬가지로

$$V_1 = 1\,[\mathrm{V}],\ V_2 = V_3 = 0\,[\mathrm{V}]$$

일 경우의 각 도체의 전하를 q_{22}, q_{12}, q_{32} [C/V]라면 도체 ②의 전위를 V_2 [V]로 하기 위한 각 도체의 전하는 $q_{12} V_2$, $q_{22} V_2$, $q_{32} V_2$ [C]가 된다. 마찬가지로 $V_2 = 1$ [V], $V_2 = V_3 = 0$ [V]

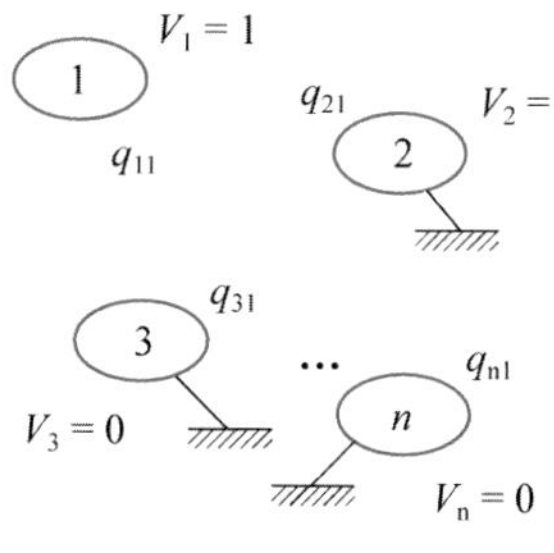

그림 4.19 용량계수와 유도계수

일 경우 각 도체의 전하를 q_{22}, q_{12}, q_{32} [C/V]라면 도체 ②의 전위를 V_2 [V]로 하기 위한 각 도체의 전하는

$$q_{12} V_2,\ Q_{22} V_2,\ q_{32} V_2\ [\mathrm{C}]$$

가 된다.

도체 ③에 대하여도 $V_3 = 1$ [V], $V_1 = V_2 = 0$ [V]인 경우 각 도체의 전하는 q_{33}, q_{13}, q_{23} [C/V]라면 도체 ③의 전위를 V_3 [V]로 한 경우 각각의 전하는

$$q_{13} V_3,\ Q_{23} V_3,\ q_{33} V_3\ [\mathrm{C}]$$

가 된다.

따라서 각 도체의 전위를 각각 V_1, V_2, V_3 [V]로 하기 위한 각 도체의 전하는 각각

$$Q_1 = q_{11} V_1 + q_{12} V_2 + q_{13} V_3\ [\mathrm{C}] \tag{4.65}$$

$$Q_2 = q_{21} V_1 + q_{22} V_2 + q_{23} V_3\ [\mathrm{V}] \tag{4.66}$$

$$Q_3 = q_{31} V_1 + q_{32} V_2 + q_{33} V_3\ [\mathrm{V}] \tag{4.67}$$

로 나타난다.

여기서 q_{11}, q_{22}, q_{33} [C/V] 등은 자기 자신의 전위를 +1 [V]로 하기 위한 전하로 용량계수(Coefficient of Capacity)라 하고, q_{21}, q_{31}, ⋯ [C/V] 등의 계수는 도체 ①에 의하여 다른 도체에 유도되는 전하를 표시하므로 유도계수(Coefficient of Induction)라 하며 이들의 단위는 [F]가 된다.

(3) 용량 및 유도계수의 성질

용량 및 유도계수는 도체의 크기, 모양, 상호간의 배치상태 및 주위의 매질에 따라 결정되는 상수로 다음과 같은 성질이 있다.

용량계수는 자기자신의 전위를 +1 [V]로 하기 위한 전하이므로 항상 정(+)이다.

$$q_{11},\ q_{22},\ q_{33} > 0\ [\mathrm{C/V}] \quad (\text{용량계수 } q_{rr} > 0\ [\mathrm{C/V}])$$

용량계수는 q_{11}, (q_{22}, q_{33} [C/V])의 전하에 의하여 다른 접지도체($V = O$ [V])에 유도되는 전하이므로 항상 부(−)로 q_{12}, q_{21}, $q_{31} \cdots \le 0$ [C/V]의 성질이 있다.

특히 $q_{rs} = 0$인 경우에는 도체 ①과 도체 ⓡ 사이에 전기력선의 연결이 없는 경우로 상호간

의 거리가 무한히 멀든가 다른 도체에 의하여 포위되어 있는 경우이다.

그리고 도체 ①에서 나온 전기력선은 도체 ②, ③ (전위 $V=0$ [V])과 무한대의 거리(전위 $V=0$ [V])로 향할 것이므로

$$q_{11} \geq -(q_{21}+q_{31}) \text{ [C/V]}$$
$$q_{11} \geq -(q_{21}+q_{31}) \text{ [C/V]}$$

의 관계가 있다.

그리고 $p_{12}=p_{21}$의 관계가 있으므로

$$q_{12}=q_{21} \text{ (일반적으로 } q_{rs}=q_{sr}\text{)}$$

의 관계가 성립된다.

예제 4.13

그림 4.20과 같은 반지름 a, b, c [m] 인 동심 구도체의 외구에 전압 V[V]를 가했을 때 접지된 내구에 유도되는 전하를 구하시오.

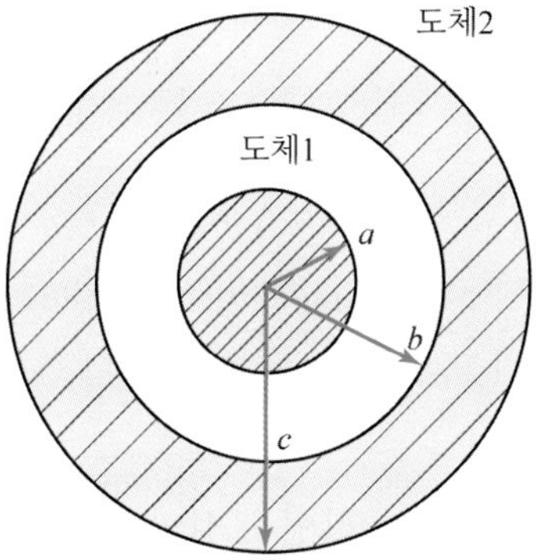

그림 4.20 동심 구도체

풀이 그림 4.20에서 내 외구를 도체 ①, ②라 하면 식 (4.65), (4.66)에서

$$Q_1 = q_{11}V_1 + q_{12}V_2 + q_{13}V_3 \text{ [C]}$$
$$Q_2 = q_{21}V_1 + q_{22}V_2 + q_{23}V_3 \text{ [V]}$$

가 되며 이 경우 $V_1=0$ [V](접지)이므로 내구에 있는 도체 ①의 유도전하는

$$Q_1 = q_{12}V \text{ [C]}$$

가 된다.

그런데 이 경우 $q_{12} = -q_{11}$ 이며

$$q_{11} = \frac{4\pi\epsilon_0}{\frac{1}{a} - \frac{1}{b}} \text{ [C/V]}$$

이므로 내구의 유도전하는

$$Q_1 = -\frac{4\pi\epsilon_0}{\frac{1}{a} - \frac{1}{b}} \text{ [C/V]}$$

가 된다.

4.12 등가용량

도체계에 관한 식 (4.65), (4.66), (4.67)을 고쳐쓰면

$$\begin{aligned} Q_1 &= (q_{11} + q_{12} + q_{13})(V_1 - 0) + (-q_{12})(V_1 - V_2) + (-q_{13})(V_1 - V_3) \text{ [C]} \\ &= c_{11}(V_1 - 0) + c_{12}(V_1 - V_2) + c_{13}(V_1 - V_3) \text{ [C]} \end{aligned} \quad (4.68)$$

$$Q_2 = c_{21}(V_2 - V_1) + c_{22}(V2 - 0) + c_{23}(V_2 - V_3) \text{ [C]} \quad (4.69)$$

$$Q_3 = c_{31}(V_3 - V_1) + c_{32}(V3 - V_2) + c_{33}(V_3 - 0) \text{ [C]} \quad (4.70)$$

와 같이 정리되며, 여기서

$$c_{11} = q_{11} + q_{12} + q_{13} \text{ [F]}, \quad c_{22} = q_{21} + q_{22} + q_{23} \text{ [F]}, \quad c_{33} = q_{31} + q_{32} + q_{33} \text{ [F]}$$
$$c_{21} = c_{12} = -q_{12} \text{ [F]}, \quad c_{22} = c_{32} = -q_{23} \text{ [F]}, \quad c_{31} = c_{13} = -q_{13} \text{ [F]}$$

이다.

식 (4.65), (4.66), (4.67)은 전압 $V_1 =$ [V]인 도선의 전하 $Q_1 =$ [C]에서 발산하는 전기력선 중 전위 V_2, V_3 [V]의 도체와 대지($V = 0$ [V])에 분배되는 전기력선(혹은 분배전하)을 표시하며, 전기력선으로 연결되는 도체 사이를 $c_{11}, c_{12} \cdots$ 등의 용량으로 대체하여 도체계의 문제를 커패시터군(capacitor group)의 문제로 취급할 수 있음을 제시한다. 따라서 $c_{11}, c_{12} \cdots$ 등은 도체의 크기, 모양, 상호배전 및 매질 등을 포함하는 양으로 등가용량(equvivalent capacitance) 혹은 배분용량(partial capacitance)이라 한다. 이와 같은 등가용량의 커패시터군을 이용하면 도체 상호간의 관계를 개별적으로 관찰할 수 있으므로 실제 문제에 많이 활용되고 있다.

그림 4.21(a)는 그림 4.17의 도체군을 등가용량군으로 표시한 것이다. 만일 무한원 또는 대

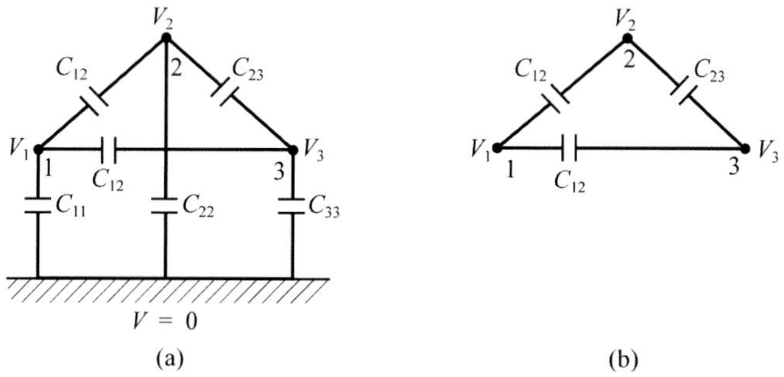

그림 4.21 등가용량

지로 향하는 전기력선이 없으면 $C_{11} = C_{22} = C_{33} = 0$이 되므로 그림 4.21(b)와 같은 커패시터 군이 된다.

예제 4.14

대지전압 V[V]의 전선을 그림 4.22(a)와 같이 3개의 현수 애자로 배선하였을 때 각 애자에 걸리는 전압 V_1, V_2, V_3[V]를 구하시오.

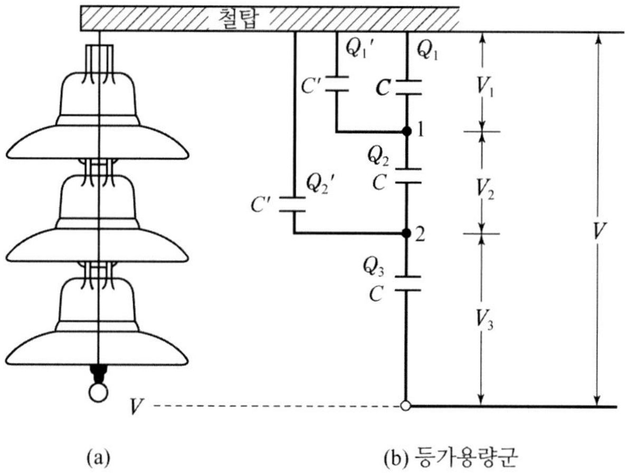

그림 4.22 현수 애자군

풀이 그림 4.22(a)와 같은 애자군을 그림 4.22(b)와 같은 등가회로로 구성하고 등가용량 C_1, C_2 [F]에 걸리는 전압과 전하를 그림 4.22(b)와 같이 정하면

$$Q_1 = CV_1\,[\mathrm{C}],\ Q_2 = CV_2\,[\mathrm{C}],\ Q_3 = CV_3\,[\mathrm{C}],$$
$$Q_1' = CV_1'\,[\mathrm{C}],\ Q_2' = C'(V_1 + V_2)\,[\mathrm{C}],$$
$$Q_1 + Q_1' = Q_2\,[\mathrm{C}],\quad Q_2 + Q_2' = Q_3\,[\mathrm{C}]$$

의 관계에서

$$(C + C')V_1 - CV_2 = Q_2 = 0$$
$$C'V_1 + (C + C)V_2 - CV_3 = 0$$
$$V_1 + V_2 + V_3 = V$$

위의 3식을 풀면

$$V_1 = \frac{C^2}{C_0}V\,[\mathrm{V}]$$
$$V_2 = \frac{C(C + C')}{C_0}V\,[\mathrm{V}]$$
$$V_3 = \frac{(C + C)^2 + CC'}{C_0}V\,[\mathrm{V}]$$
$$C_0 = (3C + C')(C + C')$$

가 구해진다.

현수 애자의 내전압은 20 [KV] 정도이므로 각 애자에 걸리는 V_1, V_2, V_3 [V]가 애자의 내전압 이하가 되도록 가설하여야 절연효과를 높일 수 있다.

4.13 정전차폐

여러 개의 도체가 있을 경우 임의의 도체를 일정 전위(영전위 0 [V], 즉 접지한 영우)의 도체로 완전 포위하면, 내외도체 사이의 정전유도를 완전히 차폐할 수 있다. 즉, 그림 4.23(c)와 같이 접지도체 2로 도체 1을 완전포위하면, 도체 3에서의 전기력선이 표면을 따라 대지로 향하므로 도체 1에는 영향을 주지 못한다. 그리고 도체 1에 전하가 없을 때 도체 1의 전위는 도체 2의 전위와 등전위(같은 전위)가 된다. 이러한 현상을 정전차폐라 하며, 두 도체 사이에 정전유도를 차폐하는 데 이용된다(실제에는 도체 사이의 전계의 간섭을 차단할 목적으로 실드선을 사용하든가, 낙뢰를 피하기 위하여 건물에 피뢰침을 설치하든가 송전선의 철탑 정상을 연결하는 가공지선의 설치 등이 이 원리를 이용한 것이다). 정전차폐는 도체 내에 전기력선(전계)이 존재할 수 없기 때문에 차폐효과가 완전하나 자성체에서는 자성체 내부에 자기력선이 존재하므로 자계의 완전 차폐는 불가능하다. 따라서 송전선 또는 전철(교류전원인 경우)

과 평행가설된 통신선은 연판 또는 동페 등의 도체를 씌우더라도, 자기력선이 침투되어(전기력선은 완전 차폐됨) 통신선에 유도기전력이 유기되므로 통신에 지장을 주는 유도장애가 발생한다. 이러한 장애를 예방하기 위하여 서울의 지하철 1호선은 직류전원(1500 [V])을 사용한다.

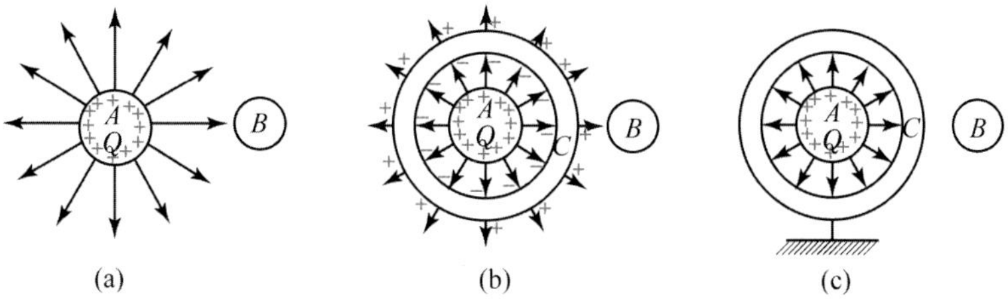

그림 4.23 정전차폐

연습문제

① 매우 넓은 평행판 도체 사이에 비유전율이 4인 유리가 두께 2 [mm]와 두께 3 [mm]의 공기층이 경계면을 이루고 있다. 유리판 사이의 전위가 500 [V]일 때 다음을 구하시오.

(1) 유리판의 전계의 세기는? … 250 [KV/m]

(2) 유리판의 전속밀도는? … 6.64 [μC/m^2]

(3) 공기층의 전계와 전속밀도는? … 전계 0,75 [KV/m], 전속밀도 6.64 [μC/m^2]

② 절연내력 5 [KV/m]의 절연유($\epsilon_r = 3$)를 채운 동축케이블은 공기로 절연된 경우에 비하여 몇 배의 전압을 더 가할 수 있는가? 단 공기의 절연내력은 3 [KV/m]이다.

… 1.7배

③ 반지름 5, 10 [cm]인 외구가 접지된 동심 구도체들 사이에 절연유($\epsilon_r = 2.5$)를 채운 후 내구의 전위를 100 [V]로 하기 위한 내구의 전하를 구하시오.

… 2.78×10^{-9} [C]

④ 내반경이 0.5 [mm], 외반경이 2 [cm]인 동축케이블에 비유전율이 2.5인 유전체를 채우고 30 [KV]의 전압을 가할 때 동축케이블의 축에서 1.5 [cm]인 점의 전속밀도는 얼마인가?

… 29.4 [μC/m^2]

⑤ 비유전율이 4.5인 베클라이트판 내의 전속밀도가 4.3 [μC/m^2]일 때 다음을 구하시오.

(1) 분극도 … 3.34×10^{-6} [C/m^2]

(2) 베클라이트판 내부의 공극의 전계 … 0.486×10^6 [V/m]

(3) 베클라이트판의 전화율 … 3.5

⑥ 전계의 세기 30 [KV/m]가 공기 중에서 비유전율이 3인 베클라이트에 30°의 각도로 입사할 때 유리 내부에서의 전속밀도와 굴절각은 얼마인가?

… 굴절각 60° 전속밀도 4.6×10^{-4} [C/m^2]

7 전속밀도 $\boldsymbol{D}=x^2\boldsymbol{i}+y^2\boldsymbol{j}+z^2\boldsymbol{k}$ [C/m^2]일 때 점 $P(3, 3, 4)$ [m]를 중심으로 하는 1 [m^3]인 단위체적 내의 전하밀도는?

… 18 [C/m^3]

8 같은 전하량을 갖는 두 개의 금속구가 2 [m]의 거리에 떨어져 있다. 공기 중에 두 구 사이에 작용하는 힘이 9 [N]인데, 이 상태에서 두 구에 어떤 유전체를 넣었더니 두 구 사이에 작용하는 힘이 3 [N]이 되었다고 한다. 이 유전체의 비유전율은 얼마인가?

… 3

9 그림 4.23과 같이 서로 다른 유전율을 갖는 두 유전체가 경계면을 이루고 있을 때 $\epsilon_1=6$, $\epsilon_2=3$, $E_1=10$ [V/m], $\theta_1=60°$일 때, 다음을 구하시오.

(1) 굴절각 θ_2 는? … 40°

(2) 매질 ϵ_2에서 전계 E_2는? … 13.4 [V/m]

(3) 매질 ϵ_1에서 전속밀도 D_1은? … 60 [V/m]

(4) 매질 ϵ_2에서 전속밀도 D_2은? … 40.2 [V/m]

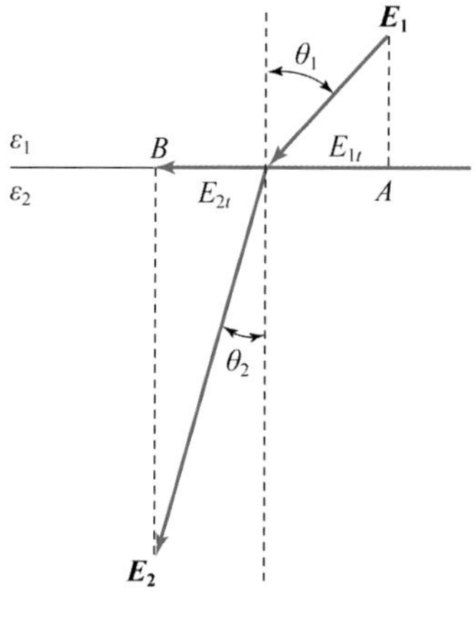

그림 4.24

⑩ 서로 다른 유전율을 갖는 두 유전체가 경계면을 이루고 있을 때 $\epsilon_1 = 6$, $\epsilon_2 = 3$, $E_1 = 10$ [V/m], $\theta_1 = 0°$일 때, 다음을 구하시오.

(1) 굴절각 θ_2는? … 0°

(2) 매질 ϵ_2에서 전계 E_2는? … 20 [V/m]

(3) 매질 ϵ_1에서 전속밀도 D_1은? … 60 [V/m]

(4) 매질 ϵ_2에서 전속밀도 D_2은? … 60 [V/m]

Chapter 05

전기영상법과 실험적 사상법 이해하기

1. 전기영상법
2. 실험적 사상법

5.1 전기영상법

전계분포를 계산하는 방법으로 Laplace 방정식의 해법이 있다. 그러나 이러한 수학적 방법을 이용하지 않고 구하는 방법으로써 전기영상법이 있다. 전기 쌍극자에 의한 전계의 성질을 구하고자 할 때 이들 두 점전하 사이 중앙에 0 V 전위가 존재하게 되는데, 이 중앙점들이 이루어지는 무한 평면을 도체 평면으로 가정하여 각각의 점전하가 중앙면을 기준으로 서로 다른 방향에 존재하게 되는 것이다.

점전하가 어떠한 거리를 갖고 평면도체와 대치되어 있어 위의 등가관계를 적용시키면 다음과 같은 결론을 얻을 수 있다. 점전하가 도체평면을 제거한 동일 위치에 반대 점전하를 놓은 경우와 동일하여 이 점전하를 원래 전하의 영상전하라 한다. 주어진 영역 내에서 전자장은 소위 경계조건에 의한 고려가 중요하다. 일반적으로 경계문제는 완전도체면에서 고려되어야 하며 이러한 절차를 영상법이라 한다. 예를 들어, 점전하가 무한 평면인 영준위 도체면 위에 일정 거리를 두고 존재한다면 동일한 반대 점전하가 도체를 기준하여 반대 거리에 거울 속의 형상과 같이 존재하게 된다.

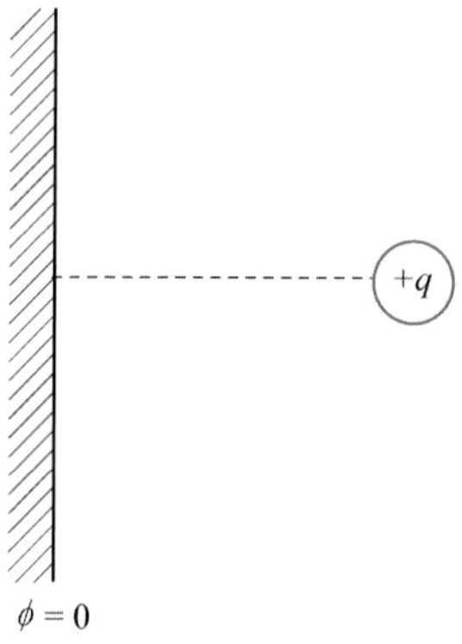

(a) 실제적인 문제

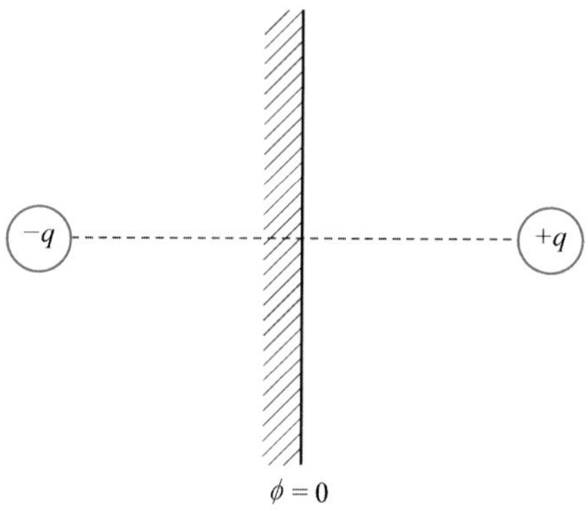

(b) 영상법에 의한 해석

그림 5.1 전기영상법의 예

예제 5.1

그림 5.2(a)와 같은 자유공간에서 $z=0$인 위치에 무한도체평면이 존재하고 $z=3$, $x=0$에 선전하밀도가 $50\,[\mathrm{nC/m}]$인 선전하가 놓여 있다면 $P(2, 5, 0)$점에서의 전계를 구하시오.

풀이 그림 5.2(b)와 같이 도체 평면을 제거하고 $x=0$, $z=-3$에서 $-50\,[\mathrm{nC/m}]$인 영상 선전하를

취하면 점 P의 전계는 위의 두 선전하에 의한 전계를 합한 것과 동일하다. 양 선전하로부터 점 P까지의 경로 벡터 R_+과 단위벡터 a_{r+}는

$$\boldsymbol{R}_+ = 2\boldsymbol{a}_x - 3\boldsymbol{a}_z$$

$$\boldsymbol{a}_{r+} = \frac{2\boldsymbol{a}_x - 3\boldsymbol{a}_z}{\sqrt{13}}$$

이고, 음 선전하로부터 점 P까지의 경로 벡터 R_-과 단위벡터 $\boldsymbol{a}_{r-}$는 각각

$$\boldsymbol{R}_- = 2\boldsymbol{a}_x + 3\boldsymbol{a}_z$$

$$\boldsymbol{a}_{r-} = \frac{2\boldsymbol{a}_x - 3\boldsymbol{a}_z}{\sqrt{13}}$$

이다. 따라서 각전하에 의한 전계 $\boldsymbol{E}_+$, $\boldsymbol{E}_-$는 각각

$$\boldsymbol{E}_+ = \frac{\rho_L}{2\pi\epsilon_0 R_+} = \frac{30\times 10^{-9}}{2\pi\epsilon_0\sqrt{13}} \times \frac{2a_x - 3a_z}{\sqrt{13}}$$

$$\boldsymbol{E}_- = \frac{-30\times 10^{-9}}{2\pi\epsilon_0\sqrt{13}} \times \frac{2a_x + 3a_z}{\sqrt{13}}$$

이다. 총 전계 $\boldsymbol{E}$는

$$\begin{aligned}\boldsymbol{E} &= E_+ + E_- \\ &= -249a_z\,[\mathrm{V/m}]\end{aligned}$$

이다.

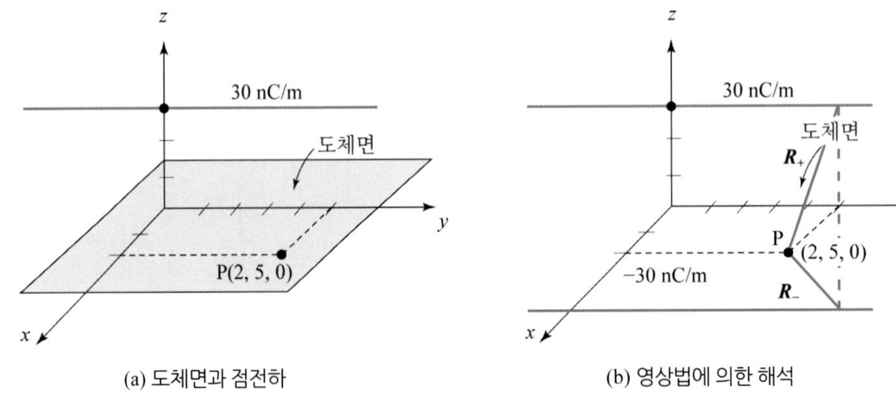

그림 5.2 선전하에 의한 전계계산 예

전류원 I_i가 도체선 l에 흐르게 되면 전류 i가 흐르게 되고, 전압원 K_i가 존재하면 $K_i = -V$ 관계를 갖고 전류 i가 흐르게 된다. 이러한 상황에서 전계와 자계의 여기현상을 요

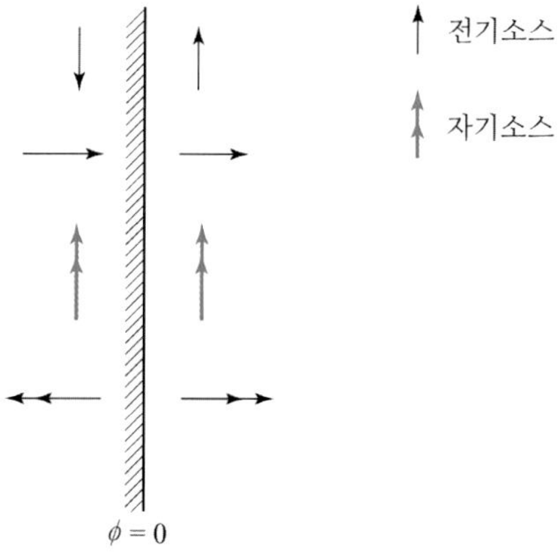

그림 5.3 전기영상법의 요약

약하면 그림 5.3과 같다.

전기영상법을 이용한 실제적인 예인 그림 5.4를 사용하여 설명하도록 한다. 대지면(도체면) 위 d 거리에 전류요소(Ⅱ)이 존재하고 거리 r에서 이 현상을 관측할 수 있다면 두 개의 전류요소가 대지면 사이를 두고 존재하여 관측점에 영향을 미치게 된다.

이때 전류요소에 의한 총전력 복사는 짧은 다이폴 안테나의 지면 위에서 복사현상과 동일하다. $r \to \infty$, $a > 0$일 때 θ각을 갖는 복사장 형태가 그림 5.5와 같이 표현된다.

전기영상법은 한 개의 도체면이 아닌 여러 개의 도체면이 포함되는 문제에서도 쉽게 적용될 수 있다. 도체관에서는 무한개의 영상이 필요로 하며, 도체 쐐기 끝과 같은 꼭짓점에서는 6개의 소스가 존재하게 된다(1개는 실제 소스, 5개는 영상에 의한 소스). 이에 대한 사항을 종합하여 표 5.1에 나열한다.

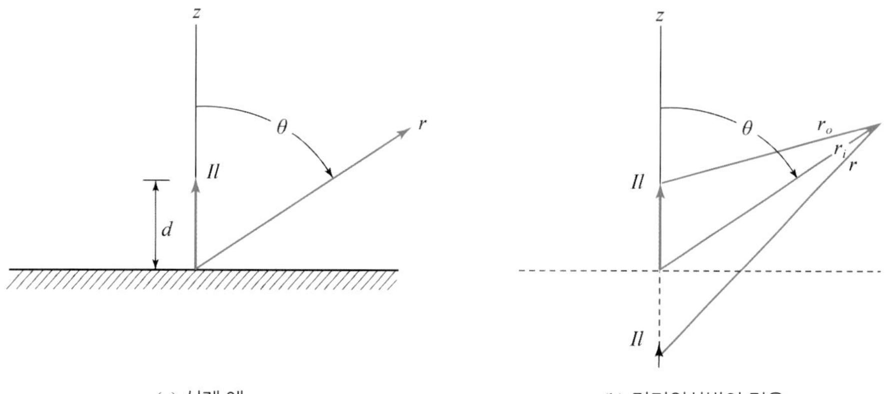

(a) 실제 예 (b) 전기영상법의 적용

그림 5.4 전류요소의 영상법에 의한 해석

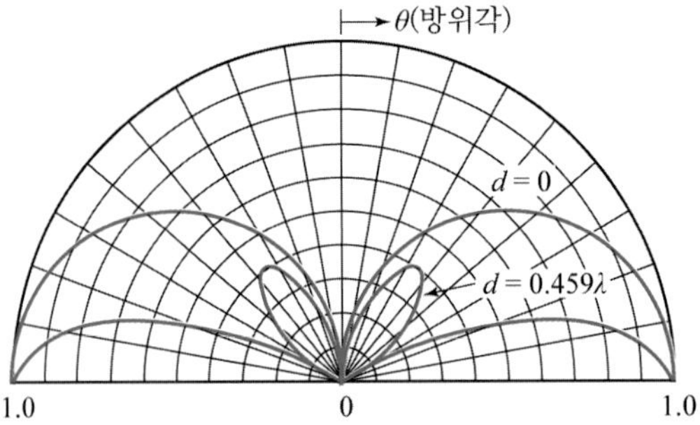

그림 5.5 그림 5.4에서 전자장의 복사 형태

표 5.1 전기영상법의 적용 예

	실제 예	영상법해석
① 평면도체와 점전하	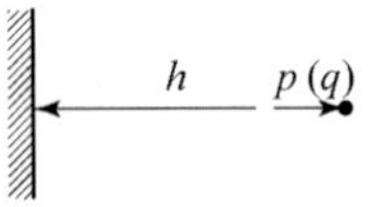	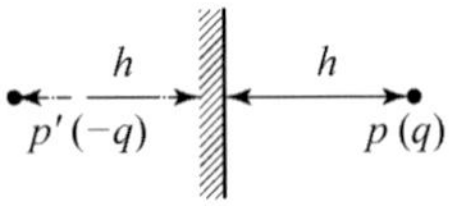
② 직교평면 도체와 점전하	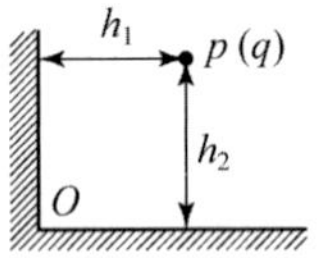	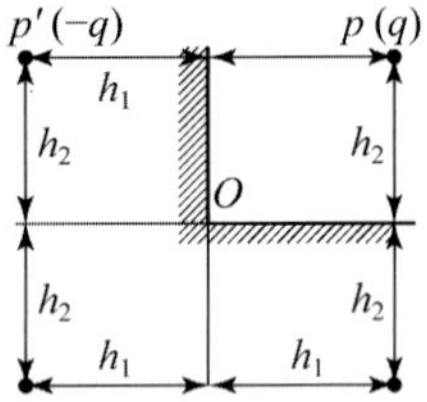
③ 접지도체구와 점전하	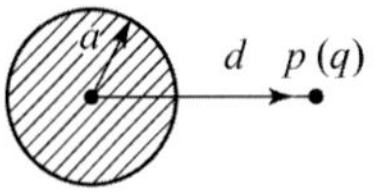	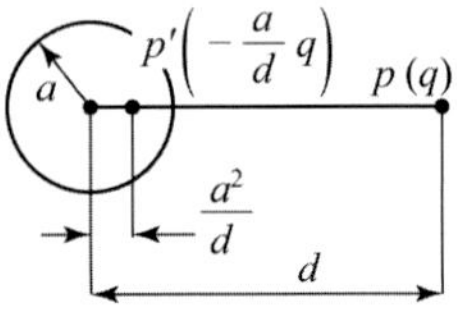
④ 비접지도체구와 점전하	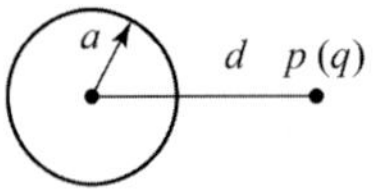	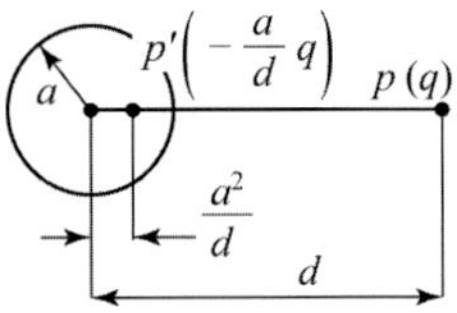

* 단 도체면은 완전도체($\Phi = 0$)로 가정한다.

예제 5.2

그림 5.6과 같이 접지된 반지름 a인 도체구로부터 d만큼 떨어진 점 A에 있는 점전하 Q에 의하여 이 도체 표면에 유도되는 표면 전하분포를 구하시오.

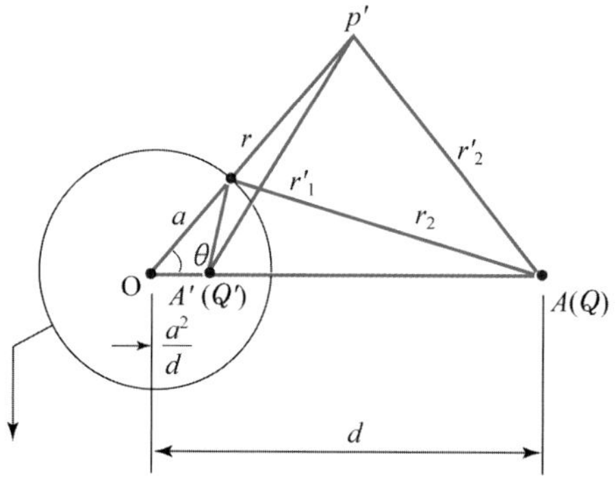

그림 5.6

풀이 그림 5.5와 같이 점 A의 구 O에 대한 영상 A에 $Q' = -\frac{a}{d}Q$의 전하를 고려하자. 이때 중심 O로부터 거리 r인 점 P의 전위 V_P는 다음과 같다.

$$V_p{}' = \frac{1}{4\pi\epsilon_0}\left\{\frac{Q}{r'_2} + \frac{1}{r'_1}\left(-\frac{a}{d}Q\right)\right\}$$

$$= \frac{Q}{4\pi\epsilon_0}\left\{\frac{1}{\sqrt{r^2+d^2-2ar\ \cos\theta}} - \frac{a}{\sqrt{a^{2r^2}+a^4-2rda^2\cos\theta}}\right\}[\mathrm{V}]$$

이것을 구좌표 r, θ로 표시하여 구면상의 전하밀도 ρ_s는 전위의 거리에 대한 미분형태로서

$$\rho_s = -\epsilon_0\left(\frac{\partial V}{\partial r}\right)_{r=a} = \frac{Q(d^2-a^2)}{4\pi a(d^2+a^2-3da\cos\theta)^{\frac{3}{2}}}[\mathrm{c/m^2}]$$

가 되어 $\rho_s < 0$ 인 음전하가 된다. 전하밀도의 최댓값은 $\theta=0$인 점에서 구할 수 있으며 최솟값은 $\theta=180°$인 점에서 얻을 수 있다.

$$\frac{\rho_{s\ \max}}{\rho_{s\ \min}} = \left(\frac{d+a}{d-a}\right)^3$$

수련문제

1 그림과 같이 2개의 평면도체로 이루어지는 공간에 전하 Q가 있을 때, $\theta = \dfrac{360°}{2(n+1)}$라면 영상점의 수는? 단 $n = 0, 1, 2, 3, \cdots$이다.

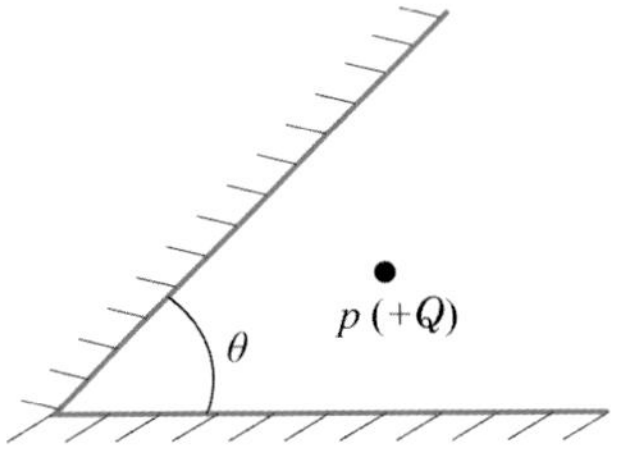

풀이 θ의 값은 도체면이 영전위가 되기 위해서는 360°의 공간에 우수개의 공간이 되는 값이라야 하고, 영상점은 공간의 수보다 하나 적다.

답 $\therefore\ 2(n+1) - 1 = 2n+1$

2 공기 중에서 그림과 같이 반지름 a[m]인 구도체의 중심으로부터 거리 d[m]인 곳에 점전하 Q[C]이 있을 때, 도체가 접지된 경우는 P'점에 $Q' = -\dfrac{a}{d}Q$[C]의 영상전하가 생긴다. 비접지인 경우는 Q' 이외에 어떤 영상전하가 생겨야 하는가? 또한 Q와 도체구에 작용하는 힘은 얼마인가?

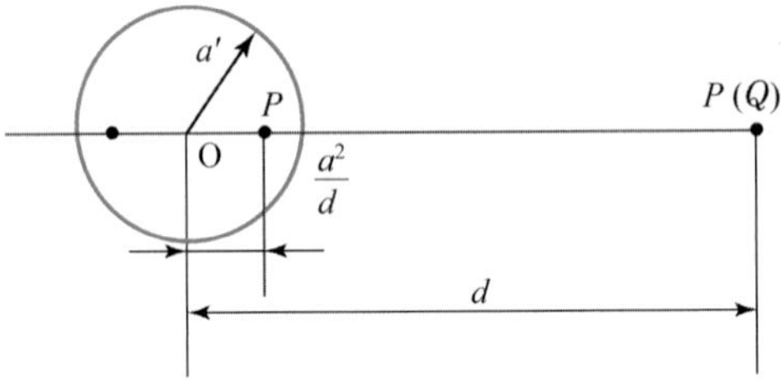

풀이 도체구가 절연되어 있을 때에는 도체 위의 전전하는 0이기 때문에 도체 내에 다시 $-Q'$의 전하를 고려해야 하고, $-Q'$의 전하에 의해서도 도체 표면은 등전위면이 되어야 한다. 따라서 $-Q'$는 그의 중심에 있어야 한다.

Q가 받는 힘은 P'점의 $Q' = -\dfrac{a}{d}Q$와 O점의 $-Q' = +\dfrac{a}{d}Q$가 주는 힘의 힘이다. 즉,

$$F = \frac{Q\left(-\dfrac{a}{d}Q\right)}{4\pi\epsilon_0\left(d - \dfrac{a}{d^2}\right)^2} + \frac{Q\left(\dfrac{a}{d}Q\right)}{4\pi\epsilon_0 d^2} = \frac{\dfrac{a}{d}Q^2}{4\pi\epsilon_0}\left\{\frac{1}{d^2} - \frac{d^2}{(d^2-a^2)^2}\right\}$$

$$= \frac{Q^2 a^3 (a^2 - 2d^2)}{4\pi\epsilon_0 d^3 (d^2 - a^2)^2}$$

3 공기 중에 반지름 a[m]의 원형단면인 도선이 지상 h[m]의 높이로 평행 가설된 경우, 도선의 단위길이당 대지에 대한 정전용량은? 단 $a \ll h$이다.

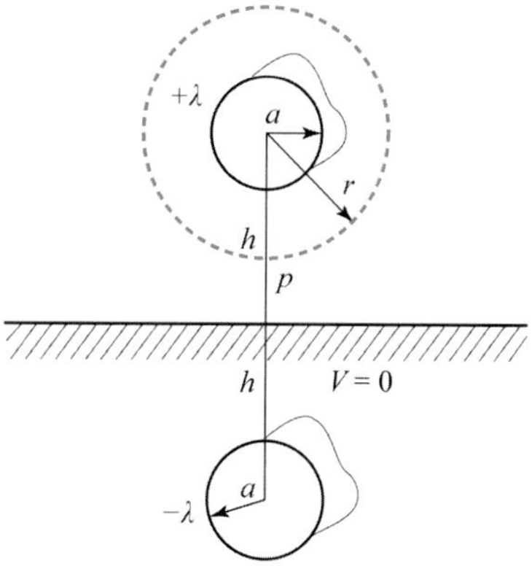

풀이 도선 단위길이당 λ[C/m]의 전하를 주면 대지 속에 도선으로부터 $2h$[m]인 곳에 $-\lambda$[C/m]의 영상이 생긴다.

따라서 그림의 P점의 전계 E_p는 $+\lambda$와 $-\lambda$에 의한 합성전계이므로

$$E_p = \frac{\lambda}{2\pi\epsilon_0 r} + \frac{\lambda}{2\pi\epsilon_0 (2h - r)}$$

$$= \frac{\lambda}{2\pi\epsilon_0}\left(\frac{1}{r} + \frac{1}{2h - r}\right) \text{[V/m]}$$

a도체의 전위는 대지의 전위가 0이므로

$$V_a = -\int_h^a E_p dr = \int_a^h \frac{\lambda}{2\pi\epsilon_0}\left(\frac{1}{r} + \frac{1}{2h - r}\right) dr$$

$$= \frac{\lambda}{2\pi\epsilon_0}[\log r - \log(2h - r)]_a^h$$

$$= \frac{\lambda}{2\pi\epsilon_0}\log\frac{2h - a}{a} \fallingdotseq \frac{\lambda}{2\pi\epsilon_0}\log\frac{2h}{a} \text{ [V]}$$

$$\therefore\ C_0 = \frac{\lambda}{V_a} = \frac{2\pi\epsilon_0}{\log\frac{2h}{a}} \text{ [F/m]}$$

5.2 실험적 사상법

전위는 어떠한 점에서의 정전계에 관한 정보를 얻는 데 중요한 양이 된다. 전계의 세기는 전위의 경도로 구할 수 있으며, 이 스칼라 함수(전위)의 경도 연산은 일종의 미분연산이다.

전계의 세기에 유전율을 곱하면 전속밀도를 얻으며, 전속밀도의 발산을 취하면 체적전하밀도를 구할 수 있다. 마찬가지로 전계 내에 있는 도체 표면상의 전속밀도를 알면 바로 표면상의 전하밀도를 구할 수 있다. 이때 도체 표면에서의 전계세기나 전속밀도는 경계조건에 의해서 표면에 대하여 법선방향을 갖는다.

한 점의 전계의 세기, 전하밀도 외에 다른 정보들을 얻기 위해서는 적분연산을 해야 한다. 예를 들어, 도체가 갖는 정전하, 정전계에 저장되는 에너지, 정전용량, 저항 등을 구하자면 적당한 적분계산을 행하여야 한다. 이때 가장 중요한 역할을 하는 것은 전위이며, 이 전위 함수로부터 적분을 통하여 얻을 수 있는 양들을 구할 수 있다. 따라서 전위함수를 구하는 것이 첫째 목표가 된다. 실제 문제에서 정확한 전하의 분포상태를 알 수 있는 경우는 매우 드물기 때문에 전하분포에서 전위함수를 구할 수는 없으며, 보통 도체들의 형태 또는 도체의 경계들과 도체 사이의 전위차가 주어진다. 이때 경계면들이 이제까지 취급한 것과 같이 간단하지 않는 경우에는 라플라스(Laplace) 방정식을 이용하지 않으면 안 된다.

이 절에서는 실험적인 방법으로 전위계를 구하는 문제를 취급하기로 한다. 이 실험적 방법을 사용하기 위해서는 일반적으로 전해조, 유체 유동장치, 저항판, 고무판 및 적당한 브리지와 같은 특수장치들을 필요로 하지만, 여기서는 연필, 종이, 지우개만으로 충분하다. 이 실험적 방법으로는 정확한 전위분포를 구할 수 없으나 공학적인 면에서는 충분한 정확성을 얻을 수 있다. 단 많은 실제 문제들은 극히 복잡한 기하학적 구조를 가지고 있으므로 해석적으로 전위계를 구하는 것은 불가능하며 오로지 실험적 방법에 의존할 수밖에 없다.

1. 곡선 정방형

이 방법은 간단하고 경제적일 뿐만 아니라 높은 정확성을 얻을 수 있는 이점을 가지고 있다. 이 방법에 대한 몇 가지 규칙과 요점을 파악하면 상당한 정확성을 얻을 수 있다.

① 도체의 경계면은 등전위면이다.

② 전계의 세기 및 전속밀도는 모두 등전위면과 직교한다.

③ 따라서 E와 D는 도체 경계면에 수직이고 접선성분은 0이다.

④ 전속과 유선은 전하로부터 시작하고 전하에서 끝난다. 따라서 전하를 갖지 않는 균일유

전체 내에서는 전속 또는 유선은 도체경계면에서 시작하거나 끝난다.

실제적인 예를 가지고 등전위면이 표시되어 있는 그림에 유선을 그림으로써 위의 설명된 사항들이 갖는 물리적 의미를 고찰해 보자. 그림 5.7(a)에는 두 도체의 경계면과 그 사이에 일정한 전위차를 갖는 등전위면을 표시하는 선들이 표시되어 있으며, 이 선들은 등전위면의 단면만을 표시한다. 지금 전위가 높은 도체의 표면상의 한 점 A에서 나가는 유선 또는 전속선을 생각하면 표면에서 법선방향으로 출발한다. 이 유선은 도체 표면과 직각을 이루도록 그려져야 한다. 이와 같은 방법으로 계속 그려 나가면 이 유선은 결국 낮은 전위를 갖는 도체 표면에 끝나게 된다.

이때 유선들과 등전위선들이 정방형을 이루도록 그려야 한다. 이와 같은 방법으로 2개의 유선을 그린 것이 그림 5.7(b)에 표시되어 있다.

그림 5.7에 도식된 등전위면은 한 점에서 전계의 세기나 전속밀도에 접선이 되면, 반대로 전속밀도의 방향은 유선의 접선방향과 일치하기 때문에 전속은 어떤 유선과도 교차할 수 없다. 예를 들면 A, B 사이의 평면상에 $5[\mu\mathrm{C}]$의 전속이 이 면에서 출발하여 A와 B 사이의 표면에서 끝나게 된다. 이와 같이 한 쌍의 유선으로 표시되는 관을 전속관이라고 부르며, 전속관은 한 점에서 다른 한 점까지 손실없이 전속을 그대로 운반하는 관이라고 생각할 수 있다. 다음에 또 하나의 유선을 그린다. 이때 전속관 BC 내에 전속수가 전속관 AB 내의 전속수와 같아지도록 새 유선 출발점 C를 택하면, 이 그림이 표시하는 물리적 및 수학적 성질을 쉽게 이해할 수 있을 것이다. 전속관 AB 내의 전속수를 $\Delta\Psi$라고 가정하고 관의 깊이를 1 m, A, B를 연결하는 직선의 길이를 Δl_t 라고 하면 전속밀도는 $\Delta\Psi/\Delta l_t$로 표시된다. 따라서 A, B를 연결하는 선의 중점의 전계의 세기는 근사적으로

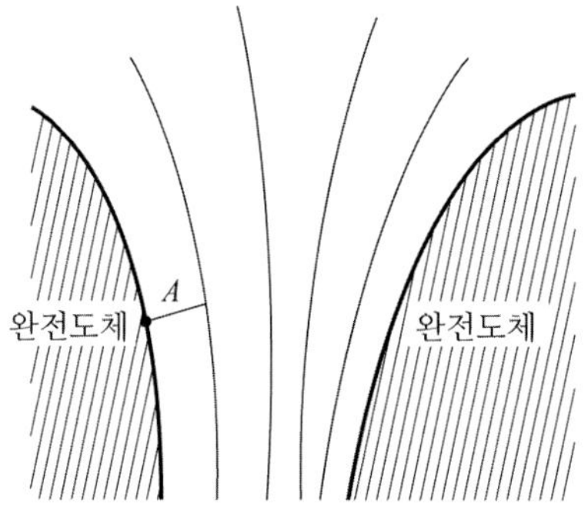

(a) 두 도체 사이의 등전위면

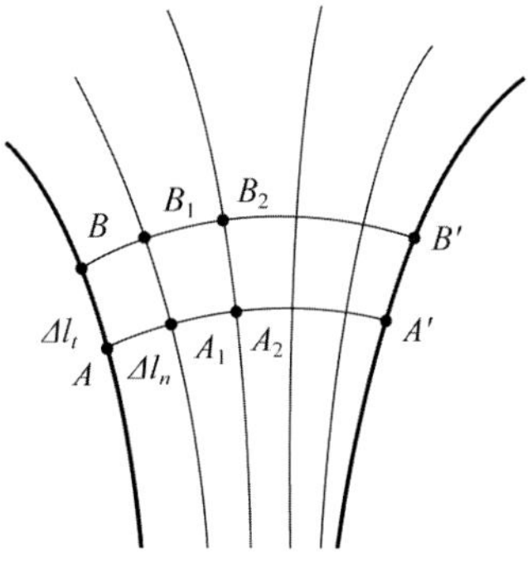

(b) AA' 사이 및 BB' 사이의 전속선

그림 5.7 곡선 정방형 사상법

$$\boldsymbol{E}=\frac{1}{\epsilon}\frac{\Delta\Psi}{\Delta l_t}$$

이다. 한편 전계의 세기는 인접한 두 등전위면상에 있는 두 점 A, A_1 사이의 전위차를 AA_1 사이의 거리로 나눈 것과 같은 크기를 갖는다. 지금 이 거리를 Δl_t 두 등전위면 사이의 미소 전위차를 ΔV라고 하면

$$\boldsymbol{E}=\frac{\Delta V}{\Delta l n}$$

이다. 이 값은 A, A_1을 연결하는 직선의 중심의 값과 가장 근사하며 앞서 구한 $\boldsymbol{E}$의 값은 A, B를 연결하는 직선의 값과 가장 근사하다. 그러나 등전위면을 가깝게 취할수록 $(\Delta V \to 0)$ 두 유선은 접근하며 $(\Delta\Psi \to 0)$ 위에서 구한 두 전계의 값을 대략 같게 할 수 있다. 따라서

$$\frac{\Delta l_t}{l_n}=\frac{1}{\epsilon}\frac{\Delta\Psi}{\Delta V}$$

이다. 앞 문제에 있어서는 매질은 균일(ϵ=일정)하다고 가정한다. 또한 인접한 등전위면 사이의 전위차는 모두 같고(ΔV=일정) 전속관을 통과하는 전속수도 일정한($\Delta\Psi$=일정) 값을 갖도록 한다. 이러한 조건을 만족시키기 위해서는 다음 관계가 성립해야 한다.

$$\frac{\Delta l_t}{\Delta l_n}=\frac{1}{\epsilon}\frac{\Delta\Psi}{\Delta V}=\text{일정값}$$

이러한 관계는 그림의 모든 점에서 성립되어야 하므로 어디서나 등전위면에 따라서 측정한 유선 사이의 거리와 유선에 따라서 측정한 등전위면 사이의 거리의 비는 같아야 한다.

이때 전계의 세기에 관계없이 ΔV는 동일하게 취했으므로 등전위면 사이 또는 유선 사이의 거리는 전계가 강할수록 짧아진다. 가장 간단한 방법은 이 비를 1로 취하는 것이다. 즉, 그림 5.7(b)에서 BB' 사이의 유선의 출발점 B를 택할 때 $\Delta l_t = \Delta l_n$가 되도록 하면 된다. 모든 점에서 유선과 등전위면이 만드는 사각형의 양변의 비가 1이 되도록 그려야 하므로 결국 전 공간은 유선과 등전위면에 의해서 곡선 정방형으로 나누어진다. 이 곡선 정방형은 변들이 약간 구부러져 있고 변들의 길이가 약간 구부러져 있고 변들의 길이가 약간 다른 점이 보통 정방형과 다르지만 그 크기가 작아질수록 정방형에 가까워진다. 나머지 유선들을 등전위면과 곡선 정방형을 만들도록 그리면 최종적으로 그림 5.8과 같이 표시된다.

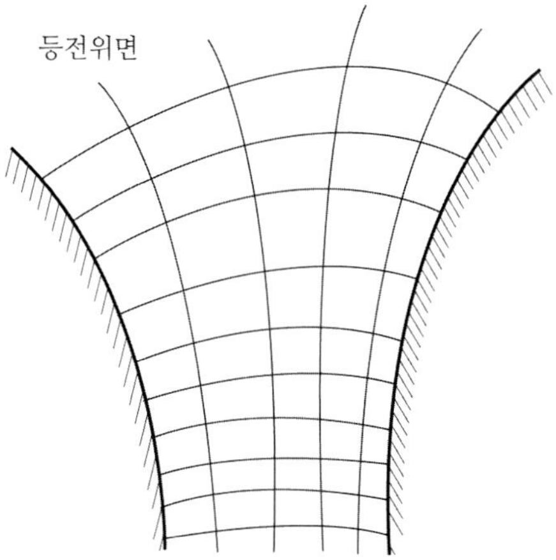

그림 5.8 도체면 사이의 유선 도식

실제로 위에 설명한 곡선 정방형을 사용하여 전계의 사상도를 그리는 경우 일반적으로는 위의 예와 같이 도체 사이의 등전위면들이 미리 정해져 있지 않다. 이러한 경우에는 적당히 등전위면을 설정하고 위의 원리에 따라 유선을 그린다. 이때 유선이나 등전위면들은 도체경계면의 성질만은 정확히 만족되도록 그려야 한다. 우선 유선을 하나 그리고 적당히 등전위선을 하나 그린다. 다음에 유선을 또 하나 그림 다음 등전위선을 추가하여 유선과 등전위선이 곡선 정방형을 만들도록 한다.

이와 같은 방법으로 계속 유선과 등전위선을 전계영역 전체에 그림으로써 전계의 사상도를 얻을 수 있다. 동축 케이블이나 동축 커패시터의 문제가 기본이 되는 문제라고 할 수 있다. 이것은 모든 등전위선들이 동심원이 되며 적합한 문제로는 두 평행 원통 도선의 문제를 들 수 있으며, 이때 등전위면들을 중심은 다르지만 역시 원이 된다. 사상도를 이용해서 구한 정전용량의 값을 검토해 보면 사상도의 정확성을 알 수 있다.

Ramo, Whinnery 및 Van Duzer는 곡선 정방형에 의한 전계 사상도 작성에 관해서 상세히 취급하고 다음과 같은 사상도 작성 방법을 제시하였다.

① 우선 몇 개의 개략적인 그림을 그리고 이때 경계 상태만 표시한다.
② 이미 알고 있는 전극간 전위차값을 적당한 수로 등분한다.
③ 먼저 전계를 가장 잘 알고 있는 영역, 예를 들면 전계가 가장 균일한 값을 갖는 영역 내의 등전위선을 그리고, 전위분포를 추정하는 데 최선을 다하여 기타 영역의 등전위선을 그린다. 이때 유의할 것은 각을 갖는 도체 경계면에서는 등전위들이 도체면에 가까워지며, 각을 갖는 경계면에서는 등전위선들은 도체면으로부터 멀어져야 한다는 점이다.

④ 다음에 등전위선들과 직교하는 유선들을 그린다. 물론 이 두 가지 선들에 의해서 곡선 정방형이 만들어지도록 해야 한다.

⑤ 양변의 길이가 부적당하게 된 영역을 잘 살펴보고 최초의 등전위선의 추정이 잘못된 점을 수정하여 다시 사상도를 그린다. 전 영역이 적절하게 곡선 정방형으로 나누어질 때까지 이러한 과정을 반복한다.

⑥ 전계가 약한 영역에서는 곡선 정방형의 크기는 다른 곳에 비해서 커질 수 있다. 이 영역의 전계도를 좀 더 정확히 그릴 필요가 있을 때는 큰 정방형을 다시 작은 정방형으로 나누면 된다. 이 구분방법도 위에서 설명한 것과 같다. 즉, 각 과정마다 전속관을 반으로 나누고 전위차도 반으로 나누어가면 된다.

2. 반복법

어떤 영역의 경계상의 전위가 미리 정해져 있는 경우, 특히 한 방향에 전위의 변화가 없는 2차원 전위분포를 갖는 특수한 전위 문제는 다음에 설명하는 축자법이라고도 하는 반복법을 사용하면 연필과 종이만으로도 충분한 정확성을 갖는 해를 구할 수 있으며, 전자계산기를 이용하면 정확성이 대단히 큰 전위값을 쉽게 구할 수 있다. 전자계산기를 사용하지 않으면 극히 간단한 문제를 제외하고는 많은 시간이 필요로 할 뿐 아니라 원래 이 반복법은 전자계산기를 사용하여 계산하는 데 가장 적합한 방법이다.

예를 들어, 2차원적인 전위분포를 고찰해 보자. 전위는 z방향에서는 변화하지 않는다고 가정하고 2차원 영역을 한 변의 길이가 h인 정방형으로 나눈다. 그림 5.9는 이와 같은 영역의 일부를 표시한 것이다. 그림에서 서로 인접한 5개의 전위를 각각 V_0, V_1, V_2, V_3, V_4라고 한다. 만일 이 영역이 전하를 갖지 않고 균일한 유전체이면 영역 내의 모든 점에서 $\nabla \cdot D = 0$, $\nabla \cdot E = 0$인 관계가 성립한다. 여기에서는 z 방향에 변화가 없는 2차원 문제를 취급하고 있으므로 $\nabla \cdot E = 0$은

$$\frac{\partial E_x}{\partial x} + \frac{\partial E_y}{\partial y} = 0$$

이 된다. 한편 $E = -\,grad\ V$에서 $Ex = -\partial V/\partial x$, $Ey = -\partial V/\partial y$이다. 이 관계를 위 식에 대입하면

$$\frac{\partial^2 V}{\partial x^2} + \frac{\partial^2 V}{\partial y^2} = 0$$

을 얻는다. 여기에서 편미분 계수의 근사값은 인접점의 전위로 표시할 수 있다. 이때

$$\frac{\partial V}{\partial x}\Big|_a \fallingdotseq \frac{V_1 - V_0}{h}$$

$$\frac{\partial V}{\partial x}\Big|_c \fallingdotseq \frac{V_0 - V_3}{h}$$

이 되며, 이 관계를 이용하여 2차 미분계수를 구할 수 있다. 즉,

$$\frac{\partial^2 V}{\partial x^2}\Big|_0 \fallingdotseq \frac{\frac{\partial V}{\partial x}\Big|_a - \frac{\partial V}{\partial x}\Big|_c}{h} = \frac{V_1 - V_0 - V_0 + V_3}{h^2}$$

$$\frac{\partial^2 V}{\partial y^2}\Big|_0 \fallingdotseq \frac{V_2 - V_0 - V_0 + V_4}{h}$$

이다. 이들을 합하면

$$\frac{\partial^2 V}{\partial x^2} + \frac{\partial^2 V}{\partial y^2} \fallingdotseq \frac{V_1 + V_2 + V_3 + V_4 - 4V_0}{h^2} = 0$$

$$\therefore V_0 \fallingdotseq \frac{1}{4}(V_1 + V_2 + V_3 + V_4)$$

를 얻는다. 반복법에서는 위 식들의 관계를 이용하여 모든 정방형의 정점인 격자점의 전위를 구함으로써 전 영역의 전위를 결정하되, 모든 격자점의 전위가 일정한 값에 도달하여 그 이상 변화하지 않을 때까지 이 방법을 반복하여야 한다.

예제 5.3

정방형 도체 경계면을 갖는 그림 5.9에서 전위값을 계산하여 도식하시오.

풀이 이 문제는 2차원 문제이며 그림은 실제 구조의 단면을 표시한 것이다. 지금 윗면의 전위는 100 V, 면 및 아래면의 전위는 영이다. 우선 전 영역을 16개의 정방형으로 나누고 반복법을 적용하기에 앞서 모든 격자점의 전위를 적당히 추정한다. 이 최초의 추정값 여하에 관계없이 동일한 결과값을 얻을 수 있으나, 최초의 추정값을 적절히 택할수록 보다 짧은 시간에 해를 얻을 수 있다. 그러나 반복법에 의한 반대 계산을 전자계산기로 행하는 경우에는 추정값의 선택보다도 프로그램을 간단하게 하는 것이 중요하기 때문에 보통 모든 격자점의 최초의 추정값을 영으로 정한다.

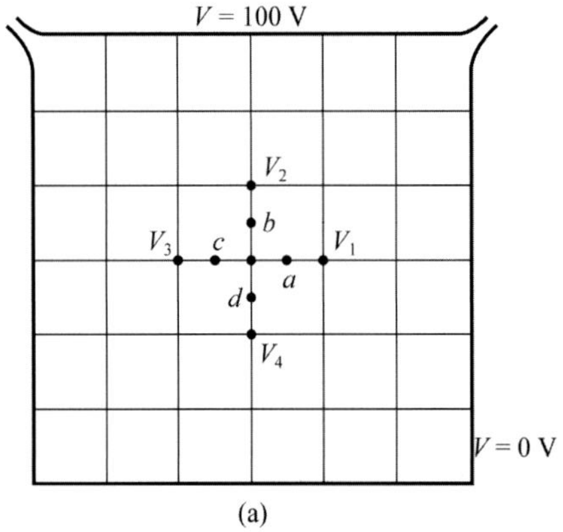

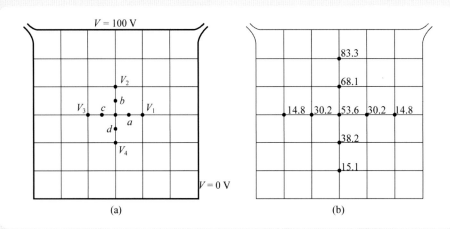

그림 5.9 측면, 아랫면 전위는 0, 윗면의 전위 100V 정방형통 단면

그림 5.9와 같이 영역을 정방형으로 구분한 경우에는 최초의 추정값이 53.2 V인 격자점의 최종값은 52.6 V이며, 다시 영역을 세분한 경우에는 53.6 V이다. 격자수를 16×16개로 하고 다음 포트란 프로그래밍을 사용하여 전자계산기로 소숫점 이하 2개의 유효숫자까지 계산하면 53.93 V가 된다.

연습문제

❶ 무한 넓이의 평면 도체로부터 거리 x [m]인 곳에 점전하 Q[C]이 있을 때 도체표면상의 최대 유도 전하밀도를 구하시오.

… $\dfrac{Q^2}{2\pi r^2}$ [c/m^2]

❷ $x=0,\ -0.5 \leqq y \leqq 0.5z=1$ [m]인 성분상에 선전하밀도가 $\rho L = \pi\ |\ \mathrm{y}\ |$ [μC/m]인 선전하가 놓여있다. 지금 $z=0$에 평면도체가 놓여있을 때 점 $(0, 0, 0)$의 표면전하밀도를 구하시오.

… 0.314 [mC/m]

❸ 반지름 a [m]인 접지 도체구의 중심으로부터 거리 d [m] $(d > a)$ 떨어진 곳에 점전하 Q[C]이 있을 때 도체구에 유기되는 전하량을 구하시오.

… $-\dfrac{Q(d^2-a^2)}{4\pi a(d^2+a^2)^{\frac{3}{2}}}$ [C/m^2]

❹ 반지름 a [m]인 접지 도체구의 중심으로부터 거리 d [m] $(d > a)$ 떨어진 곳에 있는 점전하 Q[C]과 접지 도체구간에 작용하는 힘을 구하시오.

… $\dfrac{-\dfrac{a}{d}Q^2}{4\pi\epsilon_0\left(d-\dfrac{a^2}{d}\right)}$ [N]

❺ 무한 넓이의 평면 도체에서 d [m]의 거리에 있는 반지름 a[m] $(a \ll d)$인 도체구와 평면 도체 사이의 정전용량을 구하시오.

… $4\pi\epsilon_0 a$

❻ 무한 넓이의 평면 도체 앞에 놓여진 점전하 Q에 의하여 도체면에 요도되는 전전하가 $-Q$가 됨을 증명하시오.

❼ 그림 5.10과 같은 무한 넓이의 평면 도체상 $0.5\,[\mathrm{mm}]$ 및 $1.5\,[\mathrm{mm}]$ 되는 두 점 A, B에 있는 전자에 작용하는 힘을 구하시오. 단 전자의 전하량은 $e=-1.65\times10^{-19}[\mathrm{C}]$이다.

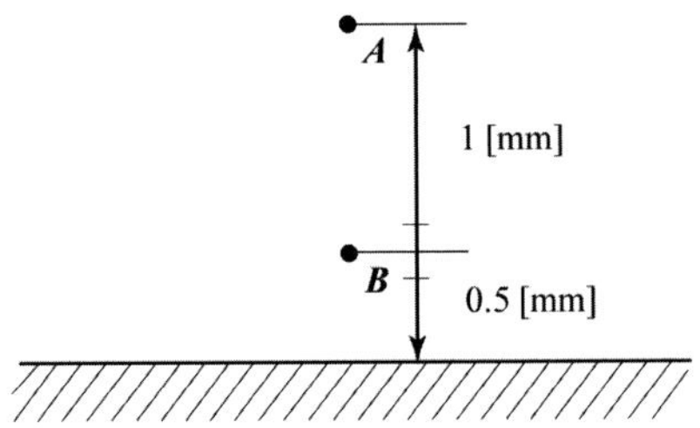

그림 5.10 무한도체면에 의한 전자의 작용힘

… $24.5\times10^{-23}[\mathrm{N}]$

❽ 평면 도체 표면에서 d의 거리에 점전하 Q가 있다. 이 전하를 무한원점까지 이동시키는 데 요하는 일을 구하시오.

… $\dfrac{Q^2}{16\pi\epsilon_0 d}[\mathrm{J}]$

❾ 금속 표면의 $1.6\times10^{-10}[\mathrm{m}]$ 되는 점에서 무한원점까지 전자를 운반하는 데 요하는 일(전자가 탈출하기 위한 일 함수)을 구하시오. 단 전자의 전하량은 $e=-1.6\times10^{-12}[\mathrm{C}]$이다.

… $3.6\times10^{-5}[\mathrm{J}]$

❿ 비유전율 ϵ_r인 유전체 표면에서 거리 $d[\mathrm{m}]$에 있는 전자 $e[\mathrm{C}]$에 작용하는 힘을 구하시오.

… $\dfrac{\dfrac{\epsilon_r-\epsilon_0}{16\pi\epsilon_0 d^2}e^2}{16\pi\epsilon_0 d^2}[\mathrm{N}]$

⓫ 접지된 반지름 a의 구형도체 중심에서 거리 d되는 점 $(d>a)$에 점전하 Q가 있을 때 도체구 표면상의 전하밀도의 최대치와 최소치를 구하시오. 도체구가 접지되지 않았을 때는 어떤가?

⑫ 반지름 a의 도체구에 Q의 전하를 주고 중심 O에서 $6a$되는 점 P에 $-6Q$의 점전하를 놓았을 때 OP선상의 점 P에서 거리 $3a$되는 점 A의 전위를 구하시오.

… $\frac{Q}{12\pi\epsilon_0 a}$[V]

⑬ 유전율 ϵ_1, ϵ_2인 두 종류의 유전체가 무한한 경계평면에서 접하고 있을 때 경계면으로부터 거리 d되는 ϵ_1의 유전체의 점 P에 점전하 Q가 있을 때 점전하 Q에 작용하는 힘을 구하시오.

… $\frac{\frac{\epsilon_1\epsilon_2}{\epsilon_1+\epsilon_2}Q^2}{16\pi\epsilon_0 d^2}$[N]

⑭ 비유전율 2.1인 유전체에서 10^{-6}[cm] 거리의 공기 중에 있는 전자에 작용하는 힘을 구하시오.

… 6.85×10[N]

Chapter 06

전류현상 이해하기

1. 전류의 정의
2. 전도전류
3. 변위전류
4. 옴의 법칙
5. 전력과 주울의 법칙
6. 옴의 법칙과 주울 법칙의 미분형
7. 정상 전류계의 여러 관계식
8. 도전에 관한 특수현상

6.1 전류의 정의

앞에서는 전기의 기본적 성질을 알아보기 위해 전하(電荷)가 정지하고 있는 경우의 전계(정전계)에 대해서 공부해 왔는데 여기서는 그것을 기초로 전하가 이동하는 경우의 전계의 성질에 대해서 알아보자.

전하의 이동을 “전류(electric current)”라고 하는데 전류에는 금속 중의 자유전자의 자리바꿈에 의한 **“전도전류(conduction current)”**와 진공 중의 전자 및 정(+), 부(−)의 이온에 의한 **“대류전류(convection current)”** 및 유전체에서 전속밀도의 시간적 변화로 표현되는 **“변위전류(displacement current)”** 등이 있다. 또한 반도체에서 정공(positive hole)의 흐름도 생각할 수 있지만 정공은 본래 전자가 어떤 원인으로 다른 곳으로 이동해 버린 외각(外殼)을 편의상 가상한 것이기 때문에 실질적으로 전자의 흐름이라 볼 수 있다.

전류의 방향은 금속 도체 중 정(+)의 전하가 전위가 높은 점에서 전위가 낮은 점으로 이동하는 방향으로 잡기 때문에 실제인 전자의 이동방향과 반대이다. 전류의 크기와 방향이 시간적으로 변화하지 않는 전류를 **“정상전류(stationary current)”** 또는 **“직류(direct-current)”**라 하고, 크기와 방향이 시간적으로 변하는 전류는 “변동전류”라고 하는데 이 전류에는 교류 및 과도전류 등이 포함된다.

정상전류에서는 전하의 공간적 분포도 시간적으로 변하지 않는 것으로 생각되기 때문에 이 경우의 전계는 정전계로 볼 수 있으므로 여기서는 정상전류에 대해서 생각한다. 정전계와 다른 점은 도체 중에도 전계가 존재하여 도체가 등전위로 되지 않는다는 점이다.

6.2 전도전류

전하의 이동을 전류라고 하는데 특히 도체 내에 있어서의 전하의 이동을 전도전류라 한다.

전류의 방향은 정(+) 전하가 움직이는 방향을 정의 방향으로 정하고, 그 크기는 전류의 이동방향에 직각인 단면을 단위시간에 통과한 전하량으로 식 (6.1)과 같이 표현된다.

$$I = \frac{dQ}{dt}\ [\mathrm{A}] \tag{6.1}$$

전류의 단위는 **암페어(Ampere, A)**라고 한다. 따라서 $1\ [\mathrm{A}] = 1\ [\mathrm{C/s}]$로 1암페어란 1초 동안에 1쿨롱의 비율로 전하가 도체 단면을 이동했을 때의 전류의 크기이다.

단면적 $S\,[\mathrm{m}^2]$, 길이 $l\,[\mathrm{m}]$인 도체의 길이 방향으로 전계를 가하고 도체 속의 자유전자를 속도 v[m/s]로 이동시킬 때 흐르는 전류는 도체 속의 자유전자 한 개의 전하를 $e\,[\mathrm{C}]$, 도체 $1\,[\mathrm{m}^3]$ 속의 전자수를 n개로 하면 길이 $dl\,[\mathrm{m}]$인 도체 속에 있는 전자가 가지는 전하량 dQ는 $dQ = nesdl$이기 때문에 식 (6.2)와 같이 표현된다.

$$I = \frac{dQ}{dt} = nes\,\frac{dl}{dt} = nesv\,[\mathrm{A}] \tag{6.2}$$

단위체적당 전류 i는

$$i = \frac{I}{S} = nev = \rho v\,[\mathrm{A/m}] \tag{6.3}$$

이 된다. 여기서 $\rho = ne$는 체적전하밀도이고 그 단위는 $[\mathrm{C/m^3}]$이다.

예제 6.1

지름 $2\,[\mathrm{mm}]$인 동선에 $10\,[\mathrm{A}]$의 전류가 흐를 때 단위 체적 내의 구리의 자유전자수를 4.19×10^{28}개라 하면, 이때 전자의 평균속도 $[\mathrm{m/s}]$는 얼마인지 구하시오.

풀이 전류밀도 $i = \dfrac{I}{S} = nev$에서

$$v = \frac{I}{neS} = \frac{10}{4.19\times10^{28}\times1.602\times10^{-19}\times\pi\times(1\times10^{-3})^2}$$

$$= 4.74\times10^{-4}\,[\mathrm{m/s}]$$

수련문제

1 전류밀도 $i = 10^7\,[\mathrm{A/m^2}]$이고, 단위체적의 이동 전하가 $q = 5\times10^9\,[\mathrm{C/m^3}]$인 경우 도체 내의 전자의 이동 속도 $v\,[\mathrm{m/s}]$를 구하시오.

답 $2\times10^{-3}\,[\mathrm{m/s}]$

2 어느 순간에 전류의 세기가 $i(t) = 2t^2 + 4t\,[\mathrm{A}]$이었다. 3[s]간 이동한 전하는 몇 $[\mathrm{C}]$인지 구하시오.

답 $24\,[\mathrm{C}]$

6.3 변위전류

면적 $S\,[\mathrm{m}^2]$인 두 극판을 간격 $d\,[\mathrm{m}]$로 하고 유전율 ϵ인 매질을 채운 다음 전압 $V\,[\mathrm{V}]$로 충전한 경우, 전극 사이의 정전용량을 $C\,[\mathrm{F}]$, 유전체 중의 전계를 $E\,[\mathrm{V/m}]$, 전속밀도를 $D\,[\mathrm{C/m^2}]$, 분극의 세기를 $P\,[\mathrm{C/m^2}]$, 면전하 밀도를 $\sigma\,[\mathrm{C/m^2}]$라 하면

$$C = \frac{\epsilon S}{d}, \ V = Ed, \ D = \sigma = \epsilon E = \epsilon_0 E + P$$

의 관계가 있으므로 극판 사이의 전하 Q는

$$Q = CV = \epsilon SE = \sigma S = DS$$

가 된다. 따라서 극판 사이의 공간에는 식 (6.4)와 같은 일종의 전류가 흐른다.

$$I_d = \frac{dQ}{dt} = \frac{\partial}{\partial t}(\sigma S) = S\frac{\partial D}{\partial t}\ [\mathrm{A}] \tag{6.4}$$

이 전류를 변위전류(displacement current)라 하고 변위전류밀도 $i_D\,[\mathrm{A/m^2}]$는

$$i_D = \epsilon\frac{\partial E}{\partial t} = \frac{\partial D}{\partial t} = \epsilon_0\frac{\partial E}{\partial t} + \frac{\partial P}{\partial t}[\mathrm{A/m^2}] \tag{6.5}$$

가 되어 유전체 중의 변위전류는 진공 중의 전계변화에 의한 변위전류와 분극전하의 이동에 의한 분극전류와의 합이 된다.

예제 6.2

간격 $d\,[\mathrm{m}]$인 두 개의 평행판 전극 사이에 유전율 ϵ의 유전체가 있을 때, 전극 사이에 전압 $v = V_m \sin\omega t\,[\mathrm{V}]$를 가할 때 변위전류밀도 $[\mathrm{A/m^2}]$를 구하시오.

풀이 $D = \epsilon E = \epsilon\dfrac{v}{d}$ 이므로

$$i_D = \frac{\partial D}{\partial t} = \epsilon\frac{\partial E}{\partial t} = \epsilon\frac{\partial}{\partial t}\left(\frac{v}{d}\right) = \frac{\epsilon}{d}\frac{\partial}{\partial t}(V_m \sin\omega t)$$
$$= \frac{\epsilon}{d}\omega V_m \cos\omega t = \frac{\epsilon}{d}\omega V_m \sin\left(\omega t + \frac{\pi}{2}\right)[\mathrm{A/m^2}]$$

즉, 변위전류(콘덴서에 흐르는 전류)는 전압보다 $\dfrac{\pi}{2}[\mathrm{rad}] = 90°$ 위상이 빠르다.

수련문제

1 예제 6.2에서 평행판 전극의 면적을 $S\,[\mathrm{m}^2]$라 할때 변위전류 [A]를 구하시오.

답 $I_D = \frac{\epsilon S}{d}\omega V_m \sin\left(\omega t + \frac{\pi}{2}\right)$

$= \omega C V_m \sin\left(\omega t + \frac{\pi}{2}\right)$ [A]

6.4 옴(Ohm)의 법칙

1. 전기저항과 옴의 법칙

옴(Ohm)의 법칙은 1826년 Ohm(독)에 의하여 실험적으로 얻어진 것으로 "도선에 흐르는 전류는 도체 양단 간의 전위차에 비례하며, 도선의 저항에 반비례 한다"는 법칙으로 전류현상의 가장 기초가 되는 법칙이다. 전위차를 V[V]라 할 때 이 법칙은 식 (6.6)과 같이 표현된다.

$$I = \frac{V}{R}\ [\mathrm{A}] \tag{6.6}$$

따라서

$$V = RI,\ R = \frac{V}{I}$$

가 된다. 여기서 비례상수 R은 V와 I에 관계없이 도선의 재질, 형상, 온도에 따라 정해지는 양으로 이 도선의 전기저항(electric resistance) 또는 저항이라 한다. 전기저항의 단위는 이 법칙의 발견자인 옴의 이름을 따서 Ohm[Ω]으로 표시한다. 1[Ω]은 두 점 사이의 전위차가 1 [V]이고, 1 [A] 전류가 흐를 때의 전기저항이다. 옴은 또 균일한 단면적 $S\,[\mathrm{m}^2]$를 가지고 길이가 l [m]인 도체의 전기저항은 도선의 길이에 비례하고, 단면적에 반비례한다는 것을 발견했다.

$$R = \rho\frac{l}{S}\ [\Omega] \tag{6.7}$$

식 (6.7)의 ρ는 비례상수로 도선의 저항률 또는 고유 저항이라고 하는데 한 변의 길이가 1 [m]인 입방체의 물질을 가상할 때 그 대향면 사이의 저항 [Ω · m]으로 나타낸다. 이 고유 저항의 역수를 도전율이라 한다. 따라서 도전율은

$$k = \frac{1}{\rho} \text{ [S/m]} \tag{6.8}$$

이다. ρ, k는 물질의 물리 및 화학적 상태에 의해 정해지는 것으로 형태에는 관계없는 물질 특유의 정수이다. 전기저항의 역수를 컨덕턴스(conductance)라 하며 단위는 [S](siemens)로 표시한다.

$$G = \frac{1}{R} \text{ [S]} \tag{6.9}$$

일반적으로 사용되는 도선은 구리선이므로 표준연동의 도전율에 대한 비율인 % 도전율이 많이 사용되고 있다. 표 6.1은 금속 도체의 저항률의 예를 나타낸 것이다.

표 6.1 금속의 저항률

금속	저항률[10^{-8} Ω · m](20℃)	금속	저항률[10^{-8} Ω · m](20℃)
은	1.62	철	10.0
동	1.72	백금	10.5
금	2.40	주석	11.4
알루미늄	2.82	연	21.9
마그네슘	4.34	수은	95.8
몰리네슘	4.76	황동(Cu－Zn)	5～7
텅스텐	5.48	강	10～20
아연	6.1	규소강(Fe－Si)	62.5
코발트	6.86	망가닌(Cu－Mn)	34～100
니켈	6.9	니크롬(Ni－Cr－Fe)	100～110
카드뮴	7.5		

예제 6.3

$\rho=2.83\times10^{-8}[\Omega\cdot\text{m}]$인 경알루미늄선의 [%] 도전율은 대략 얼마인가?

풀이 [%]도전율은 국제 표준 연동(고유 저항 $1.724\times10^{-8}[\Omega\cdot\text{m}]$)의 도전율을 기준(100%)으로 할 때 각 재료의 도전율을 이에 대한 %로 나타낸 것으로 경알루미늄의 고유 저항이 $\rho=2.83\times10^{-8}[\Omega\cdot\text{m}]$이고 도전율은 역의 관계가 있으므로

$$\frac{k_{Al}}{k_{cu}}=\frac{\rho_{cu}}{\rho_{Al}}=\frac{1.724\times10^{-8}}{2.83\times10^{-8}}\times100 \fallingdotseq 60.9[\%]$$

수련문제

1 전선을 균일하게 3배의 길이로 당겨 늘였을 때 전선의 체적이 불변이라면 저항은 몇 배가 되는가?
답 9배

2. 저항의 온도계수

물체의 저항은 온도의 영향을 많이 받는데 금속 도체인 경우 온도가 상승하면 구성 원자의 열운동으로 자유전자와의 충돌횟수가 많아져서 전기저항이 증가하게 된다. 온도 T_1[℃]일 때의 저항을 R_1[Ω]으로 하면 T_2[℃]가 되었을 때의 저항 R_2[Ω]는 다음 식으로 표현된다.

$$R_2=R_1(1+\alpha T) \tag{6.10}$$

여기서 $T=T_2-T_1$이다. 그러므로 계수 α는

$$\alpha=\frac{1}{T}\frac{R_2-R_1}{R_1} \tag{6.11}$$

이다.

즉, α는 온도가 1 [℃] 변화했을 때의 저항증가의 비율을 표시하는 것으로 단위는 [1/℃]이다. 이것을 T_1[℃]에 있어서의 저항의 온도계수라고 한다. 일반적으로 금속 도체는 $\alpha>0$, 즉 저항은 온도 증가와 함께 증가하는 정(+)의 온도계수를 갖지만, 전해액, 탄소, 반도체 등

특수한 물질의 경우는 $\alpha < 0$, 즉 저항이 온도 증가와 함께 감소하는 부(−)의 온도계수를 갖는다. 또 망가닌 합금의 α는 거의 0으로 저항치는 온도에 의해 변화가 거의 없으므로 표준저항 재료 등에 사용된다.

표 6.2는 금속저항의 20[℃]에서의 저항 온도계수를 나타낸 것이다.

표 6.2 금속 저항의 온도계수

금속	저항 온도계수(20℃)	금속	저항 온도계수(20℃)
은	0.0038	카드뮴	0.0038
동	0.00393	철	0.0050
금	0.0034	백금	0.003
알루미늄	0.0039	주석	0.0042
마그네슘	0.0044	납	0.0039
몰리브덴	0.0047	수은	0.0089
텅스텐	0.0045	콘스탄탄	0.000015
아연	0.0037	망가닌	0.00001
코발트	0.0066	니켈크롬	0.00025 이하
니켈	0.006	철-크롬	0.00025 이하

예제 6.4

도선의 온도상승과 저항변화의 관계식을 유도하시오.

풀이 도선의 t_1, t_2[℃]에서 저항을 각각 R_1, R_2[Ω]이라면 식 (6.10)에서

$$R_1 = R_0(1+\alpha_0 t_1),\ R_2 = R_0(1+\alpha_0 t_2)\ [\Omega]$$

가 얻어지며, 이들 두 식으로부터

$$R_2 = R_1\{1+\alpha_1(t_2-t_1)\}\ [\Omega]$$

$$\alpha_1 = \frac{\alpha_0}{1+\alpha_0 t_1} \tag{6.12}$$

가 구해진다. 여기서 α_1은 t_1[℃]에서의 저항 온도계수이며 식 (6.12)를 변형하면

$$t_2 - t_1 = \left(\frac{R_2}{R_1}-1\right)\left(\frac{1}{\alpha_0}+t_1\right)\ [℃]$$

의 관계식이 구해진다. 따라서 R_1, R_2[Ω]을 측정하면 온도상승 t_2-t_1[℃]를 알 수 있다. 이 원리를 이용한 것이 저항온도계로 전기기기 권선의 평균 온도상승을 측정하는 데 사용된다. 전기기기용 연동권선인 경우 $\alpha_0 = 1/234.5$를 이용한다.

수련문제

1 20[℃]에서 저항 온도계수 $\alpha_{20} = 0.004$인 저항선의 저항이 100[Ω]이었다. 이 저항선의 온도가 80 [℃]로 상승될 때 저항은 몇 [Ω]이 되는지 구하시오.

답 124 [Ω]

예제 6.5

0 [℃]에서 저항 R_1, R_2 [Ω], 저항 온도계수 α_1, α_2 [1/℃]인 두 개의 저항선을 직렬로 접속하는 경우 합성 저항 온도계수 [1/℃]는 어떻게 되는가?

풀이 저항 온도계수는 1 [℃]당 저항변화율이므로

$$\alpha t = \frac{R_t - R_0}{R_0 \cdot t} = \frac{1[℃]\text{당합성저항의 증가분}}{0[℃]\text{의 합성저항}} = \frac{\alpha_1 R_1 + \alpha_2 R_2}{R_1 + R_2}$$

가 된다.

예제 6.6

구리의 20 [℃]일 때의 저항 온도계수 [1/℃]를 구하시오.

풀이 일반 금속 도체의 t [℃]의 저항 온도계수는 0 [℃]의 저항 온도계수를 α_0라 할 때, 식 (6.12)에서 $\alpha_t = \frac{\alpha_0}{1+\alpha_0 t}$로 표현된다. 구리의 경우 0 [℃]에서의 저항 온도계수 $\alpha_0 = \frac{1}{234.5}$이므로

$$\alpha_t = \frac{\alpha_0}{1+\alpha_0 t} = \frac{\frac{1}{234.5}}{1+\frac{1}{234.5}t} = \frac{1}{234.5+t}$$

이 된다.

따라서 20 [℃]일 때의 저항 온도계수는

$$\alpha_{20} = \frac{1}{234.5+t} = \frac{1}{254.5} \fallingdotseq 0.004\ [1/℃]$$

이다.

6.5 전력과 주울(Joule)의 법칙

전기저항 R인 도선에 전류 I를 흐르게 하면 도체 내에 I^2R의 열이 발생한다. 이 현상은 1840년 영국의 주울에 의해 측정되었다. 이때 전위차는 $V=RI$이고 고전위에서 저전위로 정(+)의 전하가 이동하면서 한 일은

$$P=VI=I^2R\,[\mathrm{J/s=W}] \tag{6.13}$$

로 된다. 이것을 전력이라고 하며 이 전력이 저항에 $t\,[s]$동안 계속 공급되었을 때 전체의 일, 즉 전력량은

$$W=Pt=VIt=I^2Rt=\frac{V^2}{R}t\,[\mathrm{J}] \tag{6.14}$$

이 된다.

한편 1 [J]의 일은 0.24 [cal]의 열량에 해당하므로 저항도선의 전류에 의하여 발생하는 열량은

$$H=0.24Pt=0.24VIt=0.24I^2Rt=0.24\frac{V^2}{R}t\,[\mathrm{cal}] \tag{6.15}$$

가 되며 이 열을 Joule의 열, 이 관계를 주울(Joule)의 법칙이라 한다.

또 전력 [W]과 시간 [h]과의 곱을 전력량이라고 하며 단위는 와트시[Wh] 또는 킬로와트시[kWh]로 표시된다.

예제 6.7

일정 전압이 가해지는 전열선에서 전열선의 굵기가 10 [%] 감소하였을 때 발생하는 열은 처음 값의 몇 [%]가 되는지 구하시오.

풀이 $R=\rho\dfrac{l}{S}=\dfrac{\rho l}{\pi\left(\dfrac{d}{2}\right)^2}=\dfrac{4\rho l}{\pi d^2}$ 이므로

$$P=\frac{V^2}{R}=\frac{\pi V^2 d^2}{4\rho l}$$

으로 전력은 굵기 d의 자승에 비례한다.

따라서 굵기가 10 [%] 감소하여 0.9배가 되면 전력은 $P'=0.9^2P=0.81P$ 배가 된다.

예제 6.8

500 [W]의 온수기로 20 [℃]의 물 2 [l]를 100 [℃]까지 높이는 데 약 몇 분이 소요되는지 구하시오(단 전열기 효율은 80 [%]이다).

풀이 전열기 발생 열량

$$H = 0.24Pt \text{ [cal]}$$

이며, 물체의 온도를 상승시키는 데 필요한 열량

$$Q = m\,C(T_2 - T_1) \text{ [cal]}$$

이다.

여기서 m은 질량[g]이며 C는 비열[cal/g·℃](물의 비열은 1이다), T_2는 나중온도, T_1은 처음 온도이다.

발생 열량 중 실제 온도 상승에 기여한 열량을 효율 η로 나타내면

$$0.24Pt \cdot \eta = m\,C(T_2 - T_1)$$

이 성립된다. 따라서

$$t = \frac{m\,C(T_2 - T_1)}{0.24P \cdot \eta} = \frac{2 \times 10^3 \times (100 - 20)}{0.24 \times 500 \times 0.8} = 1667[\text{초}] = 27.8[\text{분}]$$

수련문제

1 15 [℃]의 물 4 [l]를 용기에 넣어 1 [KW]의 전열기로 이것을 가열하여 물의 온도를 90 [℃]로 올리는 데 30분이 필요하였다. 이 전열기의 효율[%]을 구하시오.

답 70%

6.6 옴(Ohm)의 법칙과 주울(Joule) 법칙의 미분형

지금까지 도선 내의 전기에너지 흐름인 선전류에 대하여 설명하였지만 전류가 공간적으로 분포하고 더구나 균일하지 않게 흐르는 전류계를 이론적으로 검토하는 데는 이 두 법칙을 형상에 의하지 않는 임의의 점의 전류밀도와 전계의 세기의 대해서 성립하는 미분형으로 해 둘 필요가 있다.

1. 전류밀도

공간 도체 내의 한 점의 전류분포를 고찰할 때 전체의 전류보다는 그 점에 대한 전류밀도를 사용하는 것이 편리하다. 그림 6.1과 같이 도체 내에 공간적으로 분포하는 전류를 따라 가는 관을 가상하고, 그 속의 점 P를 포함하는 전류에 수직인 단면적 dS를 지나는 전전류를 dI로 하면 단위면적당 전류, 즉 전류밀도 $\boldsymbol{i}$는

$$\boldsymbol{i} = \frac{dI}{dS}\ [\mathrm{A/m^2}] \tag{6.16}$$

으로 된다. 이것은 위치에 따라 크기와 방향이 변할 것이므로 위치함수로 주어지는 벡터량으로 취급한다.

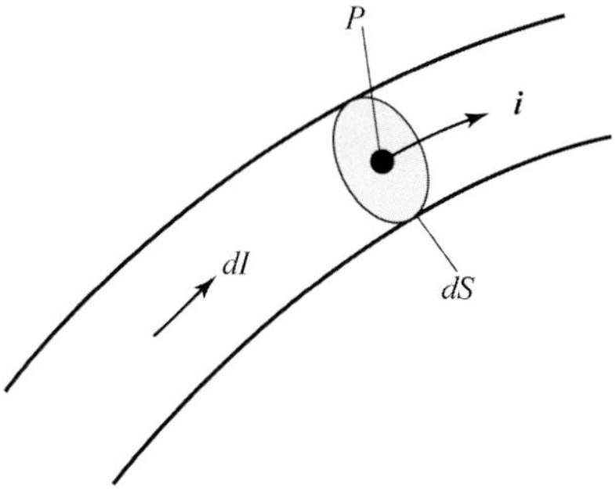

그림 6.1 전류밀도

2. 옴(Ohm)의 법칙의 미분형

그림 6.2와 같은 전류계의 임의의 위치에 점 P를 에워싸는 단면적 dS와 이와 동일방향의 길이인 미소원통을 가정하고 dS와 각 θ를 갖는 점 P에서 전류밀도를 $\boldsymbol{i}$로 하면 단면 dS를 흐르는 전 전류는

$$dI = i\,dS\cos\theta = \boldsymbol{i}\cdot\boldsymbol{n}\,dS \tag{6.17}$$

또 미소원통의 전체 길이 A, B 사이의 저항 R은 물질의 고유 저항을 ρ로 하면

$$dR = \rho\frac{dl}{dS}\ [\Omega] \tag{6.18}$$

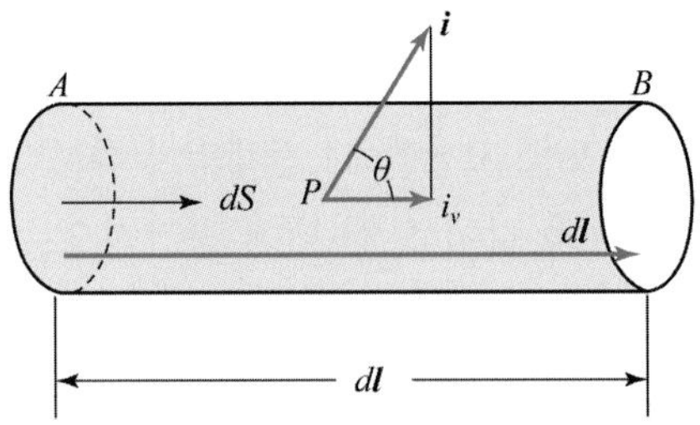

그림 6.2 Ohm 법칙의 미분형

로 되고 A, B 사이의 전위차를 dV로 하면 식 (6.17)의 전류는

$$dI = i_v dS = \frac{-dV}{dR} = -\frac{dV}{\rho\frac{dl}{dS}} = -\frac{1}{\rho}\frac{dV}{dl} \cdot dS\,[\mathrm{A}] \tag{6.19}$$

가 된다. 여기서 부의 기호는 전류가 고전위의 점에서 저전위의 점으로 흐르는, 즉 전위가 감소하는 방향으로 전류가 흐름을 표시하고 있다.

식 (6.19)에서 $-\frac{dV}{dl}$는 dl 방향의 전계 성분이기 때문에

$$\boldsymbol{i} = \frac{1}{\rho}\boldsymbol{E} = k\boldsymbol{E}\,[\mathrm{A/m^2}] \tag{6.20}$$

으로 된다. 이 식 (6.20)이 Ohm의 법칙의 미분형이며 물질의 성질에 관한 중요한 관계식이다.

3. 주울(Joule)의 법칙의 미분형

그림 6.2에서 dl 사이의 전위차 dV는 $\boldsymbol{E} \cdot \boldsymbol{dl}$이 되기 때문에 원통 내에서 매초 발생하는 Joule 열 dW는

$$dW = (dI\,dV) = (i \cdot dS)(E \cdot dl) = iEdv \tag{6.21}$$
$$(\text{단 } dv = dS \cdot dl)$$

로 된다. 여기서 식 (6.20)을 대입하면

$$dW = kE^2 dv = \frac{i^2}{k}dv = \rho i^2 dv\,[\mathrm{W}] \tag{6.22}$$

가 되므로 단위체적에서 매초 발생하는 Joule 열은

$$w = \frac{dW}{dv} = kE^2 = \frac{i^2}{k} = \rho i^2 \ [\mathrm{W/m^3}] \tag{6.23}$$

이 된다. 이 식 (6.23)이 Joule의 법칙의 미분형이다.

예제 6.9

대기 중의 두 전극 사이에 있는 어떤 점의 전계의 세기가 $E = 3.5\ [\mathrm{V/cm}]$, 지면의 도전율이 $k = 10^{-4}\ [\mathrm{S/m}]$ 일 때 이 점의 전류밀도 $[\mathrm{A/m^2}]$를 구하시오.

풀이 전류밀도는 식 (6.20)에서 $i = kE$인데 $E = 3.5[\mathrm{V/cm}] = 3.5 \times 10^2 [\mathrm{V/m}]$이므로

$$i = kE = 10^{-4} \times 3.5 \times 10^2 = 3.5 \times 10^2\ [\mathrm{A/m^2}]$$

6.7 정상 전류계의 여러 관계식

1. 전류계의 발산

전류계 내에 임의의 폐곡면 S를 취하고 S를 통하여 유출하는 전 전류를 구하면

$$I = \int \boldsymbol{i} \cdot \boldsymbol{n} dS\ [\mathrm{A = C/s}] \tag{6.24}$$

가 된다. 그런데 전류가 유출한다는 것은 단위 시간에 유출하는 전 전하량과 같으므로 S면 내에는 전하가 단위시간마다 그만큼 감소할 것이다.

따라서 $\rho\ [\mathrm{C/m^3}]$를 이 공간의 전하밀도라 하면 S면 내의 전하감소비율은

$$-\frac{\partial Q}{\partial t} = -\frac{\partial}{\partial t}\int_v \rho dv = -\int_v \frac{\partial \rho}{\partial t} dv\ [\mathrm{C/s = A}] \tag{6.25}$$

따라서 식 (6.24)을 발산정리로 변환하고 식 (6.25)와 같이 쓰면

$$\int_s \boldsymbol{i} \cdot \boldsymbol{n} dS = \int_v div\, i\, dv = -\int_v \frac{\partial \rho}{\partial t} dv\ [\mathrm{A}] \tag{6.26}$$

가 된다. 이 관계는 폐곡면의 모양에 관계없이 항상 성립할 것이므로 양변을 미분하면

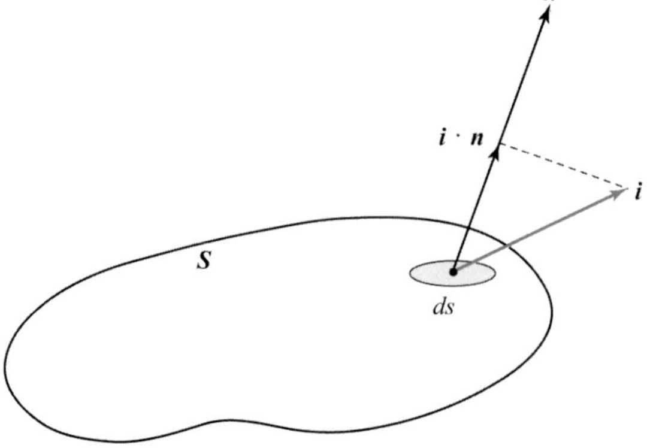

그림 6.3 전류계의 발산

$$div\, \boldsymbol{i} = -\frac{\partial \rho}{\partial t}\ [\mathrm{A/m^3}] \tag{6.27}$$

가 얻어진다. 즉, 도체 내의 임의의 점의 전류밀도의 발산이 그 점에서의 전하밀도의 단위시간당 감소비율과 같다는 것을 의미하며, 이 관계를 전하의 연속식 또는 전류 연속식이라 한다. 그런데 직류와 같은 정상 전류계에서는 시간적인 전하의 축적이나 소멸이 없어 $\frac{\partial \rho}{\partial t} = 0$이기 때문에 식 (6.27)은

$$div\, \boldsymbol{i} = 0\ [\mathrm{A/m^3}] \tag{6.28}$$

로 된다. 이 식 (6.28)의 관계는 전류의 새로운 발산이 없는 전류의 연속성을 의미하므로 Kirchhoff 제1법칙의 미분형이라 할 수 있다.

2. 전류계와 정전계의 유사성

도전율 $k\,[\mathrm{S/m}]$의 공간도체 내 한 점의 정상 전류밀도를 $\boldsymbol{i}\,[\mathrm{A/m^2}]$ 전계를 $\boldsymbol{E}\,[\mathrm{V/m}]$, 전위를 $V\,[\mathrm{V}]$라 할 때 다음의 3 기본식

$$\begin{aligned} &div\, \boldsymbol{i} = 0 \\ &\boldsymbol{i} = k\boldsymbol{E} \\ &\boldsymbol{E} = -\,grad\, V \end{aligned} \tag{6.29}$$

에서 정상전류계에 대한 Laplace 방정식

$$\nabla^2 V = 0$$

가 유도된다. 이 결과는 유전율 ϵ [F/m]의 유전체의 기본식

$$div\, \boldsymbol{D} = 0 (\rho = 0 \text{인 경우})$$
$$\boldsymbol{D} = \epsilon \boldsymbol{E}$$
$$\boldsymbol{E} = -\, grad\, V \tag{6.30}$$

과 유사하다. 따라서 정전계의 전속밀도 $\boldsymbol{D}$와 유전율 ϵ을 전류계의 전류밀도 $\boldsymbol{i}$와 도전율 k로 대치하면 정전계의 결과를 전류계에 그대로 적용할 수 있다. 이밖에 전전하를 포함하는 유전체의 경우는 전류원을 함유하는 전류계에 대응시킬 수 있다.

3. 전류의 굴절 (경계조건)

그림 6.4는 도전율 k_1, k_2인 두 종류의 등방성 매체의 경계면에 있어서의 전계와 전류의 굴절을 표시한 것이다. 경계면에 대한 경계조건은 식 (6.29)의 3기본식으로부터

① 전계의 경계면에 평행한 성분(접선성분)은 경계면 양쪽에서 서로 같다.

$$E_1 \sin\theta_1 = E_2 \sin\theta_2 \tag{6.31}$$

② 전류밀도의 경계면에 수직인 성분(법선성분)은 경계면 양쪽에서 서로 같다.

$$i_1 \cos\theta_1 = i_2 \cos\theta_2 \tag{6.32}$$

가 얻어지며, 이 두 조건으로부터 전류계의 굴절법칙

$$\frac{k_2}{k_1} = \frac{\tan\theta_2}{\tan\theta_1} \tag{6.33}$$

이 얻어진다. 이것은 정전계의 식 $\frac{\epsilon_2}{\epsilon_1} = \frac{\tan\theta_2}{\tan\theta_1}$와 똑같은 형이 된다. 또 유전체와 마찬가지로 k_2가 무한대와 같은 완전도체와의 경계면에서는 $\theta_1 = 0°$이 되기 때문에 완전도체의 표면에 전류의 유입은 그 표면에 대해 수직임을 알 수 있다. 또 $k_2 = 0$인 절연물과의 경우 경계면에서는 $\theta_1 = 90°$가 되기 때문에 전류는 경계면에 평행으로 흐른다.

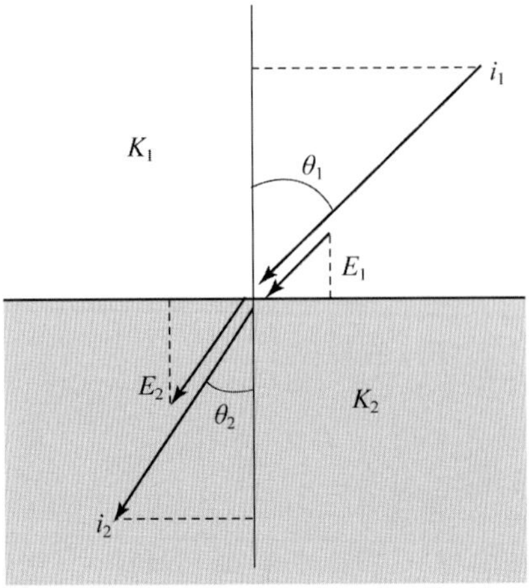

그림 6.4 전류의 굴절

4. 정전용량과 전기저항과의 관계

두 개의 완전도체 전극이 그림 6.5와 같이 유전율 ϵ 인 물질 속에 $\pm q$ [c]의 전하를 가질 때 도체 A를 에워싸는 임의의 폐곡선 S의 표면상 미소면적 dS를 취하면 이곳을 통과하는 전속은

$$Q = \epsilon \int \boldsymbol{E} \cdot \boldsymbol{n} dS \tag{6.34}$$

가 되며 두 도체 $A\,B$ 사이의 전위차 V_{AB}는 A, B를 연결하는 경로상의 선소벡터를 dl 이라 할 때

$$V_{AB} = -\int_B^A \boldsymbol{E} \cdot dl = \int_A^B \boldsymbol{E} \cdot dl \text{ [V]} \tag{6.35}$$

가 된다. 따라서 양 도체간의 정전용량은

$$C = \frac{Q}{V} = \frac{\epsilon \int_s \boldsymbol{E} \cdot \boldsymbol{n} dS}{\int_A^B \boldsymbol{E} \cdot dl} \text{ [F]} \tag{6.36}$$

이 된다.

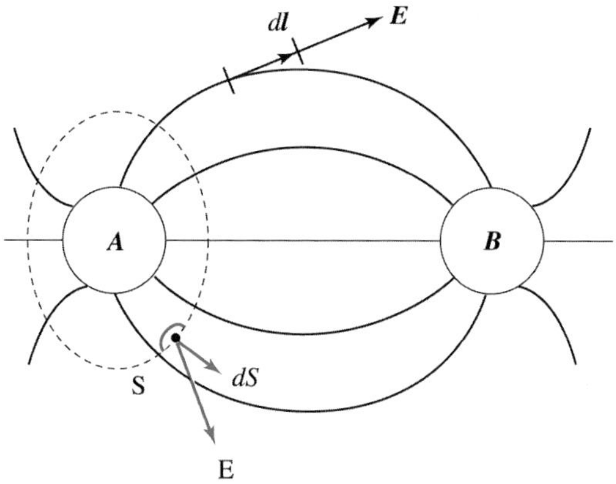

그림 6.5 전속과 전계분포

한편 이것을 전류계에 바꾸어 전극 A, B에 각각 $\pm I$[A]의 전류원을 두고 공간의 도전율을 k로 하면 식 (6.20)에서

$$I = k\int_s \boldsymbol{E}\cdot\boldsymbol{n}\,dS \tag{6.37}$$

이 성립하고 두 도체 사이의 전위차는 식 (6.35)와 같이 된다. 따라서 두 도체 사이의 콘덕턴스 G는

$$G = \frac{I}{V} = \frac{k\int_s \boldsymbol{E}\cdot\boldsymbol{n}\,dS}{\int_A^B \boldsymbol{E}\cdot dl} \tag{6.38}$$

로 식 (6.36)과 같은 형태로 ϵ을 k로 바꾼 것이 된다. 그러므로 도전율 k를 갖는 물질 중의 완전도체 전극 A, B 사이의 콘덕턴스를 구하려면 유전율 ϵ을 갖는 유전체 중에서 앞의 것과 동형인 전극 A, B 사이의 정전용량을 구하고 그 ϵ을 k로 바꾸면 된다는 것을 알 수 있다.

또한 식 (6.36)과 식 (6.38)에서

$$\frac{C}{G} = \frac{\epsilon}{k} \tag{6.39}$$

가 얻어지며 저항 R과 고유 저항 ρ를 사용하면

$$RC = \rho\epsilon \tag{6.40}$$

의 관계가 유도된다. 이 식은 같은 모양의 전극 간의 정전용량(또는 저항)을 알면 저항(또는 정전용량)을 구할 수 있는 중요한 식이다.

예제 6.10

대지의 고유 저항이 $\rho\,[\Omega \cdot \mathrm{m}]$일 때 반지름 $a\,[\mathrm{m}]$인 구형 접지 전극의 접지 저항을 구하시오.

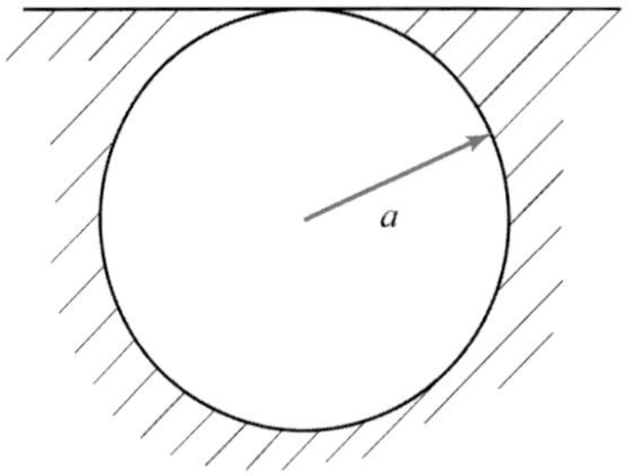

풀이 반경 $a\,[\mathrm{m}]$인 구의 정전용량은 $C = 4\pi\epsilon a\,[\mathrm{F}]$이므로

$$RC = \rho\epsilon \text{ 에서} \quad R = \frac{\rho\epsilon}{C} = \frac{\rho\epsilon}{4\pi\epsilon a} = \frac{\rho}{4\pi a}\,[\Omega]$$

수련문제

1 그림에 표시한 반구형 도체를 전극으로 한 경우의 접지 저항을 구하시오. 단 ρ는 대지의 고유 저항이며 전극의 고유 저항에 비해 매우 크다.

답 $\frac{\rho}{2\pi a}\,[\Omega]$

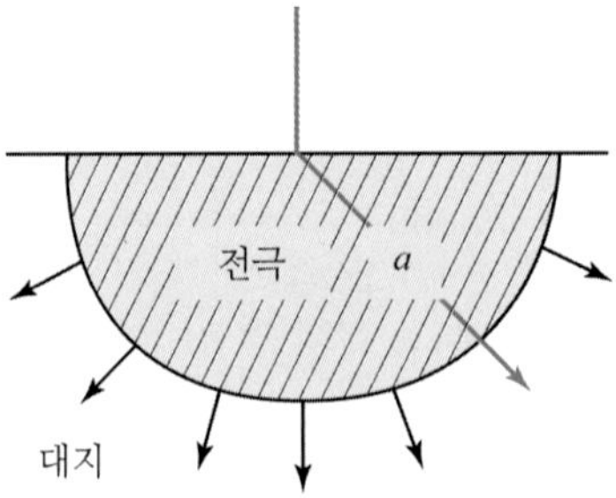

예제 6.11

그림과 같은 반지름 a [m]의 구도체 A, B가 대지에 매설되어 있다. 이 경우 구도체 사이의 저항을 구하시오. 여기서 대지의 고유 저항은 ρ [Ω · m]이며 $l \gg a$이다.

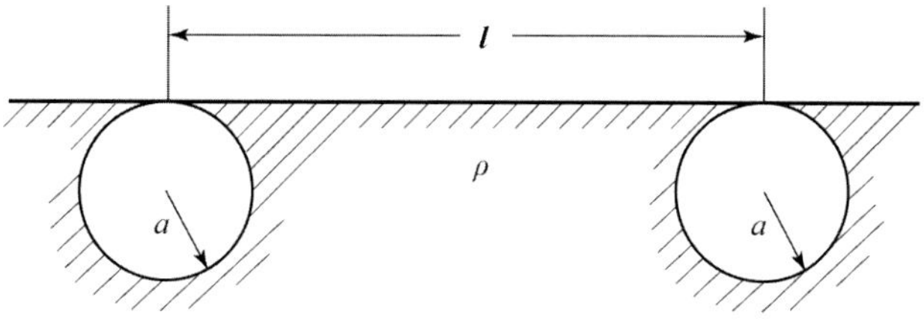

풀이 A도체에 $+Q$, B도체에 $-Q$를 주고 도체 사이의 전계를 구하면

$$E = \frac{Q}{4\pi\epsilon}\left(\frac{1}{x^2} + \frac{1}{(l-x)^2}\right)$$

이 되며 도체 사이의 전위차는

$$V_{AB} = -\int_{l-a}^{a} \boldsymbol{E} \cdot dl = \frac{Q}{2\pi\epsilon}\left(\frac{1}{a} - \frac{1}{l-a}\right) \text{[V]}$$

가 된다.

$l \gg a$인 경우

$$V_{AB} = \frac{Q}{2\pi\epsilon a} \text{[V]}$$

이므로

$$C = \frac{Q}{V_{AB}} = 2\pi\epsilon a \text{[F]}$$

이다. 따라서

$$R = \frac{\rho\epsilon}{C} = \frac{\rho\epsilon}{2\pi\epsilon a} = \frac{\rho}{2\pi a} \text{[Ω]}$$

수련문제

1 그림과 같은 반지름 a [m]의 반구도체 2개가 대지에 매설되어 있다. 이 경우 양 반구도체 사이의 저항을 구하시오. 여기서 대지의 고유 저항을 ρ [Ω · m]라 하고 도체의 고유 저항은 0이며 $l \gg a$이다.

답 $\frac{\rho}{\pi a}$ [Ω]

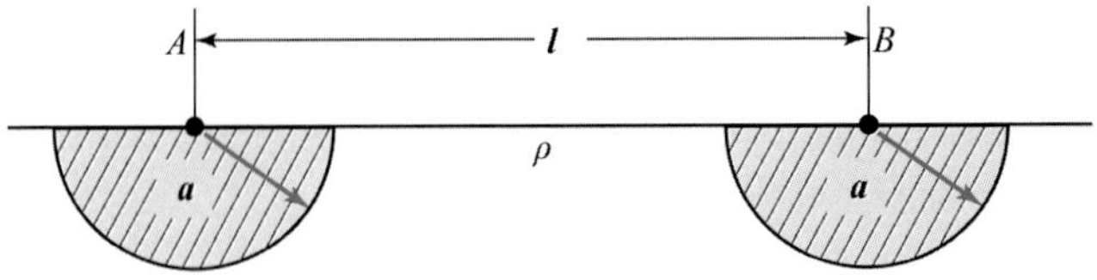

2 액체 유전체를 넣은 콘덴서의 용량이 20 [μF]이다. 여기에 500 [V]의 전압을 가할 때 누설전류[mA]를 구하시오. 단 유전체의 비유전율 $\epsilon_r = 2.2$, 고유 저항 $\rho = 10^{11}$ [$\Omega \cdot$ m]이다.

답 5.13 [mA]

6.8 도전에 관한 특수현상

1. 초전도

어떤 종류의 금속 원소나 합금의 온도를 헬륨(He : 4.2 [°K]) 등의 액체 기체 등으로 극저온까지 내리면 그 물질의 전기저항이 완전히 없어지는 현상이 일어나는데, 이러한 현상을 **초전도(super conductivity)**라 하며 이 현상이 일어나는 온도를 전이온도 T_c라 한다.

그림 6.6은 수은(Hg)의 온도를 내렸을 때의 저항의 변화를 표시한 것으로 전이점은 4.15 [°K]이다.

일반적으로 1가 금속이나 강자성체, 반강자성체 등은 초전도 현상이 잘 일어나지 않는 것이 많고, 또 초전도 금속은 평상시 실내온도에서는 좋은 양도체의 성질을 유지하지 못하나 점차 전이온도가 높은 합금이 개발되고 있으므로 멀지 않아 초전도 금속이 실용화될 날이 오리라 본다.

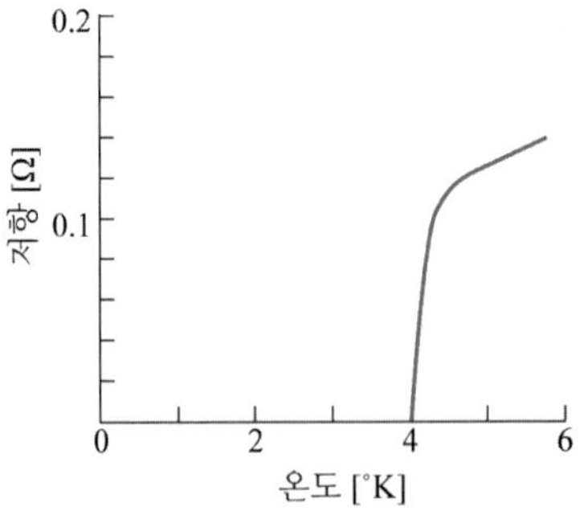

그림 6.6 수은의 저항변화

표 6.3은 초전도 재료의 한 예를 표시한 것이다.

표 6.3 초전도 원소

도체	Zr	Al	Hg	Ta-Nb	Pb-Bi	3Nb-Zr
전이점 T_c[°K]	0.8	1.2	4.15	6.3	8	11
도체	Ta	Pb	Nb	Nb3Sn	Nb3Ge	Ba-Yz-Cu-O
전이점 T_c[°K]	4.5	7.2	9.3	18	23	98

그런데 이러한 초전도 형상은 아무리 극저온 영역이라도 강자계 중에서는 일어나기 어렵다.

즉, 초전도 상태의 도선에 외부자계를 가하여 점차 증가시키면 갑자기 초전도 형상을 상실한다. 이때의 자계를 **임계자계**라 하며 같은 물질이라도 자계를 가하는 방향에 따라 임계자계의 값이 달라진다.

초전도체를 임계자계 Hc 이하의 자계 속에 넣으면 자속은 그 초전도체 속을 통과하지 않고 전부 외부로 밀려 나와 이른바 완전 반자성체가 된다. 이것을 **마이스너 효과(meissner effect)**라고 한다.

2. 열전현상

(1) 제에벡 효과(seebeck effect)

그림 6.7과 같은 서로 다른 두 종류의 금속 도선 AB를 연결하여 폐회로를 만들고 두 접합점의 온도를 다르게 하면 온도차에 의해 폐회로 속에 전류 I가 발생하여 흐른다. 이와 같은 현상을 **제에벡 효과** 또는 **열전 효과**라 하고, 이 한 쌍의 금속을 열전대(thermo couple)라 한다. 이 열전대의 이용은 용광로 속의 온도 측정, 기름의 온도 측정 및 온도 제어 등에 사용된다.

(2) 펠티에 효과(Peltier effect)

제에벡 효과의 현상과는 반대로 두 종류의 금속 도선으로 폐회로를 만들고 여기에 기전력을 가하여 전류를 흐르게 하면 한쪽 접점에서는 열이 흡수되고 다른 접점에서는 열이 발생하여 온도차가 생기는 현상을 **펠티에 효과**라 한다. 또 전류의 흐르는 방향을 바꾸면 열의 흡수와 발생부가 바뀐다. 이 현상을 이용하여 저온을 얻는 것을 전자냉동이라고 한다.

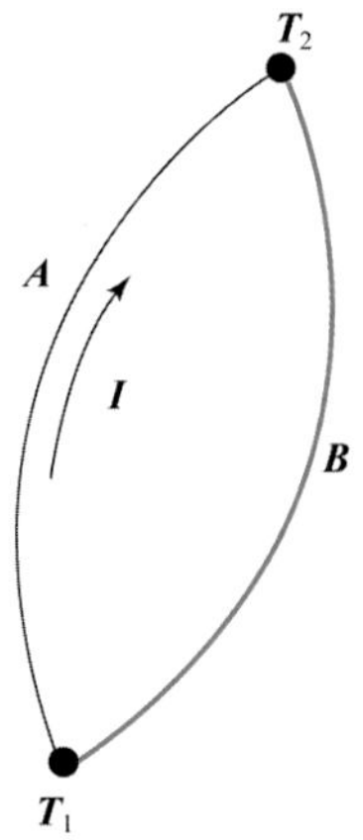

그림 6.7 제에벡 효과

(3) 톰슨 효과(Thomson effect)

제에벡 효과나 펠티에 효과는 두 종류의 금속 사이에서 일어나지만, 동일 금속이라도 그 도체 등에 온도차가 있을 때 전류를 흘리면 도선 속에서 열이 발생하거나 흡수되어 온도차가 변하는데 이러한 현상을 **톰슨 효과**라 한다.

연습문제

1 전자밀도 $n = 8.5 \times 10^{28}$ [개/m^3]이고 전자의 평균속도가 $v = 5 \times 10^3$ [m/s]일 때의 전류밀도를 구하시오.

… 6.8×10^7 [A/m^2]

2 한 개의 원자는 한 개의 전자를 가지고 있다고 할 때 지름 1 [mm]의 동선에 1 [A]의 전류가 흐를 때의 전자 평균속도를 구하시오.

… 10^{-4} [m/s]

3 1 [μA]의 전류가 흐르고 있을 때 1 [s] 동안에 통과하는 전자수는 대략 몇 개인가?

… 6.24×10^{12} [개]

4 일정 전압의 직류전원에 저항을 접속하고 전류를 측정하였더니 I[A]였다. 저항값을 변하여 전류값을 1.2배로 증가시키면 저항값은 몇 배로 하여야 하는가?

… 0.83배

5 길이 7 [m]의 철 · 크롬선을 장시간 사용한 후 저항을 측정하니 29.7 [Ω]이었다. 사용 전의 단면적이 0.3 [mm^2]라면 사용으로 인하여 단면적이 몇 % 감소되었는가? 단 철 · 크롬선의 고유 저항은 110×10^{-8} [Ω · m]이며, 이 값은 사용 중 변하지 않는다고 가정한다.

… 13.6%

6 온도계수가 1 [℃]마다 0.0041인 도체의 코일에서 저항법에 의하여 온도를 측정할 때 처음의 저항이 0.125 [Ω]이고, 가열 후의 저항이 0.146 [Ω]인 경우 온도 상승은 몇 [℃]인가 구하시오.

… 41 [℃]

7 동선 저항 50 [Ω], 망가닌선 저항 100 [Ω]으로 만들어진 전압계가 20 [℃]에서 정확하다면 30 [℃] 때에는 지시에 몇 %의 오차가 생길 것인지 구하시오. 단 저항 온도계수는 동이 0.4 [%/℃], 망가닌은 0이다.

… 13.3%

⑧ 500 [W]의 전열기를 장시간 사용한 결과 전열기의 지름이 전체적으로 5% 감소하고 수리로 인하여 길이가 10% 감소하였다. 이 전열기의 출력은 몇 [W]로 되었는지 구하시오.
… 498.5 [W]

⑨ 100 [V], 500 [W]의 가정용 전열기를 80 [V]에서 사용하면 소비전력[W]은 얼마가 되는지 구하시오.
… 320 [W]

⑩ 2.2 [kg], 300 [W]의 전기다리미의 온도를 100 [℃] 상승시키는 데 필요한 시간[분]은 대략 얼마인가 구하시오. 단 철의 비열은 0.114이다.
… 약 5.3분

⑪ 고유 저항 5×10^{-6} [Ω · cm], 길이 5 [cm], 단면적 20 [mm^2]인 도체에 3 [A]가 흐를 때 전계를 구하시오.
… 7.5×10^{-3} [V/m]

⑫ 유전율 ϵ [F/m], 도전율 k [S/m]의 유전체로 채워진 정전용량 C [F]인 콘덴서에 V [V]의 전압을 가할 때 누설전류에 의해 발생되는 열량 [cal/s]을 구하시오.
… $0.24\frac{k}{\epsilon}CV^2$ [cal/s]

Chapter 07

정자계에서 해석하기

1. 자기 현상
2. 쿨롱의 법칙
3. 자계의 세기
4. 자위와 자위차
5. 자기쌍극자
6. 자성체의 자화
7. 자화의 세기
8. 감자력과 자기차폐
9. 자성체의 경계조건
10. 자계에 의한 힘과 자계 에너지

7.1 자기 현상

자기에 관한 현상은 고대 희랍 사람들이 관찰한 마찰전기에 의한 흡인력의 존재부터 시작되며, 전기력선에 대응하여 자기에서도 인력(척력)이 작용하여 생기는 역선을 자기력선이라 하고, 이러한 역선의 활동영역을 “magnetic field”라 하여 **자기의 운동장인 자계**가 된다.

자석이 철편을 끌어 당기는 성질을 **자기(magnetism)**라 하며 작용하는 힘이 가장 강한 부분을 자극(magnetic pole)이라 한다. 자석을 매달아 놓을 때 지구의 북쪽을 가리키는 자극을 북극 또는 정(+)극이라 하며, 남쪽을 가리키는 자극을 남극 또는 부(−)극이라 하고, S극에서 N극으로 향하는 축을 자축이라 한다. 자계 중에 철편을 놓을 경우 이 철편은 자화된다. 이와 같은 현상을 자기유도라 하고 이처럼 자화되는 물질을 자성체라 한다.

이러한 것은 자화되는 특성에 따라 일반적인 **인력이 발생하는 물질(알루미늄, 망간, 백금, 중석)을 상자성체, 이중에 자화현상이 강하게 일어나는 물질(철, 니켈, 코발트, 퍼몰로이 합금, 페라이트 합금)을 강자성체**, 반대로 **척력이 발생하는 물질(탄소, 구리, 실리콘, 게르마늄, 황, 헬륨)을 역자성체**라 한다.

7.2 자계에서 쿨롱(Coulomb) 법칙

1600년 영국의 길버트는 자석바늘이 지구의 극지점에 접근될수록 아래 지면에 수직으로 접근되는 것을 관찰하여 지구를 커다란 자석체로 결론지었다. 이때 자석이 갖는 인력과 척력은 전기와 자기가 별개의 현상으로 규정할 수 있는 좋은 증거가 되었다. 그 후 1785년 쿨롱에 의해 이 힘에 대한 전기법칙이 발견되었으며, 전기력뿐만 아니라 자기력에서도 동일한 법칙이 성립되는 것을 밝혔다.

전기현상에서 전기를 띠고 있는 입자를 전하라 하는 것처럼 자기현상에서 자기를 띠고 있는 입자를 자하라 하며 단위는 [Wb]를 사용한다. 자극의 세기는 정, 부 자하량으로 표시될 수 있고, 두 개 이상의 자하에서는 자기적인 힘이 전기에서와 동일하게 나타나는데 실험적으로 쿨롱에 의해 증명되었다. 단 전기에서는 정전하와 부전하로 분리할 수 있으나 자석에서는 정자하와 부자하를 따로 분리할 수 없다. 그러므로 이것을 정전계와 대응시켜 해석하기 위해서 자석을 매우 길고 가는 물체로 하여 한 자석에서 정극과 부극이 서로 영향을 미치지 못하는 것으로 가정하여야 한다. 두 자극의 자하를 m_1, m_2 극간거리를 r이라 할 때 두 입자 사이에 작용하는 힘 F는

$$F = k\frac{m_1 m_2}{r^2} \tag{7.1}$$

이다. 이것을 쿨롱의 법칙이라 한다. 단 상수 k는

$$k = \frac{1}{4\pi\mu_0} = 6.33\times 10^4 \tag{7.2}$$

이고 식 (7.1)에 대입하여

$$F = \frac{1}{4\pi\mu_0}\frac{m_1 m_2}{r^2} \tag{7.3}$$

이다. 여기서 μ_0는 진공 중에서 투자율이라 하며 단위는 [H/m]이다.

$$\mu_0 = \frac{1}{4\pi\times 6.33\times 10^4} \fallingdotseq 4\pi\times 10^{-7} \tag{7.4}$$

두 개의 자하를 연결하는 직선거리 r의 단위벡터 $\boldsymbol{r}_0$을 식 (7.3)에서 표현하면 힘의 벡터표시는

$$\boldsymbol{F} = \frac{1}{4\pi\mu_0}\frac{m_1 m_2}{r^2}\boldsymbol{r}_0\,[\mathrm{N}] \tag{7.5}$$

이다. 이때 전기현상에서 전하의 경우와 같이 $F > 0$이면 척력, $F < 0$이면 인력이 된다.

예제 7.1

진공 중에서 $2.5\times 10^{-4}\,[\mathrm{Wb}]$와 $4\times 10^{-3}\,[\mathrm{Wb}]$의 두 자극 사이에 작용하는 힘이 $6.33\,[\mathrm{N}]$일 때 두 자극 사이의 거리를 구하시오.

풀이 식 (7.3)에서

$$F = \frac{m_1 m_2}{4\pi\mu_0 r^2} = 6.33\times 10^4\times\frac{m_1 m_2}{r^2}$$

이므로

$$r = \sqrt{\frac{6.33\times 10^4\times m_1 m_2}{F}}$$

$$= \sqrt{\frac{6.33\times 10^4\times 2.5\times 10^{-4}\times 4\times 10^{-3}}{6.33}} = 10^{-1}\,[\mathrm{m}] = 10\,[\mathrm{cm}]$$

이다.

수련문제

1 진공 중에서 1.6×10^{-4} [Wb]와 2×10^{-3} [Wb]의 두 자극 사이에 작용하는 힘이 12.66 [N]이었다면 두 자극 사이의 거리 [m]는?

답 0.04 [m]

2 두 자극 간의 거리를 n배로 하면 힘은 몇 배인가?

답 $\frac{1}{n^2}$배

7.3 자계의 세기

자기력이 미치는 공간을 자계라 하며 이 공간 중에 단위정자하(+1 Wb)를 놓으면 이 자하에 작용하는 힘의 크기와 방향을 그 점에 대한 자계의 세기로 정의한다. 이때 자계의 세기는 점전하 m으로부터 r의 거리에 있는 점 P의 벡터량으로 쿨롱의 법칙을 이용하여

$$\boldsymbol{H} = \frac{1}{4\pi\mu_0}\frac{m}{r^2}\boldsymbol{r}_0 \tag{7.6}$$

이고, H의 단위는 [A/m]이다. 정자계에서는 정전계에서와 동일하게 자기력선을 나타낼 수 있으며 단위면적을 지나는 자기력선 수를 자계의 세기 H로 나타낸다. 즉, 진공 중에 있는 자하 m에서 발산하는 자력선 수는 m/μ_0이며 단위 정자하에서 발산하는 자기력선 수는 $1/\mu_0$개이다. 전계에서 전속과 전속밀도에 대응하는 것이 자계에서는 자속과 자속밀도이며, 자속의 단위는 [Wb]이고, 자속밀도는 B로 표현하고 단위는 [T] 또는 [Wb/m^2]이다. 진공 중의 점자하 m으로부터 거리 r만큼 떨어진 점의 자속밀도 B는

$$\boldsymbol{B} = \frac{m}{4\pi r^2}\boldsymbol{r}_0 \tag{7.7}$$

이며 식 (7.6), (7.7)에서

$$B = \mu_0 H \tag{7.8}$$

이 된다. 따라서 면적 S를 지나는 자속수 ϕ는

$$\phi = \int_s \boldsymbol{B} \cdot \boldsymbol{n} dS = \int_s \mu \boldsymbol{H} \cdot \boldsymbol{n} dS \tag{7.9}$$

이다.

예제 7.2

거리가 r [m]이고 자하가 m_1, m_2 [Wb]인 자극이 있다. 두 자극을 이어주는 선상의 중간에 있어 자계가 0인 점의 거리를 구하시오.

풀이 자하 m_1 [Wb]로부터 자계의 세기가 0인 점까지 거리를 x [m]라 하면, m_1[Wb]에 의한 자계의 세기 H_1 [A/m]는

$$H_1 = \frac{1}{4\pi\mu_0} \cdot \frac{m_1}{x^2} \text{ [A/m]}$$

이고, 자하 m_2 [Wb]에 의한 이 점의 자계의 세기 H_2 [A/m]는

$$H_2 = \frac{1}{4\pi\mu_0} \cdot \frac{m_2}{(r-x)^2} \text{ [A/m]}$$

자하 m_1, m_2가 동부호이므로 합성자계의 세기는

$$\frac{1}{4\pi\mu_0}\left(\frac{m_1}{x^2} - \frac{m_2}{(r-x)^2}\right) = 0$$

따라서 x는

$$x = \frac{\sqrt{m_1}\, r}{\sqrt{m_1} + \sqrt{m_2}} \text{ [m]}$$

이다.

수련문제

1 투자율 μ[H/m]의 매질 중에 $+m$ [Wb]와 $-m$ [Wb]의 두 점자하가 r [m]의 거리에 있을 때 두 자하를 잇는 직선의 중앙점의 자계의 세기 $\boldsymbol{H}$[A/m]는?

답 $\dfrac{2m}{\pi\mu r^2}\boldsymbol{r}_0$ [A/m]

7.4 자위와 자위차

전기현상에서 전위와 마찬가지로 자기현상에서도 **자위는 단위 정자하를 무한 원점에서 자계 중의 임의의 점 P까지 운반하는 데 필요한 일의 양**으로 정의된다. 즉, 자계 H에서 임의의 점 P의 자위 U는

$$U = -\int_{\infty}^{p} \boldsymbol{H} \cdot dl \tag{7.10}$$

이고, 단위는 [A]로 사용한다. 또한 정자계에서도 정전계와 같이 점 A의 자위는 그 위치만으로 정해지므로 보존적이다. 자계 중의 두 점 A, B의 자위를 U_A, U_B라 하면 자위차 U_{AB}는

$$U_{AB} = U_A - U_B = -\int_{B}^{A} \boldsymbol{H} \cdot dl \, [\mathrm{A}] \tag{7.11}$$

이고, $U_{AB} > 0$이면 점 A의 자위는 점 B의 자위보다 높고 이러한 자위차를 만드는 힘을 기자력이라 한다. 한편 자계 H 내의 단위 정자하를 미소거리 dl만큼 이동하는 데 필요한 일의 양을 dU라 하면

$$dU = -\boldsymbol{H} \cdot dl = -Hdl\cos\theta = -H_l\, dl$$

이다. 여기서 θ는 H와 dl이 이루는 각으로써 H_l은

$$H_l = -\frac{dU}{dl}$$

이다. 즉, 어느 점이든 dl 방향의 자계의 세기 성분은 그 점의 자위경도에 '−' 부호를 붙인 것과 같다. 이 관계는 직각좌표계의 모든 방향의 성분에 대하여 성립하므로 임의의 점에서 자계의 세기는

$$\boldsymbol{H} = -\,grad\,U \, [\mathrm{A/m}] \tag{7.12}$$

이다. 또한 자계 중에서 자위가 같은 점을 연결한 가상면을 등자위면이라 하며 등자위면과 자기력선은 항상 수직 교차한다. 단 자계에서는 전기의 도체에 해당하는 물질이 없으므로 어떤 물체를 자계 중에 놓았을 때 그 표면이 항상 등자위면이 되지는 않는다.

7.5 자기쌍극자

지금까지 정자하와 부자하를 분리하여 자계의 기본적인 특성을 알아보았다. 그러나 실제로는 미소자석이라도 정 · 부자극을 동시에 가지고 있으며 정, 부의 자하를 따로 분리할 수 없다. 이렇게 크기가 같고 부호가 서로 다른 두 개의 점자하가 극히 접하여 존재하는 것을 **자기쌍극자**라 한다.

그림 7.1과 같이 자하의 세기 $\pm m$, 길이 δ인 소자석의 중심을 구좌표의 원점으로 하는 좌표상의 임의의 점 $P(r, \theta)$의 자위 U는

$$U = \frac{m}{4\pi\mu_0}\left(\frac{1}{r_1} - \frac{1}{r_2}\right) \tag{7.13}$$

이다. 여기서 $\delta \ll r$이므로

$$r_1 \fallingdotseq r - \frac{\delta}{2}cos\theta$$

$$r_2 \fallingdotseq r + \frac{\delta}{2}cos\theta$$

을 식 (7.13)에 대입하여

$$U = \frac{m}{4\pi\mu_0}\frac{\delta\cos\theta}{r^2 - \frac{\delta^2}{4}cos^2\theta} \fallingdotseq \frac{M\cos\theta}{4\pi\mu_0 r^2}\ [\mathrm{A}] \tag{7.14}$$

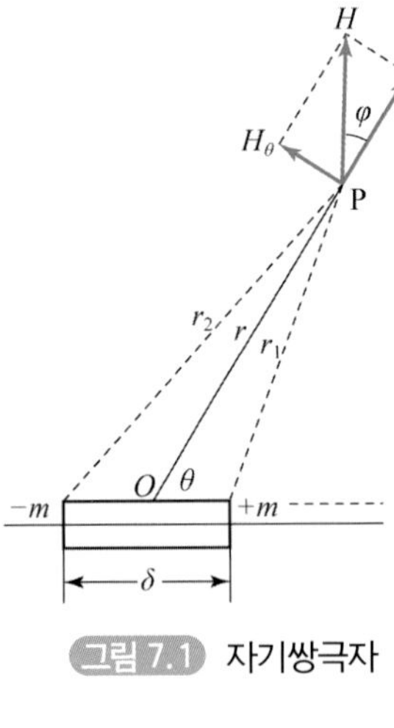

그림 7.1 자기쌍극자

이고 $M = m\delta$는 자기 쌍극자모멘트이다.

점 P의 자계의 세기는 자위경도로 구할 수 있으며 자계의 세기 H의 r, θ 방향의 H_r과 H_θ는

$$\boldsymbol{H}_r = -\frac{\partial U}{\partial r}\boldsymbol{a}_r = \frac{2M\cos\theta}{4\pi\mu_0 r^3}\boldsymbol{a}_r \ [\mathrm{A/m}]$$

$$\boldsymbol{H}_\theta = -\frac{1}{r}\frac{\partial U}{\partial \theta}\boldsymbol{a}_\theta = \frac{M\cos\theta}{4\pi\mu_0 r^3}\boldsymbol{a}_\theta \ [\mathrm{A/m}]$$

가 되며 ψ방향의 성분은 없다. 따라서 점 P의 자계 H의 크기와 방향은

$$H = \sqrt{H_r^2 + H_\theta^2} = \frac{M}{4\pi\mu_0 r^3}\sqrt{1+3\cos^2\theta} \ [\mathrm{A/m}]$$

$$\varphi = \tan^{-1}\left(\frac{1}{2}tan\theta\right) \qquad (7.15)$$

이다.

이러한 자기쌍극자가 무수히 많이 모여 그림 7.2와 같이 얇은판을 이루어 판자석이 된다. 이러한 판자석의 미소면적 dS에 의한 점 P의 자위 dU는 식 (7.14)에 의하여

$$dU = \frac{1}{4\pi\mu_0}\frac{PdS\cos\theta}{r^2} \qquad (7.16)$$

이 된다. 여기서 $P = \sigma \cdot \delta$[Wb/m]로 판자석의 세기라 한다. 그러므로 판자석 전체의 자위는

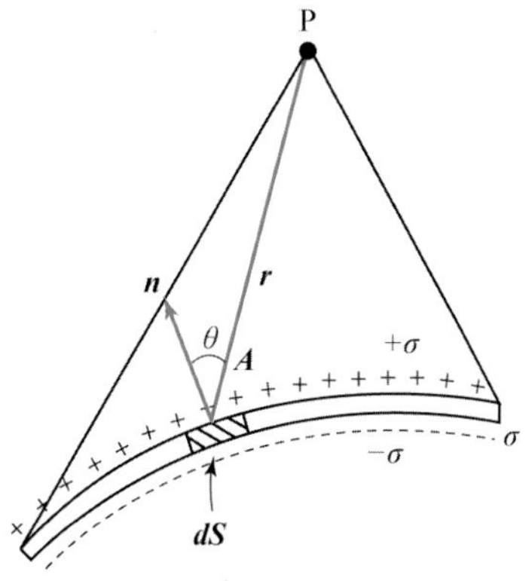

그림 7.2 판자석

$$U = \frac{P}{4\pi\mu_0}\int \frac{dS\cos\theta}{r^2} \tag{7.17}$$

이다. 여기서 $\int_s \frac{dS\cos\theta}{r^2}$는 점 P에서 판자석과 이루는 입체각 ω이고, N극을 바라볼 때 '+', S극을 바라볼 때 '−'가 된다. 따라서 자위는

$$U = \frac{P}{4\pi\mu_0}\omega\ [\mathrm{A}] \tag{7.18}$$

이 된다.

윗면부분의 한 점 1과 아랫면 부분의 한 점 2와의 자위차는

$$U_{12} = U_1 - U_2 = \frac{P}{4\pi\mu_0}(\omega_1 - \omega_2)$$

가 된다. 만일 점 P_1, P_2가 판자석에 접근하면 $\omega_1 - \omega_2 = 2\pi - (-2\pi) = 4\pi$가 되므로 양면 사이의 자위차는

$$U = \frac{P}{\mu_0}\ [\mathrm{A}] \tag{7.19}$$

와 같이 주어진다.

예제 7.3

그림 7.3과 같이 자석의 세기 0.2 [Wb], 길이 10 [cm]인 막대자석의 중심에서 60도의 각을 가지고 40 [cm]만큼 떨어진 점 A의 자위를 구하시오.

풀이 점 A의 자위를 식 (7.14)를 사용하여 구하면

$$U = \frac{M\cos\theta}{4\pi\mu_0 r^2} = \frac{ml\cos\theta}{4\pi\mu_0 r^2}$$

$$= 6.33\times 10^4 \frac{0.2\times 0.1\times \frac{1}{2}}{0.4^2} = 3.95\times 10^3\ [\mathrm{A}]$$

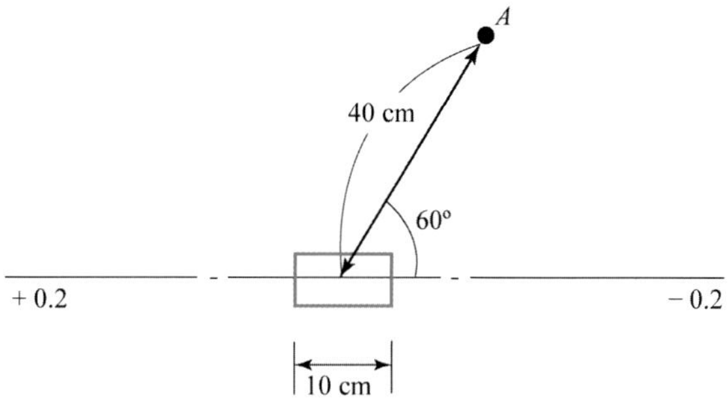

그림 7.3 막대자석에서 거리 40 cm, 60도를 갖는 점의 자위

수련문제

1 공기 중에서 자하 $\pm m = 1$ [Wb], 길이 $l = 0.1$ [m]인 막대자석이 있다. 자석의 축과 60°의 각을 이루고 자석의 중심점에서 1 [m]인 점의 자위[A]를 구하시오.

답 3.165×10^3 [A]

2 길이가 l [m], 자극의 세기가 $\pm m$ [Wb]의 막대자석의 자축에 직각으로 r [m]인 거리의 점 P의 자계에 세기 [A/m]는? 단 $r \gg l$이고 자석의 자기모멘트는 M이다.

답 $H_p \fallingdotseq \dfrac{M}{4\pi\mu_0 r^3}$ [A/m]

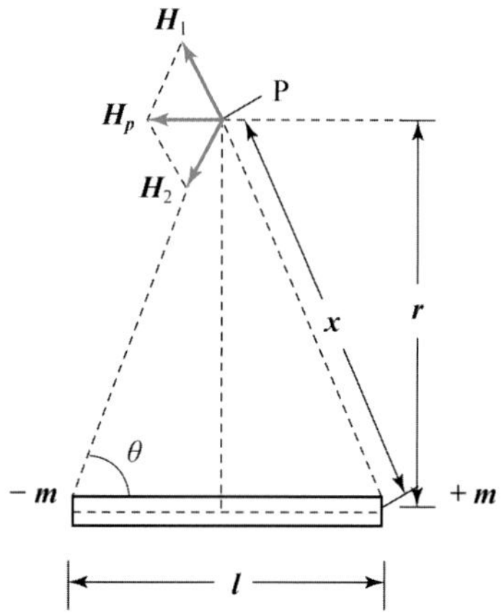

예제 7.4

반지름 a [m]인 원형 판자석의 세기는 P[Wb/m]이다. 이 자석 중심으로부터 r [m]인 점 P의 자계의 세기를 구하시오.

풀이 그림 7.4에서 P점의 자위 U는

$$U=\frac{P}{4\pi\mu}\omega\,[\mathrm{A}]$$

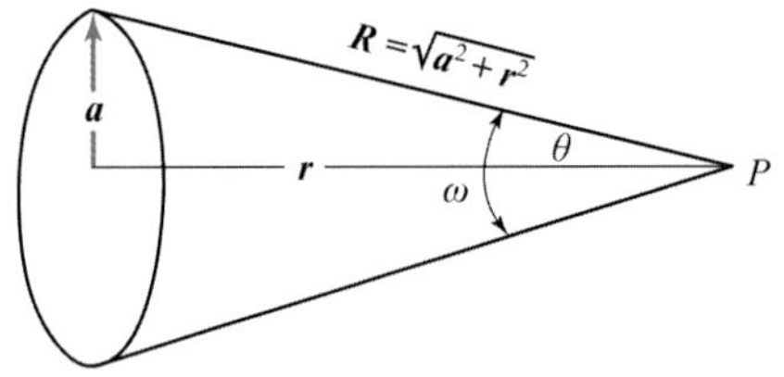

그림 7.4 원형 판자석의 자계세기

$$\omega=2\pi(1-\cos\theta)$$

$$\cos\theta=\frac{r}{R}$$

이므로 계산하면

$$U=\frac{P}{4\pi\mu}\times 2\pi\left(1-\frac{r}{\sqrt{a^2+r^2}}\right)$$

이고 자계의 세기는

$$H=-\frac{\partial U}{\partial r}=\frac{Pa^2}{2\mu(a^2+r^2)^{\frac{2}{3}}}[\mathrm{A/m}]$$

이다.

7.6 자성체의 자화

자유공간의 자계 중에 물체를 놓으면 그 물체의 양단에 자극이 나타난다. 이와 같이 **물체에 자계를 가하여 자기적 성질을 띠는 것을 자화**라 하고 **자화되는 물질을 자성체**라 한다. 자성체가 자계에 의해 자화되는 현상을 **자기유도**라 하는데 이것의 발생원인은 전류인 전자의 운동이다. 원자를 구성하는 전자는 원자의 핵주위를 궤도를 따라 회전운동하는 동시에 전자축을 중심으로 **자전운동(spin)**을 하고 있다. 자성의 원인이 되는 요인으로는 주로 이 스핀에 의해 생기는

자기쌍극자 모멘트에 관계된다고 한다. 이 원자의 자기모멘트 방향에는 물질을 상자성으로 하는 것과 반자성으로 하는 것들이 있으며, 반자성체에는 분자 내의 전자가 두 개씩 쌍을 이루어 자기모멘트는 상쇄되어 분자 전체는 자기모멘트가 0으로 되어 있다. 외부에서 반자성체에 자계를 가하면 전자의 궤도의 영향을 받아 이로 인한 자기모멘트는 반자성을 나타나게 된다. 이와 반대로 상자성체에서는 분자 내의 전자의 자기모멘트는 서로 상쇄되지 않고 모든 방향으로 향하게 되어 외부에 대해서는 자성을 나타내지 않는다. 단 외부에서 자계를 가하면 자기모멘트가 자계의 방향으로 향하게 되는 분자의 자기모멘트가 많아져서 평균적으로 자계방향의 자속이 증가하게 된다. 특히 스핀에 의한 자기쌍극자 모멘트가 서로 접근하여 같은 방향을 나타나게 되는 것을 **강자성체**라 한다. 이것은 자기모멘트가 같은 원자들이 일정한 영역에 모여 있게 되어 자성이 강하게 나타나게 되며, 이 영역을 **자구**라 한다. 외부 자계가 가해지지 않을 경우 이들 자구들의 스핀 방향이 서로 다르기 때문에 전체의 자기모멘트는 0이 되어 자기를 갖지 않지만, 외부 자계를 가하면 자구의 자기모멘트가 외부 자계의 방향으로 향하게 되는 것이 많아서 자성을 나타내게 된다. 외부 자계를 더욱 강하게 하면 거의 모든 자구의 자기모멘트 방향은 일치하여 더 이상 자계를 강하게 해도 자기모멘트가 증가되지 않는 상태로 된다. 이 현상을 **자기포화**라 한다. 자계의 방향을 반대로 하여 자구의 자기모멘트를 바꾸려 해도 내부 마찰에 의해 모멘트의 방향 변화를 방해하게 되어 외부 자계를 0으로 하여도 원래의 방향으로 모멘트가 남게 되어 **영구자석**의 원인이 된다.

7.7 자화의 세기

자계 내에 있는 자성체의 자기유도 현상을 정상적으로 다루기 위해 자화의 세기를 정의한다. 길이 l인 자성체가 자기유도 현상에 의해 자화되어 양단면에 $\pm m$의 자극이 발생한다면

$$M = ml\,[\mathrm{wb \cdot m}] \tag{7.20}$$

이라 표시하여 M을 자성체의 자기모멘트라 한다. 자기모멘트는 자성체의 체적에 비례하므로 단위체적당의 자기모멘트에 의해 자화상태를 표시할 수 있다. 즉, 자계 내에서 자성체 중의 미소체적 Δv를 취하여 이것이 가지고 있는 자기모멘트를 부자하에서 정자하까지의 방향을 고려한 ΔM이라 하면

$$J = \lim_{\Delta v \to 0} \frac{\Delta M}{\Delta v} = \frac{dM}{dv}\,[\mathrm{wb/m^2}] \tag{7.21}$$

로서 주어지는 양을 그점에 대한 자화의 세기라 한다. 단 자화의 세기 J의 방향을 자기모멘트 M의 방향에 맞추어 부자하에서 정자하로 향하는 방향을 정방향으로 하며, 미소체적의 위치에 따라 자화의 정도가 다를 수가 있으므로 J는 자성체 중 위치의 함수로 표현된다. 그러므로 자화의 세기 J는 자화의 정방향으로 한 벡터이므로 분극에서 분극선과 같은 자력선을 연상하는데, 이것을 자화선이라 한다. 자화선은 자화된 자성체 내에서 부자극으로부터 정자극까지의 경로로써 그 밀도는 J의 크기와 같게 하면 -1 [Wb]에서 출발하여 +1 [Wb]에서 끝나는 한 경로의 연속곡선이다. 그림 7.5는 진공 중에서 평등자계 H_0 내의 자성체를 두면 자기 유도현상에 의한 자성체의 양단면에 자극이 나타나 새로운 자기력선이 발생한다.
여기서 외부자계 H_0에 대하여 역방향 자계를 H' 라 하고 자성체 내부의 자계 H는

$$H = H_0 - H' \tag{7.22}$$

이다. 그러므로 자성체 내의 자속밀도 B는 내부 자계와 스핀에 의한 배열 효과인 자화의 세기 J의 합으로 표현되어

$$\boldsymbol{B} = \mu_0 \boldsymbol{H} + \boldsymbol{J} [\mathrm{T}] \tag{7.23}$$

이 된다. 이것은 유전체 내의 식 $\boldsymbol{D} = \epsilon_0 \boldsymbol{E} + \boldsymbol{P}$에 대응하고 있다. 한편 자성체 내의 자화의 세기 J는 자계의 세기 H에 비례하여

$$\boldsymbol{J} = x\boldsymbol{H} \tag{7.24}$$

가 된다. 여기서 x는 자화율이라 하며 매질의 종류에 따라 주어지는 상수이다.
식 (7.24)를 식 (7.23)에 대입하면

$$\boldsymbol{B} = \mu_0 \boldsymbol{H} + x\boldsymbol{H} \tag{7.25}$$

가 되고 여기서

$$\mu = \mu_0 + x$$

라 하면

$$\boldsymbol{B} = \mu \boldsymbol{H} \tag{7.26}$$

의 관계를 성립된다. 여기서 μ는 자성체의 투자율에 해당하는 것으로 진공 중의 투자율과의 비를 μ_r (**비투자율 : relative permeability**)이라 한다.

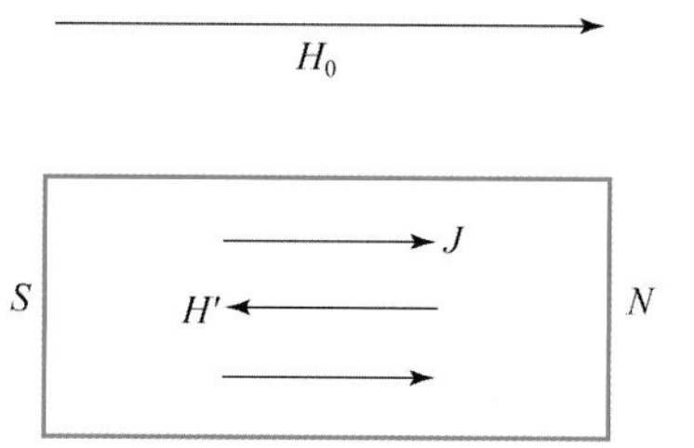

그림 7.5 자성체 내의 자속

$$\mu_r = \frac{\mu}{\mu_0} = 1 + \frac{x}{\mu_0} \tag{7.27}$$

이때 x/μ_0를 비자화율이라 한다. 비자하율의 값에 따라 물질을 자기적으로 분류할 수 있으며, 상자성체에서는 비자화율이 0보다 크며, 반자성체에서는 0보다 적은 값이 되고 강자성체에서는 0보다 훨씬 큰 값이 된다.

수련문제

1 비투자율 $\mu_r = 500$인 철심 속의 자계의 세기가 $100\,[\mathrm{A/m}]$일 때 이 철심의 자화율은?

답 6.27×10^{-4}

2 자화율이 -가 되는 것은?

답 $x = \mu_0(\mu_r - 1)$에서 $\mu_r < 1$일 때, 즉 반자성체일 때 자화율이 부(-)가 된다.

일반적으로

$\mu_r > 1$일 때 $x > 0$인 자성체는 상자성체이다.

$\mu_r < 1$일 때 $x < 0$인 자성체는 반자성체이다.

7.8 감자력과 자기차폐

그림 7.5를 고려하면 평등자계 H_0 중에 상자성체를 놓아 자성체 양단면에 자극이 형성되고, 이 자극에 의하여 자성체 내부에는 N극에서 S극으로 향하는 자계 H'가 발생하였다. 이 때 발생한 자계 H'는 외부에서 가한 자계 H_0와 반대 방향으로 내부 자계 H는 외부자계보다 적은

$$H = H_0 - H'$$

가 되었다. 한편 반자성체에서는 자화의 방향이 반대가 되어 $H = H_0 + H'$가 된다. 식 (7.22)에서 H'를 감자력이라 하며 이 힘은 자성체 단면에 나타나는 자극인 자화의 세기에 비례하므로

$$H' = \frac{N}{\mu_0} J \tag{7.28}$$

이다. 여기서 N은 자성체의 현상에 따라 정해지는 비례상수인 감자율이 된다. 한편 자성체 내의 자화의 세기는 식 (7.24)에 표현한 것으로 식 (7.28)에 대입하여

$$H' = N \frac{x}{\mu_0} H \tag{7.29}$$

가 되고 식 (7.22)에 대입하여

$$\begin{aligned} H &= H_0 - H' = H_0 - N\frac{x}{\mu_0}H \\ &= \frac{H_0}{1 + N\dfrac{x}{\mu_0}} = \frac{H_0}{1 + N(\mu_r - 1)} \end{aligned} \tag{7.30}$$

이 된다. 식 (7.30)에서 N은

$$N = \frac{\mu_0}{x}\left(\frac{H_0}{H} - 1\right) = \frac{1}{\mu_r - 1}\left(\frac{H_0}{H} - 1\right) \tag{7.31}$$

이므로 H와 H_0의 값이 주어지면 감자율 N을 구할 수 있다. 이 값은 0~1 사이의 값으로 자계에 직각인 얇은 자성체에서는 1에 가깝고, 자계에 평행인 긴 자성체에서는 0에 가깝게

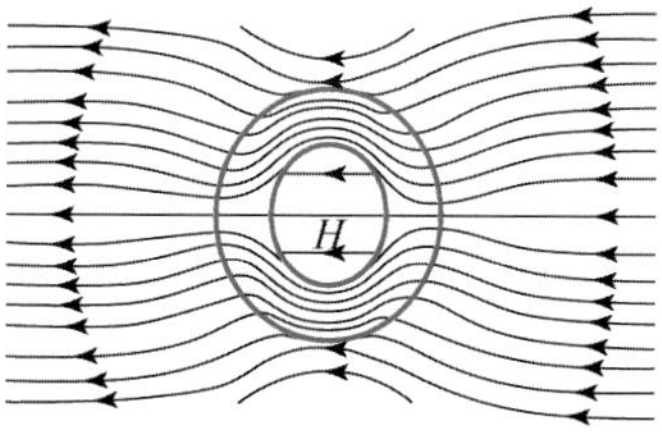

그림 7.6 자기차폐

된다. 한편 식 (7.30)에서 μ_r가 크고 N이 너무 적은 값이 아니면 $x/\mu_0 = \mu_r - 1 \gg 1$이기 때문에 $H < H_0$로 되어 외부자계의 영향은 감소된다. 그러므로 그림 7.6과 동일하게 어떤 물체를 투자율이 높은 강자성체로 둘러싸면 자계의 영향을 어느 정도 적게 할 수 있는데, 이러한 현상을 **자기차폐**라 한다.

그러나 정전계와 같이 어떤 도체를 일정 전위의 도체로 둘러싸고 외부의 전계 영향을 완전히 차폐하는 정전차폐와 같은 자기차폐는 불가능하다.

예제 7.5

H_0인 자계 중에 있는 비투자율 μ_r, 감자율 N인 자성체의 자화의 세기는 얼마인가?

풀이 자계 $H = H_0 - H' = H_0 - \frac{N}{\mu_0}J$이고 $J = xH = \mu_0(\mu_r - 1)H$이므로

$$\frac{J}{\mu_0(\mu_r - 1)} = H_0 - \frac{N}{\mu_0}J$$

의 식에서 자화의 세기 J를 구하면

$$J = \frac{H_0}{\frac{1 + N(\mu_r - 1)}{\mu_0(\mu_r - 1)}} = \frac{\mu_0(\mu_r - 1)}{1 + N(\mu_r - 1)}H_0$$

가 된다.

수련문제

1 H_0인 자계 중에 있는 비투자율 μ_r, 감자율 N인 자성체의 내부자계는 얼마인가?

답 $H = \frac{1}{1 + N(\mu_r - 1)}H_0$

7.9 자성체의 경계조건

투자율이 다른 자성체 경계면의 경계조건은 정전계의 경우와 동일하게 구할 수 있다. 그림 7.7과 같이 투자율 μ_1, μ_2의 두 자성체가 접해 있을 때 경계면 법선에 대한 입사각 θ_1, 굴절각 θ_2이고, 자속밀도가 B_1, B_2일 때 자성체 경계면에 자극이나 전류가 없다면

$$\int_s \boldsymbol{B} \cdot \boldsymbol{n} dS = 0$$

이다. 이 식으로부터 경계면에 수직으로 지나는 자속밀도 B_{1n}, B_{2n} 사이에는

$$\begin{aligned} B_{1n} &= B_{2n} \\ B_1 \cos\theta_1 &= B_2 \cos\theta_2 \end{aligned} \tag{7.32}$$

관계가 성립된다.

즉, 자속밀도의 경계면에 수직인 성분은 경계면 양쪽에서 동일하다.

또한 자계의 주회법칙으로부터

$$\oint \boldsymbol{H} \cdot dl = 0$$

이고 경계면 접선상의 자계성분 H_{1t}, H_{2t} 사이에는

$$\begin{aligned} H_{1t} &= H_{2t} \\ H_1 \sin\theta_1 &= H_2 \sin\theta_2 \end{aligned} \tag{7.33}$$

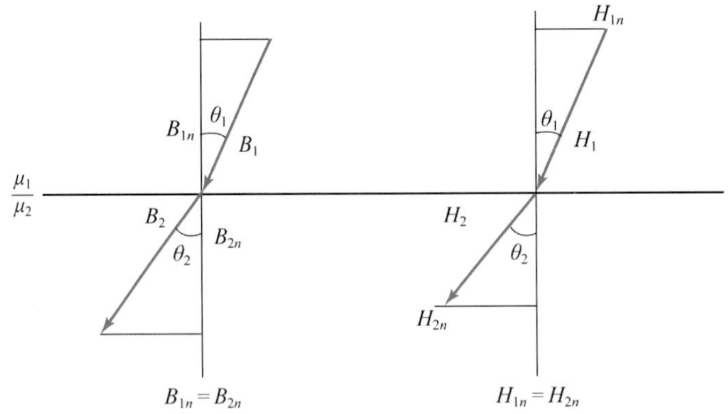

그림 7.7 경계면에서 B와 H

관계가 성립된다. 결론적으로 자계세기의 경계면에 평행인 성분은 경계면 양쪽에서 같다. 식 (7.32), (7.33)에서 두 매질의 비율은

$$\frac{\tan\theta_1}{\tan\theta_2} = \frac{\mu_1}{\mu_2} \tag{7.34}$$

인 굴절의 관계식을 얻을 수 있다. 식 (7.34)에서 $\mu_1 < \mu_2$인 경우 $\theta_1 < \theta_2$이기 때문에 식 (7.32)에 의하여 $B_1 < B_2$가 된다. 그러므로 자속은 투자율이 큰 쪽으로 모이는 성질이 있다는 것을 알 수 있다.

7.10 자계에 의한 힘과 자계 에너지

자계 H공간에 자하 m을 두면

$$\boldsymbol{F} = m\boldsymbol{H}\,[\mathrm{N}] \tag{7.35}$$

의 힘을 받게 된다. 그러므로 그림 7.8과 같이 자계 H 중에 길이 l, 자하 $\pm m$, 자기모멘트 $M(ml)$인 작은 막대자석이 자계와 θ의 각을 이루고 있다면 N, S극에는 자계와 같은 방향과 반대 방향으로 $\boldsymbol{F} = m\boldsymbol{H}$인 힘이 작용하므로 시계방향의 회전력이 발생한다. 이때의 회전력 T (torque)는 자축의 중앙점 O를 중심으로 회전시키는 데 힘의 능률을 이용하여

$$T = Fl\sin\theta = mlH\sin\theta = MH\sin\theta \tag{7.36}$$

이 된다. 여기서 두 벡터의 벡터적을 이용하여 회전력의 방향을 고려하면 식 (7.36)은 다음과 같이 표현할 수 있다.

$$\boldsymbol{T} = \boldsymbol{M} \times \boldsymbol{H} = MH\sin\theta_N \tag{7.37}$$

이때 T의 방향은 $\boldsymbol{M}$에서 $\boldsymbol{H}$의 방향으로 회전할 때 오른나사의 진행방향이므로 앞에서 뒤로 향하고 단위는 $[\mathrm{N \cdot m}]$이다.

한편 정자계에 있어서 자하에 의한 자계를 정의할 수 있기 때문에 정전계의 에너지를 구하는 방법과 유사한 절차에 의하여 자계 에너지를 구할 수 있다. 즉 정전계 내의 에너지 밀도 $1/2ED$에 대응하는 자계 에너지는

$$\omega_m = \frac{1}{2}HB\,[\mathrm{J/m^3}] \tag{7.38}$$

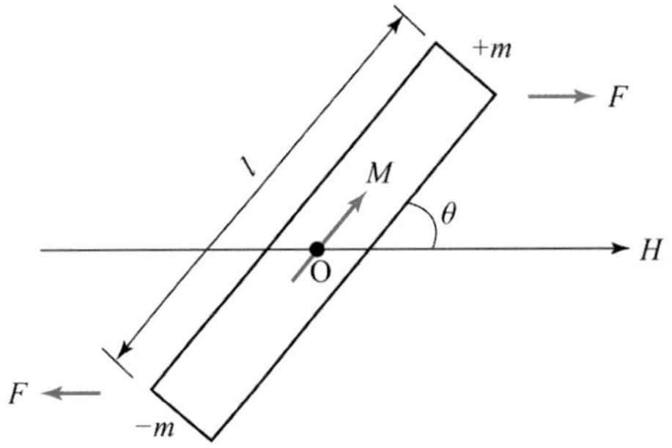

그림 7.8 자계 내의 막대자석

이다. 여기서 $B=\mu H$의 관계에서

$$\omega_m = \frac{B^2}{2\mu}\,[\mathrm{J/m^3}] \tag{7.39}$$

이다. 강자성체는 μ가 일정하지 않으므로 식 (7.38), (7.39)에서 자계 에너지를 구하는 것은 적당하지 않으나 B가 ΔB만큼 변화할 때 μ의 변화가 없다면 B가 $B+\Delta\mathrm{B}$ 만큼 증가하는데 필요한 에너지

$$\omega_m + \Delta\omega_m = \frac{(B+\Delta B)^2}{2\mu} = \frac{B^2+2B\cdot\Delta B+(\Delta B)^2}{2\mu}$$

가 된다. 여기서 ΔB^2는 극히 미소하므로 무시하고

$$\Delta\omega_m = H\cdot\Delta B\,[\mathrm{J/m^3}]$$

가 되어 자성체가 자속밀도 B를 갖기까지 자하될 때 자계 에너지밀도는

$$\omega_m = \int_0^B H\cdot dB = \frac{B^2}{2\mu} = \frac{1}{2}\mu H^2 = \frac{1}{2}H\cdot B\,[\mathrm{J/m^3}]$$

이 된다. 따라서 자계가 존재하는 영역 v 전체에 축적되는 자계의 전 에너지

$$W_m = \frac{1}{2}\int_v H\cdot B\ dv = \frac{1}{2}\int_v \frac{B^2}{\mu}dv = \frac{1}{2}\int_v \mu H^2 dv\ [\mathrm{J}]$$

로 구할 수 있다.

연습문제

1. 비투자율 $\mu_s = 50$인 자성체 내에 있는 6 [μWb]와 10 [μWb]의 두 점자극 사이에 작용하는 힘이 25×10^{-5} [N]이다. 두 점자극 사이의 거리를 구하시오.

   … 1.74×10^{-2} [m]

2. 진공 중에 있어서 2×10^{-6} [Wb]의 N극에서 1 [m] 떨어진 점의 자계의 세기를 구하시오. 또한 2×10^{-6} [Wb]의 S극에서 1 [m] 떨어진 점의 자계의 세기를 구하시오.

   … 12.66×10^{-2} [A/m]

   -12.66×10^{-2} [A/m]

3. 자기량 $m = 8\pi^2$ [Wb], 길이 20 [cm]인 막대자석이 공기 중에 있을 때 막대자석의 중심으로부터 수직으로 10 [cm] 떨어진 P점의 자계의 세기를 구하시오.

   … 3.749×10^8

4. 공기 중에 놓여진 6×10^{-5} [Wb]의 N극과 4×10^{-3} [Wb]의 S극이 10 [cm] 거리에 있을 때 작용하는 힘을 구하시오.

   … 1.519 [N]

5. 비투자율 $\mu_r = 20$인 자성체 내에 있는 12 [μWb]와 10 [μWb]의 두 점자극 간에 작용하는 힘이 50×10^{-5} [N]이다. 양극 간 거리를 구하시오.

   … 2.76×10^{-1} [m]

6. 투자율 μ [H/m]의 매질 중에 $+m$ [Wb]와 $-m$ [Wb]이 두 점자하가 r [m]의 거리의 있을 때, 두 자하를 잇는 직선의 중앙점의 자계의 세기[A/m]를 구하시오.

   … $\dfrac{2m}{\pi \mu_0 \mu_s r^2}$ [N]

7 공기 중에서 자계의 직각되는 면적 $5\,[\mathrm{cm}^2]$를 통과하는 자력선이 10 [개]일 때 자계의 세기를 구하시오.

… $2\times10^4\,[\mathrm{A/m}]$

8 길이 $10\,[\mathrm{cm}]$, 자극의 자하 $\pm 90\,[\mu\mathrm{Wb}]$ 되는 막대자석의 자축상에 자극에서 $15\,[\mathrm{cm}]$되는 점의 자계의 세기를 구하시오.

… $162\,[\mathrm{A/m}]$

9 길이 $l\,[\mathrm{m}]$, 자극의 자하 $m\,[\mathrm{Wb}]$ 되는 막대자석의 수직 이등분선상 $r\,[\mathrm{m}]$ 되는 B점의 자계를 구하시오. 단 $r \gg l$이다.

… $\dfrac{ml}{4\pi\mu_0\mu_r r^3}\,[\mathrm{A/m}]$

10 비투자율 $\mu_r = 100$, 자속밀도 $B = 0.4\,[\mathrm{Wb/m^2}]$의 자계 중에 놓여있는 $m = \pi\times10^{-4}$ [Wb]의 자극이 받는 힘은?

… $1\,[\mathrm{N}]$

11 길이 $8\,[\mathrm{cm}]$인 막대자석 축상에 있어서 자극으로부터 $10\,[\mathrm{cm}]$ 떨어진 점의 자계가 $14\,[\mathrm{A/m}]$일 때 자석의 자기모멘트를 구하시오.

… $2.56\times10^{-7}\,[\mathrm{wb\cdot m}]$

12 공기 중에서 자하 $m = 1\,[\mathrm{Wb}]$, 길이 $l = 0.1\,[\mathrm{m}]$인 막대자석이 있다. 자석의 축과 60°의 각을 이루고, 자석이 중심점에서 $1\,[\mathrm{m}]$인 점의 자위[A]를 구하시오.

… $3.165\times10^3\,[\mathrm{A}]$

13 자계의 세기 $5\times10^2\,[\mathrm{A/m}]$인 평등자계 속에 단면이 $10\,[\mathrm{cm}^2]$ 인 물체를 두었을 때, 이 물체를 지나는 자속이 $2\times10^{-4}\,[\mathrm{Wb}]$이었다. 이 물체의 투자율을 구하시오.

… 0.4×10^{-6}

14 투자율 μ [H/m]의 매질 중에 같은 부호의 자하 $+m_1$ [wb]와 n배의 $+m_2$ [Wb]가 거리 r [m] 떨어져 놓여있을 때, 두 자하를 잇는 직선상에서 자계의 세기가 0이 되는 곳은 m_1 [Wb]의 자하로부터 얼마의 거리가 되는지 구하시오.

… $\dfrac{r}{1+\sqrt{n}}$ [m]

15 비투자율 $\mu_r = 5000$인 철심속의 자계의 세기가 100 [A/m]일 때 이 철심의 자화율을 구하시오.

… 6.27×10^{-2}

16 길이 10 [cm], 단면의 반지름 $a = 1$ [cm]인 원통형 자성체가 길이의 방향으로 균일하게 자화되어 있을 때 자화의 세기가 $J = 0.5$ [Wb/m^2]이다. 이 자성체의 자기모멘트를 구하시오.

… 1.57×10^{-7} [Wb · m]

17 비투자율 $\mu_r = 100$인 철심에서 자계의 세기가 250 [A/m]이다. 철심의 자화의 세기를 구하시오.

… 7.787

18 길이 $l = 10$ [cm]인 막대자석의 중심에서 수직방향으로 100 [cm] 떨어진 P점의 자위를 구하시오. 단 $m = 0.01$ [Wb]이다.

… 0 [A]

19 그림 7.9와 같이 공기 중에서 막대자석의 중심으로부터 막대자석의 수직으로 r 떨어진 점 P의 자계의 세기를 구하시오(단 $r \gg l$이라 한다).

… $\dfrac{ml}{4\pi\mu_0 r^3}$ [A/m]

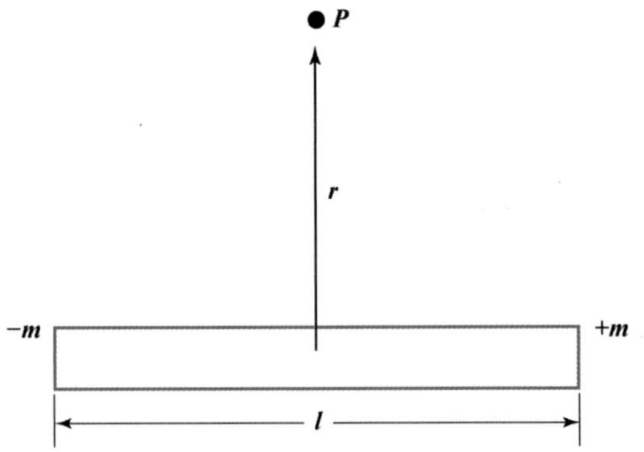

그림 7.9 막대자석의 자계세기

⑳ 진공 중에서 자기모멘트 M[Wb · m]인 막대자석의 중심으로부터 자축방향으로 r [m] 떨어진 점 P의 자계의 세기를 구하시오.

… $\dfrac{M}{2\pi\mu_0 r^3}$ [A/m]

㉑ 비투자율 $\mu_s = 100$인 자성체 중에 놓여있는 두 자극 사이에 0.16 [N]의 힘이 작용하였다. 이때 두 자극 사이의 거리를 4배로 하면 작용하는 힘은 어떻게 되는가?

… $\dfrac{1}{64}$배

㉒ 거리 r [m]를 두고 크기와 부호가 같은 m_1, m_2 두 자극이 놓여있을 때 두 자극을 잇는 선상의 중간에 있어 자계의 세기가 0인 점은 m_1에서 얼마 떨어져 있는가?

… $\dfrac{r}{2}$ [m]

㉓ m [Wb]의 자극이 공기 중에 놓여있을 때 m [Wb]에서 나오는 자력선 수를 구하시오.

… $\dfrac{m}{\mu_0}$개

24 자극의 세기를 4×10^{-5} [Wb], 길이 10 [cm]의 막대자석을 200 [A/m]의 평등자계 내의 자계와 30°각으로 놓았을 때 자석이 받는 회전력[N·m]은 얼마인가?

… 4×10^{-3} [N·m]

25 진공 중에서 자기모멘트 M[Wb·m]인 막대자석의 축과 θ의 각을 이루고, 자석의 중심에서 r [m]인 곳의 자위를 구하시오.

… $\dfrac{M\cos\theta}{4\pi\mu_0 r^2}$ [A]

26 공기 중에서 평등자계 H_0 중에 있는 비투자율을 μ_r인 구자성체의 감자율을 구하시오.

… $\dfrac{1}{3}$

27 공기 중에서 평등자계 H_0 중에 있는 비투자율을 μ_r인 구자성 내부의 자화의 세기를 구하시오.

… $\dfrac{3\mu_0(\mu_r-1)}{2+\mu_r}H_0$ [Wb/m^2]

28 비투자율이 1000인 철심의 자속밀도가 1 [Wb/m^2]일 때 이 철심에 저장되는 에너지밀도를 구하시오.

… 2.5×10^9 [J/m^3]

29 자화의 세기 J [Wb/m^2]로 자화된 자성체 중에 구상의 공동이 있을 때 그 내부자계의 세기를 구하시오. 단 자성체에 대한 여자자계는 H_0 [A/m]이다.

… $\dfrac{3}{2+\mu_r}H_0$

30 평등자계 H_0 중에 비투자율이 μ_r인 매우 얇은 철판을 자계와 직각으로 놓았을 때의 철판 내 중앙부의 자계 H_1과 평행으로 놓았을 때의 철판 내 중앙부의 자계 H_2와의 비를 구하시오.

… $1 : \mu_r$

Chapter 08

전류의 자기작용 이해하기

1. 전류에 의한 자계
2. 전류에 의한 자계 에너지
3. 전자석의 흡인력
4. 전자력
5. 벡터 퍼텐셜
6. 핀치 효과와 홀 효과

8.1 전류에 의한 자계

전류가 흐르고 있는 도선 가까이 자침을 가져가면 자침은 힘을 받아 도선에 직각이 되도록 회전한다. 이것은 전류도선이 자계를 형성하기 때문이며, 전류가 자계를 만드는 현상을 최초로 발견한 것은 1820년 Oersted에 의해서이며, 이 전기현상과 자기현상과의 상호관계가 있다는 사실의 발견이 오늘날 자성의 근원이 전류라는 고찰방법의 출발점이 되었을 뿐 아니라, 그 후 Ampere, Faraday, Maxwell 등에 의해 발전이 거듭되어 전기와 자기의 관계가 명백해짐으로써 오늘날의 전자기학의 완성을 보았다는 점은 매우 큰 의미가 있는 발견이다.

1. 앙페르(Ampere)의 오른손(오른나사) 법칙

직선전류에 의한 자계(자력선)의 방향은 그림 8.1에서와 같아 "오른손 주먹의 엄지손가락을 세웠을 때 엄지손가락 방향으로 전류가 흐르면 다른 네 손가락이 향하는 방향으로 자계가 생기며, 네 손가락 방향으로 전류가 흐르면 엄지손가락 방향으로 자계가 발생한다"로 정의할 수 있으며 이 관계를 Ampere의 오른손 법칙이라 한다.

또는 그림 8.2에서와 같이 "**전류의 진행방향으로 자계는 오른나사 회전방향으로 생기는 것**"을 알 수 있다. 따라서 **앙페르(Ampere)의 오른손 법칙**을 **오른나사 법칙**이라고도 한다.

이와 같이 전류와 자계는 서로 수직되는 평면상에 있으므로 자력선은 전류를 중심축으로 하는 동심원이 된다.

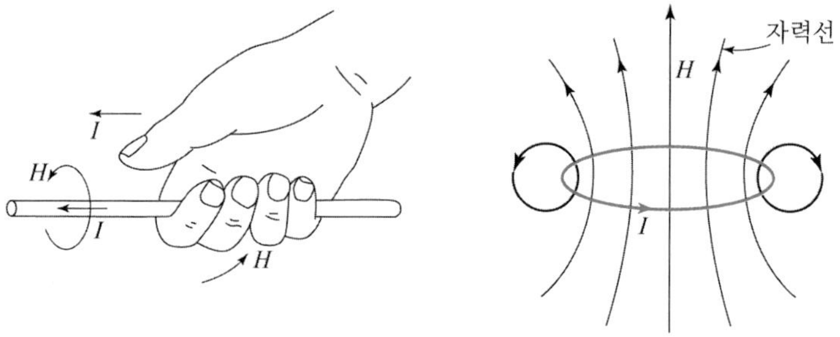

그림 8.1 앙페르의 오른손 법칙

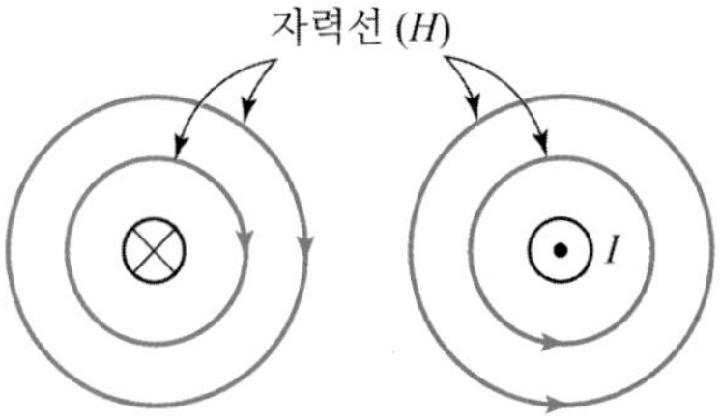

그림 8.2 자계의 오른나사 법칙

예제 8.1

그림과 같은 x, y, z의 직각좌표계에서 z축상에 있는 무한길이 직선 도선에 $+Z$ 방향으로 직류 전류가 흐를 때 $y>0$인 $+y$축상의 임의의 점에서의 자계의 방향을 구하시오.

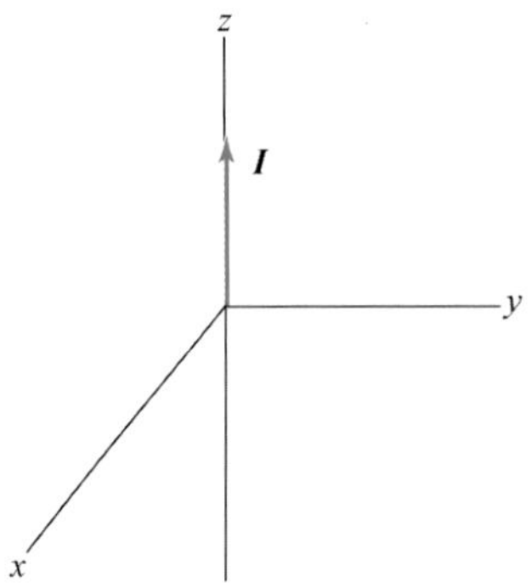

풀이 암페어의 오른손(오른나사) 법칙을 적용하면 $+y$축상은 들어가는 방향($-x$축 방향) $-y$축상은 나오는 방향($+x$축 방향), $+x$축상은 우측 방향($+y$축 방향), $-x$축상은 좌측 방향($-y$축 방향)으로 자계가 생긴다.

수련문제

1 다음 각 그림에 흐르는 전류 I에 대한 A점의 자계 방향을 표시(⊙, ⊗)하시오.

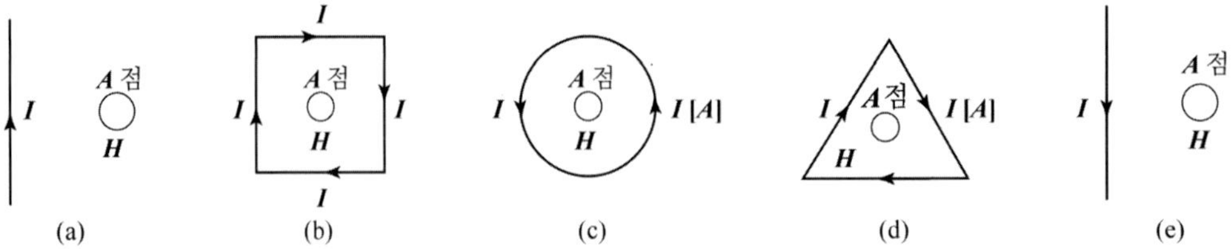

2. 비도-사바르(Biot-Savart)의 법칙

비도(Biot)와 사바르(Savart)가 전류와 자계의 양적 관계, 즉 유한장 직선도선에 의한 임의점의 자계를 실험적으로 유도한 법칙으로 다음과 같다.

그림 8.3에서와 같이 직선도선에 I[A]의 전류가 흐를 때 임의의 미소 전류요소 Idl에 의한 점 P의 자계의 세기 dH는

$$dH = \frac{Idl\sin\theta}{4\pi r^2}\ [\text{A/m}] \tag{8.1}$$

로 주어진다. 여기서 r은 dl에서 점 P까지의 거리이며, θ는 전류방향인 dl과 r이 이루는 각이다. P점의 자계의 방향은 dl과 r을 포함하는 평면에 수직이고 그 평면상에서 dl로부터 r의 방향으로 오른나사를 회전했을 때 나사가 진행하는 방향이 된다. 따라서 dl에 의한 P점의 자계를 벡터로 표시하면

$$d\boldsymbol{H} = \frac{I}{4\pi}\frac{dl \times \boldsymbol{r}}{r^3} = \frac{I}{4\pi}\frac{dl \times \boldsymbol{r}_0}{r^2}\ [\text{A/m}]$$

가 된다. 여기서 $\boldsymbol{r}_0 = \dfrac{\boldsymbol{r}}{r}$인 거리의 단위벡터이다. 또한 전류도선 전체에 의한 자계의 세기는

$$\boldsymbol{H} = \int_A^B d\boldsymbol{H} = \frac{I}{4\pi}\int_A^B \frac{dl \times \boldsymbol{r}_0}{r^2}\ [\text{A/m}] \tag{8.2}$$

가 된다.

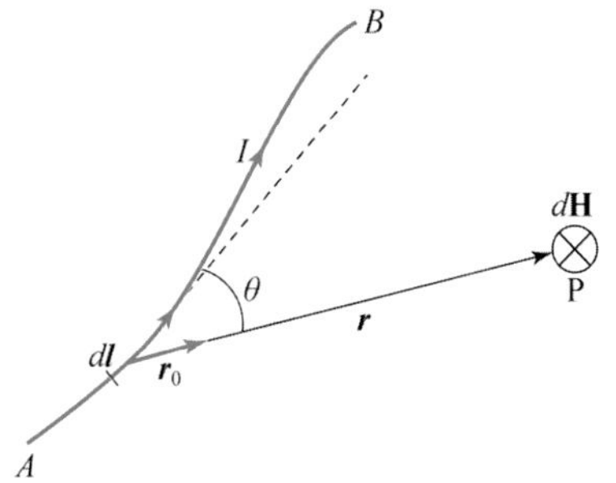

그림 8.3 직선도선 전류의 자계세기

예제 8.2

그림 8.4와 같은 유한장 직선전류 I[A]에서 a[m] 떨어진 P점의 자계를 구하시오.

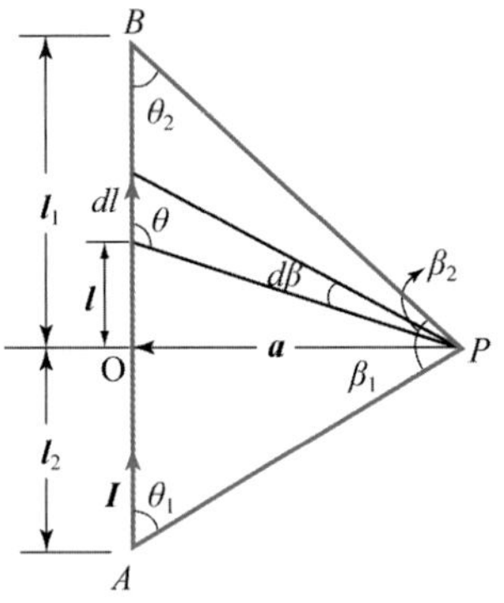

그림 8.4 유한장 직선전류의 자계세기

풀이 미소부분 dl 에 의한 점 P의 자계 dH를 생각하면

$$dH = \frac{I}{4\pi}\frac{dl\sin\theta}{a^2} = \frac{I}{4\pi}\frac{dl\cos\beta}{a^2}$$

가 된다.

그런데

$$\gamma = a\sec\beta$$
$$l = a\tan\beta$$
$$dl = a\sec^2\beta d\beta$$

이므로

$$dH = \frac{I}{4\pi a} cos\beta d\beta$$

가 된다.

따라서

$$H = \frac{I}{4\pi a}\int_{-\beta 1}^{\beta 2}\cos\beta d\beta = \frac{I}{4\pi a}(\sin\beta_2 + \sin\beta_1)$$

$$= \frac{I}{4\pi a}(\cos\theta_1 + \cos\theta_2)\ [\mathrm{A/m}] \tag{8.3}$$

이 된다. 여기서 θ_1, θ_2는 도선의 양단과 점 P를 잇는 선이 도선과 이루는 각이다. 위 식에서 $\beta_1 = \beta_2 = \frac{\pi}{2}$ 또는 $\theta_1 = \theta_2 = 0$이면 무한장의 경우와 같다. 즉, 무한장 도선인 경우

$$H = \frac{I}{4\pi a}(1+1) = \frac{I}{2\pi a}\ [\mathrm{A/m}] \tag{8.4}$$

수련문제

1 한 변의 길이가 l [m]인 정방형 도체 회로에 직류 I [A]를 흘릴 때 회로의 중심점에서의 자계의 세기 [A/m]를 구하시오.

답 $\dfrac{2\sqrt{2}I}{\pi l}$ [A/m]

예제 8.3

그림 8.5와 같이 반경 a [m]의 원형코일에 I [A]의 전류가 흐를 때 중심축상 x [m] 되는 점 P의 자계를 구하시오.

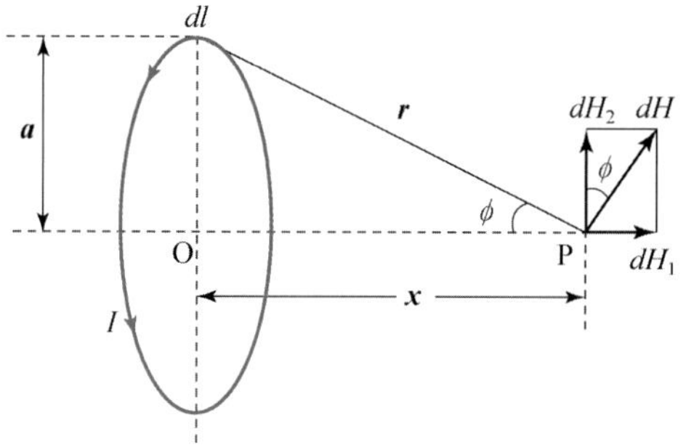

그림 8.5 원형코일의 자계세기

풀이 원주상 미소부분 dl에 의한 자계는 $\phi=\dfrac{\pi}{2}$인 경우이므로 비오-사바르 법칙에서 $dH=\dfrac{I}{4\pi r^2}dl=\dfrac{I}{4\pi(a^2+x^2)}dl$이 되며, 이것은 dH_1과 dH_2로 분해되는데 dH_2는 dl에 위치에 따라 방향이 바뀌어 dH_2의 총합은 0이다.

따라서

$$H=\int dH_1=\int_0^{2\pi a} dH\sin\phi=\frac{a^2 I}{2(a^2+x^2)^{\frac{3}{2}}}\,[\mathrm{A/m}] \tag{8.5}$$

이다. 원형코일 중심에서는 $x=0$가 되어 $H=\dfrac{I}{2a}$[A/m]가 되며 권수가 N인 경우

$$H=\frac{NI}{2a}\,[\mathrm{A/m}] \tag{8.6}$$

이다.

수련문제

1 반지름 30 [cm], 권수 10회인 원형코일에 2 [A]의 전류가 흐를 때, 원형코일 중심에서 축상 40 [cm]인 점 P의 자계의 세기 [A/m]를 구하시오.

답 7.2 [A/m]

2 지름 10 [cm]인 원형코일에 2 [A]의 전류를 흘릴 때 코일 중심의 자계를 1000 [A/m]으로 하려면 코일을 몇 회 감아야 하는지 구하시오.

답 50

예제 8.4

진공 중 1 [m]의 거리에 10^{-6} [C]과 10^{-3} [C]의 두 점전하가 있다. 두 점전하 사이에 작용하는 힘은 몇 [N]인가?

풀이 반무한장 도선 AB에 의한 중심점의 자계는 중심점이 도선의 연직선상이므로 비오-사아르 법칙 $dH=\dfrac{Idl\sin\theta}{4\pi r^2}$에서 $\theta=0°$이므로 $H_{AB}=0$이다.

BC구간은 원의 $\dfrac{3}{4}$구간이므로

$$H_{BC}=\frac{I}{2a}\times\frac{3}{4}=\frac{3I}{8a}\ [\text{A/m}]$$

로 들어가는 방향의 자계가 형성되고 CD 구간은 반무한장 직선도선이므로

$H_{CD}=\dfrac{I}{2\pi a}\times\dfrac{1}{2}=\dfrac{I}{4\pi a}$ [A/m]로 나오는 방향의 자계가 형성된다. 따라서 중심점의 자계는 방향까지 생각하는 벡터적인 합으로

$$\boldsymbol{H}=\boldsymbol{H_{AB}}+\boldsymbol{H_{BC}}+\boldsymbol{H_{CD}}=0+\frac{3I}{8a}-\frac{I}{4\pi a}=\frac{(3\pi-2)I}{8\pi a}\ [\text{A/m}]$$

가 된다.

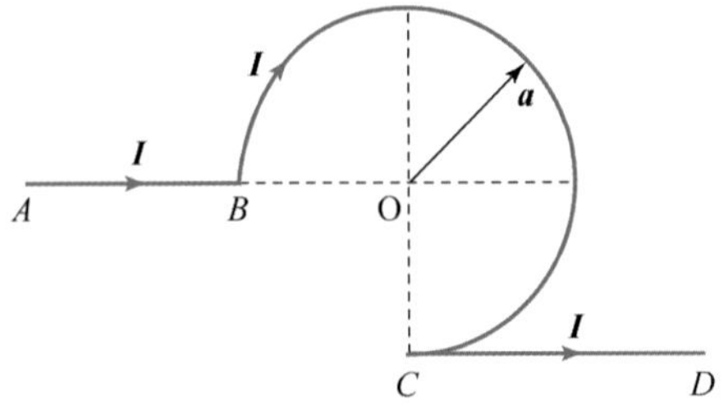

수련문제

1 그림과 같이 반지름 $a = 5\,[\mathrm{cm}]$인 원의 일부(3/4원)에만 반무한장 직선을 연결시키고 화살표 방향으로 전류 $I = 10\,[\mathrm{A}]$가 흐를 때 부분원의 중심 O점의 자계의 세기를 구하시오.

답 $75\,[\mathrm{A/m}]$

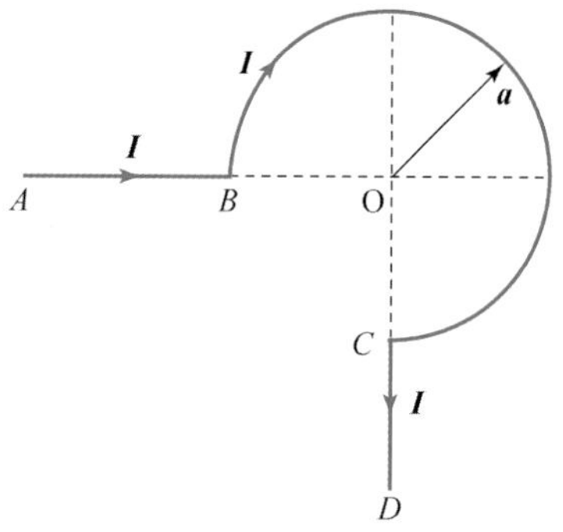

3. 암페어(Ampere)의 주회(적분의) 법칙

정전계에서 대칭전하분포에 의한 전계를 구할 때 Gauss의 정리를 이용하는 데 대응하여, Ampere의 주회적분의 법칙은 대칭적 전류분포에 의한 자계를 구할 때 이용되는 법칙이다.

무한 직선전류에 의한 자계는 식 (8.4)에서

$$H = \frac{I}{2\pi r}\ [\mathrm{A/m}]$$

가 되며 그림 8.6에서와 같이 전류를 축으로 하는 원을 적분경로로 하여 H에 대한 선적분을 구하고 위 식을 대입하면

$$\oint_c \boldsymbol{H} \cdot dl = H\oint dl = H \cdot 2\pi r = \frac{I}{2\pi r} \cdot 2\pi r = I$$

가 얻어진다.

즉, 자계 내에서 임의의 폐곡선 c에 대한 자계 $H\,[\mathrm{A/m}]$의 선적분은 이 폐곡선과 쇄교하는 전류 $I\,[\mathrm{A}]$와 같다.

$$\oint \boldsymbol{H} \cdot dl = I \tag{8.7}$$

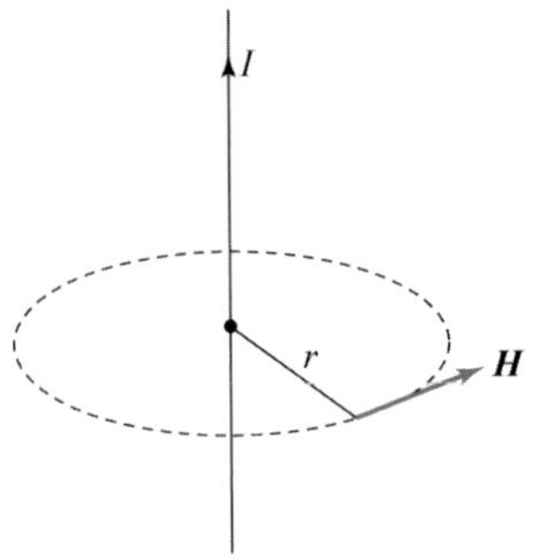

그림 8.6 암페어의 주회적분

이것을 **암페어(Ampere)의 주회(적분의) 법칙**이라 한다. 그림 8.7(a)와 같이 폐회로 안에 여러 개의 전류가 쇄교하고 있는 경우 식 (8.7)은

$$\oint \boldsymbol{H} \cdot dl = I_1 - I_2 + I_3$$

로 되며, 여기서 전류의 기호는 적분로와 쇄교하고 있는 전류의 방향이 암페어의 오른손 법칙에 맞는 것을 정(+)으로 한다. 일반적으로

$$\oint \boldsymbol{H} \cdot dl = \sum_{i=1}^{n} I_i \tag{8.8}$$

로 표현된다. 또한 그림 (b)와 같이 전류 I[A]의 전류도선이 N회 쇄교하는 경우에는

$$\oint \boldsymbol{H} \cdot dl = NI \tag{8.9}$$

로 된다.

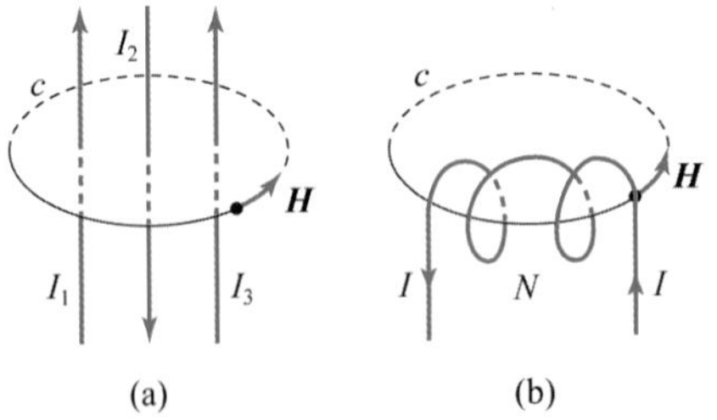

그림 8.7 폐회로 내 전류 쇄교

4. 암페어 주회적분 법칙의 계산 예

(1) 무한장 직선전류에 의한 자계

그림 8.8에 표시된 것과 같은 길이 무한대의 직선도체에 전류 I[A]를 흐르게 할 때 거리 r이 되는 점의 자계는 Ampere의 주회적분인 식 (8.7)에서

$$\oint \boldsymbol{H} \cdot dl = H \cdot 2\pi r = I$$

이므로 점 P의 자계는

$$H = \frac{I}{2\pi r}[\mathrm{A/m}] \tag{8.10}$$

이며 방향은 오른나사 법칙으로 정해진다.

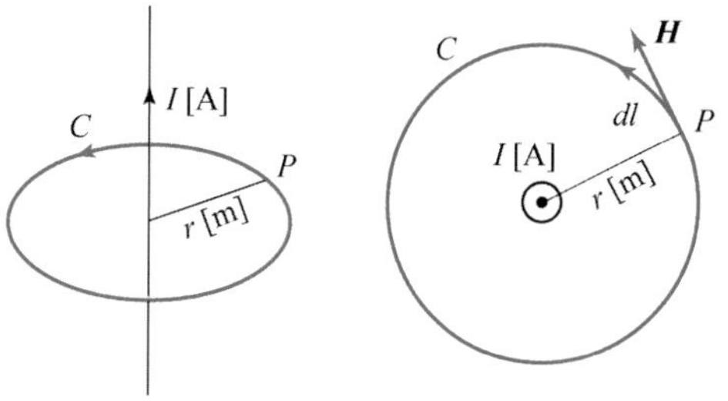

그림 8.8 직선도체의 전류에 의한 P점의 자계

(2) 무한장 원주전류에 의한 자계

그림 8.9과 같이 반지름 a[m]의 무한장 원주도선에 균일하게 흐르는 전류 I[A]에 의한 자계는 도체 내외에 동심원을 그린다.

a) 원주도체 외부 $(r > a)$의 자계

그림 (a)와 같이 $r(> a)$[m]를 반지름으로 하는 원주를 적분로 c로 취하면 원주상 자계 H는 크기가 일정하며, 그 방향은 오른나사 법칙에 따른 접선방향이다. 따라서 식 (8.7)에서

$$\oint \boldsymbol{H} \cdot dl = H \cdot 2\pi r = I$$

따라서

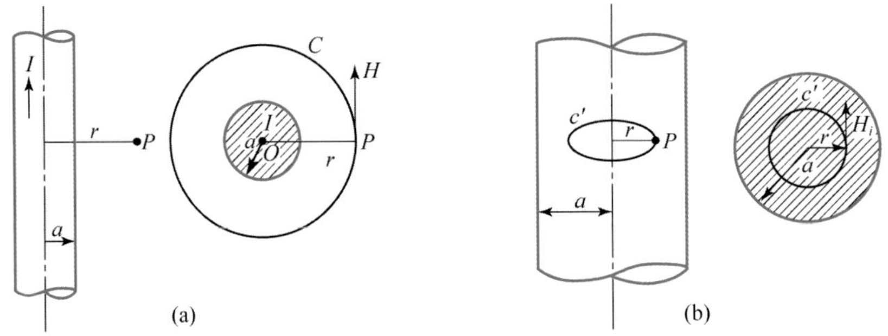

그림 8.9 무한장 원주전류에 의한 자계

$$H = \frac{I}{2\pi r}\,[\mathrm{A/m}] \tag{8.11}$$

이 얻어진다. 즉, 전류가 도체 내를 균일하게 흐르든가 또는 축에 대하여 대칭분포를 가질 때 외부자계는 전류가 전부 도체축에 집중된 선전류의 경우와 등가이다.

b) 원주도체 내부 $(r < a)$의 자계

그림 (b)와 같이 적분로를 도체 내부에 잡을 때 쇄교 전류를 I'라 하면 전류가 균일하게 분포된 경우

$$I' = \frac{\pi r^2}{\pi a^2} I = \frac{r^2}{a^2} I\,[\mathrm{A}]$$

가 되므로

$$\oint_c \boldsymbol{H} \cdot dl = H \cdot 2\pi r = I' = \frac{r^2}{a^2} I$$

에서

$$H = \frac{rI}{2\pi a^2}\,[\mathrm{A/m}] \tag{8.12}$$

로 원주 내부에서는 거리에 비례하는 자계가 된다.

즉, 원주도체 전류에 의한 자계는 그림 8.10과 같이 내부에서는 축에서의 거리 r에 비례하여 증가하고 외부에서는 r에 반비례하여 감소한다.

전류가 원주표면에만 흐른다면(고주파인 경우 표피 효과로 전류가 표면에만 주로 흐른다) 내부적분로 C 내의 전류는 0이므로

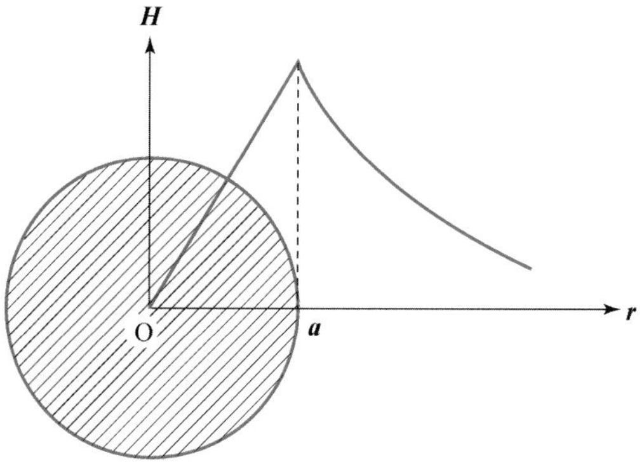

그림 8.10 원주도체 전류에 의한 자계

$$H \cdot 2\pi r = 0$$

에서 $H = 0$이 되어 도체 내부에는 자계가 존재하지 않는다.

수련문제

1 무한장 직선에 $I = 5\pi$ [A]의 전류가 그림과 같이 $+z$ 방향으로 흐를 때 다음을 구하시오.

① 점 $A(3.\ 0.\ 0)$[m]의 자계의 세기 $\boldsymbol{H}$[A/m]를 구하시오. 답 $\frac{5}{6}j$

② 점 $B(-3.\ 0.\ 0)$[m]의 자계의 세기 $\boldsymbol{H}$[A/m]를 구하시오. 답 $-\frac{5}{6}j$

③ 점 $C(0.\ 4.\ 0)$[m]의 자계의 세기 $\boldsymbol{H}$[A/m]를 구하시오. 답 $-\frac{5}{8}i$

④ 점 $D(0.\ -4.\ 0)$[m]의 자계의 세기 $\boldsymbol{H}$[A/m]를 구하시오. 답 $\frac{5}{8}i$

⑤ 점 $P(3.\ 4.\ 5)$[m]의 자계의 세기 $\boldsymbol{H}$[A/m]를 구하시오. 답 $-0.4i+0.3j$

또 점 P에서의 자계의 방향벡터 $\boldsymbol{h}$를 구하시오. 답 $-0.8i+0.6j$

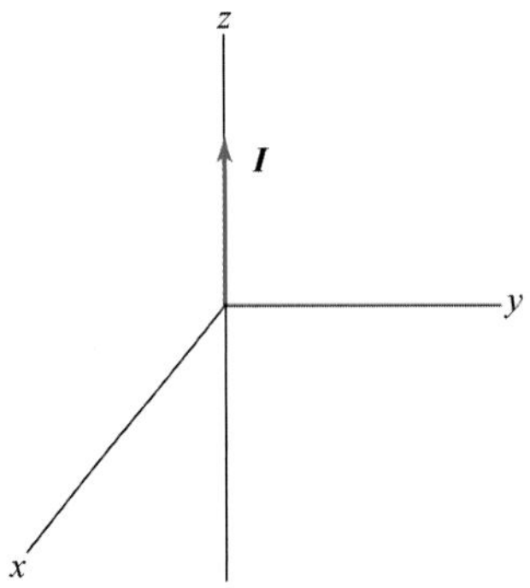

2　1번에서 전류가 $-z$방향으로 흐를 때 ①, ②, ③, ④, ⑤번의 답을 구하시오.

답 ① $-\frac{5}{6}j$, ② $\frac{5}{6}j$, ③ $\frac{5}{8}i$, ④ $-\frac{5}{8}i$, ⑤ $0.4i-0.3j$, $0.8i-0.6j$

예제 8.5

그림과 같이 평행한 무한장 직선 도선에 I, $4I$인 전류가 흐른다. 두 선 사이의 점 P의 자계 세기가 0이다. a/b를 구하시오.

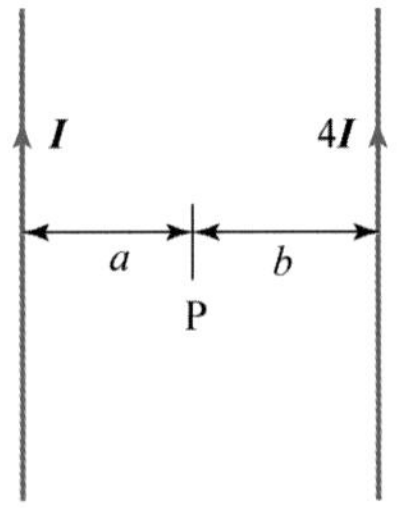

풀이 I와 $4I$ 도선에 의한 자계의 방향은 서로 반대이므로 크기가 같으면 $H=0$이 된다.

I 도선에 의한 자계 $H_1 = \frac{I}{2\pi a}$ [A/m]

$4I$ 도선에 의한 자계 $H_{4I} = \frac{4I}{2\pi b}$ [A/m]

$H_I = H_{4I}$ 이므로

$$\frac{I}{2\pi a} = \frac{4I}{2\pi b} \qquad \therefore \frac{a}{b} = \frac{1}{4}$$

수련문제

1 그림과 같이 평행 왕복 도선에 $\pm I$[A]가 흐르고 있을 때 점 P의 자계의 세기는 몇 [A/m]인지 구하시오.

답 $\frac{Id}{2\pi r_1 r_2}$[A/m]

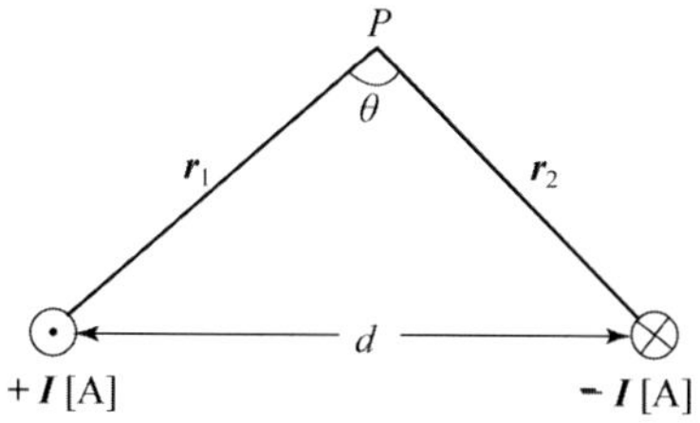

2 원점(0.0)을 통과하는 $+x$축상의 직선도선에 $I_1 = 5$[A], 점(4. 0)[m]를 통과하고 x 축과 평행한 직선도선에 I_1과 같은 방향으로 $I_2 = 20$[A]인 전류가 흐른다. 두 선 사이의 자계가 0인 점의 좌표를 구하시오.

답 $\left(\frac{4}{5}, 0\right)$

3 위 2번 문제에서 전류의 방향이 서로 반대인 경우 자계가 0인 점의 좌표를 구하시오.

답 $\left(-\frac{4}{3}, 0\right)$

예제 8.6

전류 분포가 균일한 반지름 a[m]인 무한장 원주형 도선에 1[A]의 전류를 흘렸더니 도선 중심에서 $\frac{a}{2}$[m] 되는 점에서의 자계의 세기가 $\frac{1}{2\pi}$[A/m]였다. 이 도선의 반지름은 몇 [m]인가 구하시오.

풀이 $r = \frac{a}{2}$ 이므로 내부에서의 자계 $H = \frac{rI}{2\pi a^2}$에 대입하면

$$\frac{1}{2\pi} = \frac{\frac{a}{2}I}{2\pi a^2} = \frac{I}{4\pi a}$$

따라서

$$a = \frac{I}{2} = \frac{1}{2}[\text{m}]$$

(3) 무한장 솔레노이드(solenoid)에 의한 자계

그림 8.11과 같이 원통 위에 도선을 밀집되게 감은 것을 솔레노이드라고 한다.

a) 솔레노이드 외부의 자계

그림 8.11에서 솔레노이드 외부에 C_1을 적분로로 취하고 Ampere 주회적분을 적용하면 적분로 안에 쇄교전류가 없으므로

$$\oint_{C_1} \boldsymbol{H} \cdot dl = \int_A^B \boldsymbol{H}_2 \cdot dl + \int_B^C \boldsymbol{H}' \cdot dl + \int_C^D \boldsymbol{H}_1 \cdot dl + \int_D^A \boldsymbol{H}' \cdot dl = 0$$

가 되는데 BC 부분과 DA 부분의 dl과 $\boldsymbol{H}'$와는 90°의 각을 가지므로 $\boldsymbol{H}' \cdot dl = 0$이 되고 $\boldsymbol{H}_1$과 dl은 0°, $\boldsymbol{H}_2$와 dl은 180°의 각을 가지므로 $AB = CD = l$이라고 할 때

$$\oint \boldsymbol{H} \cdot dl = H_2 l - H_1 l = 0$$

가 되어 $H_1 l = H_2 l$, 즉 $H_1 = H_2$가 된다. 즉, 외부에서 평등자계가 됨을 알 수 있다. 이것은 무한원까지도 평등자계가 되며 무한원의 자계는 0이므로

$$H_1 = H_2 = H_\infty = 0$$

즉, 외부자계는 0이다.

b) 적분로 C_2의 자계

C_2를 적분로로 취하고 Ampere 주회적분을 적용하면 단위길이당 권수를 n[회/m]라고 할 때 쇄교전류는 nlI이므로

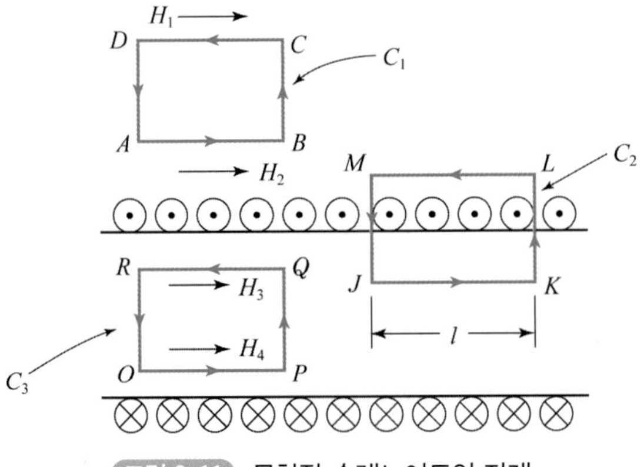

그림 8.11 무한장 솔레노이드의 자계

$$\oint_{C_2} \boldsymbol{H} \cdot dl = \int_J^K \boldsymbol{H}_3 \cdot dl + \int_L^M \boldsymbol{H}_2 \cdot dl = H_3 l - H_2 l = nlI$$

에서 H_2는 외부자계로 0이므로

$$H_3 l = nlI,\ \text{즉}\ H_3 = nI[\text{A/m}]$$

가 된다.

c) 솔레노이드 내부의 자계

솔레노이드 내부에 적분로 C_3를 취하고 암페어 주회적분을 적용하면

$$\oint_{C_3} \boldsymbol{H} \cdot dl = \int_O^P \boldsymbol{H}_4 \cdot dl + \int_Q^R \boldsymbol{H}_3 \cdot dl = H_4 l - H_3 l = 0$$

에서 $H_4 = H_3 = nI$이다. 즉, 솔리노이드 외부는 자계가 존재하지 않으며($H = 0$), 내부는 평등자계로

$$H = nI[\text{A/m}] \tag{8.13}$$

이다. 여기서 n은 단위길이당 권수 [회/m]이다.

만일 솔레노이드가 유한장인 경우에는 양끝의 자속이 벌려져 평등자계가 안되므로 오차가 생긴다. 따라서 그것을 보정해 주어야 하지만 일반적으로 솔레노이드 반경 a에 비하여 길이 l이 $l > 10a$인 경우에는 오차가 2% 이내이므로 무한장 솔레노이드에 의한 자계로 취급하여 식 (8.13)을 사용해도 좋다.

예제 8.7

1[cm]마다 권수가 50인 무한장 솔레노이드에 10[mA]의 전류를 흘릴 때 외부와 내부의 자계의 세기 [A/m]를 구하시오.

풀이 권수가 1[cm]당 50인 경우

$$n = 50 \times 100 = 5 \times 10^3[\text{회/m}]$$

이므로 내부자계는

$$H = nI = 5 \times 10^3 \times 10 \times 10^{-3} = 50[\text{A/m}]$$

이고, 솔레노이드 외부는 자계가 존재하지 않으므로 외부자계는 $H = 0$이다.

수련문제

1 길이 50[cm]인 솔레노이드에 10[A]의 전류를 흘릴 때 내부의 자계가 $5 \times 10^3 [\mathrm{A/m}]$로 평등한 경우 전체의 권수를 구하시오.

답 250

---

(4) 환상 솔레노이드(토로이드 : toroid) 내의 자계

그림 8.12와 같이 환상(環狀)의 철심 위에 도선을 밀접하게 감은 것을 환상 솔레노이드, 무단(無端)솔레노이드, 또는 토로이드라고 한다.

권수 N의 환상솔레노이드에 전류 I[A]가 흐를 때 평균반지름 a의 원 C를 적분로로 취하면

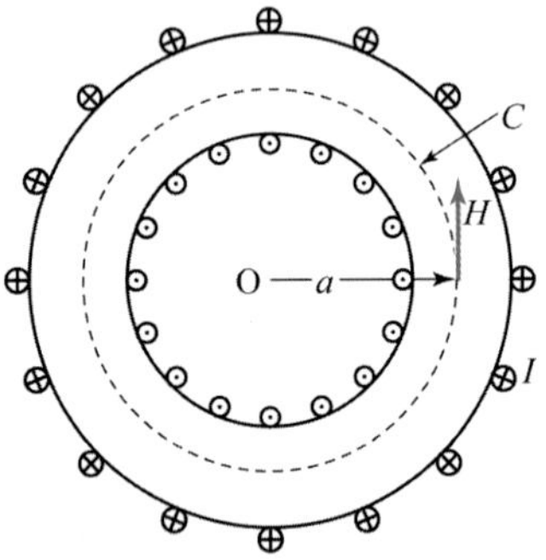

그림 8.12 환상 솔레노이드의 자계

$$\oint_c \boldsymbol{H} \cdot d\boldsymbol{l} = H \cdot 2\pi a = NI$$

에서

$$H = \frac{NI}{2\pi a} \, [\mathrm{A/m}] \tag{8.14}$$

가 된다. 철심의 평균길이를 l이라 하면 $l = 2\pi a$이므로

$$H = \frac{NI}{2\pi a} = \frac{NI}{l} = nI \, [\mathrm{A/m}]$$

로 무한장 솔레노이드 내부자계의 표현식과 등가이다.
또한 솔레노이드 외부에 적분로를 취하면 이 적분로와 전류는 쇄교하지 않으므로

$$H=0$$

이 된다.

즉, 환상 솔레노이드인 경우에도 자계는 내부에만 생긴다.

예제 8.8

평균 반지름 10[cm], 권수 200회인 환상 솔레노이드에 5[A]의 전류를 흘릴 때 내부의 자계[A/m]를 구하시오.

풀이 식 (8.14)에서

$$H=\frac{NI}{2\pi a}=\frac{200\times 5}{2\pi\times 0.1}≒1590\,[\mathrm{A/m}]$$

수련문제

1 평균 지름 20[cm], 권수가 100회인 환상 솔레노이드 내부에 300[A/m]의 자계를 발생시키려면 몇 [A]의 전류를 흘려야 하는지 구하시오.

답 1.885[A]

5. 암페어 주회적분 법칙의 미분형

암페어 주회적분 법칙은 전류밀도를 $i\,[\mathrm{A/m^2}]$라 할 때

$$\oint \boldsymbol{H}\cdot dl=I=\int_s \boldsymbol{i}\cdot \boldsymbol{n}dS \tag{8.15}$$

로 표현되며 식 (8.15)에 스토크스(Stokes)의 정리를 적용하면

$$\oint_c \boldsymbol{H}\cdot dl=\int_s rot\boldsymbol{H}\cdot \boldsymbol{n}dS=\int_s \boldsymbol{i}\cdot \boldsymbol{n}dS \tag{8.16}$$

이 된다. 위 식 (8.16)의 양변을 미분하면

$$rot\boldsymbol{H} = \nabla \times \boldsymbol{H} = \boldsymbol{i}\,[\mathrm{A/m^2}] \tag{8.17}$$

이 된다.

이것은 전류 주위에 회전자계가 생기는 것을 나타내고 있는 식으로 전자계에 있어서의 중요한 기본방정식의 하나이며, 이 식을 **암페어 주회적분 법칙의 미분형**이라 한다.

8.2 전류에 의한 자계 에너지

그림 8.13과 같이 토로이드에 감은 저항 $R\,[\Omega]$, 권수 N의 코일에 스위치 K를 닫아 전압 $E[\mathrm{V}]$를 가할 때 흐르는 전류를 $I[\mathrm{A}]$라 하면, 키르히호프(Kirchhoff)의 제2법칙에 의한 전압 방정식은

$$E = RI + N\frac{d\phi}{dt}$$

이 되며 이 식의 양변에 $I\,dt$를 곱히고 $\phi = BS$를 대입하면

$$EIdt = RI^2dt + NIS\,dB$$

가 된다. 이 식의 좌변은 전원에서 $dt\,[\mathrm{s}]$ 동안 공급된 총에너지이고, 우변의 제1항은 저항에서 소비되는 열에너지를, 제2항은 토로이드 내의 자속밀도를 dB만큼 증가시키는 데 소요되는 자계 에너지를 각각 나타내고 있다.

이 두 번째 항은 소비되는 것이 아니고 소요되는 에너지가 전부 토로이드 내에 저장된다.

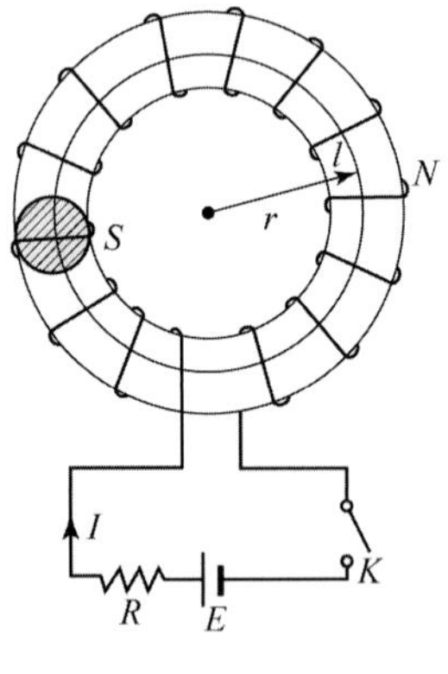

그림 8.13 트로이드 내 자계 에너지

따라서 이 에너지를 dW 라고 하면

$$dW = NIS\,dB[\mathrm{J}]$$

가 되며 토로이드 내의 자계는 식 (8.14)에서

$$H = \frac{NI}{2\pi r} = \frac{NI}{l}$$

이므로 $NI = Hl$ 을 대입하면

$$dW = HlS\,dB[\mathrm{J}]$$

이 된다. 단면적 S와 길이 l의 곱 Sl은 토로이드의 체적이므로 단위체적당 에너지는

$$dw = HdB[\mathrm{J/m^3}]$$

가 된다. 따라서 자속밀도를 0에서 B까지 증가시킬 때 자계 내 단위체적당 필요한 에너지는

$$W = \int_0^B dw = \int_0^B H\,dB = \int_0^B \frac{B}{\mu}dB$$
$$= \frac{1}{\mu}\int_0^B B\,dB = \frac{1}{\mu}\left[\frac{B^2}{2}\right]_0^B = \frac{B^2}{2\mu}\ [\mathrm{J/m^3}]$$

이 된다.

이 에너지는 토로이드 내에 전부 저장되므로, 단위체적당 저장되는 에너지는

$$w = \frac{B^2}{2\mu} = \frac{BH}{2} = \frac{1}{2}\mu H^2\ [\mathrm{J/m^3}] \tag{8.18}$$

이 된다.

예제 8.9

반지름 a[m]의 원주도체에 전류 I[A]가 평등하게 흐를 때 길이 l [m] 내의 도체 내에 저장되는 자계 에너지를 구하시오.

풀이 원주도체 내의 자계는 식 (8.12)로부터

$$H = \frac{I}{2\pi a^2}r[\mathrm{A/m}](0 < r < a)$$

가 되므로 도체 내의 단위체적에 저장되는 자계 에너지 밀도는 식 (8.18)에서

$$w = \frac{1}{2}\mu H^2 = \frac{\mu I^2}{8\pi^2 a^4} r^2 \,[\mathrm{J/m^3}]$$

가 된다. 한편 도체 내의 미소체적소는 그림에서

$$dv = 2\pi r \; dr \; dl \,[\mathrm{m^3}]$$

와 같이 주어지므로 이 부분의 자계 에너지는

$$dW = w\,dv = \frac{\mu I^2}{4\pi a^4} r^3 dr \; dl \,[\mathrm{J}]$$

가 된다. 따라서 $0 < r < a$, 길이 l 인 원주도체 내에 저장되는 전체의 자계 에너지는

$$W = \int_{\text{원주}} dW = \frac{\mu I^2}{4\pi a^4} \int_0^a r^3 dr \int_0^l dl = \frac{\mu}{16\pi} I^2 \,[\mathrm{J}] \tag{8.19}$$

가 되며 여기서 μ[H/m]는 도체의 투자율이다. 즉, 도체 내의 자계 에너지는 도체 굵기에는 관계 없으며 이 결과는 도선의 내부 인덕턴스를 구할 때 이용된다.

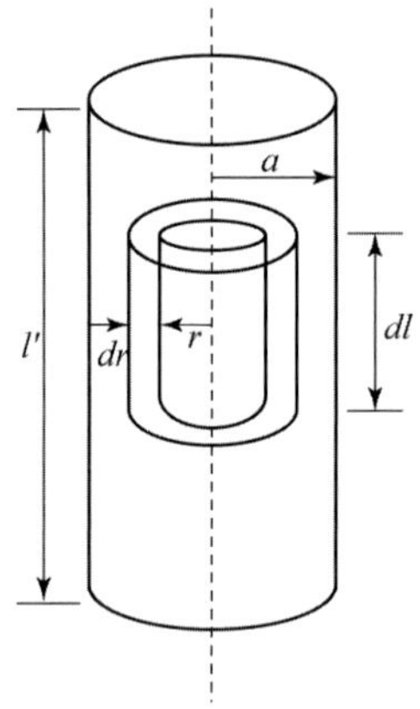

수련문제

1 비투자율이 4000인 철심을 자화하여 자속밀도가 0.1[T]로 되었을 때 철심의 단위체적에 저축된 에너지 밀도 $[\mathrm{J/m^3}]$를 구하시오.

답 $0.995\,[\mathrm{J/m^3}]$

8.3 전자석의 흡인력

그림 8.14의 자성체에 대한 자속밀도를 B[T]라 하고 투자율을 $\mu = \mu_0 \mu_r$이라 할 때 전자력 F_x에 의해

N극이 dx만큼 이끌린 경우 빗금친 부분의 에너지 변화는

$$dW = W_2 - W_1 \,[\mathrm{J}] \tag{8.20}$$

으로 표현된다.

처음 공기일 때의 빗금친 부분의 에너지는 식 (8.18)에 의해

$$W_1 = \int \frac{B^2}{2\mu_0} dv = \frac{B^2}{2\mu_0} V = \frac{B^2}{2\mu_0} dx \cdot S \,[\mathrm{J}] \tag{8.21}$$

이 되고 철심으로 변했을 때의 빗금친 부분의 에너지는

$$W_2 = \int \frac{B^2}{2\mu} dv = \frac{B^2}{2\mu} V = \frac{B^2}{2\mu} dx \cdot S \,[\mathrm{J}] \tag{8.22}$$

가 된다. 따라서 에너지 변화분은

$$dW = W_2 - W_1 = \frac{B^2 S}{2}\left(\frac{1}{\mu} - \frac{1}{\mu_0}\right) dx \,[\mathrm{J}] \tag{8.23}$$

이 된다.

가상변위의 정리에 의해 흡인력 F를 구하면

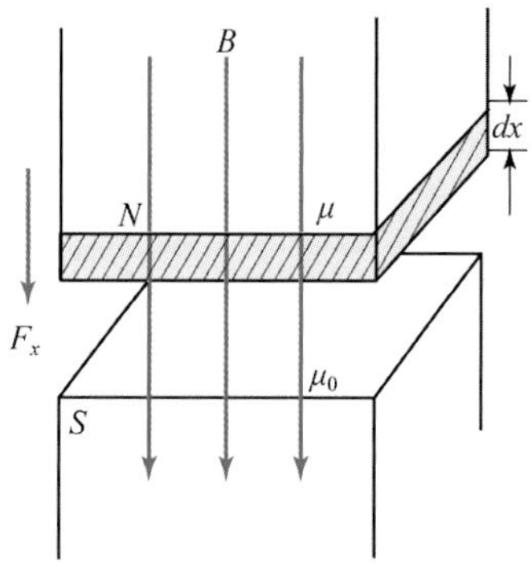

그림 8.14 전자석의 흡인력

$$F = -\frac{dW}{dx} = -\frac{B^2 S}{2}\left(\frac{1}{\mu} - \frac{1}{\mu_0}\right) = \frac{B^2 S}{2}\left(\frac{1}{\mu_0} - \frac{1}{\mu}\right) \text{[J]} \tag{8.24}$$

일반적으로 전자석의 자극에는 철이 사용되는데, 철의 비투자율이 매우 크므로($\mu_r \gg 1$) 식 (8.24)에서 $\mu \gg \mu_0$ 관계를 고려하면

$$F = \frac{B^2 S}{2\mu_0} \text{[N]} \tag{8.25}$$

로 표시된다. 이것을 단위면적당 작용하는 힘으로 표시하면

$$f = \frac{B^2}{2\mu_0} = \frac{BH}{2} = \frac{1}{2}\mu_0 H^2 \text{[N/m}^2\text{]} \tag{8.26}$$

이 된다. 위에서 나타난 바와 같이 전자력은 B^2에 비례하는데, 실제 자속 ϕ는 자극에 감은 코일에 전류를 통하여 발생시키므로 전류조절에 의하여 흡인력의 크기를 가감할 수 있다. 또한 이 힘은 μ가 큰 자성체에서 μ가 작은 자성체(공기 등) 방향으로 향하고 있다. 한 예로 초전도체 회로에서 $B = 6$[T]일 때 약 1400 [ton/m^2]의 큰 힘을 낼 수 있으므로 이 원리가 자기부상 고속철도 등에 응용되고 있다.

예제 8.10

단면적 4 [cm^2]인 두 개의 철봉이 원통형 솔레노이드 중에서 그 선단이 서로 접착되어 있다. 철봉의 접속점에서의 자속밀도를 0.2[T]가 되도록 솔레노이드를 여자할 때 철봉을 떼어내는 데 요하는 힘[N]을 구하시오.

풀이 떼어내는 데 필요한 최소의 힘은 흡인력과 같으므로 식 (8.25)에서

$$F = \frac{B^2 S}{2\mu_0} = \frac{0.2^2 \times 4 \times 10^{-4}}{2 \times 4\pi \times 10^{-7}} \fallingdotseq 6.37 \text{[N]}$$

이다.

수련문제

1 10톤의 철을 끌어올릴 수 있는 전자석을 설계하려고 한다. 자극 표면에서의 총 자속을 1[Wb]로 하려고 할 때 필요한 자극의 면적 [m^2]을 구하시오.

답 4.06[m^2]

8.4 전자력

전류와 자계 사이에 작용하는 힘을 전자력이라 하며 전동기나 전기계기 등의 전기-기계 에너지 변환의 기초가 되는 중요한 현상이다.

1. 자계 중에 있는 전류도선에 작용하는 힘

자계 H[A/m] 내에 I[A]의 전류도선을 그림 8.15와 같이 수직으로 놓으면 전류에 의한 자계로 인하여 전선 위쪽은 자계가 약해지고, 전선 아래쪽은 자계가 커지므로 전류도선은 위를 향하는 힘을 받게 된다. 이 힘은 자계 H[A/m] 전류 I[A], 도선의 길이 l[m]에 비례하여

$$F = \mu_0 HIl\,[\mathrm{N}] \tag{8.27}$$

으로 나타나는데, μ_0는 양변의 단위를 통일시키기 위한 비례상수로 $\mu_0 = 4\pi \times 10^{-7}[\mathrm{H/m}]$의 값을 갖는 자유공간의 투자율이다.

$B = \mu H$의 관계가 있으므로 위 식은

$$F = lIB\,[\mathrm{N}] \tag{8.28}$$

이 된다. 전류와 자계가 수직이 아닌 경우 힘의 크기는

$$F = lIB\sin\theta\,[\mathrm{N}] \tag{8.29}$$

이 된다. 여기서 θ는 전류도선과 자계가 이루는 각이다. 식 (8.29)를 벡터로 표시하면

$$\boldsymbol{F} = l\boldsymbol{I} \times \boldsymbol{B}\,[\mathrm{N}] \tag{8.30}$$

로 힘의 방향은 전류도선 I에서 자계 B로 나사를 돌릴 때 나사의 진행방향이 된다.

이 세 벡터의 관계를 나타낸 것이 플레밍(Fleming)의 왼손 법칙으로 전류와 자계 사이에

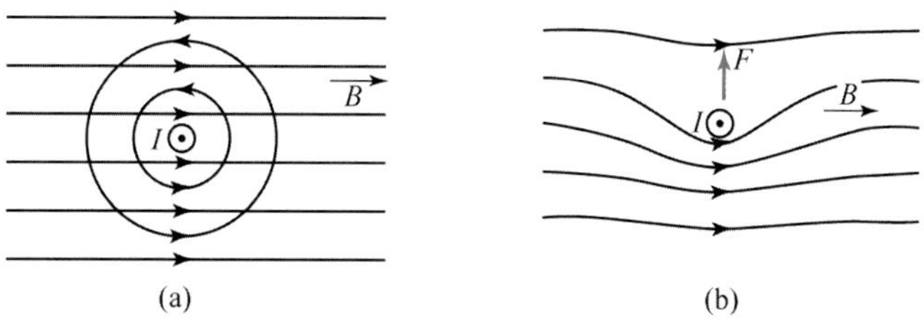

그림 8.15 자계 중 전류도선에 작용하는 힘

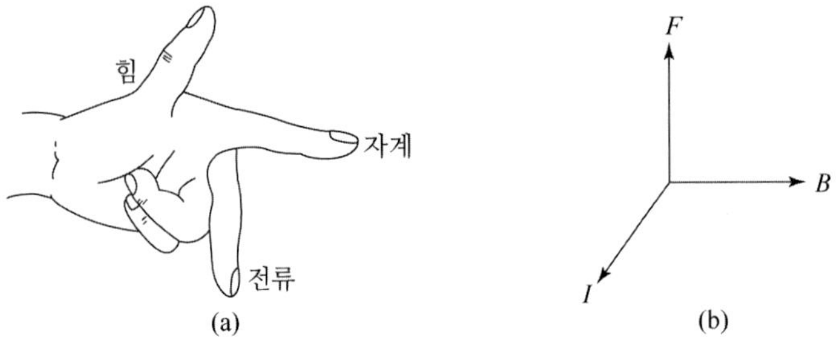

그림 8.16 플레밍의 왼손 법칙

작용하는 힘의 방향은 그림 8.16에서와 같이 왼손의 세 손가락을 서로 직각으로 펼칠 때 둘째 손가락(검지)을 자계의 방향, 셋째 손가락(중지)을 전류의 방향으로 잡으면 첫째 손가락(엄지)이 힘의 방향이 된다.

예제 8.11

평등자계 H[A/m] 중에 그림 8.17과 같이 변의 길이 a, b인 직사각형 도체가 놓여 있을 때 이것에 작용하는 토오크를 구하시오.

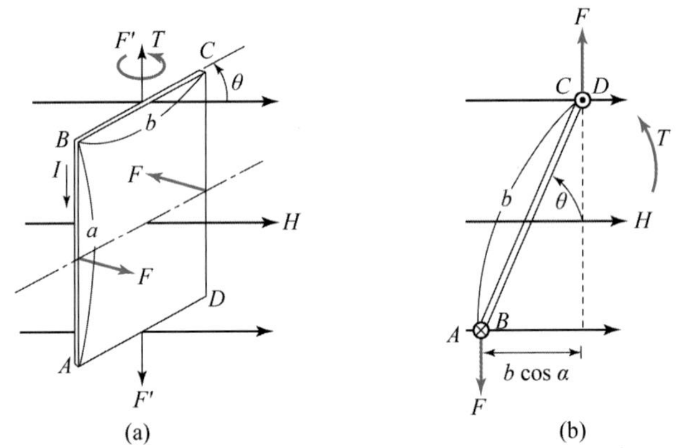

그림 8.17 평등자계 내 직사각형 도체에 작용하는 힘

풀이 그림 8.17(a), 변 BC와 같은 방향의 전류 I와 자계 B가 생겨 있을 때 변 AB, 변 DC가 자계에 직각으로 변 AD, BC가 자계와 θ의 각으로 되어 있다고 한다.
이때 AD, BC에 작용하는 힘은 크기가

$$F_b = bBI\sin\theta \text{ [N]}$$

이고, 방향은 위, 아래로 반대이므로 도체에 작용하는 합성력은 0이 되어 도체는 움직이지 않는다. 다음에 AB, CD에 작용하는 힘은

$$F_a = aBI[\mathrm{N}]$$

이고, 반대 방향으로 그림 (b)와 같이 점 O 주위의 짝힘으로서 도체를 회전시키려고 한다. 직사각형의 면적을 S라고 하면 $S = ab$이므로 회전력 T는

$$T = F_a b\cos\theta = IBS\cos\theta = \mu_0 HIS\cos\theta\ [\mathrm{N \cdot m}]$$

또는 직사각형을 지나는 자속이 $\phi = BS\sin\theta$이므로 회전력 T는

$$T = I\frac{d\phi}{d\theta} = IBS\cos\theta = \mu_0 HIS\cos\theta\ [\mathrm{N \cdot m}]$$

와 같이 나타낼 수도 있다. 권수가 N인 경우

$$T = NBIS\cos\theta[\mathrm{N \cdot m}]$$

수련문제

1 자속밀도가 1.5[T]인 평등 자계 내에 가로 6[cm], 세로 10[cm], 권수 200인 구형의 코일을 자계와 θ의 각을 이루는 위치에 놓고 3[A]의 전류를 흘렸더니 코일에 2.7[N · m]의 토크가 발생하였다. 코일면이 자계와 이룬 각도 θ를 구하시오.

답 60°

예제 8.12

자속밀도 $\boldsymbol{B} = 3\boldsymbol{i} + 4\boldsymbol{j}$ [T] 내에 z축과 일치한 긴 도체에 $+z$축 방향으로 10[A]의 전류를 흘릴 때, 이 도체의 단위길이당 작용하는 힘 $\boldsymbol{F}$[N/m]를 구하시오.

풀이 $\boldsymbol{F} = l\boldsymbol{I} \times \boldsymbol{B}$[N]에서 단위길이당 작용하는 힘은 $\boldsymbol{I} \times \boldsymbol{B}$이며 전류가 $+z$축 방향으로 흐르므로 $\boldsymbol{I} = 10\boldsymbol{k}$이다.

따라서 $\boldsymbol{F} = \boldsymbol{I} \times \boldsymbol{B} = \begin{vmatrix} \boldsymbol{i} & \boldsymbol{j} & \boldsymbol{k} \\ 0 & 0 & 10 \\ 3 & 4 & 0 \end{vmatrix} = \boldsymbol{i}(-40) - \boldsymbol{j}(-30) = -40\boldsymbol{i} + 30\boldsymbol{j}$ [N/m]

2. 자계 중의 운동전하에 작용하는 힘

도체 내의 전하 q가 속도 v를 가질 때

$$Il = qv \tag{8.31}$$

의 관계가 있으므로 운동전하가 자계 내에서 받는 힘은

$$F = qvB\sin\theta \text{ [N]} \tag{8.32}$$

가 된다. 여기서 θ는 속도와 자계가 이루는 각으로 식 (8.32)을 벡터로 표시하면

$$\boldsymbol{F} = q(v \times \boldsymbol{B}) \text{ [N]} \tag{8.33}$$

이 된다.

또한 전계와 자계가 동시에 존재하는 경우 운동전하가 받는 힘은 식 (3.8)과 (8.33)의 합으로 표현되어

$$\boldsymbol{F} = q[\boldsymbol{E} + (\boldsymbol{v} \times \boldsymbol{B})] \text{ [N]} \tag{8.34}$$

가 되며, 이 힘을 로렌츠(Lorentz)의 힘이라 한다.

예제 8.13

Braun 관 속에 e[c]의 전자가 자계 B[T]와 수직방향으로 입사되어 원운동할 때 반경, 각속도, 주기를 구하시오.

풀이 식 (8.32)에서 $q = e$, θ=90°이므로
$F = qvB\sin\theta = evB$[N]의 힘이 작용하여 원운동을 하는데 질량 m[kg]인 물체 가 원운동할 때 원심력 $f = \dfrac{mv^2}{r}$[N]이 발생하므로

$$Bev = \frac{mv^2}{r}$$

에서

$$\text{반 경 } r = \frac{mv}{Be}\text{[m]}$$

$$\text{각속도 } \omega = \frac{v}{r} = \frac{Be}{m}\text{[rad/s]}$$

$$\text{주 기 } T = \frac{2\pi}{\omega} = \frac{2\pi m}{Be}\text{ [s]}$$

이다.

예제 8.14

0.2 [c]의 점전하가 자속밀도 $\boldsymbol{B}=2\boldsymbol{i}+5\boldsymbol{k}$ [T] 내에 속도 $v=2\boldsymbol{i}+3\boldsymbol{j}$ [m/s]로 이동할 때 받는 힘 $\boldsymbol{F}$[N]를 구하시오.

풀이 식 (8.33)에서

$\boldsymbol{F}=q(\boldsymbol{v}\times\boldsymbol{B})$ [N]이므로

$$\boldsymbol{v}\times\boldsymbol{B}=\begin{vmatrix} \boldsymbol{i} & \boldsymbol{j} & \boldsymbol{k} \\ 2 & 3 & 0 \\ 2 & 0 & 5 \end{vmatrix}=\boldsymbol{i}(15)-\boldsymbol{j}(10)+\boldsymbol{k}(-6)=15\boldsymbol{i}-10\boldsymbol{j}-6\boldsymbol{k}$$

$$\therefore \boldsymbol{F}=q(\boldsymbol{v}\times\boldsymbol{B})=0.2(15\boldsymbol{i}-10\boldsymbol{j}-6\boldsymbol{k})=3\boldsymbol{i}-2\boldsymbol{j}-1.2\boldsymbol{k}\ \text{[N]}$$

수련문제

1 0.4 [c]의 점전하가 전계 $E=5\boldsymbol{j}+\boldsymbol{k}$[V/m] 및 자속밀도 $B=2\boldsymbol{j}+5\boldsymbol{k}$ [T] 내로 속도 $v=3\boldsymbol{i}+2\boldsymbol{j}$[m/s] 이동할 때 점전하에 작용하는 힘 $\boldsymbol{F}$[N]를 구하시오.

답 $4\boldsymbol{i}-4\boldsymbol{j}+2.8\boldsymbol{k}$

3. 평행도체 전류 간에 작용하는 힘

그림 8.18과 같이 A점과 B점에 I_1, I_2의 전류가 흐르는 매우 긴 평행직선전류가 d [m]의 간격으로 놓여있을 때 I_1에 의한 B점의 자계는 식 (8.10)에 의해

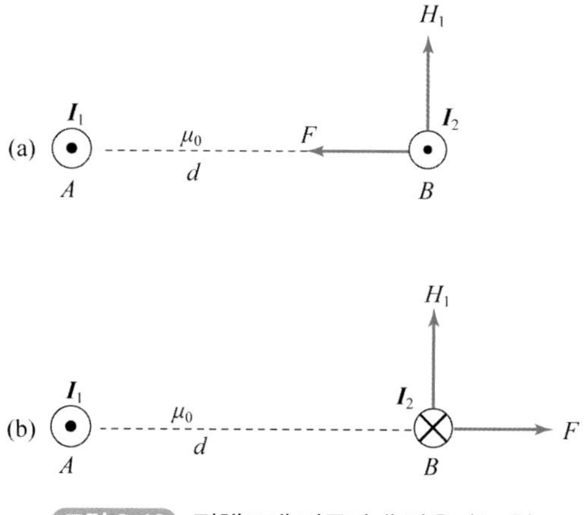

그림 8.18 평행도체 전류간에 작용하는 힘

$$H_1 = \frac{I_1}{2\pi d}\ [\mathrm{A/m}]$$

가 되며, B점에 I_2의 전류도선이 있는 경우 자계 내에 놓여진 전류도선이 받는 힘으로 식 (8.27)에 의해

$$F = lI_2B_1 = lI_2\frac{\mu_0 I_1}{2\pi d} = \frac{\mu_0 I_1 I_2 l}{2\pi d}\ [\mathrm{N}]$$

이 된다. 따라서 단위길이당 작용하는 힘은

$$f = \frac{\mu_0 I_1 I_2}{2\pi d} = \frac{2I_1 I_2}{d}\times 10^{-7}\ [\mathrm{N/m}] \tag{8.35}$$

이다. 힘의 방향을 플레밍의 왼손 법칙에 의해 구해보면 (a)와 같이 두 전류의 방향이 같은 경우에는 흡인력이 (b)와 같이 두 전류에 방향이 다른 경우에는 반발력이 작용한다.

식 (8.35)를 이용하여 전류에 의한 국제단위 Ampere[A]를 정의하고 있다. 즉, 진공 중에서 $d = 1\,[\mathrm{m}]$ 간격으로 나란히 놓여진 도선에 같은 전류가 흐를 때 1[m] 길이에 대하여 작용하는 힘이 $f = 2\times 10^{-7}\,[\mathrm{N/m}]$일 때의 전류를 SI 단위에서 1[A]로 정의한다.

예제 8.15

그림과 같이 같은 평면 내에 무한히 긴 3개의 도선 A, B, C가 10[cm]의 거리를 두고 있다. 각 도선에 같은 방향으로 I=10[A]의 전류가 흐를 때 B도선이 단위길이당 받는 힘[N/m]을 구하시오.

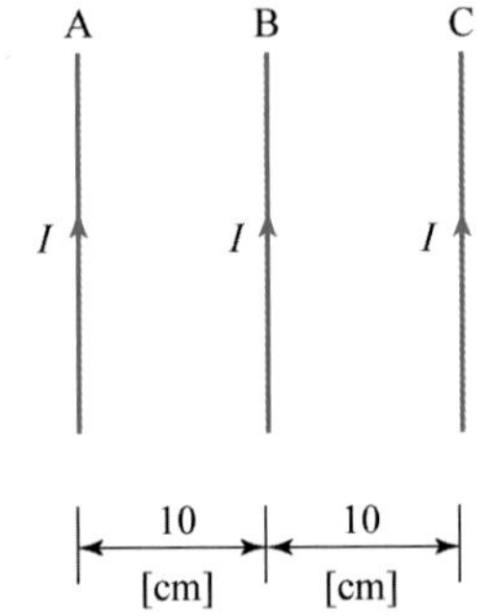

풀이 AB 사이에 작용하는 힘

$$f_1 = \frac{2I_1I_2}{d} \times 10^{-7} = \frac{2 \times 10 \times 10}{0.1} \times 10^{-7} = 2 \times 10^{-4}\,[\mathrm{N/m}]$$

BC 사이에 작용하는 힘

$$f_2 = \frac{2I_2I_3}{d} \times 10^{-7} = 2 \times 10^{-4}\,[\mathrm{N/m}]$$

이지만 두 힘의 방향이 서로 반대이므로

$$f = f_1 - f_2 = 0$$

이다. 참고로 A에 작용하는 힘을 구해보면

$$f_1 = \frac{2I_1I_2}{d_1} \times 10^{-7} = 2 \times 10^{-4}\,[\mathrm{N/m}]$$

$$f_2 = \frac{2I_1I_3}{d_2} \times 10^{-7} = \frac{2 \times 10 \times 10}{0.2} \times 10^{-7} = 1 \times 10^{-4}\,[\mathrm{N/m}]$$

두 힘 모두 같은 방향이므로

$$f = f_1 + f_2 = 3 \times 10^{-4}\,[\mathrm{N/m}]$$

수련문제

1 위 예제 (8.15)에서 B 도선에 흐르는 전류의 방향이 아래로 반대인 경우 A 도선이 단위길이당 받는 힘 f [N/m]를 구하시오.

답 1×10^{-4}[N/m]

2 공기 중에서 평행하게 가설되어 있는 도선에 크기와 방향이 같이 5[A]가 흐를 때 20[m]에 작용하는 힘이 4×10^{-4}[N]이었다. 두 도선 사이의 간격 d [m]를 구하시오.

답 0.25[m]

8.5 벡터 퍼텐셜(vector potential)

정전계에서는 모든 점에서 항상 $\nabla \times \boldsymbol{E} = rot\boldsymbol{E} = 0$이다. 즉, 전계는 회전이 없는 계이므로 $\boldsymbol{E} = -\nabla V = -grad\,V$인 관계를 갖는 전위 V를 생각할 수 있다. 또한 이 전위는 공간 전하 밀도 ρ가 주어지면

$$V = \frac{1}{4\pi\epsilon_0} \int\int\int \frac{\rho dv}{r} \; [\mathrm{V}] \tag{8.36}$$

에 의해 구해지는 스칼라량임을 앞에서 배웠다. 그런데 자계에서는 전류밀도를 $J[\mathrm{A/m^2}]$라 할 때 $\nabla \times \boldsymbol{H} = rot\boldsymbol{H} = \boldsymbol{J}$인 관계가 있으므로, $\boldsymbol{J} = 0$인 곳에서는 정전계와 마찬가지로 자위를 생각할 수 있으나 $\boldsymbol{J} \neq 0$인 곳에서는 이러한 자위는 의미가 없다. 따라서 전류에 의해 발생되는 자계를 논할 때는 이러한 자위를 일반적으로 이용할 수가 없다. 그러므로 자계의 문제를 해석할 때는 전류의 유무에 관계없이 일반적으로 응용될 정전계 경우의 전위에 유사한 어떤 양이 도입되어 이것에 의해 자계의 문제를 해석할 수 있으면 좋겠다. 벡터 퍼텐셜은 바로 이러한 생각에서 제시된 것이다. 정전계는 $\nabla \times \boldsymbol{E} = rot\boldsymbol{E} = 0$이므로 $\boldsymbol{E} = -\nabla V = -grad\, V$로 표현했지만 $\nabla \times \boldsymbol{H} = rot\boldsymbol{H} \neq 0$이므로 H로의 표현보다는 모든 곳에서 $\nabla \cdot \boldsymbol{B} = \mathrm{div}\boldsymbol{B} = 0$인 자속밀도를 기초로 하여

$$\boldsymbol{B} = \nabla \times \boldsymbol{A} = rot\boldsymbol{A}$$

인 관계를 만족하는 벡터계 $\boldsymbol{A}$를 가정하여 이 $\boldsymbol{A}$를 자속밀도 $\boldsymbol{B}$에 대한 자기벡터 퍼텐셜 혹은 벡터 퍼텐셜이라 하며, 이 벡터 퍼텐셜 $\boldsymbol{A}$는 전류에 의한 자계를 구하는 데 중간역할을 하는 중요한 양으로 [Wb/m]의 단위를 갖는다.

한편 위에서 설명한 V는 스칼라 퍼텐셜(Scalar potential, 간단히 전위 또는 potential)이라고 한다. 벡터 퍼텐셜은 정전계에서의 스칼라 퍼텐셜과 유사한 개념에서 도입된 것이지만 스칼라량이 아니고 벡터량이다. 연속성의 벡터 $\boldsymbol{B}$를 표시하는 벡터 $\boldsymbol{A}$도 연속성을 가져야 하므로

$$\nabla \cdot \boldsymbol{A} = div\boldsymbol{A} = 0 \tag{8.37}$$

의 조건이 만족된다.

$$\boldsymbol{J} = rot\boldsymbol{H} = \frac{1}{\mu_0} rot\boldsymbol{B} = \frac{1}{\mu_0} rot\; rot\boldsymbol{A} \tag{8.38}$$

이며 벡터공식

$$rot\; rot\boldsymbol{A} = grad\; div\boldsymbol{A} - \nabla^2 \boldsymbol{A}$$

의 결과에서 식 (8.37)을 대입하면 식 (8.38)은

$$\nabla^2 \boldsymbol{A} = -\mu_0 \boldsymbol{J} \tag{8.39}$$

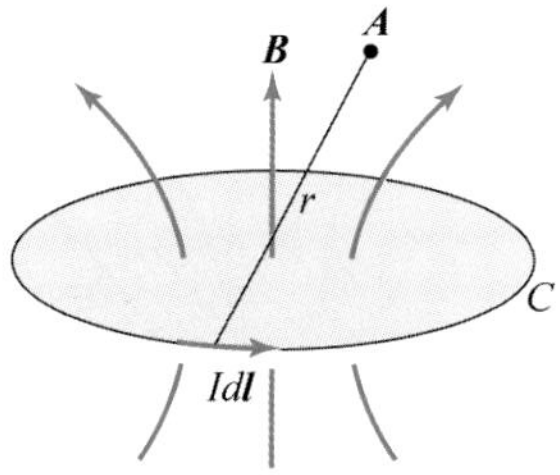

그림 8.19 회전 전류의 벡터 퍼텐셜

가 되어 분포전류 $\boldsymbol{J}[\mathrm{A/m^2}]$에 의한 벡터 퍼텐셜 $\boldsymbol{A}$ [Wb/m]의 관계를 표시하는 벡터함수의 포아송(Poisson)의 방정식이 얻어진다. 만일 고찰점에 전류분포가 없으면

$$\nabla^2 \boldsymbol{A} = 0 \tag{8.40}$$

의 라플라스(Laplace) 방정식이 얻어진다.

위 벡터미분방정식을 풀어 J와 A의 관계를 구하면

$$\boldsymbol{A} = \frac{\mu_0}{4\pi}\int\int\int \frac{\boldsymbol{J}dv}{r}[\mathrm{Wb/m}] \tag{8.41}$$

이 얻어진다.

그런데 우리가 흔히 취급하는 전류분포는 그림 8.19와 같은 회로전류이며

$$Jdv = Idl\,[\mathrm{Am}]$$

의 관계가 있으므로

회로전류 C에 의한 자계 내 임의 점의 벡터퍼텐셜은

$$A = \frac{\mu_0}{4\pi}\oint_c \frac{Idl}{r}\ [\mathrm{Wb/m}] \tag{8.42}$$

와 같이 표시된다.

예제 8.16

그림에서와 같이 회로전류 I[A] 에 의한 자계 내에서의 임의의 폐곡선 C상의 벡터 퍼텐셜을 $\boldsymbol{A}$ [Wb/m]라 할 때, C회로면을 관통하는 자속 ϕ [Wb]가 $\phi = \oint_c \boldsymbol{A}\cdot dl$ [Wb]로 주어짐을 유도하시오. 여기서 dl [m]은 폐곡선 C의 미소선분벡터이다.

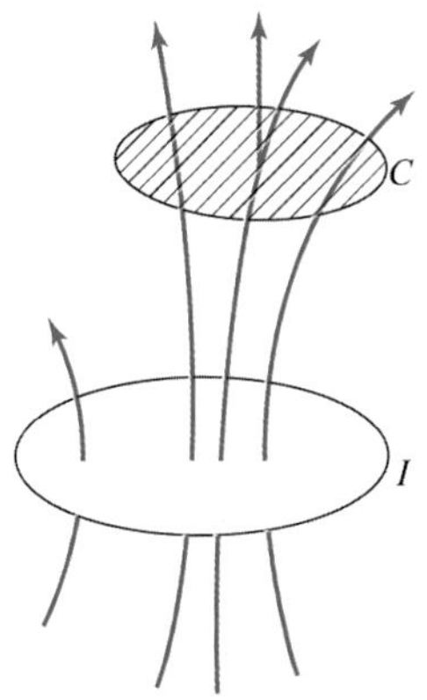

풀이 C를 주변으로 하는 곡면 S상의 자속밀도를 B[T], S에 대한 법선단위벡터를 $\boldsymbol{n}$이라 하면

$$\phi = \int_s \boldsymbol{B} \cdot \boldsymbol{n} dS = \int_s rot\boldsymbol{A} \cdot \boldsymbol{n} dS \text{[Wb]}$$

가 얻어지는데, 여기서 Stokes의 정리를 적용하면

$$\phi = \oint_c \boldsymbol{A} \cdot d\boldsymbol{l} \text{ [Wb]}$$

가 얻어진다. 즉, 임의의 폐곡선을 따라 A의 선적분을 구하면 폐곡선과 쇄교하는 자속수가 얻어진다. 이때 자속의 방향과 곡선의 적분방향은 오른나사의 법칙을 따른다. 이 결과는 양코일 간의 상호 인덕턴스를 구할 때 이용되는 중요한 식이다.

8.6 핀치 효과와 홀 효과

1. 핀치 효과(pinch effect)

그림 8.20의 단면을 갖는 액체 상태의 도체에 직류를 흘리면 그 전류에 의해 전류 방향과 수직 방향으로 원형자계가 생겨 전류(액체)에는 중심을 향하는 구심력이 작용한다. 그 힘은 액체 단면을 수축하므로 저항이 크게 되어 주울 열이 높아짐과 동시에 전류도 흐르기 어렵게 된다. 전류가 작아지면 수축력도 작아지기 때문에 단면은 원상태로 되돌아오고, 다시 전류가 흘러 수축력이 생긴다. 이와 같은 현상이 되풀이되는 것을 **핀치 효과**라고 한다. 핀치 효과에 의하여 열에너지를 좁은 공간에 모을 수도 있다.

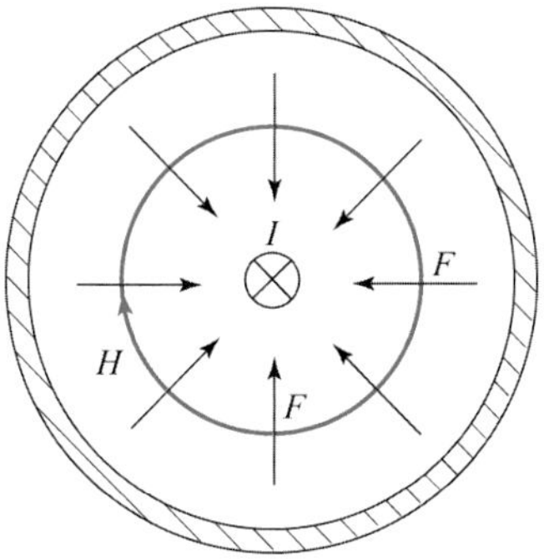

그림 8.20 핀치 효과

2. 홀 효과(Hall effect)

그림 8.21(a)와 같이 전류 I[A]가 흐르는 도체에 자계 B[T]가 가해지면 그 물질 속의 전하는 플레밍(Fleming) 왼손 법칙에 의하여 힘을 받아 $+y$ 쪽에는 정전하가 증가하고 $-y$ 쪽에는 부전하가 증가한다. 그 때문에 y 축 방향에 전위차 V_H가 발생하는데 이러한 현상을 **Hall 효과**라 한다. 또한 이 전압을 Hall 전압이라 하며 다음 식으로 나타낸다.

$$V_H = R_H \frac{IB}{d} [\text{V}]$$

여기서 비례상수 R_H는 Hall 정수이다. 또한 그림 8.21(b)와 같이 부(−)의 전하를 갖는 물질에서는 Hall 전압의 극성이 (a)와 반대로 나타낸다. 홀 효과를 이용한 홀 소자는 자속, 전류, 전력 등의 측정장치, 증폭기, 계전기 등 많은 분야에 이용되고 있다.

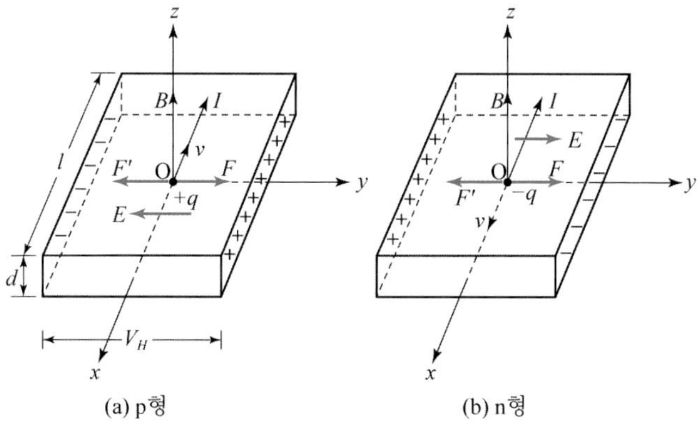

그림 8.21 홀효과

3. 스트리치(strech) 효과

전류와 자계 사이에 작용하는 힘의 효과 중 다른 한 예로 자유로이 구부릴 수 있는 가요성 도선에 큰 전류를 흘리면 전류도선 사이에 반발력이 생겨 도선이 원을 형성하는 데 이 현상을 **strech 효과**라 한다.

연습문제

1. 한 변의 길이가 l [m]인 정삼각형 회로에 전류 I[A]가 흐를 때 삼각형의 중심에서의 자계의 세기 [A/m]를 구하시오.

   … $\frac{9I}{2\pi l}$ [A/m]

2. 그림과 같이 직선의 일부를 구부려서 반원을 반들 때 중심 O에서의 자계의 세기를 구하시오.

   … $\frac{I}{4a}$[A/m]

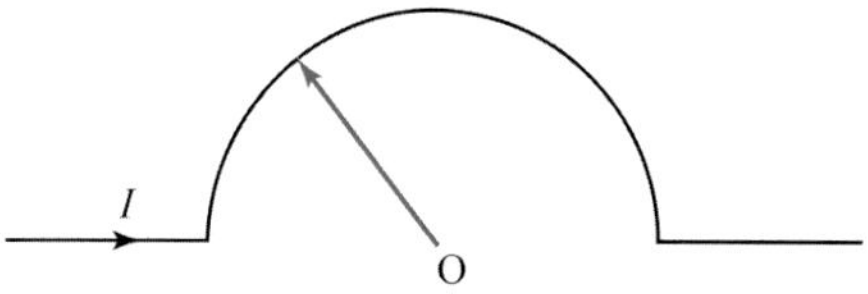

3. 그림과 같이 무한장 직선도체에 I[A]의 전류가 흐를 때 도체에서 $a1$[m] 떨어진 곳에 있는 가로, 세로가 각각 $2a$[m], a[m]인 사각형의 면적을 통과하는 자속은 얼마나 되는가 구하시오.

   … $\frac{\mu Ia}{2\pi} ln3$[Wb]

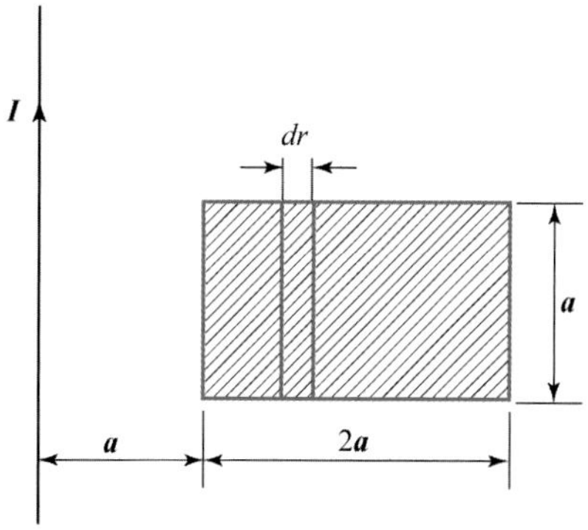

④ 그림에서 직선 도체 바로 아래 10[cm] 되는 위치에 자침이 나란히 있다. 이때 자침에 작용하는 회전력[N · m]를 구하시오(단 도체의 전류는 $I=20\,[\mathrm{A}]$, 자침의 자계의 세기는 $\pm m=10^{-6}\,[\mathrm{Wb}]$이고, 자침의 길이는 $l=10\,[\mathrm{cm}]$이다).

··· $3.18\times10^{-6}\,[\mathrm{N}\cdot\mathrm{m}]$

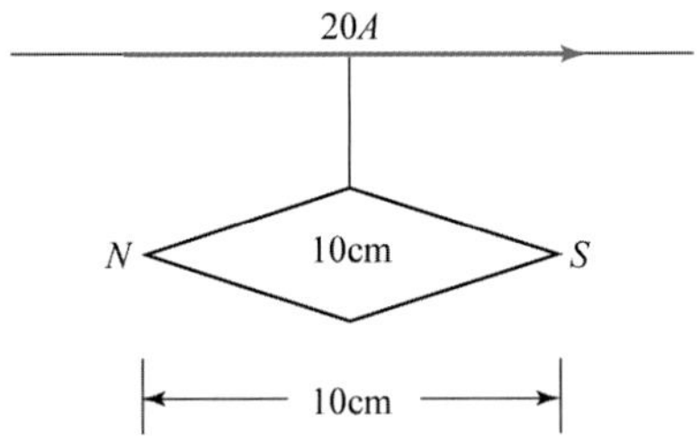

⑤ 간격 4[cm]의 무한히 긴 직선도선 A, B에 각각 10[A]의 전류가 반대방향으로 흐를 때 A에서 2[cm], B에서 6[cm] 되는 점의 자계의 세기를 구하시오.

··· 53[A/m]

⑥ 그림과 같은 중공 원통 도체에 전류 I[A]가 균일한 전류 밀도가 흐를 때 중공 부분, 도체 부분 및 외부 공간에 있어서의 자계의 세기를 구하시오.

··· $H_1=0,\ H_2=\dfrac{I}{2\pi x}\dfrac{x^2-a^2}{b^2-a^2}[\mathrm{A/m}](a<x<b)\,H_3=\dfrac{I}{2\pi x}[\mathrm{A/m}](b<x)$

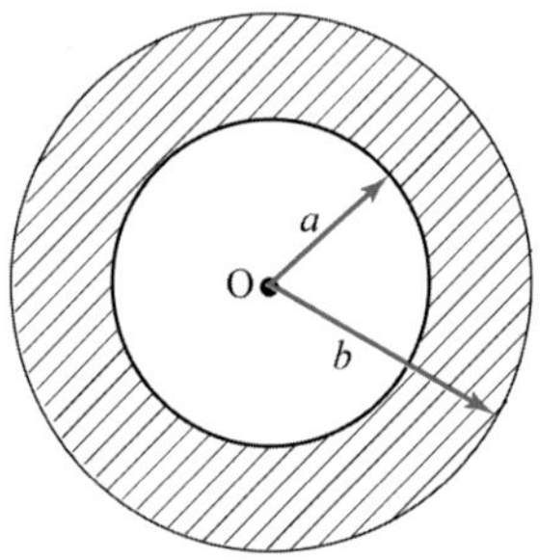

7 평균길이 10π[cm]인 환상 철심에 권수를 100회 감고 5[A]의 전류를 흐릴 때 철심 내부를 통하는 자속[Wb]을 구하시오. 단 철심의 비투자율은 $\mu_r = 1000$,철심의 단면적은 $3 \times 10^{-4}[\mathrm{m}^2]$이다.

… $6 \times 10^{-6}[\mathrm{Wb}]$

8 평균길이 1[cm], 권수 100회의 환상 솔레노이드 코일에 비투자율 1000의 철심을 넣고 자속밀도 0.1[T]를 얻기 위해서 코일에 흘려야 할 전류 [A]를 구하시오.

… 약 0.8[A]

9 반경 $a = 3[\mathrm{cm}]$, 길이 $l = 2[\mathrm{m}]$, $N = 5000$회의 권선이 감겨있는 솔레노이드 철심에 $I = 4[\mathrm{A}]$의 전류를 흘릴 때 솔레노이드 외부와 내부의 세기를 구하시오.

… 외부 $H = 0$, 내부 $H = 10000[\mathrm{A/m}]$

10 간격 30[cm] 되는 무한장 평행 직선도체에 200[A]의 전류가 각각 같은 방향으로 흐르고 있다. 간격을 50[cm]로 하기 위해 필요한 일[J/m]을 구하시오.

… $4.1 \times 10^{-3}[\mathrm{J/m}]$

11 500[kg]의 흡인력을 가진 전자석을 만들 때 자속밀도가 1.2[T]일 때 필요한 흡착부의 면적 $[\mathrm{cm}^2]$을 구하시오.

… $85.5[\mathrm{cm}^2]$

12 비투자율 $\mu_r = 8000$, 원형 단면적 $S = 10\,[\mathrm{cm}^2]$, 평균 자로 길이 $l = 10\pi\,[\mathrm{cm}]$의 환상 철심에 $N = 600$회의 권선을 감은 무단 솔레노이드가 있다. 이것에 $I = 1\,[\mathrm{A}]$의 전류를 흘릴 때 코일 내부자속[Wb]을 구하시오.

… $1.92 \times 10^{-4}[\mathrm{Wb}]$

⑬ 서로 평행한 3개의 무한길이 직선 전류 A, B, C가 한 변이 1[m] 되는 정삼각형의 각 정점에 배치되어 있다. 전류 I[A]가 각 전선을 동일한 방향으로 흐를 때, A, B에 의하여 C의 단위길이에 작용하는 힘을 구하시오. 또 B, C에는 동일한 방향, A에는 이것과 반대 방향으로 전류 I가 흐를 때에는 어떻게 되는가?

… $F_1 = \dfrac{\sqrt{3}\,\mu_0 I^2}{2\pi}$ [N], $F_2 = \dfrac{\mu_0 I^2}{2\pi}$ [N]

⑭ 자속밀도 $B = \boldsymbol{i} + 2\boldsymbol{j} + 3\boldsymbol{k}$[T]인 평등자계속에 전류 $I = 2\boldsymbol{i} - \boldsymbol{j} + \boldsymbol{k}$[A]의 전류가 흐를 때 도선의 단위길이당 받는 힘[N/m]을 구하시오.

… $\boldsymbol{i} + 7\boldsymbol{j} + 5\boldsymbol{k}$[N/m]

⑮ 0.4[C]의 점전하가 전계 $E = 5\boldsymbol{i} - 2\boldsymbol{j} + 3\boldsymbol{k}$ 및 자계 $B = 4\boldsymbol{i} + 2\boldsymbol{j} = 10\boldsymbol{k}$인 전자계 내에서 속도 $v = 3\boldsymbol{i} = 5\boldsymbol{j} + 2\boldsymbol{k}$[m/s]로 이동할 때 이 점전하에 작용하는 힘[N]을 구하시오.

… $16.4\boldsymbol{i} + 14.4\boldsymbol{j} + 11.6\boldsymbol{k}$[N]

⑯ 두께 0.4[mm]인 N형 반도체에 서로 직각방향으로 20[mA]의 전류와 0.1[T]의 자계를 가할 때 1[mV]의 Hall 전압이 발생하였다. Hall 정수와 전자밀도를 구하시오.

… -0.2×10^{-3}[m³/C], 3.68×10^{16}[전자/cm³]

Chapter 09

강자성체를 이해하고 자기회로에서 해석하기

1. 강자성체
2. 자화 곡선과 투자율
3. 히스테리시스 현상
4. 자기저항과 투자율
5. 자기회로

도선에 전류가 흐르면 자장을 발생시키며, 영구자석에서도 자장을 발생한다. 이 영구자석에 의한 자계는 전자의 궤도 스핀운동에 의한 미소전류에 의해 발생된다. 이러한 개별적인 전자 운동인 스핀운동은 순환전류에 의한 효과만큼 크지는 못하지만 무수히 많은 결합에 의한 효과로 커다란 자장을 발생시킬 수 있다. 철, 니켈, 코발트 및 이들의 합금은 원자들이 결정을 구성할 때 자기쌍극자 모멘트의 방향이 같은 원자들이 영역을 구성하여 강한 자성을 나타내며 이러한 영역을 **자구**라 한다. 자구의 형태와 크기는 물질의 종류와 상태에 따라 다르나 크기는 수 μm에서 수 cm에 이르며 금속현미경으로 모양을 관찰할 수 있다.

자성체의 자화의 세기를 평가 분류할 때에 μ_r (비투자율)이 진공 중에서 1이고 이 값보다 매우 큰 경우에는 강자성체라 한다. 자구의 방향은 유전체에서 전기 분극현상과 같이 자기쌍극자로 작용한다. 이들 자구가 강자성체에서 자계를 가하게 되면 자기모멘트 P에서 아주 큰 값으로 포화상태에 이르는데 이것을 **자기포화**라 한다.

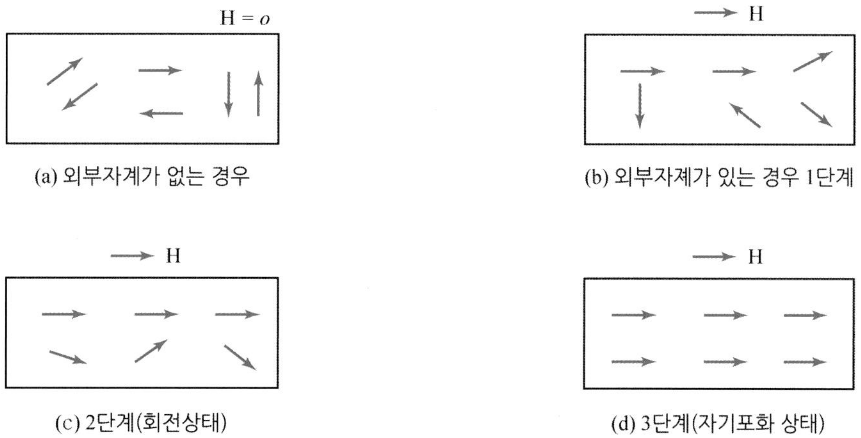

그림 9.1 자구의 변화과정

9.1 강자성체

강자성체는 외부 자계와 같은 방향으로 강하게 자성을 갖는 물질로서 Fe, Ni, Co 등이 이에 해당된다. 이 물질들은 비투자율의 크기, 자기 히스테리시스 곡선의 경사와 면적 등에 의해 구별될 수 있으며 특징은 다음과 같다.

① 투자율이 크고, 포화 자속밀도가 큰 물질로 히스테리시스 곡선의 모양이 구형이며 면적

이 크다.

② 보자력과 잔류자기가 큰 히스테리시스 곡선의 면적이 큰 물질

③ 일정한 투자율을 갖는 항투자율 물질

④ 상온에서 투자율이 선형 반비례하는 정자기 물질

⑤ 히스테리시스 곡선 기울기가 크고 일정한 보유 자속력을 갖는 물질

9.2 자화 곡선과 투자율

강자성체가 상자성체나 반자성체와 본질적으로 구별될 수 있는 점은 외부 인가자계(H)와 이로 인한 자화의 세기(J)와는 간단한 비례관계가 아닌 여러 복잡한 관계를 나타내는 것이다. 즉, 인가 자계가 일정 한계까지는 비례적으로 자화세기가 증가하지만 이 이상에서는 증가하지 않는 포화현상을 나타내게 되는데, 이러한 $J-H$ 관계 곡선을 자화 곡선이라 한다. 강자성체는 자화율과 비투자율이 $x \gg 1$, $\mu_r \gg 1$이므로 강자성체 내의 자속밀도 B에 대하여 다음 관계가 성립한다.

$$B = \mu_0 H + J = \mu_0 H + xH \fallingdotseq J\,[\mathrm{Wb/m^2}] \tag{9.1}$$

이 식에서 B는 J와 선형적인 비례관계를 갖게 되므로 강자성체는 $J-H$ 곡선이나 $B-H$ 곡선이나 동일하게 특성을 나타낼 수 있다. 전자유도현상에서 자속 Φ는 자속밀도 B의 값에 따라서 결정되므로 $B-H$ 곡선에 대하여 고찰하기로 한다.

그림 9.2(a)는 자화 곡선으로 H의 값을 천천히 증가시킬 때 B의 값이 급격한 증가를 보이며, 이후 한계치에 도달하면 B가 증가하지 않고 일정한 값에 머무르게 되는데, 이것을 자기포화현상이라 한다. 이러한 자화 곡선의 투자율 $\mu = B/H$는 일정한 값이 아닌 자화상태에 따라 달라지게 된다. 이러한 비투자율의 변화는 그림 9.2(b)에 나타내고 있다. 또한 강자성체의 자화율과 투자율 사이의 관계는

$$\begin{aligned} \mu &= \mu_0 + x_m \\ \mu_i &\simeq x_i \\ \mu_m &\simeq x_m \end{aligned} \tag{9.2}$$

이다. 강자성체가 이와 같은 자화 특성을 나타내는 것은 자화 초기에 자기모멘트가 자계방향으로 배열될 때 관성에 의한 저항력을 받아 자화는 서서히 진행되나 자계를 증가시키면 자화

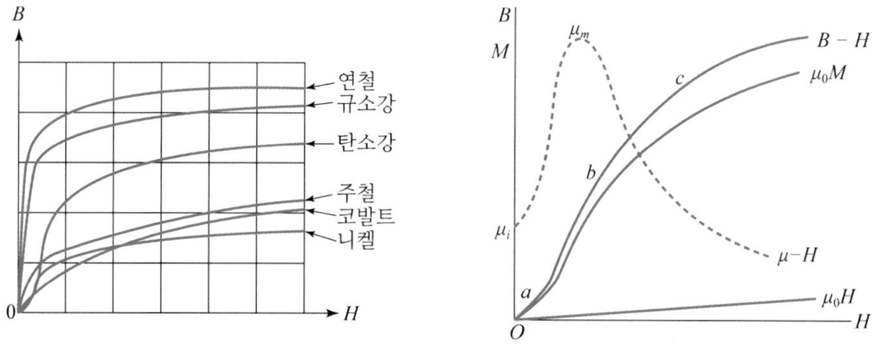

(a) 자화 곡선 (b) 투자율곡선

그림 9.2 강자성체의 자화 곡선

는 급속히 진행된다. 또한 대부분의 자기모멘트가 자계방향으로 배열된 후에는 그 이상 자화를 일으키지 못하게 된다.

9.3 히스테리시스 현상

일반적으로 강자성체는 B의 값이 H가 증가할 때의 값과 감소될 때의 값이 다르다. 이와 같이 자기세기가 이력에 의해서 다른 값을 갖는 현상을 히스테리시스 현상이라 한다.

그림 9.3은 히스테리시스 곡선의 일반적인 형태로서 전혀 자화되어 있지 않은 강자성체가 점 o에서 H를 증가시켜 점 a까지 이르고, 다시 H를 감소시켜 B의 변화를 관찰하면 이전의 oa곡선이 아닌 ab곡선이 된다. 여기서 $H=0$에서 b의 크기 $\boldsymbol{B_r}$**는 잔류자기(residual magnetism)**라 한다. 또한 H를 역방향으로 가하면 bc 곡선과 같이 되어 $B=0$일 때 $\boldsymbol{H_c}$**(보자력 : coercive force)**가 된다.

다시 계속해서 자계를 역방향으로 증가시키면 점 d에서 포화되며, 이점에서 자계 H를 순방향으로 증가시키면 def를 따라 a점에 도달한다. 이러한 현상은 강자성체 내부의 자구가 자계 H에 의하여 그 방향으로 증가하거나 회전하기 때문이다. 이 히스테리시스 곡선을 사용하여 강자성체가 자화하는 데 필요한 에너지 W_h와 자계 에너지 밀도 W_m를 구하면 다음과 같다.

$$W_h = \int_0^B H \cdot dB = \frac{B^2}{2\mu} = \frac{1}{2}\mu H^2 = \frac{1}{2}H \cdot B\,[\mathrm{J/m^3}] \qquad (9.3)$$

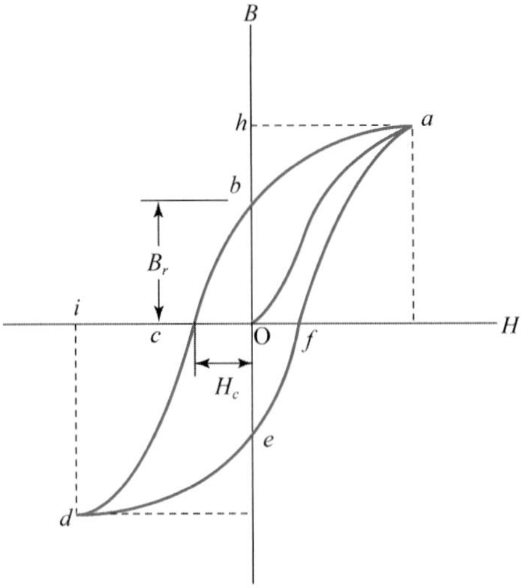

그림 9.3 히스테리시스 곡선

$$W_m = \int H \cdot dB = abcdefa\text{곡선 면적 } [\mathrm{J/m^3}] \tag{9.4}$$

여기서 알 수 있듯이 강자성체를 자화하는데 필요한 에너지는 히스테리시스 루프로 둘러싸인 면적이 된다. 히스테리시스 곡선을 따라 일주하여 처음 상태로 돌아오면 물리적인 에너지는 열로 소비하게 되어 히스테리시스손이 발생하게 된다. 이러한 히스테리시스손에 의하여 손실되는 전력 P_h는 다음과 같다.

$$P_h = f\ v\ W_h = \eta\ f\ v\ B_m^{1.6}\ [\mathrm{W}] \tag{9.5}$$

여기서 v는 강자성체의 체적, f는 교류자계주파수, B_m은 강자성체의 최대자속밀도, η는 히스테리시스 정수이다. 지수 1.6은 슈타이메츠 정수라 한다.

그림 9.4와 같이 연철규소강은 히스테리시스손이 적으며 잔류자기 B_r이 크므로 전자기기의 철심재료료 쓰이고 강철은 보자력 H_c가 크므로 영구자석 재료로 사용되고 있다. 또한 각형의 히시테리시스 특성을 갖는 것은 주로 제어기기의 소자로 사용되고 있다.

전자석이나 변압기 등의 철심은 교류에 의해 주기적인 자화가 행해지므로 철심에서 히스테리시스손을 줄이는 방법으로 히스테리시스 루프의 면적이 적은 연철을 사용하고 있다. 또한 연철에 소량의 규소성분을 혼합하여 히스테리시스손을 더욱 감소시킬 수 있다.

강자성체를 자화하면 그의 치수변화가 일어나는데, 이와 같은 현상을 자기변형이라 한다. 자기변형을 이용하여 초음파 진동자나 발진기의 안정화 등에 사용하고 있으며, 재료로는 철–

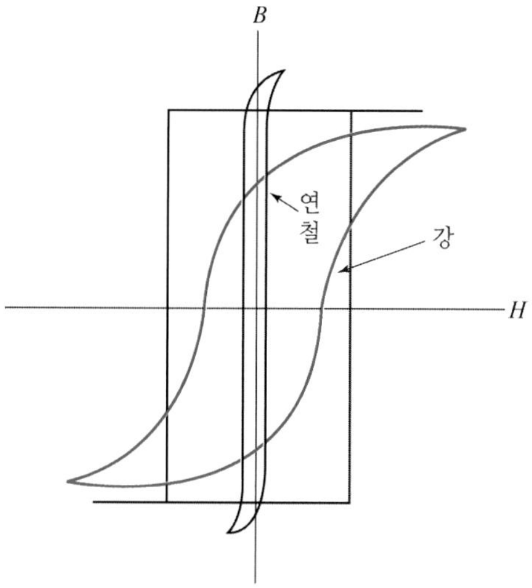

그림 9.4 강자성체의 히스테리시스 특성

니켈합금, 철-알루미늄합금 등이 있다.

예제 9.1

직각 히스테리시스 곡선의 특성을 갖는 그림 9.5의 철심이 있다. 이 철심에 충분히 강한 자계를 50 [Hz]로 자화시킬 경우 히스테리시스손을 구하시오(단 $v = 30\ [\mathrm{cm}^3]$, $H_c = 7.5\ [\mathrm{A/m}]$, $B_r = 1.5\ [\mathrm{T}]$이다).

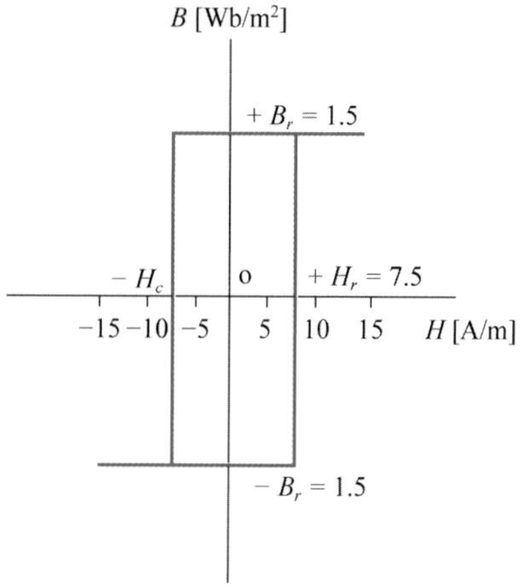

그림 9.5 각형 히스테리시스 곡선

풀이 철심의 1회 자회에 의해 손실되는 에너지 W_h는 각형의 면적과 같으므로

$$W_h = \oint H \cdot dB = 4H_cB_r$$

이 된다. 그러므로 전체 에너지 손실 P_h는 다음과 같다.

$$P_h = 4fcH_cB_r = 67.5 \times 10^{-3} = 67.5\,[\mathrm{mW}]$$

수련문제

1 어떤 자성체의 히스테리시스 루프가 그림과 같은 평행사변형이다. 여기서 $B_r = 0.1\,[\mathrm{T}]$, $H_C = 5\,[\mathrm{A/m}]$이고 투자율은 곡선의 범위에서 일정하다면 $60\,[\mathrm{Hz}]$의 교류에서 단위체적당의 손실 $[\mathrm{W/m^3}]$은 얼마인가?

답 $120\,[\mathrm{w/m^2}]$

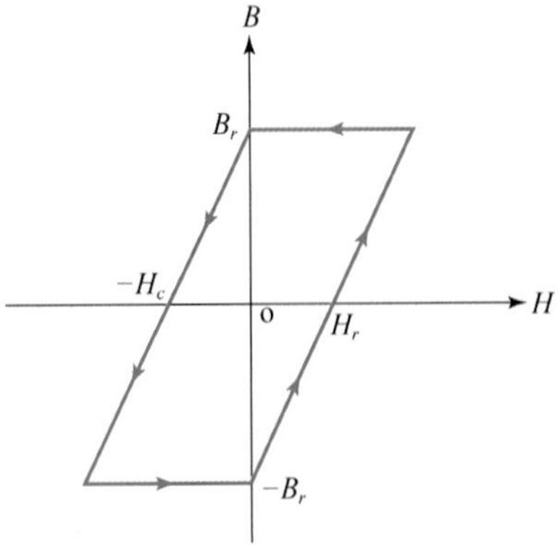

9.4 자기저항과 투자율

자계 내에서 자속은 매질의 자기적 성질에 무관하게 반드시 폐곡선을 이루고 있다. 이러한 자속의 통로를 자기회로(자로)라고 한다. 일반적으로 자로의 성분 dl, 자계의 세기 H_i, 자로를 관통하는 자화코일의 감긴 수 N, 자화코일에 흐르는 전류 I라고 한다면 전류와 권선의 방향을 각각 오른나사의 진행방향 및 회전방향으로 하여 암페어의 법칙을 적용하면 기자력 F_m은

$$F_m = \oint \boldsymbol{H}_i \cdot dl = NI[\mathrm{A}] \tag{9.6}$$

이 성립된다.

그림 9.6과 같이 단면이 균일한 원환의 강자성체 주위에 권선을 감는다. 강자성체의 투자율은 주위 공간의 투자율에 비하여 매우 크므로 자속의 밀도는 주위 공간에서 보다 강자성체 철심 내에서 극히 큰 값을 갖게 된다. 따라서 자속은 거의 전부가 원환철심의 축방향으로 통하게 되고, 외부로 누설되는 것이 없게 되어 자속이 일정한 자기회로를 이루게 된다. 이때 원환의 반지름이 원환의 단면 크기에 비해 충분히 큰 경우를 고려해 보면 자계의 세기 H와 자속밀도 B는 원환 단면의 모든 점에서 균일한 값을 갖게 된다. 식 (9.6)에서 $H = H_i$ 인 일정 값을 가지게 되어

$$Hl = NI[\mathrm{A}] \tag{9.7}$$

인 관계가 성립된다. 자성체의 투자율 μ, 자속 $\phi = BS$, $B = \mu H$인 관계로부터

$$\begin{aligned} H &= \frac{B}{\mu} = \frac{\phi}{\mu S}\ [\mathrm{A/m}] \\ Hl &= \frac{\phi l}{\mu S} = NI = \phi\frac{l}{\mu S} = \phi R_m\ [\mathrm{A}] \\ \phi &= \frac{NI}{\frac{l}{\mu S}} = \frac{NI}{R_m}\ [\mathrm{Wb}] \end{aligned} \tag{9.8}$$

이다. 여기서

$$R_m = \oint \frac{dl}{\mu S} = \frac{l}{\mu S} \tag{9.9}$$

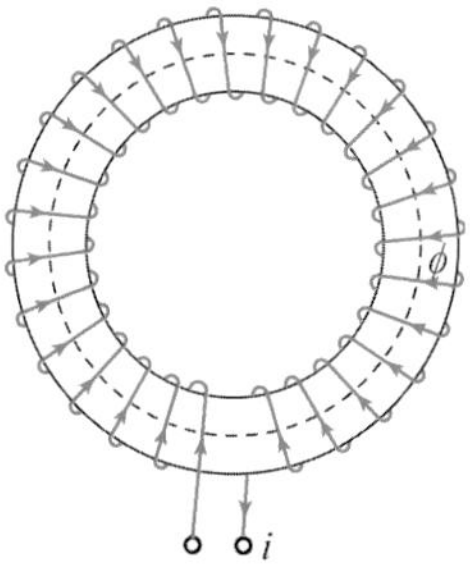

그림 9.6 원환 철심에 권선을 감은 자로의 형성

이고, R_m **을 자기저항** 또는 **릴럭턴스(reluctance)**라 하고, **역수의 값을 퍼미언스(permeance)**라 한다.

수련문제

1 단면적 $S=4\ [\mathrm{cm}^2]$의 철심에 $\phi=6\times10^{-4}\ [\mathrm{wb}]$의 자속을 통하게 하려면 $H=2800\ [\mathrm{A/m}]$의 자계가 필요하다. 이 철심의 비투자율을 구하시오.

답 426

9.5 자기회로

자기회로와 전기회로는 대응성을 갖게 되고 전기회로에 쓰이는 여러 법칙이나 방법 등이 자기회로에도 유사하게 성립되는 것을 표 9.1에 표시하였다.

또한 자기회로에 있어서도 전기회로와 동일하게 키르히호프의 법칙이 성립하게 되어 다음에 언급될 2가지 정리에 의해 자기회로를 해석하도록 한다.

① 자기회로에서 임의의 결합점으로 유입하는 자속의 대수합은 0이다.

$$\sum_{i=1}^{n}\phi_i=0 \tag{9.10}$$

② 임의의 폐자로에서 각 부분의 자기저항과 자속과의 곱의 대수합은 그 폐자로에 있는 기자력의 대수합과 같다.

$$\sum_{i=1}^{n}R_i\phi_i=\sum_{i=1}^{m}N_iI_i \tag{9.11}$$

표 9.1 전기회로와 자기회로의 대응성

전기회로		자기회로	
기 전 력	V[V]	기자력	$F_m=NI$[A]
전 류	I[A]	자 속	ϕ [Wb]
전기저항	R [Ω]	자기저항 또는 릴럭턴스	R_m [H^{-1}]
도 전 율	k [S/m]	투자율	μ [H/m]

자기저항이 각각 R_1, R_2, R_3인 자성체가 직렬로 연결되었을 경우 합성 자기저항 R_m은

$$R_m = R_1 + R_2 + R_3 = \frac{l_1}{\mu_1 S_1} + \frac{l_2}{\mu_2 S_2} + \frac{l_3}{\mu_3 S_3} [\mathrm{H}^{-1}] \tag{9.12}$$

이다. 이 경우 기자력을 F_m [A]라 하고, 각 자기저항을 통하는 자속 ϕ [Wb]가 일정하다면

$$\phi = \frac{F_m}{R_m} = \frac{F_m}{R_1 + R_2 + R_3} [\mathrm{Wb}] \tag{9.13}$$

이 되며, 각 자기저항에 필요한 기자력을 F_1, F_2, F_3 [A]라 하면

$$\begin{aligned} F_m &= F_1 + F_2 + F_3 = \phi R_1 + \phi R_2 + \phi R_3 \\ &= \frac{l_1 \phi}{\mu_1 S_1} + \frac{l_2 \phi}{\mu_2 S_2} + \frac{l_3 \phi}{\mu_3 S_3} \\ &= \frac{l_1}{\mu_1} B_1 + \frac{l_2}{\mu_2} B_2 + \frac{l_3}{\mu_3} B_3 \\ &= l_1 H_1 + l_2 H_2 + l_3 H_3 [\mathrm{A}] \end{aligned} \tag{9.14}$$

이다. 여기서 H_1, H_2, H_3 [A/m]는 각 자성체의 $B-H$ 곡선의 B_1, B_2, B_3 [T]에서 얻어진 값이다. 그러므로 식 (9.14)는 이 자기회로에 자속 ϕ [Wb]를 통과시키는데 필요한 전기자력 F[A]가 되며, 각 자성체에서 소요되는 각각의 기자력

$$\begin{aligned} F_1 &= H_1 l_1 [\mathrm{A}] \\ F_2 &= H_2 l_2 [\mathrm{A}] \\ F_3 &= H_3 l_3 [\mathrm{A}] \end{aligned} \tag{9.15}$$

를 합친 것과 같다. 병렬회로에 대한 합성 자기저항 R_m은

$$R_m = \frac{1}{\dfrac{1}{R_1} + \dfrac{1}{R_2} + \dfrac{1}{R_3}} \tag{9.16}$$

으로 주어진다.

예제 9.2

그림 9.7과 같이 철심 ABC의 부분에 N_1회의 코일을 감아서 I_1[A]의 전류를 통하고, ADB에 N_2회의 코일을 감아 I_2[A]를 통하게 할 때 AB의 철심을 통하는 자속 ϕ_3을 구하시오(단 ACB, ADB, AB의 철심 길이를 각각 l_1, l_2, l_3라 하고, 단면적을 S_1, S_2, S_3라 하며, 투자율을 μ_1, μ_2, μ_3라 한다).

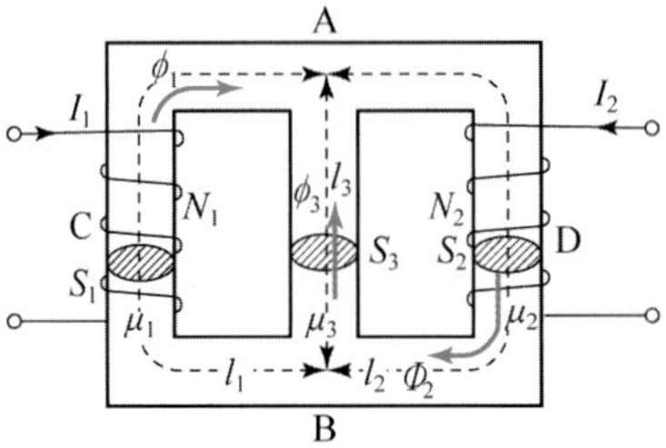

(a) 철심의 권선을 감을 경우

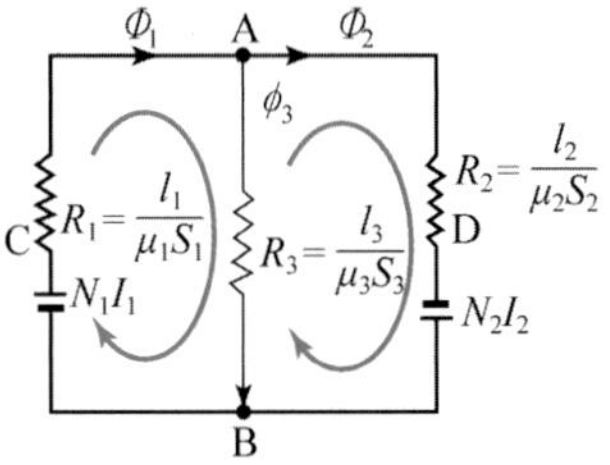

(b) 등가 자기회로

그림 9.7 자기회로 예

풀이 그림 9.7(a)의 자기회로에 대응되는 전기회로는 그림 9.7(b)와 같다. 철심 ACB, ADB, AB의 자기저항을 각각 R_1, R_2, R_3라 하면

$$R_1 = \frac{l_1}{\mu_1 S_1},\ R_2 = \frac{l_2}{\mu_2 S_2},\ R_3 = \frac{l_3}{\mu_3 S_3}$$

가 되어 그림 9.7(b)의 점 A에 키르히호프의 제1법칙을 적용하면

$$\phi_1 - \phi_2 + \phi_3 = 0$$

되고, 폐자로 $ABCA$에 제2법칙을 적용하면

$$R_1\phi_1 - R_3\phi_3 = N_1 I_1$$

이며, 폐회로 $ADBA$에서는

$$R_2\phi_2 - R_3\phi_3 = N_2 I_2$$

이다. 이들의 연립방정식에서 AB 철심의 자속 ϕ_3은

$$\phi_3 = \frac{\begin{vmatrix} 1 & -1 & 0 \\ R_1 & 0 & N_1 I_1 \\ 0 & R_2 & N_2 I_2 \end{vmatrix}}{\begin{vmatrix} 1 & -1 & 1 \\ R_1 & 0 & -R_3 \\ 0 & R_2 & R_3 \end{vmatrix}} = \frac{R_1 N_2 I_2 + R_2 N_1 I_1}{R_1 R_2 + R_1 R_3 + R_2 R_3}$$

이다.

그림 9.8과 같이 짧은 공극을 갖는 자기회로에 권선수 N, 전류 I인 자화코일로 자화시키는 경우를 고찰해보자. 이 자기회로의 길이와 단면적, 투자율은 각각 철심과 공극부에서

l_1, S_1, μ_1과 l_2, S_2, μ_0라 하면 $S_1 = S_2 = S$, $\mu_2 = \mu_0$가 된다. 자속의 외부로의 누설이 없다고 한다면 철심이나 공극을 통과하는 자속과 자속밀도는 동일한 값을 가지게 된다. 기자력 F와 철심과 공극의 자계의 세기를 H_1, H_2라 하고, 자속 ϕ와 자계 B를 구하면

$$F_m = H_1 l_1 + H_2 l_2 = NI\,[\mathrm{A}] \tag{9.17}$$

$$\phi = \frac{F_m}{R_m} = \frac{NI}{\dfrac{l_1}{\mu_1 S} + \dfrac{l_2}{\mu_2 S}} = \frac{NI}{\dfrac{l_1}{\mu_1 S}(1 + \mu_r \dfrac{l_2}{l_1})}\,[\mathrm{Wb}] \tag{9.18}$$

$$H_1 = \frac{\phi}{\mu_1 S} = \frac{B}{\mu_1}\,[\mathrm{A/m}] \tag{9.19}$$

$$H_2 = \frac{\phi}{\mu_0 S} = \frac{B}{\mu_0}\,[\mathrm{A/m}] \tag{9.20}$$

인 관계식이 성립한다. 공극이 없을 때 자속 ϕ'은

$$\phi' = \frac{NI}{\dfrac{l_1}{\mu_1 S}\left(1 + \dfrac{l_2}{l_1}\right)}\,[\mathrm{Wb}] \tag{9.21}$$

이다. 식 (9.20), (9.21)에서 자속은 공극이 있는 경우 감소하며, 이것은 자기저항의 증가에 기인하게 된다. 이와 같은 현상은 기자력의 대부분이 공극에서 소비하게 되어 감자계가 생긴다. 그러므로 공극이 없는 철심에서는 감자계가 완전히 없어지고 자속을 유효하게 유지시킬 수 있다.

한편 실제 사용되는 철심재료는 포화 특성을 갖고 μ의 일정치 않는 자기 특성을 갖는 경우이다. $B-H$ 곡선에서 자속 ϕ의 값에 대한 기자력 NI를 각각 구하여 주어진 곡선에 의한 ϕ값을 구하게 된다.

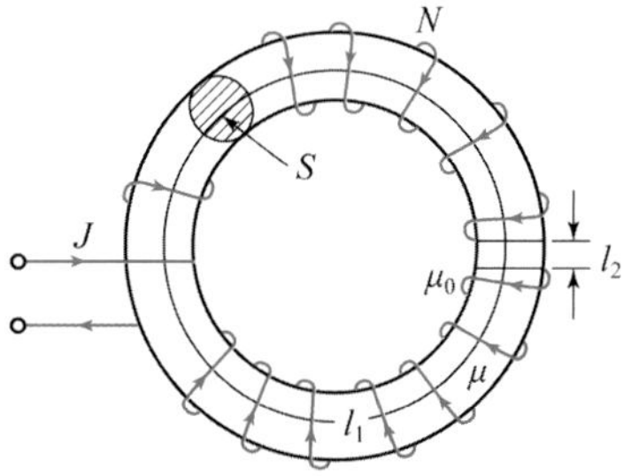

그림 9.8 공극을 갖는 철심환

예제 9.3

공극 10 [cm], 철심부의 평균길이 1 [m], 단면적 S인 자기회로에서 공극의 자속밀도 0.5 [T], 철심의 비투자율이 100일 때 철심부분과 공극부분의 에너지 밀도를 구하시오.

풀이

$$R_m = \frac{l_1}{\mu_1 S_1} + \frac{l_2}{\mu_2 S_2} \ (S_1 = S_2 = S)$$

$$\phi = \frac{F_m}{R_1 + R_2}$$

$$F_m = \phi R_1 + \phi R_2$$

이므로

$$\phi = SB = \frac{NI}{R_m}$$

$$\therefore \ NI = SBR_m = B_{\mu_0}\left(l_1 + \frac{l_2}{\mu_r}\right)$$

이다. $\mu_r = 100$인 경우

$$NI = \frac{0.5}{4\pi \times 10^{-7}}\left(0.1 + \frac{1}{100}\right) = 4.38 \times 10^4 \ [\mathrm{A}]$$

철심의 에너지밀도는 식 (9.3)에 의하여

$$\therefore \ W_1 = \frac{B^2}{2\mu} = \frac{1}{2} \times \frac{B^2}{\mu_0 \mu_r} = \frac{1}{2} \times \frac{0.5^2}{4\pi \times 10^{-7} \times 100} \fallingdotseq 10^3 \ [\mathrm{J/m^3}]$$

공극부분의 에너지밀도

$$\therefore \ W_2 = \frac{B^2}{2\mu_o} = \frac{1}{2} \times \frac{0.5^2}{4\pi \times 10^{-7}} \fallingdotseq 10^5 \ [\mathrm{J/m^3}]$$

이다.

수련문제

1 비투자율 2000인 철심에 0.1%의 공극이 생길 때 자기저항은 공극이 없을 때에 비해 몇 배가 되는가 구하시오.

답 3배

연습문제

1 비투자율 $\mu_s = 8000$, 원형단면적 $S = 10\ [\text{cm}^2]$, 평균자로의 길이 $l = 30\ [\text{cm}]$의 환상 철심에 $N = 600$ [회]의 권선을 감은 환상 솔레노이드가 있다. 이것에 $I = 1\ [\text{A}]$의 전류를 흘릴 때 코일 내부자속을 구하시오.

… $2.01 \times 10^{-2}\ [\text{Wb}]$

2 비투자율 100, 길이 1 [m], 단면적 25 [cm^2]의 철봉의 자기저항을 구하시오.

… $3.18 \times 10^7\ [\text{A/Wb}]$

3 자로의 길이 1 [m], 비투자율 500, 단면적 1 [cm^2]의 자기회로에 1 [mm]의 공극이 생겼을 때 전체 자기저항은 공극이 생기기 전에 비해서 몇 배로 증가하는가?

… 1.5배

4 길이 $l = 5\ [\text{m}]$, 비투자율 $\mu_r = 200$인 환상철심이 있다. 철심의 일부에 $l' = 10^{-3}\ [\text{m}]$의 공극을 만들면 공극이 없을 때보다 자기저항은 몇 배가 되는가?

… 1.4배

5 공극 l_2가 있는 길이 l_1의 철심에 일정 자속을 통하기 위한 기자력을 각각 F_2, F_1이라고 하면 이들 F_1과 F_2 사이의 관계를 구하시오. 단 철심의 비투자율 μ_r는 $\mu_r \gg 1$이다.

… $F_1 \ll F_2$

6 비투자율 500, 길이 1 [m], 단면적 10 [cm^2]인 철봉의 자기저항을 구하시오.

… $1.59 \times 10^6\ [\text{A/Wb}]$

7 그림 9.9의 자기회로에서 $R_1 = 0.5\ [\text{A/Wb}]$, $R_2 = 0.2\ [\text{A/Wb}]$, $R_3 = 0.6\ [\text{A/Wb}]$일 때 전회로의 합성 자기저항을 구하시오.

… $0.65\ [\text{A/Wb}]$

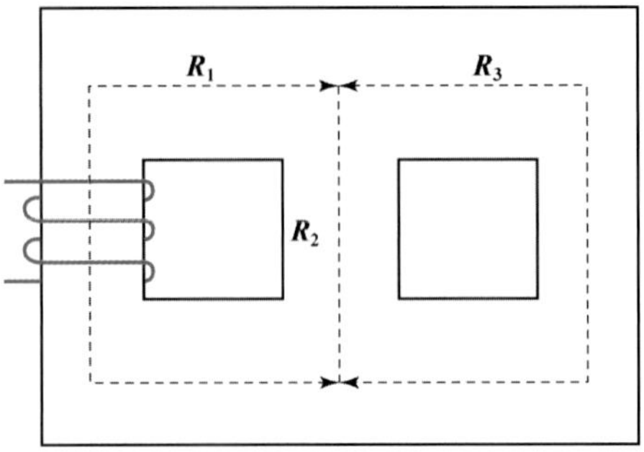

그림 9.9 자기회로

8 단면적 6 [cm^2]인 2개의 철봉이 원통상 솔레노이드 중에서 그 선단(先端)이 서로 접착되어 있다. 철봉의 접속점에서의 자속밀도를 0.2 [T]가 되도록 솔레노이드를 여자할 때 철봉을 떼어내는 데 요하는 힘은 얼마인가?

… 0.6×10^{-3} [N]

9 그림 9.10과 같이 환상철심의 자로 $l_1 = 30$ [cm], 공극의 길이 $l_2 = 0.3$ [mm], 단면적 $S = 5$ [mm^2], 철심의 비투자율 $\mu_r = 1000$인 솔레노이드에 권수 100회의 코일을 감고 전류 $I = 0.5$ [A]를 흘릴 때 자속밀도와 철심과 공심에서의 자계의 세기를 구하시오.

… $B = 106.5 \times 10^{-4}$ [T]

$H_1 = 84.4$ [A/m]

$H_2 = 8.44 \times 10^4$ [A/m]

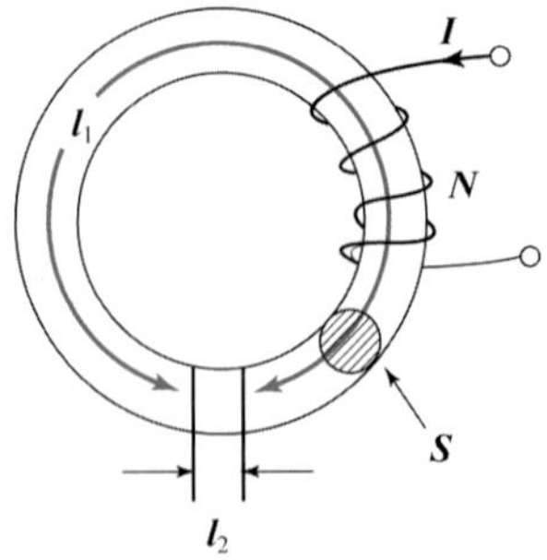

그림 9.10 환상철심 내에서 자계세기

10 그림 9.11과 같이 규소강철심의 자기회로에 500 [A]의 기자력을 가하였을 때 통과하는 자속을 구하시오. 단 $\mu_r = 980$이다.

… 5.49×10^{-4} [Wb]

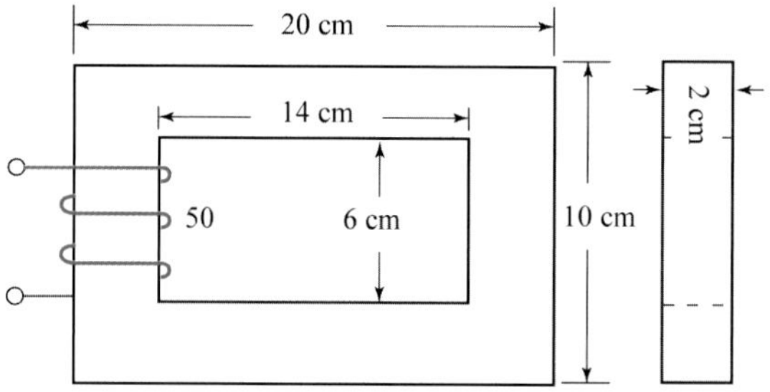

그림 9.11 철심 자기회로

11 그림 9.12와 같은 모양의 자화 곡선을 나타내는 자성체 막대를 강한 균일자계 중에서 매분 3000회전시킬 때 자성체의 단위체적당 매초 몇 [kcal]의 열이 발생하는가? 단 $B_r = 2$ [T], $H_c = 500$ [A/m]라고 한다.

… 2.88×10^3 [kcal]

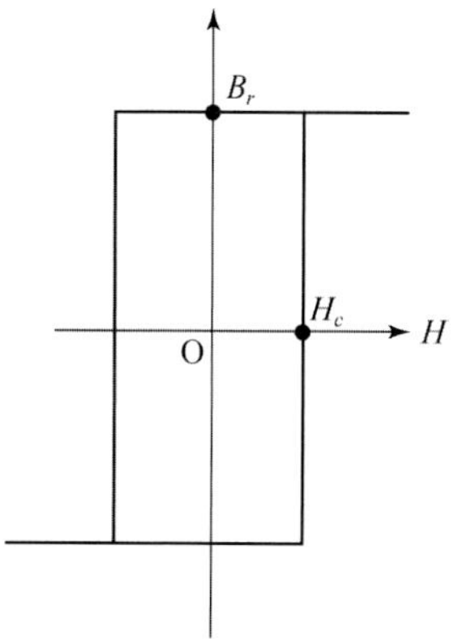

그림 9.12 자화 곡선

⑫ 그림 9.13과 같은 규소강의 자기회로가 있다. 철심 위쪽 부분 중앙점의 $B = 1.2\,[\mathrm{T}]$일 때 다음을 구하시오(단 $B = 1.2\,[\mathrm{T}]$일 때 $H = 400\,[\mathrm{A/m}]$이다).

a) 공극부의 기자력 … $4.775 \times 10^2\,[\mathrm{A}]$

b) 철심부의 기자력 … $1.68 \times 10^2\,[\mathrm{A}]$

c) 왼쪽부분의 철심에 200회의 코일을 감았을 때의 전류 … $2.47\,[\mathrm{A}]$

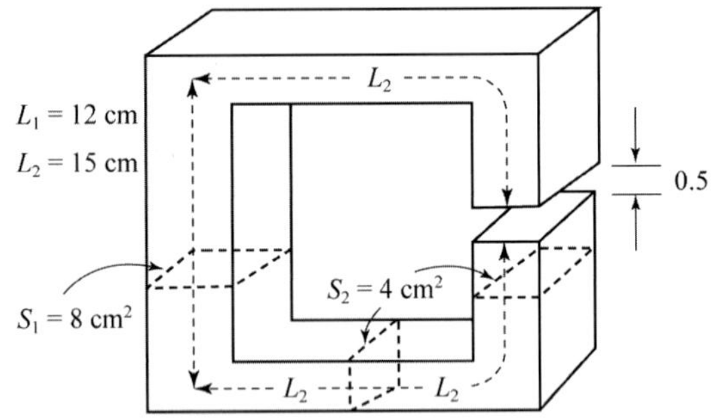

그림 9.13 공극을 갖는 철심의 자기회로

⑬ 단면적 $3\,[\mathrm{cm}^2]$, 평균 반지름 10[cm]인 환상철심 내의 자속을 $4.2 \times 10^{-4}\,[\mathrm{Wb}]$로 하려면 필요한 기자력은 얼마인가? 또 철심의 일부에 길이 $2\,[\mathrm{mm}]$의 공극을 만들어서 이곳에 전과 같은 자속을 통하려면 필요한 기자력을 얼마인가?(단 철심재료의 자화 곡선은 그림 9.14에서 연철의 그래프를 사용하라.)

… $2.226 \times 10^5\,[\mathrm{A}]$, $3.336 \times 10^5\,[\mathrm{A}]$

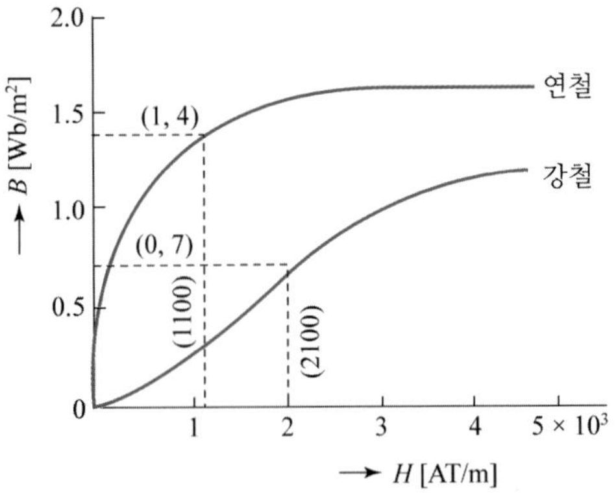

그림 9.14 자화 곡선(연철, 강철)

⑭ 단면적 $S = 2\ [\text{cm}^2]$, 평균반지름 $r = 20\ [\text{cm}]$인 환상철심 내의 자속을 $\psi = 3\times10^{-4}$ $[\text{Wb}]$로 하는데 필요한 기자력을 구하시오. 또한 철심의 일부에 길이 $1\ [\text{mm}]$의 공극을 만들었을 때 $3\times10^{-4}\ [\text{Wb}]$의 자속을 통하는 데 필요한 기자력을 구하시오(단 철심재료의 $B-H$ 곡선은 그림 9.15에 나타내었다).

… $4.77\times10^3\ [\text{A}]$, $5.92\times10^3\ [\text{A}]$

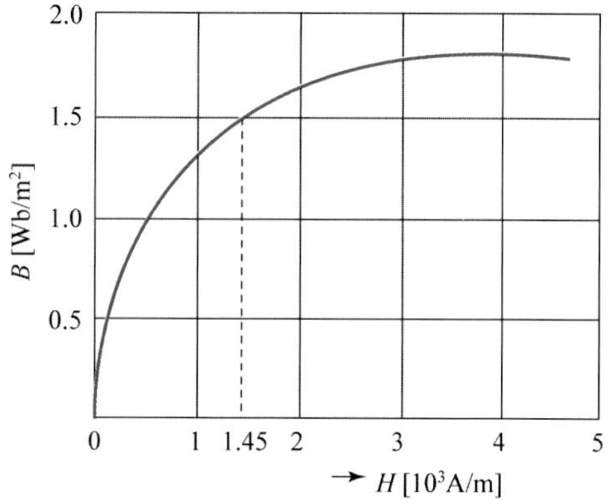

그림 9.15 자화 곡선(환상철심)

Chapter 10

전자유도 현상을 이해하기

1. 전자유도 법칙
2. 전자유도 법칙의 미분형
3. 운동 도체의 기전력
4. 와전류
5. 표피 효과

10.1 전자유도 법칙

Faraday는 전하의 이동, 즉 전류에 의해 자계가 만들어진다면 그 반대로 자계에서 전류를 만들 수 있을 것이라고 생각하여, 10여 년간의 연구 끝에 1831년 자계가 변화하는 경우에 기전력을 생기게 하여 유도 전류가 흐르는 것을 발견했다. 그림 10.1(a)에 표시된 것과 같이 코일에 검류계 G를 연결하여 폐회로를 만들고 그 가까이서 영구자석 M을 가까이 했다가 멀리 하는 동작을 되풀이하면 검류계의 지시가 진동하여 코일에 전류가 흐르는 것이 관측된다.

이 검류계의 지시는 자석이 움직이지 않고 정지하고 있을 때는 움직이지 않기 때문에 전류가 흐르지 않음을 알 수 있다. 또 자석 M을 빠른 속도로 움직이면 유도전류가 커짐을 알 수 있다.

또 (b)와 같은 회로에서 A 의 스위치 S를 열거나 닫아도 회로 B에는 전류가 흐르며, 전류가 흐르고 있는 A를 움직여도 B에 전류가 흐름을 알 수 있다. 여기서도 전류가 흐르고 있는 회로 A를 움직이지 않으면 B 코일에는 전류가 흐르지 않는다. 이와 같은 사실에서 자계의 시간적 변화가 전류를 유도한다는 것을 알 수 있다. 이러한 현상을 전자유도라 하며, 발생한 기전력을 유도기전력 혹은 유도전압, 전류를 유도전류라 한다. 이 현상은 전기에너지의 변화 및 발생에 이용된다. 또 이 현상은 자연계에 있어서 현재의 상태를 항상 유지하려는 관성의 현상을 정리한 Newton의 관성법칙에 대응하므로 전자유도를 전자관성이라고도 한다.

Faraday는 이상의 결과를 종합하여 자속이 시간적으로 변화할 때 "**코일에 발생하는 유도기전력의 크기는 이 회로에 대한 쇄교자속의 시간적 변화율과 같다**"고 하였으며, 거의 같은 시기에 전자유도법칙을 연구한 Lenz는 1834년 "**유도기전력은 자속변화를 방해하는 전류를 흐르게 하는 방향으로 유도된다**"고 하였다. 그 후 1845년 Neumann은 이상의 관계를 종합하여 유도기전력

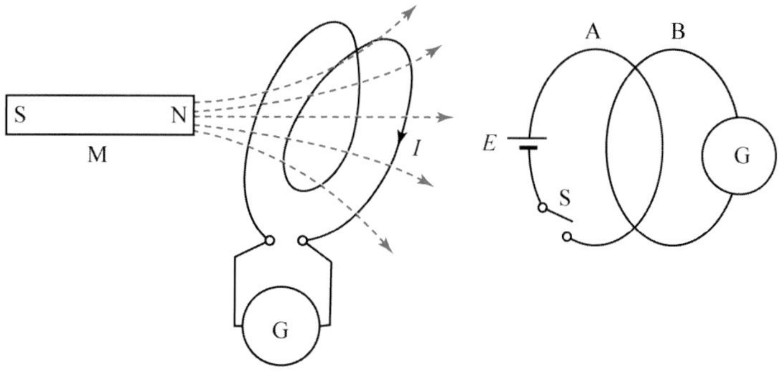

(a) (b)

그림 10.1 전자유도 법칙

에 관한 전자유도 법칙

$$e = -\frac{d\phi}{dt}\ [\mathrm{V}] \tag{10.1}$$

을 발표하였다. 여기서 $\frac{d\phi}{dt}$는 회로와의 자속쇄교에 대한 시간적 변화율이며, 부(−)의 기호는 자속의 변화를 방해하는 방향으로 기전력이 유도됨을 의미한다. 일반적으로 식 (10.1)의 전자유도 법칙을 파라데이(Faraday) 법칙, 또는 렌츠(Lenz)의 법칙이라 한다.

자속 ϕ [Wb]와 쇄교하는 코일권수가 N회일 경우 쇄교자속이 $N\phi$가 되므로 유도기전력은

$$e = -N\frac{d\phi}{dt}\ [\mathrm{V}] \tag{10.2}$$

와 같이 표시되어 권수 N에 비례한다. 쇄교자속이 1 [s]에 1 [Wb]의 비율로 변하면 코일에는 1 [V]의 기전력이 유도된다.

예제 10.1

그림에서 (1) 스위치 S를 닫았을 때, (2) 코일 B를 코일 A에 가까이 할 때, (3) A의 가변저항값이 증가할 때, 저항 R_L에 흐르는 전류의 방향은 어떻게 되는지 구하시오.

풀이 (1) 스위치 S를 닫으면 A 코일에 전류에 의한 자계가 암페어의 오른손 법칙에 의해 우측을 향하는 자속이 발생한다. 이때 B 코일은 이것을 방해하려고 좌측을 향하는 자속을 만들기 위해 b에서 a로 전류가 흐른다.

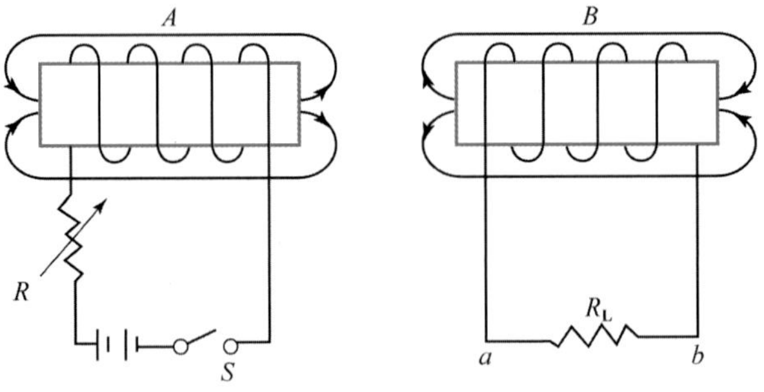

(a) (b)

(2) 코일 B를 코일 A에 가까이 가면 A 코일이 만든 자속 중 B 코일을 쇄교하는 자속이 증가하는데, B 코일은 이것을 방해하기 위해 역시 b에서 a로 전류가 흐른다.

(3) A의 저항 R의 값이 증가하면 A 코일에 흐르는 전류가 감소하여 우측을 향하는 자속이 감소한다. 따라서 B 코일은 자속의 감소를 막기 위해 우측으로 향하는 자속을 막기 위해 a에서 b로 전류가 흐른다.

수련문제

1 권수 50회인 코일 내를 통하는 자속이 그림과 같이 변화할 때 각 구간에서 코일 단자 간에 생기는 유도기전력 e_{ab}, e_{bc}, e_{cd} [V]를 구하시오.

답 $e_{ab} = -1.25$ [V], $e_{bc} = 0$, $e_{cd} = 0.625$ [V]

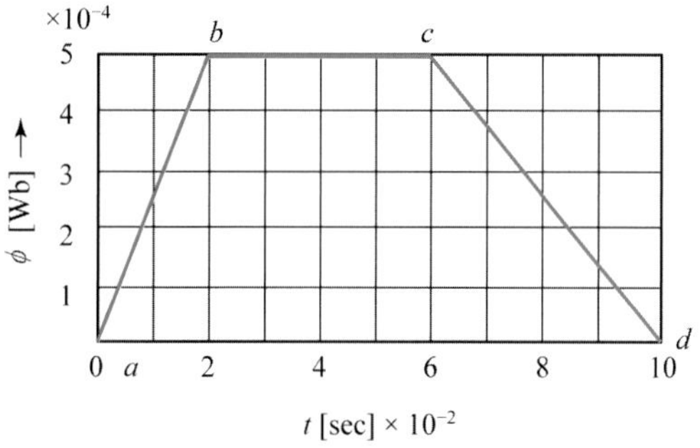

예제 10.2

권수 N인 코일에 자속이 $\phi = \phi_m \sin\omega t$ [Wb]로 변할 때 유도되는 기전력을 구하시오.

풀이

$$e = -N\frac{d\phi}{dt} = -N\frac{d}{dt}(\phi_m \sin\omega t)$$
$$= -N\phi_m \omega \cos\omega t$$
$$= N\phi_m \omega \sin(\omega t - \frac{\pi}{2}) [\mathrm{V}]$$

즉, 유도되는 기전력의 최댓값은 $E_m = N\phi_m \omega$ [V]이고, 위상은 자속보다 $\frac{\pi}{2}$ [rad] $= 90°$ 늦다.

수련문제

1 자속밀도 0.5 [T]인 균일한 자장 내에 단면적 40 [cm^2], 권수 1000회인 원형코일이 1800 [rpm]으로 회전할 때 이 코일의 저항값이 100 [Ω]일 경우 이 코일에 흐르는 전류의 최댓값 [A]을 구하시오.

답 $I_m = 3.77$ [A]

예제 10.3

그림과 같이 반지름 a [m], 권수 N회인 원형코일을 자속밀도 B [T]인 평등 자계 내에서 자계에 수직인 중심축 주위를 각 속도 ω [rad/s]로 회전할 때, 이 코일의 양단에 유도되는 기전력 [V]은? 단 $t=0$일 때 코일면이 자계와 수직을 이룬다.

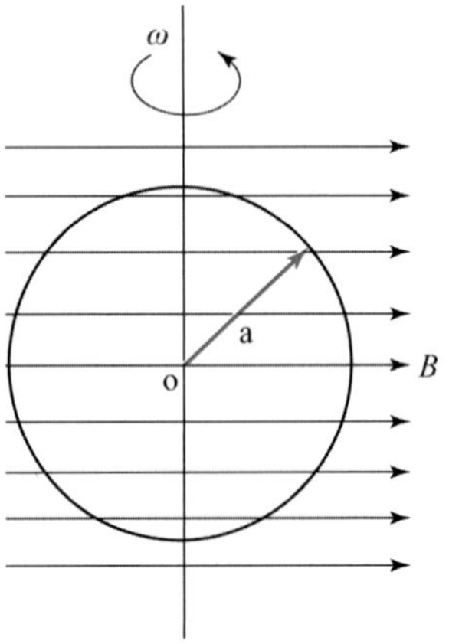

풀이 $t=0$일 때 코일면이 자계와 수직으로 놓여있었으면 이때 통과하는 자속이 최대이므로 $\phi = \phi_m \cos\omega t$ [Wb]로 표시할 수 있다.

따라서

$$e = -N\frac{d\phi}{dt} = N\phi_m\,\omega\sin\omega t = NBS\omega\sin\omega t$$

$$= NB\pi a^2\omega\sin\omega t \ [\mathrm{V}]$$

가 된다. 만약 $t=0$일 때 코일면이 자계와 수평으로 놓여있었다면 $\phi = \phi_m \sin\omega t$ [Wb]가 되어

$$e = -N\frac{d\phi}{dt} = -NBS\omega\cos\omega t = NBS\omega\sin\left(\omega t - \frac{\pi}{2}\right)$$

$$= NB\pi a^2 \omega \sin\left(\omega t - \frac{\pi}{2}\right) [\mathrm{V}]$$

로 표시된다.

수련문제

1 자속밀도 0.5 [T]의 평등자계와 수직으로 놓인 면적 40 [cm^2] 권수 1000회인 코일면이 2 [ms] 사이에 자계와 평행위치로 회전하였을 때 유도기전력 [V]을 구하시오.

답 1000 [V]

10.2 전자유도 법칙의 미분형

그림 10.2와 같이 자속 ϕ와 쇄교하는 임의 회로 C를 주변으로 하는 임의의 곡면 S를 생각하면 곡면 S의 자속은 $\phi = \int_s \boldsymbol{B} \cdot \boldsymbol{n} dS$ [Wb]이므로 이 자속 ϕ가 시간적으로 변화할 때 폐회로 C에 유도되는 기전력은 식 (10.1)에 의해서

$$e = -\frac{d}{dt}\int \boldsymbol{B} \cdot \boldsymbol{n} dS = -\int_s \frac{\partial \boldsymbol{B}}{\partial t} \cdot \boldsymbol{n} dS \tag{10.3}$$

이 된다. 한편 ϕ가 시간적으로 변할 경우 회로 C에 유도되는 기전력 e는 C를 따라 발생하는 유도전계를 $\boldsymbol{E}$ [V/m]라 할 때

$$e = \oint_c \boldsymbol{E} \cdot dl \ [\mathrm{V}]$$

로 주어진다. 따라서

$$\oint_c \boldsymbol{E} \cdot dl = -\int_s \frac{\partial \boldsymbol{B}}{\partial t} \cdot \boldsymbol{n} dS \tag{10.4}$$

가 얻어진다. 좌변에 Stokes의 정리를 적용하면

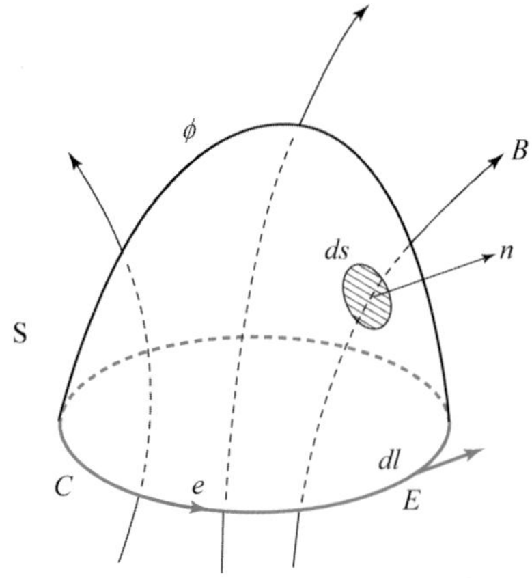

그림 10.2 폐회로 C에 유기되는 기전력

$$\oint_c \boldsymbol{E} \cdot dl = \int_s rot\boldsymbol{E} \cdot \boldsymbol{n}\, dS = -\int_s \frac{\partial \boldsymbol{B}}{\partial t} \cdot \boldsymbol{n}\, dS \tag{10.5}$$

가 된다. 위 식의 양변을 미분하면 전자유도 법칙의 미분형인

$$rot\boldsymbol{E} = -\frac{\partial \boldsymbol{B}}{\partial t} \tag{10.6}$$

이 얻어진다. 식 (10.6)의 관계식을 특히 맥스웰(Maxwell)의 제2전자 방정식이라 하며 모든 매질에 대하여 성립하는 전자계의 기본 방정식의 하나이다.

10.3 운동 도체의 기전력

그림 10.3과 같이 길이 l [m]인 도체 a, b가 자계 내에서 속도 v로 운동하고 있을 때 도체에는 a에서 b방향으로 유도기전력 e [V]가 유도된다. 이때 시간 dt [s] 동안 변화하는 면적은 $dS = l\, v\, dt$ [m^2]이므로 쇄교자속 $d\phi$는

$$d\phi = B\, dS = Blv\, dt$$

가 된다. 따라서 유도기전력의 크기는

$$e = \frac{d\phi}{dt} = Blv \text{ [V]} \tag{10.7}$$

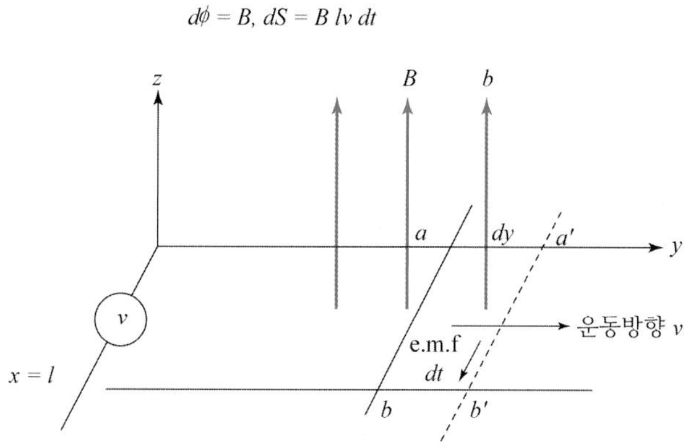

그림 10.3 유도기전력

즉, 도체가 자속밀도 B를 v의 속도로 끊을 때 그 도체에 생기는 유도기전력의 크기는 도체의 단위길이당 vB [V/m]이다. 만약 자계 내에 있는 도체가 자계와 θ의 각을 이루며 속도 v로 운동하면 그 도체에 생기는 유도기전력은

$$e = lvB\sin\theta \text{ [V]} \tag{10.8}$$

이 된다. 여기서 θ는 속도와 자계가 이루는 각이다. 식 (10.8)을 벡터로 표시하며

$$e = (\boldsymbol{v}\times \boldsymbol{B})l = \int (\boldsymbol{v}\times \boldsymbol{B})dl \text{ [V]} \tag{10.9}$$

가 되어 유도기전력의 방향은 v에서 B로 나사를 돌릴 때 나사의 진행방향이 된다.

또한 유도기전력의 방향은 그림 10.4와 같이 첫째 손가락(엄지)을 속도, 둘째 손가락(인지)을 자계의 방향으로 잡을 때 셋째 손가락(중지)이 유도기전력의 방향을 나타내는 플레밍(Fleming)의 오른손 법칙으로 표현되기도 한다.

그림 10.4(b)에서 $\boldsymbol{E}_m$은 길이 $l = 1$ [m]의 도선에 유도되는 기전력의 크기와 플레밍의 오른손 법칙에 따른 방향을 갖는 벡터량으로 운동유도전계라 한다.

회로가 고정되어 있고 자속이 변하는 경우 유도기전력은 식 (10.3)과 같이 표현되고, 자계가 변하지 않는 일정자계 내에서 도체회로가 운동하는 경우 유도기전력은 식 (10.9)와 같이 표현되므로, 시간적으로 변화하는 자속밀도 B의 자계 내에 놓여진 폐회로가 운동을 하면 회로 전체에 유도되는 유도기전력은 식 (10.3)과 (10.9)의 합으로

$$e = \oint_c (\boldsymbol{v}\times \boldsymbol{B})dl - \int_s \frac{\partial \boldsymbol{B}}{\partial t} \cdot \boldsymbol{n}\,dS \text{ [V]} \tag{10.10}$$

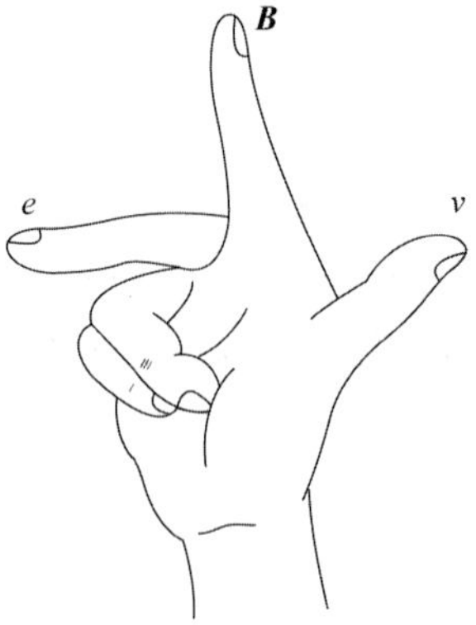

(a)

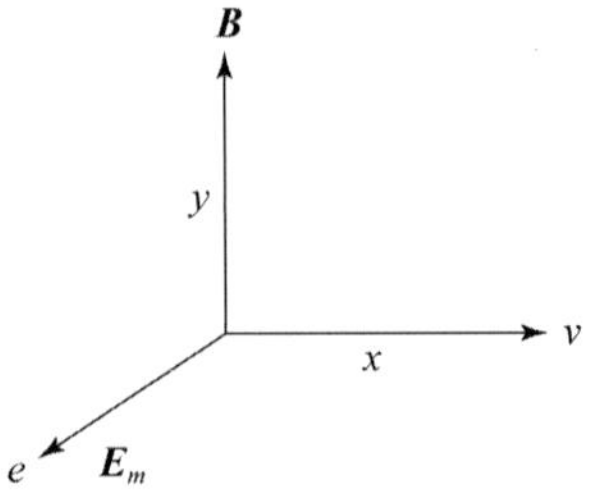

(b)

그림 10.4 플레밍의 오른손 법칙

으로 주어진다.

이러한 전자유도현상의 응용을 살펴보면 일정한 자계 속에서 코일을 회전시키면 기전력이 발생한다. 이것이 발전기의 기초 원리이다. 또 철심에 감은 1, 2차 코일의 1차측에 교번자속을 주면 두 코일의 권수비에 비례하는 전압비로 2차측 코일의 전압을 높이기도 하고 낮추기도 하는 변압기를 만들 수 있다.

이밖에 전자유도현상의 하나인 와전류는 자기적 손실의 원인이 되지만 다른 한쪽에서는 적산 전력계 등에 유용하게 쓰이기도 한다.

예제 10.4

길이 50 [cm]의 직선상 도체봉을 400 [A/m]의 평등 자계 중에 자계와 수직으로 놓고 이것을 100 [m/s]의 속도로 자계와 30°의 각을 이루며 움직였을 때 유도기전력 [V]을 구하시오.

풀이 식 (10.8)에서 θ는 속도와 자계가 이루는 각으로 30°이다. 따라서

$$e = lvB\sin\theta = lv\mu_0 H\sin\theta = 0.5\times 100\times 4\pi\times 10^{-7}\times 400\times \sin 30°$$
$$= 12.56\times 10^{-3}\,[\mathrm{V}]$$

수련문제

1 서로 절연되어 있는 폭 2 [m]의 철길 위를 열차가 시속 72 [km]의 속도로 달리면서 차바퀴가 지구 자계의 수직 분력 $B = 0.2\times 10^{-4}$ [T]를 끊을 때 철길 사이에 발생하는 기전력 [V]을 구하시오.

답 8×10^{-4} [V]

예제 10.5

무한장 직선 도선에 $I=10$ [A]의 전류가 흐르고 있다. 그림과 같이 무한장 직선 도선에서 직선거리 $a=20$ [cm]되는 곳에 $l=50$ [cm]의 도선을 $v=30$ [m/s]의 속도로 무한장 직선도선 주위를 원운동시킬 때 도선에 유도되는 기전력[V]을 구하시오.

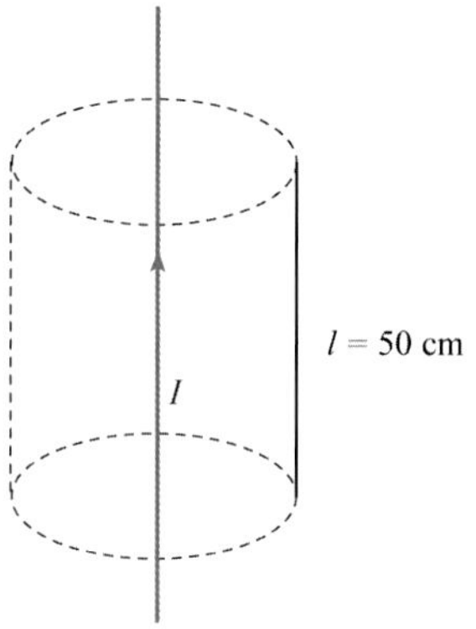

풀이 50 [cm] 도선이 있는 곳의 자계는

$$H=\frac{I}{2\pi a}=\frac{10}{0.4\pi}\ \text{[A/m]}$$

이며, 위에서 보면 반시계 방향으로 존재한다.

여기서 도선을 원운동시키면 속도와 자계가 이루는 각은 $\theta=0°$ 아니면 $\theta=180°$가 되어 $e=lvB\sin\theta$에서 $\sin\theta=0°$이므로 $e=0$ [V]로 전압이 유도되지 않는다.

예제 10.6

자속밀도 B [T]의 평등 자계와 평행한 축 둘레에 각속도 ω [rad/s]로 회전하는 반지름 a [m]의 도체 원판에 그림과 같이 브러시를 접촉시킬 때 저항 R [Ω]에 흐르는 전류[A]를 구하시오.

풀이 도체의 중심에서 r [m]되는 곳에 미소 길이 dr [m]를 취하면 이곳의 속도는

$$v=\frac{l}{t},\ \theta=\frac{l}{r},\ l=r\theta \qquad \therefore v=\frac{l}{t}=r\frac{\theta}{t}=r\omega\ \text{[m/s]}$$

이다. 그러므로 미소 부분에 의한 유도기전력

$$de=vBdr=r\omega Bdr\ \text{[V]}$$

OC간에 발생하는 기전력

$$e = \int_0^a rB\omega dr = B\omega \int_0^a rdr = B\omega \left[\frac{r^2}{2} \right]_0^a = \frac{B\omega a^2}{2} \text{ [V]}$$

따라서

$$I = \frac{e}{R} = \frac{\omega Ba^2}{2R} \text{ [A]}$$

이러한 장치는 1831년에 Faraday가 고안한 것으로 단극 발전기라 한다.

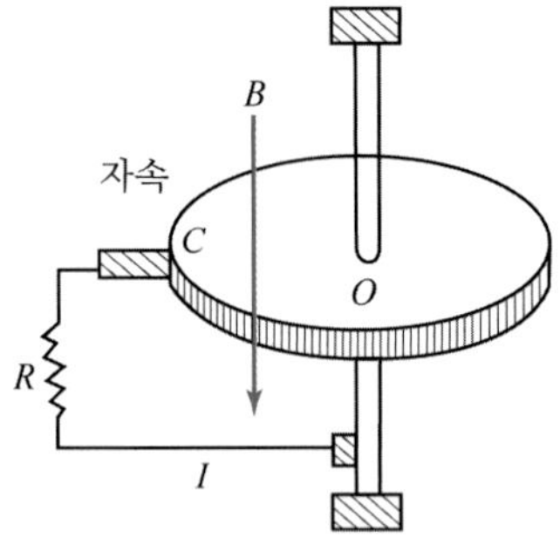

수련문제

1 자계 중에 직각으로 놓인 도선이 있다. 이 도선에 전류 $I=2$ [A]가 흐르면 $F=2$ [N]의 힘이 작용한다. 같은 자계에서 이 도선을 자계와 직각방향으로 $v=5$ [m/s]로 운동시켰을 때 발생되는 기전력 [V]을 구하시오.

답 5 [V]

10.4 와전류

회로를 관통하는 자속이 시간적으로 변화할 때 회로에는 기전력이 유도되어 전류가 흐른다. 그러나 이 현상은 회로가 도선으로 되어 있는 경우뿐만 아니라 그림 10.5와 같은 블록 모양의 도체에서는 발생한다. 즉, 도체 내의 자속이 시간적 변화를 일으키면 이 변화를 막기 위하여 도체 내에 국부적으로 형성되는 임의의 폐회로를 따라 전류가 유도되는데, 이 전류를 **와전류**라 한다. 이 전류의 크기 및 흐르는 전류분포는 도체의 형상, 크기, 도전율 및 자속의

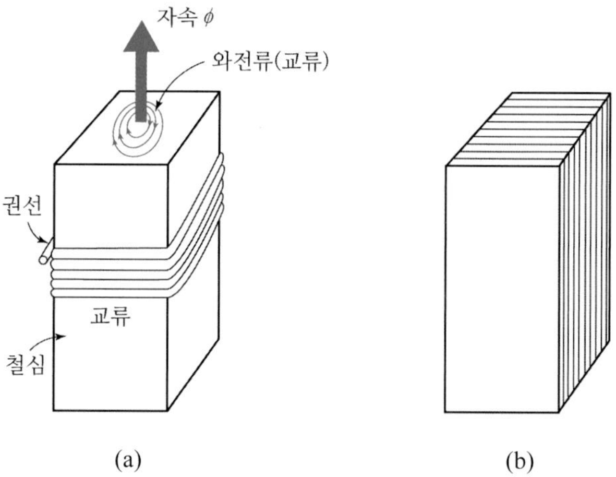

그림 10.5 와전류

시간적 변화 등에 의하여 정해지는 매우 복잡한 모양을 갖는다. 와전류가 도체 내에 발생하면 정상전류 분포에 영향을 주며 동시에 와전류에 의한 줄 열이 발생하여 전력의 손실을 가져오는데 이 손실을 **와류손**이라 한다.

이를 식으로 나타내면 식 (10.6)에 도전율 k를 양변에 취하고 $\boldsymbol{i}=k\boldsymbol{E}$의 관계식을 이용하면

$$rot\boldsymbol{i}=-k\frac{\partial \boldsymbol{B}}{\partial t} \tag{10.11}$$

이 된다.

교류전원에 의한 자속변화로 도체 내에 발생하는 와류손실은

$$P_e = Akf^2 B_m^2\, t^2\ [\mathrm{W}] \tag{10.12}$$

로 나타내진다. 여기서 $k\,[\mathrm{S/m}]$는 도체의 도전율, $f\,[\mathrm{Hz}]$는 주파수, $B_m\,[\mathrm{T}]$는 최대자속밀도, $t\,[\mathrm{m}]$는 도체 두께, A는 비례상수이다. 이 손실은 교류기기의 철심에서 흔히 발생하므로 철손에 속하며 이 손실을 적게 하기 위하여 그림 10.5(b)와 같이 얇은 철판을 성층한 철심 또는 압분철심, 금속 산화물을 소결한 페라이트 등을 사용하고 있다.

한편 이 와전류 현상을 유용하게 이용한 경우도 많은데 그 대표적 예를 들면 다음과 같다.

1. Arago 원판

1824년 Arago는 회전자침이 도체상에서 급격히 정지하는 현상을 발견하고, 그림 10.6과 같

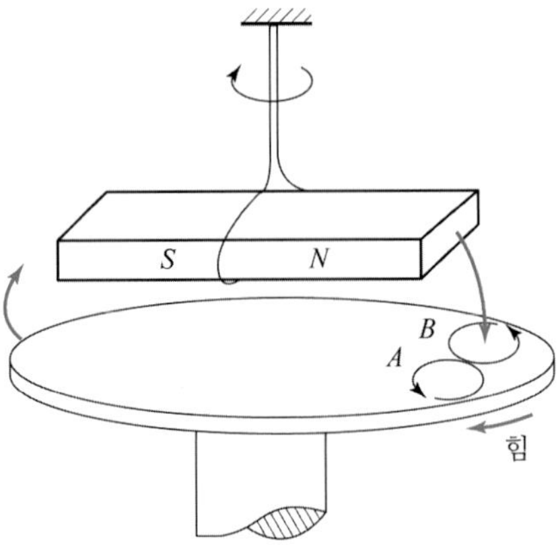

그림 10.6 Arago 원판

이 동원판 위에 자석을 매단 후 자석을 회전하면 동판이 따라 회전하며 동판을 회전하면 자석이 따라 회전함을 발견하였다. 이것은 자석의 양극에 가까운 동판 각 부에서의 자속 변화에 따라 유도된 와전류와 자속 사이의 전자력에 의한 것으로 이 원판을 Arago의 원판이라 한다. 유도전동기는 그림 10.6의 자석을 단상 또는 3상 회전자계로 만든 후 원판을 농형도체군으로 대체한 것이다(1890년대).

2. 적산전력계의 제동장치

적산전력계의 회전축에 장치한 알루미늄원판 옆에 그림 10.7과 같이 말굽형 영구자석이 있는데 원판이 회전하면 자계를 통과하는 도체 부분이 자속을 끊게 되기 때문에 플레밍의 오른손 법칙에 의해 원판 주변에서 중심축 방향으로 기전력이 발생하여 (b)와 같이 와전류가 흐르게 되고, 이 와전류와 자계 사이에 플레밍의 왼손 법칙에 의해 회전방향과 반대방향의 힘이

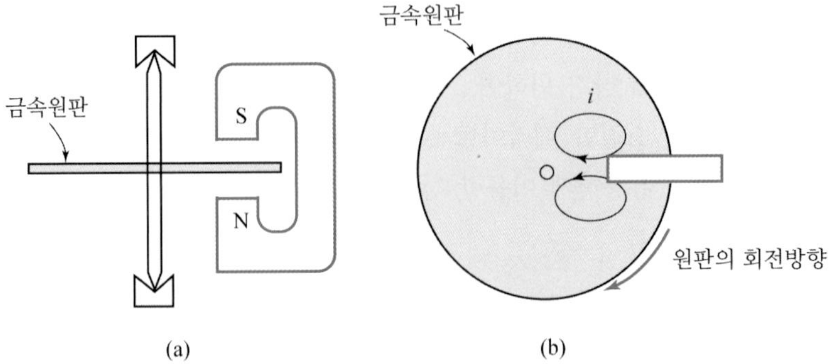

그림 10.7 적산전력계의 제동원리

작용한다. 이 힘은 원판의 가동 회전력과 평형을 이루어 원판이 일정한 속도로 회전하는 제동 장치에 제동력으로 이용된다.

이외에 금속 재료의 유도 가열법으로서 고주파 전기로 등에 와전류 현상이 유용하게 쓰인다.

예제 10.7

어떤 철심에 코일을 감아서 50 [Hz]의 교류를 사용하여 와전류손을 측정하였더니 5 [W]였다. 자계를 일정하게 하고 60 [Hz]의 교류를 사용할 때의 와전류손을 구하시오.

풀이 와전류손은 식 (10.12)에서

$$P_e = Akf^2 B_m^2 t^2 \text{ [W]}$$

로 주파수의 자승에 비례하므로

$$P'_e = \left(\frac{60}{50}\right)^2 P_e = \frac{36}{25} \times 5 = 7.2 \text{ [W]}$$

10.5 표피 효과

그림 10.8에 표시된 것과 같이 어떤 단면적을 가지는 도체에 전류가 흐를 때 전류가 직류이면 이 도체 단면적에 균일하게 분포되어 흐르므로 전류밀도는 균일하다.

그러나 전류가 시간적으로 변하는 교류이면 그 전류의 변화에 따라 만들어지는 자속도 변화하기 때문에 역기전력을 발생하고, 또 중심부일수록 쇄교하는 자속이 많기 때문에 발생하는 기전력도 중심부가 크다. 이 경우 기전력은 전류의 변화를 방해하는 방향으로 발생하기 때문에 중심부일수록 전류가 흐르기 어려워 전류밀도가 낮아지고 전류는 표면에 연하여 흐른다. 이와 같은 현상을 표피 효과라 하며, 이 효과는 고주파일수록 그리고 도체의 도전율 및

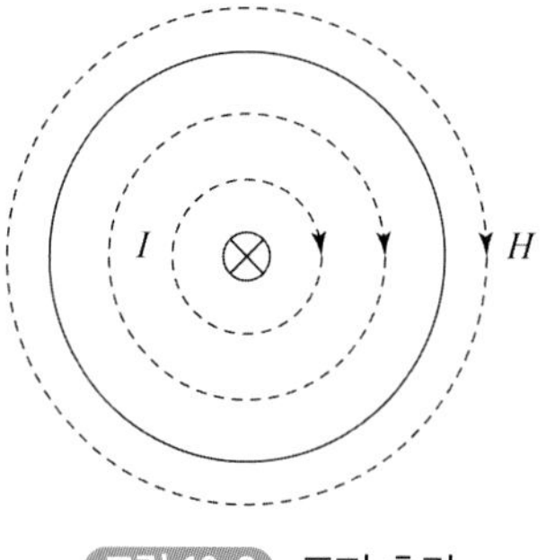

그림 10.8 표피 효과

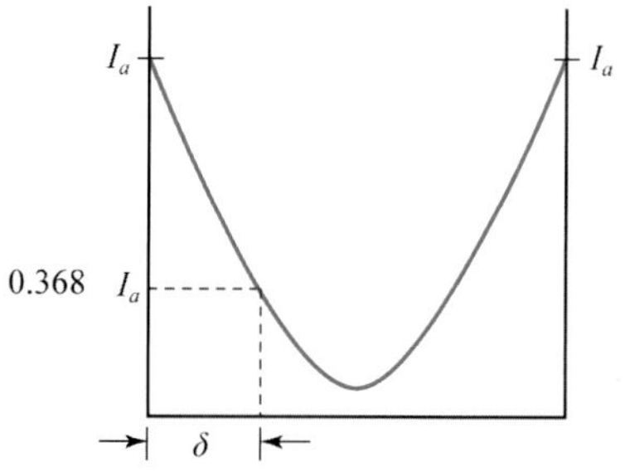

그림 10.9 표피 효과에 의한 표면 전류

투자율이 클수록 심해진다.

표피 효과에 의한 전류분포는 그림 10.9처럼 표면에서의 깊이에 대하여 지수함수적으로 감소하는데. 도체의 도전율을 k [S/m], 투자율을 μ [H/m], 전원의 주파수를 f [Hz]라 할 때 표면전류치 I_a 의 $e^{-1} \fallingdotseq 0.368$배로 감소되는 깊이를 δ [m]라 하면

$$\delta = \sqrt{\frac{2}{\omega\mu k}} = \frac{1}{\sqrt{\pi f \mu k}} \text{ [m]} \tag{10.13}$$

으로 주어지며 이것을 **표피 두께** 또는 **침투 깊이**라 한다.

이 표피 효과에 의한 영향을 줄이는 방법으로 가운데가 빈 중공(中空) 도체나 가는 도선을 꼬아 합쳐서 만든 연선(litz wire)이 사용되기도 한다.

또한 전기회로와 마찬가지로 자기회로에서도 자속이 바뀌면 그 자속의 변화로 유도되는 와전류에 의해 자속의 변화에 반대되는 방향에 기자력이 발생하는데, 이 역방향 기자력은 중심부일수록 커지므로 자속도 표면에 모이게 된다. 따라서 고주파 자속은 자성체 내부까지 투과하기 어렵게 된다. 이것을 자속의 표피 효과라 한다.

이 표피 효과의 영향을 줄이기 위해서 성층철심이 사용되며, 고주파 자로에서는 가는 철분을 압축성형한 압분심이나 페라이트 철심을 사용하여 자기저항의 증가를 줄이고 있다.

예제 10.8

동에 대한 표피 두께를 구하시오.

풀이 동의 도전율 및 투자율은 각각 $k = 5.8 \times 10^7$ [S/m], $\mu = \mu_0 = 4\pi \times 10^{-7}$ [H/m]이므로

$$\delta = \frac{0.0661}{\sqrt{f}} \text{ [m]}$$

가 된다. 따라서 $f = 60$ [Hz]인 상용주파수에서는 $\delta = 8.53$ [mm]가 되는데 일반적으로 전력용 전선의 단선은 지름 5 [mm]가 최고이므로 표피 효과의 영향을 무시할 수 있다. 그러나 대전류가 흐르는 변전소의 모선 등에 있어서는 표피 효과를 감안하여 경제적인 단면적 두께를 1 [cm] 이하로 선정할 필요가 있다.

이에 대하여 $f = 1$ [MHz]의 방송주파인 경우 $\delta = 6.61 \times 10^{-2}$ [mm]이므로 전류는 표면에만 분포한다고 볼 수 있으므로 중공도체를 사용하기도 한다. $f = 10^4$ [MHz] 의 마이크로파에서는 $\delta = 6.61 \times 10^{-4}$ [mm]가 되므로 유리에 은을 증착하여도 마이크로파의 전도작용이 가능하다.

수련문제

1 주파수 $f = 100\,[\mathrm{MHz}]$일 때 구리의 표피 두께 $[\mathrm{mm}]$를 구하시오. 단 구리의 도전율은 $k = 5.8 \times 10^7\,[\mathrm{S/m}]$, 비투자율은 $\mu_r = 1$이다.

답 $6.61 \times 10^{-3}\,[\mathrm{mm}]$

연습문제

1. 최대자속밀도 1.5 [T]되는 60 [Hz]의 정현파 교번자속이 단면적 50 [cm^2]의 철심과 쇄교하고 있다. 이 철심에 감은 코일의 최대 유도기전력이 14 [kV] 되기 위한 코일의 권수를 구하시오.
   … 50회

2. 매시 9 [km]로 동에서 서로 달리는 자동차에 수직으로 세워진 2.5 [m]의 안테나에 유도되는 기전력을 구하시오. 단 이곳의 지자계 수평분력은 24 [A/m]이다.
   … 1.89 [mV]

3. 자속밀도 0.1 [T], 반지름 0.5 [cm]인 막대자석이 있을 때 축을 중심으로 하여 매분 3000회전시킬 때 단극 유도에 의해 발생하는 기전력[V]을 구하시오.
   … 3.93×10^{-4} [V]

4. 권수 5, 크기 9×7 [cm]되는 사각코일이 자속밀도 0.8 [T]의 평등 자계 중에서 15π [rad/s]의 각속도로 회전하고 있다. 코일에 유도되는 기전력을 구하시오.
   … 1.19 [V]

5. 그림과 같이 영구자석에 의한 자속 ϕ [Wb]가 코일과 쇄교하고 있다. 자석을 없앨 때 저항 R [Ω]을 통과하는 전기량을 구하시오.
   … $\frac{1}{R}\phi$ [C]

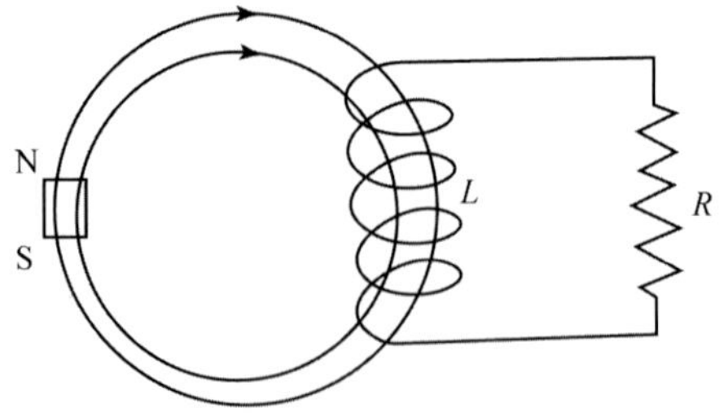

6 그림과 같이 간격 l [m]로 평행한 직선 전선 ce, df가 있다. c, d 사이에는 저항 R[Ω]가 접속되고, 평행한 전선 위에는 직각으로 도체 ab가 놓여있고, 평행한 전선이 만드는 면과 수직으로 자속밀도 B[T]되는 평등자계로 되어 있다. 도체 ab의 중점에서 평행전선에 평행으로 끈을 늘여서 활차를 통하여 중량 W[kg]에 접속하면, 도체 ab는 우측방향으로 운동을 시작하여 곧 일정한 속도 v [m/s]로 운동을 계속한다고 한다. 이때의 속도 v를 구하시오. 여기서 평행전선과 도체의 저항은 0으로 하고, 도체와 전선 사이의 마찰은 무시한다.

… $v = \dfrac{9.8RW}{(Bl)^2}$ [m/s]

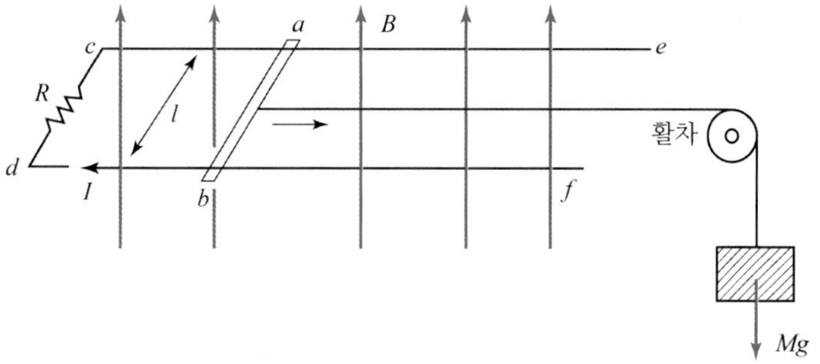

7 자속밀도 10^{-3} [T]의 균일한 평등 자계 내에서 면적 0.16 [m^2], 권수 500[회]인 직사각형 코일을 수평축 주위로 매분 300회전시킨다. 직사각형의 면이 자계와 직각인 위치에서 반회전하는 사이에 코일 내를 이동하는 전기량과 코일에 흐르는 전류의 평균값을 구하고, 기전력이 최댓값이 되는 각도 및 최대 기전력을 구하시오. 단 코일의 저항을 10 [Ω]이라 한다.

… $Q = 16 \times 10^{-3}$ [C], $I = 0.16$ [A], $\theta = 90°$, $e_{max} = 2.5$ [V]

8 자계와 평행한 축을 갖는 반지름 10 [cm]의 도체 원판이 매분 1200회전하고 있을 때 원판의 중심과 주변 사이에 2 [V]의 기전력이 생겼다. 자계가 원판 전면에 걸쳐 균일하다고 할 때 그 자계의 세기를 구하시오.

… 2.54×10^6 [A/m]

9 길이 50 [cm]의 직선상 도체봉을 자속밀도 0.1 [T]의 평등 자계 중에 자계와 수직으로 놓고, 이것을 50 [m/s]의 속도로 자계와 60°의 각으로 움직였을 때의 유도기전력을 구하시오.

… 2.17 [V]

10 자속 $\phi = \phi_m \sin(100\pi t)$가 권수 $n = 1000$회의 코일과 쇄교할 때 이 코일에 유도되는 기전력을 구하시오. 단 $\phi_m = 3 \times 10^{-5}$ [Wb]이다.

… $3\pi \sin\left(100\pi t - \frac{\pi}{2}\right)$ [V]

11 그림에서 $B = 0.5\boldsymbol{k}$ [T]의 평등자계 중에서 sliding bar가 $400\boldsymbol{i}$ [cm/sec]의 속도로 이동하며 $R = 5$ [Ω]일 때 다음을 구하시오.

a) V_{12}, V_{34} … −0.2, −0.2 [V]

b) I_a, I_b … 0, −0.04 [A]

c) R에서 소비되는 에너지 … 0.001 [J]

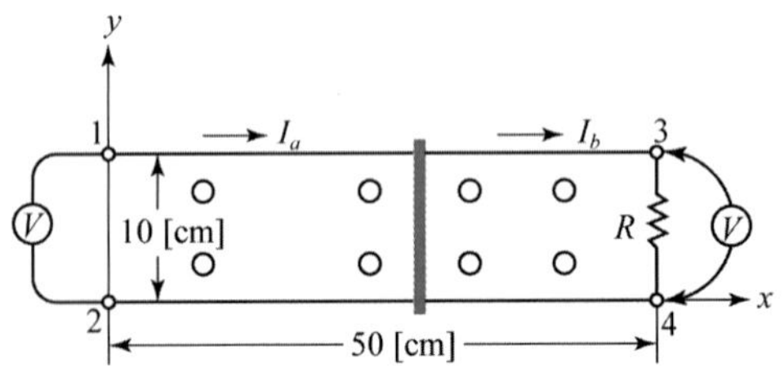

12 그림에서 $B_z = 0.3\cos(800\pi t)$ [T]일 때 V_{12} 및 I를 구하시오.

… $-9.42\sin(800\pi t)$ [V], $-0.377\sin(800\pi t)$ [A]

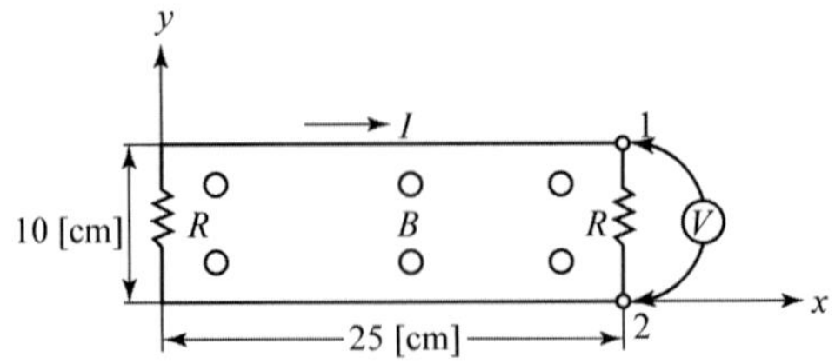

⑬ 고유저항 $\rho = 2 \times 10^{-8}$ [Ω · m], 투자율 $\mu = 4\pi \times 10^{-7}$ [H/m]인 동선에 50 [Hz]의 주파수를 갖는 전류가 흐를 때 표피 두께 [mm]를 구하시오.

… 10.07 [mm]

Chapter 11

인덕턴스 이해하기

1. 자기 인덕턴스
2. 상호 인덕턴스
3. 상호 인덕턴스의 크기
4. 자계 에너지와 인덕턴스
5. 인덕턴스의 직렬접속
6. 자기 인덕턴스의 계산 예

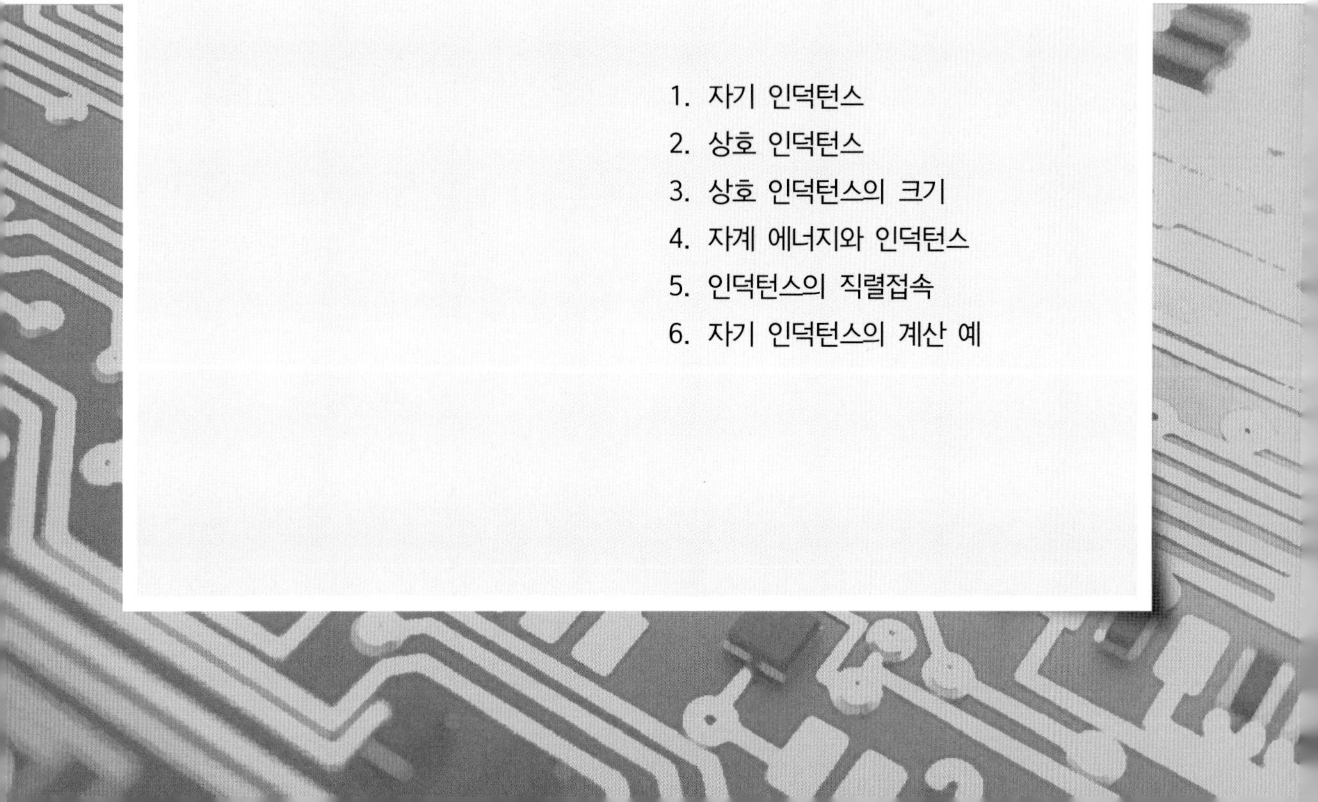

전류가 변할 때 유기전압을 발생시키는 도체의 성능을 인덕턴스라 하며, 인덕턴스는 자기 자신의 회로 상태로 정해지는 자기 인덕턴스와 회로 상호간의 상태로 정해지는 상호 인덕턴스로 구분된다.

11.1 자기 인덕턴스

전류코일에서 발생하는 자속 ϕ는 전류에 비례하므로 쇄교자속($N\phi$) 역시 전류 I에 비례하여 다음과 같이 표현된다.

$$N\phi = LI \tag{11.1}$$

여기서 비례상수 L은 회로의 크기, 모양, 주위 매질 등에 따라 정해지는 양으로 자기 인덕턴스 또는 자기 유도계수라 한다.

따라서 **자기 인덕턴스**는

$$L = \frac{N\phi}{I} \tag{11.2}$$

로 "회로에 단위전류가 흐를 때 자신의 회로의 쇄교자속"을 "자기 인덕턴스"라 정의한다.

인덕턴스의 단위는 **Henry[H]**를 사용하며

$$e = -N\frac{d\phi}{dt} = -L\frac{di}{dt} \tag{11.3}$$

에서

$$L[\mathrm{H}] = \frac{\mathrm{e \cdot dt}}{\mathrm{di}}\left[\frac{\mathrm{V \cdot s}}{\mathrm{A}}\right] = [\Omega \cdot \mathrm{s}] = \left[\frac{\mathrm{J}}{\mathrm{A}^2}\right] \tag{11.4}$$

로 표시할 수 있다.

즉, 자기 인덕턴스란 1 [A]의 전류가 1 [s] 동안 변할 때 유도되는 기전력이라고도 말할 수 있다.

위의 정의는 전류와 자속이 비례하는 선형 자성매질에서 적용되는 것으로 강자성체와 같이 비선형일 경우에는 인덕턴스의 값이 전류에 따라 변하기도 한다.

예제 11.1

어떤 코일에 흐르는 전류를 0.1 [s] 동안에 50 [A]에서 10 [A]까지 일정 비율로 감소시킬 때 20 [V]의 기전력이 발생하였다. 이 코일의 자기 인덕턴스를 구하시오.

풀이 $e = L\dfrac{di}{dt}$에서

$$L = \frac{e \cdot dt}{di} = \frac{20 \times 0.1}{40} = 0.05 \text{ [H]}$$

수련문제

1 인덕턴스 2 [H]인 코일에 10 [A]의 전류가 흐르고 있을 때 이 회로를 전원과 차단하여 1 [kV]의 유도 기전력을 발생하게 할 때 회로의 차단시간 [s]을 구하시오.

답 0.02 [s]

11.2 상호 인덕턴스

그림 11.1과 같이 두 회로 C_1, C_2가 가까이 있을 때 N_1 코일에 전류 I_1을 흘리면 이 전류에 의해 자속 ϕ_1이 생긴다. 따라서 접근시켜 놓은 N_2 코일에도 이 자속의 전부 또는 일부가 쇄교하게 된다. 그러므로 N_2와의 쇄교자속은 I_1에 비례하여

$$N_2\phi_{21} = M_{21}I_1 \tag{11.5}$$

로 표현되며 이 관계는 C_2에 전류 I_2를 흘릴 때도 N_1의 쇄교자속은 I_2에 비례하여

$$N_1\phi_{12} = M_{12}I_2 \tag{11.6}$$

의 관계가 성립된다. 이때 비례상수 M_{21}, M_{12}을 **상호 인덕턴스** 또는 **상호 유도계수**라 한다. 여기서 M의 크기는 두 회로의 크기, 모양, 권수, 상호 위치 및 주위 매질에 따라 정해지는 양으로 $M_{21} = M_{12} = M$의 관계가 있다.

따라서 상호 인덕턴스는

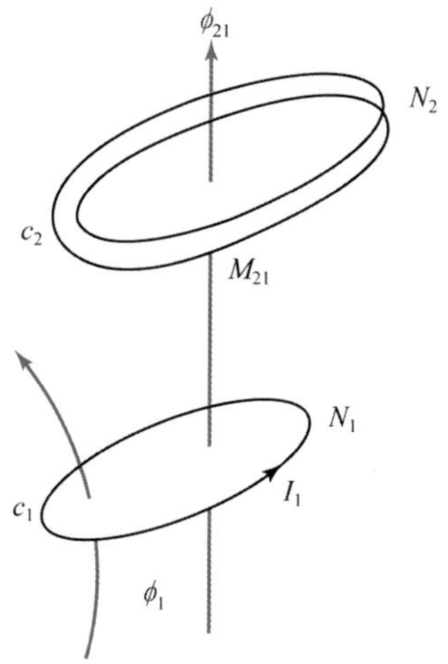

그림 11.1 상호 인덕턴스

$$M_{21} = \frac{N_2\phi_{21}}{I_1},\ M_{12} = \frac{N_1\phi_{12}}{I_2} \tag{11.7}$$

로 "한 회로의 단위전류에 의한 자속이 다른 회로와 쇄교하는 쇄교자속 회수"라 정의한다. 상호 인덕턴스의 단위도 Henry[H]를 사용하며, 상호 유도작용에 의하여 타 회로에 발생되는 기전력은 다음과 같이 표현된다.

$$e_1 =- N_1\frac{d\phi_{12}}{dt} =- M_{12}\frac{di_2}{dt}$$

$$e_2 =- N_2\frac{d\phi_{21}}{dt} =- M_{21}\frac{di_1}{dt} \tag{11.8}$$

예제 11.2

상호 인덕턴스를 구하는 일반식인 Neumann의 공식을 유도하시오.

풀이 인덕턴스를 구하는 제 3의 방식으로 임의의 모양을 갖는 코일 간의 상호 인덕턴스를 벡터 퍼텐셜 $\boldsymbol{A}$[Wb/m]를 이용하여 구하는 방법이 있다.
그림 (a)에서 코일 C_1의 전류 I_1[A]에 의한 자계 내에서 코일 C_2상의 한점 P의 벡터 퍼텐셜 $\boldsymbol{A}_2$는

$$\boldsymbol{A_2} = \frac{\mu_0 I_1}{4\pi}\oint_{C_1}\frac{d\boldsymbol{l_1}}{r}\ [\text{Wb/m}]$$

가 되며, 코일 C_2와 쇄교하는 자속은

$$\phi_2 = \oint_{C_2} \boldsymbol{A_2} \cdot d\boldsymbol{l_2} \text{ [Wb]}$$

가 된다. 따라서

$$\phi_2 = \oint_{C_2} \left[\frac{\mu_0 I_1}{4\pi} \oint_{C_1} \frac{d\boldsymbol{l_1}}{r} \right] \cdot d\boldsymbol{l_2} = \frac{\mu_0 I_1}{4\pi} \oint_{C_2} \oint_{C_1} \frac{d\boldsymbol{l_1} \cdot d\boldsymbol{l_2}}{r} \text{ [Wb]}$$

가 얻어지므로 식 (11.7)에서 상호 인덕턴스

$$M_{12} = \frac{\mu_0}{4\pi} \oint_{C_2} \oint_{C_1} \frac{d\boldsymbol{l_1} \cdot d\boldsymbol{l_2}}{r} \text{ [H]}$$

가 얻어진다. 이 식을 Neumann의 공식이라 하며 C_1, C_2 회로 간의 상호 인덕턴스를 계산하는 일반식이다. 이 식에서 $d\boldsymbol{l_1} \cdot d\boldsymbol{l_2} = d\boldsymbol{l_2} \cdot d\boldsymbol{l_1}$이므로 $M_{12} = M_{21}$가 된다.
위 식에서 C_1, C_2를 중복시켜 그림 (b)와 같이 한 개의 코일 C로 만들면 자기 인덕턴스가 얻어진다.

$$L_{11} = \frac{\mu_0}{4\pi} \oint_{c} \oint_{c} \frac{d\boldsymbol{l_1} \cdot d\boldsymbol{l_2}}{r} \text{ [H]}$$

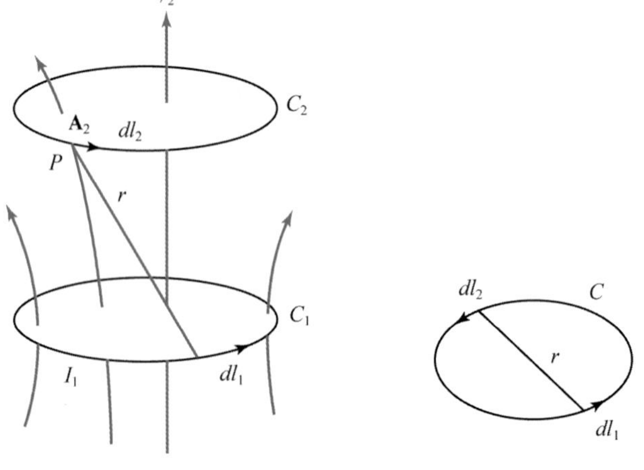

(a) (b)

예제 11.3

두 코일 A, B가 있다. 코일 A의 전류가 0.01 [s] 동안에 5 [A] 변화할 때 코일 B에 20 [V]의 기전력을 유도한다고 한다. 이때의 상호 인덕턴스를 구하시오.

풀이 $e_B = M\dfrac{di_A}{dt}$에서 $M = \dfrac{e \cdot dt}{di_A} = \dfrac{20 \times 0.01}{5} = 0.04$ [H]

수련문제

1 두 코일이 있다. 한 코일의 전류가 변화할 때 다른 코일에 30 [V]의 기전력이 발생하였다. 두 코일의 상호 인덕턴스를 0.125 [H]라고 할 때 전류의 변화율 [A/s]을 구하시오.

답 240 [A/s]

11.3 상호 인덕턴스의 크기

자기 인덕턴스가 각각 L_1 [H], L_2 [H]이며 상호 인덕턴스가 M [H]인 2개의 코일 C_1, C_2에 각각 I_1과 I_2의 전류가 흐를 때 I_1, I_2에 의해 발생된 자속 ϕ_{11}, ϕ_{22}는

$$\phi_{11} = L_1 I_1, \quad \phi_{22} = L_2 I_2 \tag{11.9}$$

가 되며 ϕ_{11} 중 C_2와 쇄교자속을 ϕ_{21}, ϕ_{22} 중 C_1과의 쇄교자속을 ϕ_{12}라 하면

$$\phi_{12} = MI_2, \quad \phi_{21} = MI_1 \tag{11.10}$$

이 된다. 따라서 C_1의 총 쇄교자속 ϕ_1은 그림 11.2(a)와 같은 경우

$$\begin{aligned} \phi_1 &= \phi_{11} + \phi_{12} = L_1 I_1 + MI_2 \\ \phi_2 &= \phi_{22} + \phi_{21} = L_2 I_2 + MI_1 \end{aligned} \tag{11.11}$$

이 되며 (b)와 같은 경우 자속의 방향이 반대로

$$\begin{aligned} \phi_1 &= \phi_{11} - \phi_{12} = L_1 I_1 - MI_2 \\ \phi_2 &= \phi_{22} - \phi_{21} = L_2 I_2 - MI_1 \end{aligned} \tag{11.12}$$

가 된다. 즉, M의 부호는 타전류에 의한 자속의 방향이 자기전류에 의한 자속과 같은 방향이면 $M > 0$, 반대방향이면 $M < 0$의 값을 갖는다.

일반적으로 누설자속이 있는 경우

$$(\phi_{11} = L_1 I_1) > (\phi_{21} = MI_1), \ (\phi_{22} = L_2 I_2) > (\phi_{12} = MI_2)$$

의 관계가 있으므로 $\phi_{11}\phi_{22} > \phi_{21}\phi_{12}$가 된다. 즉,

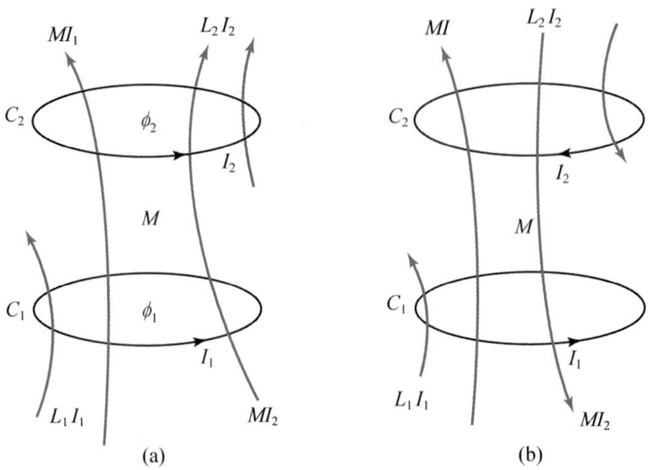

그림 11.2 상호 인덕턴스의 자속

$$L_1L_2 > M^2 \tag{11.13}$$

으로 표현되며 이때 발생자속과 타회로와의 쇄교자속의 비를 결합계수 k라 하고 다음과 같이 정의한다.

$$k = \frac{\phi_{21}}{\phi_{11}} = \frac{\phi_{12}}{\phi_{22}} = \frac{\text{타회로와의 쇄교자속}}{\text{전자속}} \tag{11.14}$$

따라서

$$k^2 = \frac{\phi_{21}\phi_{12}}{\phi_{11}\phi_{22}} = \frac{M^2}{L_1L_2}$$

가 되므로

$$k = \frac{M}{\sqrt{L_1L_2}} \tag{11.15}$$

가 되는데 식 (11.13)에 의해 $k > 1$이 된다.

누설이 없는 경우, 즉 $\phi_{11} = \phi_{21}$, $\phi_{22} = \phi_{12}$인 경우

$$L_1L_2 = M^2 \tag{11.16}$$

가 되어 $k = 1$이 되므로 결합계수 k의 값은

$$0 \leqq k \leqq 1 \tag{11.17}$$

이다.

$k=0$일 때는 전부 누설이 되는 무결합 상태이고 $k=1$인 경우는 누설자속이 없는 완전결합 상태이다.

$k=0$인 무결합 상태는 두 코일을 멀리 떨어져 배치하거나 직각배치 또는 차폐 시 이루어지며, $k=1$인 완전결합 상태는 두 코일이 밀접하게 감겨있거나 같은 철심에 감겨있을 때이다.

예제 11.4

환상철심에 A, B 코일이 감겨져 있다. A 코일의 전류가 150 [A/s]로 변화할 때 코일 A에 45 [V], B에 30 [V]의 기전력이 유기될 때, B 코일의 자기 인덕턴스[mH]를 구하시오. 단 결합계수는 $k=1$이다.

풀이 $e_1 = L_1 \dfrac{di_1}{dt}$, $e_2 = M\dfrac{di_1}{dt}$에서

$$L_1 = e_1 \cdot \frac{dt}{di_1} = 45 \times \frac{1}{150} = 0.3 \text{ [H]}$$

$$M = e_2 \cdot \frac{dt}{di_1} = 30 \times \frac{1}{150} = 0.2 \text{ [H]}$$

이다.

$$k = \frac{M^2}{\sqrt{L_1 \cdot L_2}}$$

에서 $k=1$, $M=0.2$, $L_1 = 0.3$ [H]를 대입하면

$$L_2 = \frac{M^2}{L_1 \cdot k^2} = \frac{0.2^2}{0.3 \times 1} \fallingdotseq 0.133 = 133 \text{ [mH]}$$

철심인 경우, 결합 계수의 값이 주어지지 않는 경우는 철의 비투자율이 공기에 비해 대단히 크므로 $k=1$로 취급한다.

수련문제

1 1차 코일과 2차 코일의 자기 인덕턴스가 각각 200 [mH], 98 [mH]일 때 누설 자속이 각각 10 [%]이다. 두 코일의 상호 인덕턴스 M[mH] 및 결합계수 k의 값을 구하시오.

답 $k=0.9$, $M=126$ [mH]

2 A, B 두 코일이 있다. A 코일에는 자기 인덕턴스가 $L_1 = 0.2$ [H], 상호 인덕턴스 $M=0.1$ [H], 두

코일의 결합계수 $k=0.7$일 때 B코일의 자기 인덕턴스 L_2 [H]의 값을 구하시오.

답 $L_2 = 0.102$ [H]

11.4 자계 에너지와 인덕턴스

그림 11.3에서 토로이드의 자기 인덕턴스를 L [H]라 하고 스위치를 닫을 때 회로에 흐르는 전류를 i [A]라 하면 전압방정식은

$$E = Ri + L\frac{di}{dt} \tag{11.18}$$

이 된다.
양변에 idt를 곱하면

$$Eidt = Ri^2dt + Lidi \tag{11.19}$$

이다.

식 (11.19)의 좌변은 dt [s] 동안 전원에서 공급된 총에너지를 나타내며, 우변의 첫째 항은 저항에서 열로 소비된 에너지를 나타낸다.

우변의 둘째 항은 코일에 흐르는 전류를 di 만큼 증가시키는데 필요한 에너지로 이 에너지는 토로이드 내에 저장되는 전자에너지가 된다.

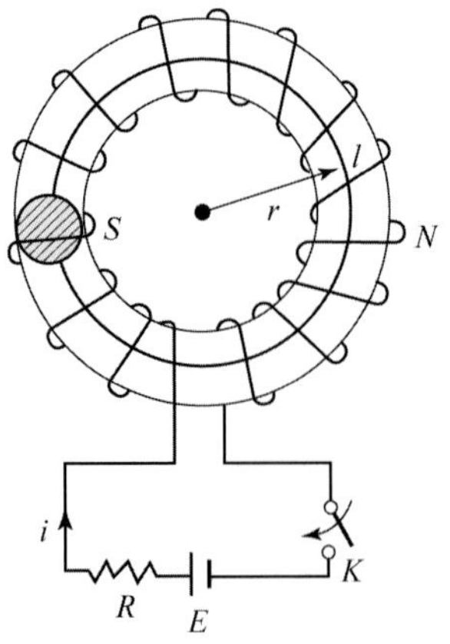

그림 11.3 토로이드의 자기 인덕턴스

따라서 전류가 0에서 I[A]가 될 때까지 저장되는 에너지는

$$W = \int_0^I Lidi = \frac{1}{2}LI^2\,[\mathrm{J}] \tag{11.20}$$

이 된다.

코일의 쇄교자속을 $\Phi = N\phi = LI$라 하면 식 (11.20)은

$$W = \frac{1}{2}LI^2 = \frac{1}{2}I\phi\,[\mathrm{J}] \tag{11.21}$$

로 나타낼 수 있으며 여러 개의 전류회로가 존재하는 경우 에너지는 스칼라량이므로

$$W = \frac{1}{2}\sum LI^2 = \frac{1}{2}\sum I\phi\,[\mathrm{J}] \tag{11.22}$$

가 된다.

예제 11.5

그림과 같은 회로에서 인덕턴스 10 [H]에 저축되는 에너지 [J]를 구하시오.

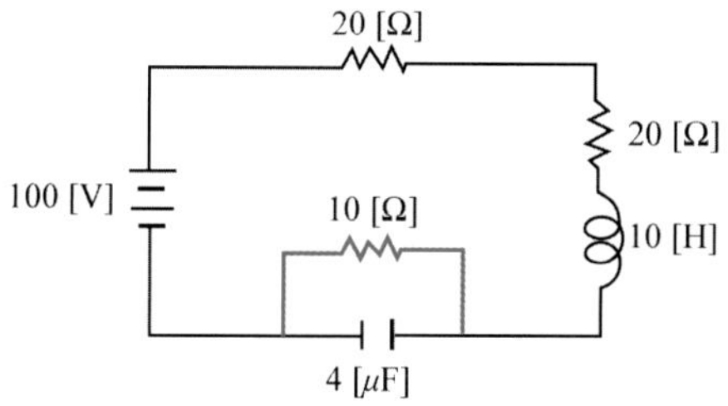

풀이 직류 정상 전류에 대하여 코일은 저항값을 갖지 않고 콘덴서는 무한대의 저항을 가지므로 흐르는 전류는

$$I = \frac{100}{20+20+10} = 2\,[\mathrm{A}]$$

이며 이 전류가 코일에 흐르는 전류이므로

$$W = \frac{1}{2}LI^2 = \frac{1}{2}\times 10\times 2^2 = 20\,[\mathrm{J}]$$

수련문제

1 그림에서 스위치 S가 A로 연결되어 있다. 이 스위치를 B로 전환시킬 때 저항 R에서 발생하는 전체 열량[cal]을 구하시오. 단 $V=6\,[\mathrm{V}]$, $r_0=1\,[\Omega]$, $L=100\,[\mathrm{mH}]$, $R=2\,[\Omega]$이다.

답 $0.432\,[\mathrm{cal}]$

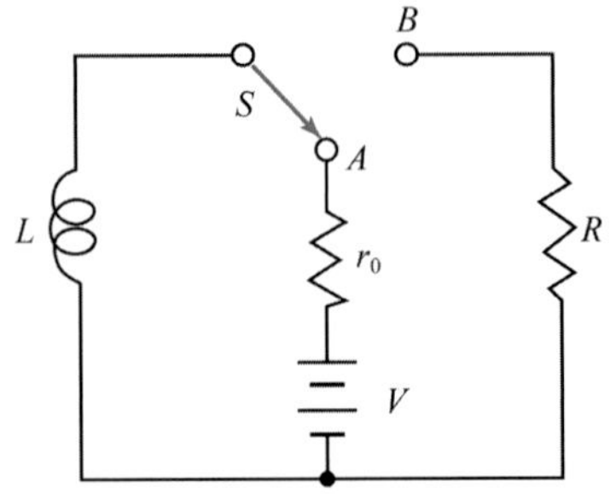

11.5 인덕턴스의 직렬접속

그림 11.4(a)와 같은 두 코일에 각각 I_1, $I_2\,[\mathrm{A}]$의 전류가 흐를 때 각 코일에 쇄교하는 자속은 식 (11.11)과 식 (11.12)에 의해 $\phi_1=L_1I_1\pm MI_2$, $\phi_2=L_2I_2\pm MI_1$이고 두 코일에 저장되는 전체의 전자에너지는 $W_1=\frac{1}{2}\sum I_1\phi_1$과 $W_2=\frac{1}{2}\sum I_2\phi_2$의 합이므로

$$W=\frac{1}{2}I_1\phi_1+\frac{1}{2}I_2\phi_2\,[\mathrm{J}] \tag{11.23}$$

그림 11.4(b)처럼 두 코일을 직렬로 연결하는 경우 두 코일에 흐르는 전류는 같아지므로 $I_1=I_2=I$가 되고, 두 코일에서 만들어지는 자속의 방향이 시계방향으로 같으므로 $M>0$이 된다. 따라서 식 (11.23)은

$$W=\frac{1}{2}(\phi_1+\phi_2)I=\frac{1}{2}(L_1+L_2+2M)I^2 \tag{11.24}$$

가 된다. 이 식을 식 (11.20)과 등가로 놓으면 합성 인덕턴스는

$$L=L_1+L_2+2M\,[\mathrm{H}] \tag{11.25}$$

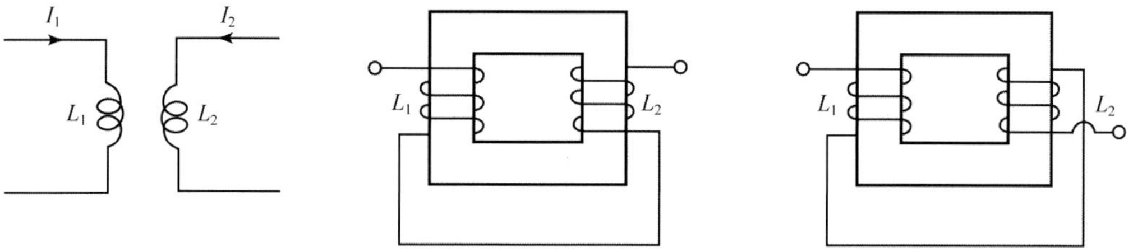

그림 11.4 인덕턴스의 직렬접속

가 된다. 그림 11.4(c)처럼 연결하는 경우는 $M < 0$이 되어

$$W = \frac{1}{2}(L_1 + L_2 - 2M)I^2 \tag{11.26}$$

에서

$$L = L_1 + L_2 - 2M\,[\mathrm{H}] \tag{11.27}$$

로 된다. 이 경우 (b)와 같은 접속을 가동접속 (c)와 같은 접속을 차동접속이라 하며, 어느 경우든 $L_1 + L_2 > 2M$의 관계가 있으므로 합성 인덕턴스의 값은 항상 양(+)의 값을 갖는다.

예제 11.6

자기 인덕턴스가 L_1, L_2인 두 개의 코일이 상호 인덕턴스 M으로 그림과 같이 접속되어 있고, 여기에 I[A]의 전류가 흐를 때 합성 인덕턴스 [H]를 구하시오.

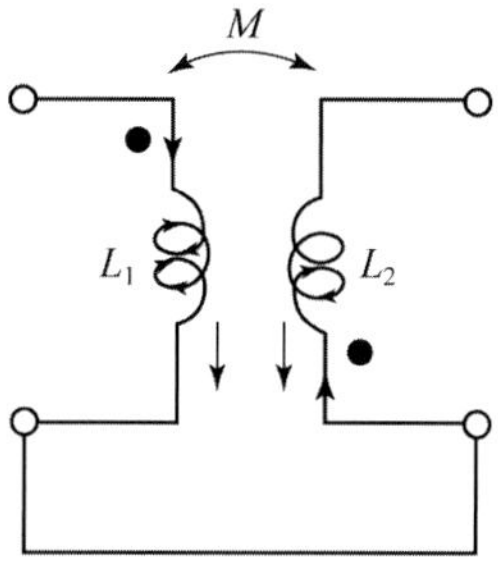

풀이 합성 인덕턴스는 상호 인덕턴스 M이 양(+), 즉 자속이 합해지는 방향이 되는 경우

$$L = L_1 + L_2 + 2M\,[\mathrm{H}]$$

이며, M이 음(−), 즉 자속이 상쇄되는 방향으로 연결되는 경우

$$L = L_1 + L_2 - 2M[\mathrm{H}]$$

인데 그림과 같이 연결 시 L_1의 점이 찍힌 쪽으로 전류가 흘러 들어가는 경우 L_2도 점이 찍힌 쪽으로 전류가 흘러 들어가므로 M은 양(+)이다. 따라서

$$L = L_1 + L_2 + 2M$$

이다.

예제 11.7

두 자기 인덕턴스를 직렬로 접속하여 합성 인덕턴스를 측정하였더니 75 [mH]가 되었다. 이때 한쪽 인덕턴스를 반대로 접속하여 측정하니 25 [mH]가 되었다. 두 코일의 상호 인덕턴스[mH]를 구하시오.

풀이

$$L_+ = L_1 + L_2 + 2M = 75\ [\mathrm{mH}]$$
$$L_- = L_1 + L_2 - 2M = 25\ [\mathrm{mH}]$$

에서 두 식을 빼면

$$L_+ - L_- = 4M$$

즉,

$$M = \frac{L_+ - L_-}{4} = \frac{75 - 25}{4} = 12.5\ [\mathrm{mH}]$$

수련문제

1 서로 결합하고 있는 두 코일의 자기 인덕턴스가 각각 4 [mH], 9 [mH]이다. 이들을 자속이 서로 합해지도록 직렬 접속할 때 합성 인덕턴스가 L [mH]이고, 반대가 되도록 직렬 접속했을 때는 합성 인덕턴스가 L의 30 [%]였다. 두 코일의 결합계수를 구하시오.

답 $k = 0.583$

11.6 자기 인덕턴스의 계산 예

그림 11.5와 같이 길이 l이 반경 a보다 충분히 큰 솔레노이드에 전류 I[A]를 흐르게 할 때 내부 자계의 세기는 $H = \frac{NI}{l} = nI$[A/m]이므로 단위길이당 쇄교자속은

$$\Phi_0 = n\phi = nBS = n\mu HS = n\mu nIS = \mu\pi a^2 n^2 I\,[\mathrm{Wb/m}] \tag{11.28}$$

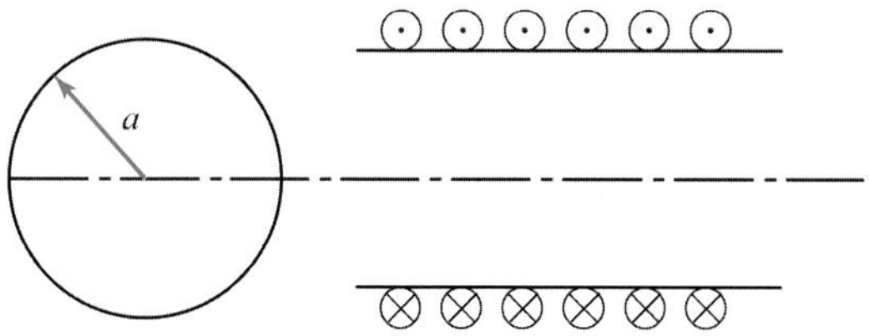

그림 11.5 솔레노이드

이 된다. 따라서 단위길이당 인덕턴스는

$$L_0 = \frac{\Phi_0}{I} = \mu\pi a^2 n^2 \ [\mathrm{H/m}] \tag{11.29}$$

이다. 길이가 $l\,[\mathrm{m}]$인 경우

$$L = L_0 \cdot l = \mu\pi a^2 n^2 l = \frac{\mu\pi a^2 N^2}{l} = \frac{\mu S N^2}{l} \ [\mathrm{H}] \tag{11.30}$$

가 된다. 여기서 n은 단위길이당 권선수[회/m]이며 N은 전체의 권회수이다.

$l < 2a = D$인 유한장 솔레노이드인 경우 솔레노이드 끝부분의 자계가 중심부보다 적으므로 식 (11.30)으로 계산 시 오차가 많아지므로 $\frac{D}{l}$에 의해 결정되는 보정계수를 식 (11.30)에 곱해서 사용한다.

예제 11.8

지름 $4\,[\mathrm{cm}]$의 공심 솔레노이드의 길이가 $50\,[\mathrm{cm}]$이고 권수가 2000회이다. 이 코일의 인덕턴스를 구하시오.

풀이 $l \gg D$이므로 무한장 솔레노이드로 취급할 수 있으므로

$$\begin{aligned} L &= \mu_0 \pi a^2 n^2 l = \frac{\mu_0 \pi a^2 N^2}{l} \\ &= \frac{4\pi \times 10^{-7} \times \pi \times (2 \times 10^{-2})^2 \times 2000^2}{0.5} \\ &= 0.0126\,[\mathrm{H}] = 12.6\,[\mathrm{mH}] \end{aligned}$$

수련문제

1 길이 50 [cm], 반지름 2 [cm]인 원형단면을 갖는 공심 솔레노이드의 자기 인덕턴스를 1 [mH]로 하기 위한 권수를 구하시오.

답 563

1. 토로이드(toroid, 환상 solenoid)의 인덕턴스

그림 11.6과 같이 단면적 $S\,[\mathrm{m}^2]$, 평균자로의 길이 $l\,[\mathrm{m}]$, 비투자율 μ_r의 환상철심에 권수 N_1의 1차 코일과 N_2의 2차 코일이 감겨져 있을 때 1차 코일에 $I_1\,[\mathrm{A}]$의 전류를 흘리면 철심에서의 자속은

$$\phi_1 = \frac{\mathcal{F}_1}{R} = \frac{N_1 I_1}{R} \tag{11.31}$$

이 된다. 따라서 1차 코일과의 쇄교자속은

$$\Phi_1 = N_1 \phi_1 = \frac{{N_1}^2 I_1}{R}\ [\mathrm{wb}] \tag{11.32}$$

가 되어 1차 코일의 자기 인덕턴스는

$$L_1 = \frac{\Phi_1}{I_1} = \frac{{N_1}^2}{R} = \frac{\mu S {N_1}^2}{l}\ [\mathrm{H}] \tag{11.33}$$

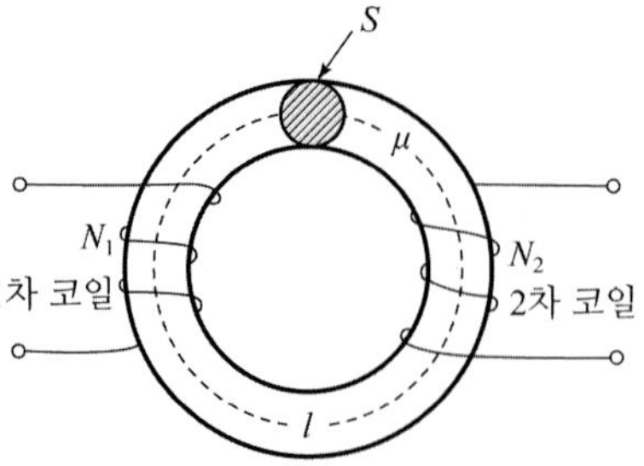

그림 11.6 토로이드의 인덕턴스

이 된다. 또 ϕ_1이 2차 코일과 쇄교자속은

$$\Phi_2 = N_2 \phi_1 = \frac{N_1 N_2 I_1}{R} \text{ [Wb]} \tag{11.34}$$

가 되어 상호 인덕턴스는

$$M = \frac{\Phi_2}{I_1} = \frac{N_1 N_2}{R} = \frac{\mu S N_1 N_2}{l} \text{ [H]} \tag{11.35}$$

가 된다.

2차 코일에 I_2를 흘릴 때 $\phi_2 = \dfrac{N_2 I_2}{R}$로 2차 코일의 자기 인덕턴스는

$$L_2 = \frac{N_2 \phi_2}{I_2} = \frac{{N_2}^2}{R} = \frac{\mu S {N_2}^2}{l} \text{ [H]} \tag{11.36}$$

이 된다.

이상을 정리해 보면 식 (11.37)과 같다.

$$L_1 = \frac{{N_1}^2}{R} = \frac{\mu S {N_1}^2}{l} = \frac{4\pi \mu_r {N_1}^2 S}{l} \times 10^{-7} \text{[H]}$$
$$L_2 = \frac{{N_2}^2}{R} = \frac{\mu S {N_2}^2}{l} = \frac{4\pi \mu_r {N_2}^2 S}{l} \times 10^{-7} \text{[H]}$$
$$M = \frac{N_1 N_2}{R} = \frac{\mu S N_1 N_2}{l} = \frac{4\pi \mu_r N_1 N_2 S}{l} \times 10^{-7} \text{[H]} \tag{11.37}$$

예제 11.9

환상 철심에 $N_1 = 1000$회의 1코일과 $N_2 = 1200$회의 2코일이 감겨져 있다. 1코일의 자기 인덕턴스가 2 [mH]일 때 2코일의 자기 인덕턴스 L_2 [mH]와 상호 인덕턴스 M[mH]의 값을 구하시오. 단 누설 자속은 없는 것으로 본다.

풀이 $L_1 = \dfrac{{N_1}^2}{R}$에서 $R = \dfrac{{N_1}^2}{L_1}$이므로

$$L_2 = \frac{{N_2}^2}{R} = \left(\frac{N_2}{N_1}\right)^2 \cdot L_1 = \left(\frac{1200}{1000}\right)^2 \times 2 \times 10^{-3}$$
$$= 2.88 \times 10^{-3} \text{ [H]} = 2.88 \text{ [mH]}$$

$$M = \frac{N_1 N_2}{R} = \frac{N_2}{N_1} L_1 = \frac{1200}{1000} \times 2 \times 10^{-3}$$
$$= 2.4 \times 10^{-3}\,[\mathrm{H}] = 2.4\,[\mathrm{mH}]$$

또는 누설이 없어 $k=1$이므로

$$M = \sqrt{L_1 \cdot L_2} = \sqrt{2 \times 2.88} = 2.4\,[\mathrm{mH}]$$

수련문제

1 그림에서 ab 사이의 상호 인덕턴스를 최대로 하려고 할 때 각각의 권수 N_1과 N_2의 비를 구하시오. 단 자로에 있어서의 전체 권수는 일정하다.

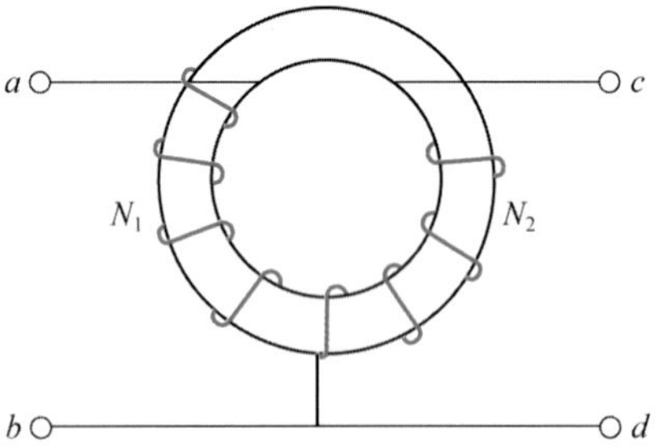

답 $N_1 = N_2$

예제 11.10

그림 11.6의 두 코일을 직렬로 연결할 때 합성 인덕턴스를 구하시오.

풀이 ① 가동접속 시

$$L = L_1 + L_2 + 2M$$
$$= \frac{N_1^2}{R} + \frac{N_2^2}{R} + 2\frac{N_1 N_2}{R} = \frac{1}{R}(N_1^2 + N_2^2 + 2N_1 N_2) = \frac{1}{R}(N_1 + N_2)^2$$
$$= \frac{\mu S}{l}(N_1 + N_2)^2\,[\mathrm{H}]$$

② 차동접속 시

$$L = L_1 + L_2 - 2M$$
$$= \frac{1}{R}(N_1^2 + N_2^2 - 2N_1 N_2) = \frac{1}{R}(N_1 - N_2)^2$$
$$= \frac{\mu S}{l}(N_1 - N_2)^2\,[\mathrm{H}]$$

수련문제

1 그림과 같이 환상 철심에 $N_1 = 50$회, $N_2 = 100$회의 권수를 감은 두 코일을 직렬로 연결할 때 합성 인덕턴스[mH]를 구하시오. 단 철심의 비투자율은 $\mu_r = 1000$, 철심의 평균 반경 $a = 10$ [cm], 철심의 단면적은 $S = 5$ [cm^2]이다.

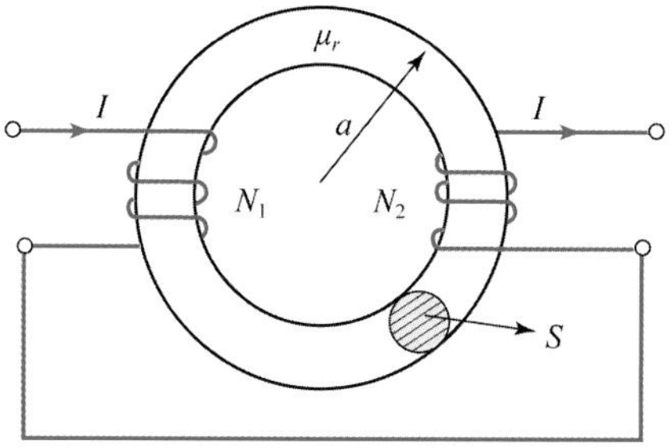

답 22.5 [mH]

예제 11.11

그림과 같은 회로에서 스위치 S가 닫혀져 일정 전류가 흐르고 있다. S를 열었을 때 저항 10 [Ω]에서 발생하는 열 [J]을 구하시오.

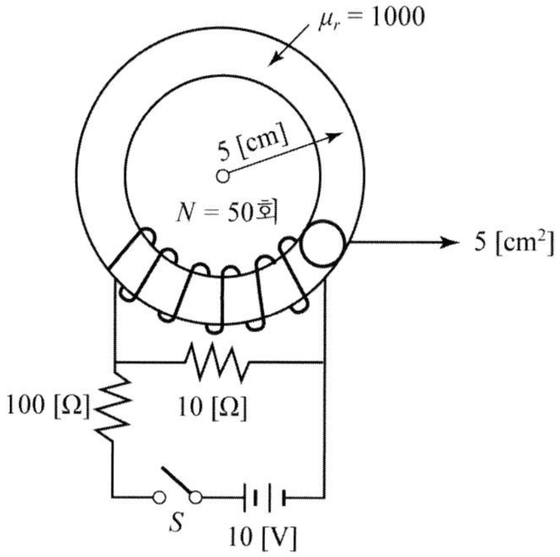

풀이 스위치가 닫혀져 있는 동안 코일은 직류 정상 전류에 대하여 저항값을 갖지 않으므로 10 [Ω]의 저항 지로에는 전류가 흐르지 않고, 100 [Ω]와 코일에만 전류가 흘러 $I = \dfrac{10}{100} = 0.1$ [A]에 의한

에너지가 코일에 저장되고 스위치를 열면 이 저축된 에너지가 10 [Ω] 저항을 통해 방전하여 열에너지로 소비된다. 즉, 10 [Ω]에서 발생되는 열은 코일에 저장된 에너지이다.

$$L = \frac{N^2}{R_m} = \frac{\mu S N^2}{l} \text{ [H]}$$

$$W = \frac{1}{2} L I^2 = \frac{1}{2} \times \frac{\mu S N^2}{l} \cdot I^2$$

$$= \frac{4\pi \times 10^{-7} \times 1000 \times 5 \times 10^{-4} \times 50^2 \times 0.1^2}{2 \times 2\pi \times 5 \times 10^{-2}}$$

$$= 25 \times 10^{-6} \text{ [J]}$$

2. 반경 a[m]인 무한장 원주형 도체의 내부 인덕턴스

투자율 μ 인 그림 11.7과 같은 무한장 원주형 도체에 전류 I[A]를 흘릴 때 거리 $r\,(< a)$되는 원주 내부의 자계는 식 (8.12)에서

$$H = \frac{rI}{2\pi a^2} \text{ [A/m]}$$

가 되고 단위체적당 저장되는 에너지는 식 (8.18)에서

$$w = \frac{BH}{2} = \frac{B^2}{2\mu} = \frac{1}{2} \mu H^2 \text{ [J/m}^3\text{]}$$

이 되므로, 원주도체 단위길이에 저축되는 에너지는 그림에서 $dv = ds \times 1 = 2\pi r\, dr$이 되므로

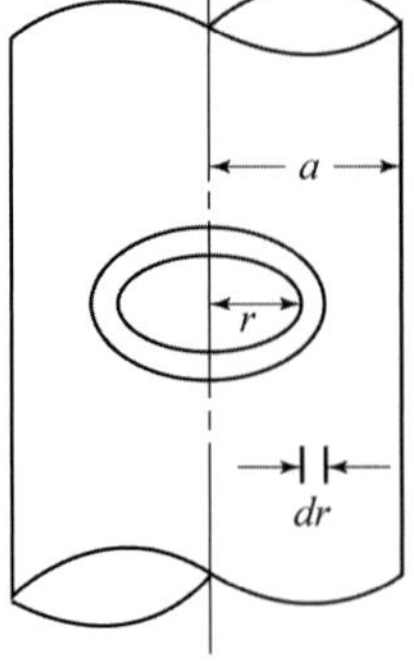

그림 11.7 무한장 원주형도체의 내부 인덕턴스

$$W = \int_0^a \frac{1}{2}\mu H^2 dv = \int_0^a \frac{1}{2}\mu \left(\frac{rI}{2\pi a^2}\right)^2 \cdot 2\pi r dr = \frac{1}{2} \cdot \frac{\mu I^2}{2\pi a^4}\int_0^a r^3 dr$$

$$= \frac{1}{2}\frac{\mu I^2}{2\pi a^4}\left[\frac{r^4}{4}\right]_0^a = \frac{1}{2} \cdot \frac{\mu}{8\pi} I^2 \,[\mathrm{J/m}] \tag{11.38}$$

이다. 이것을 식 (11.20)에서 단위길이당 에너지식과 등가로 놓으면

$$W = \frac{1}{2} L_i I^2 = \frac{1}{2}\frac{\mu}{8\pi} I^2 \,[\mathrm{J/m}] \tag{11.39}$$

에서 단위길이당 인덕턴스는

$$L_i = \frac{\mu}{8\pi} = \frac{1}{2}\mu_r \times 10^{-7}\,[\mathrm{H/m}] \tag{11.40}$$

이 된다. 길이 l [m]인 경우

$$L = \frac{\mu l}{8\pi} = \frac{l}{2}\mu_r \times 10^{-7}\,[\mathrm{H}] \tag{11.41}$$

이다. 즉, 원주형 도체의 내부 인덕턴스는 도체의 단면적(굵기)에는 관계없고, 재질을 나타내는 투자율(비투자율)에만 관계된다.

표피 효과로 인해 전류가 전부 표면에만 흐르는 경우 내부전류가 없으므로 내부 인덕턴스는 0이 된다.

예제 11.12

반경 $a = 10$ [cm]의 무한장 원주형 도선에 전류 $I = 10$ [A]가 균일하게 흐를 때 도체 내의 단위 길이당 축적되는 자기 에너지[J/m]를 구하시오. 단 도선의 투자율은 $\mu = \mu_0$이다.

풀이 원주형 도선이 단위길이당 인덕턴스는

$$L = \frac{\mu}{8\pi} = \frac{\mu_r}{2} \times 10^{-7}\,[\mathrm{H/m}]$$

이므로 $\mu = \mu_0$, 즉 $\mu_r = 1$인 경우

$$W = \frac{1}{2}LI^2 = \frac{1}{2} \times \frac{1}{2} \times 10^{-7} \times 10^2 = 2.5 \times 10^{-6}\,[\mathrm{J/m}]$$

3. 동축 케이블(coaxial cable)의 인덕턴스

그림 11.8과 같이 내도체의 반경이 a [m], 외도체의 반경이 b [m]인 동축케이블에서 내외도체에 전류 I[A]가 왕복하는 경우 도체 사이의 자계는 $H=\frac{I}{2\pi r}$ 이므로 도체 사이 단위길이당 자속은

$$\Phi_0 = \int_a^b B \cdot ds = \int_a^b \frac{\mu I}{2\pi r} dr = \frac{\mu I}{2\pi}\int_a^b \frac{1}{r} \cdot dr = \frac{\mu I}{2\pi}[\ln r]_a^b$$

$$= \frac{\mu I}{2\pi} ln\frac{b}{a} \text{ [Wb/m]} \tag{11.42}$$

가 되고, 단위길이당 인덕턴스는

$$L_i = \frac{\Phi_0}{I} = \frac{\mu}{2\pi} \ln \frac{b}{a} \text{ [H/m]} \tag{11.43}$$

이 된다. 또 심선 내부의 자기 인덕턴스를 고려하면

$$L_i = \frac{\mu}{2\pi} \ln \frac{b}{a} + \frac{\mu}{8\pi} \text{ [H/m]} \tag{11.44}$$

가 된다. 여기서 첫 항의 투자율은 도체 사이($a \sim b$ 사이)의 투자율이고, 둘째 항의 투자율은 심선 자체($0 \sim a$ 사이)의 투자율이며 길이 l [m]인 경우 인덕턴스는

$$L = \frac{\mu l}{2\pi} \ln \frac{b}{a} + \frac{\mu l}{8\pi} \text{ [H]} \tag{11.45}$$

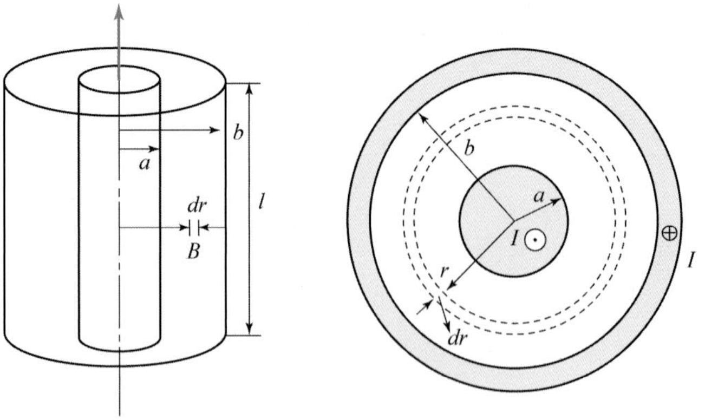

그림 11.8 동축 케이블의 인덕턴스

가 된다.

4. 평행왕복도선의 자기 인덕턴스

공기 중에 반지름 a [m]인 무한장 평행도선이 선간거리 d [m]로 그림 11.9와 같이 가설되었을 때 A 도선에서 x [m]되는 점의 자계는 A 도선에 흐르는 전류에 의한 자계 $H_1 = \dfrac{I}{2\pi x}$ [A/m]와 B 도선에 흐르는 전류에 의한 자계 $H_2 = \dfrac{I}{2\pi(d-x)}$ [A/m]의 합으로 표현되는데, 두 자계는 지면에서 둘 다 들어가는 방향이므로

$$H = H_1 + H_2 = \frac{I}{2\pi x} + \frac{I}{2\pi(d-x)} = \frac{I}{2\pi}\left(\frac{1}{x} + \frac{1}{d-x}\right) [\mathrm{A/m}] \tag{11.46}$$

이 된다. 단위길이당 쇄교자속은 $dS = dx$ 이므로

$$\begin{aligned} \Phi_0 &= \int_a^{d-a} B dS = \frac{\mu_0 I}{2\pi}\int_a^{d-a}\left(\frac{1}{x} + \frac{1}{d-x}\right)dx \\ &= \frac{\mu_0 I}{2\pi}\left\{[\ln x]_a^{d-a} + [-\ln(d-x)]_a^{d-a}\right\} \\ &= \frac{\mu_0 I}{\pi}\ln\frac{d-a}{a}\ [\mathrm{Wb/m}] \end{aligned} \tag{11.47}$$

이다. 따라서 단위길이당 인덕턴스는

$$L_i = \frac{\Phi_0}{I} = \frac{\mu_0}{\pi}\ln\frac{d-a}{a}\ [\mathrm{H/m}] \tag{11.48}$$

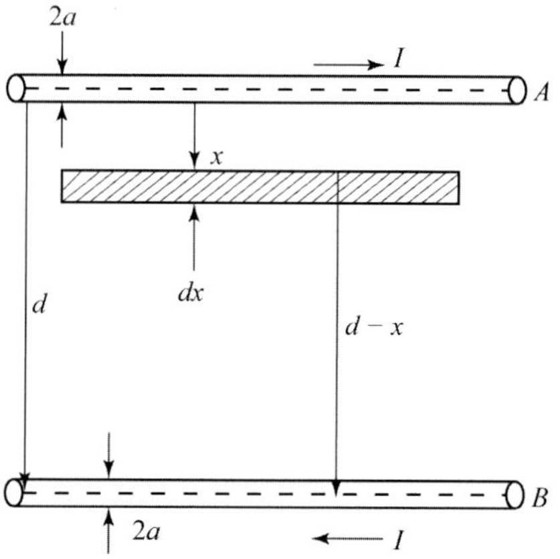

그림 11.9 평행 왕보도선의 자기 인덕턴스

이며, A, B 두 도선의 내부 인덕턴스 $\left(\frac{\mu}{8\pi}\times 2=\frac{\mu}{4\pi}\right)$를 고려하면

$$L_i=\frac{\mu_0}{\pi}\ln\frac{d-a}{a}+\frac{\mu}{4\pi}\ [\mathrm{H/m}] \tag{11.49}$$

이다.

일반적으로 선간거리 d가 반경 a보다 대단히 크므로, 즉 $d \gg a$인 경우

$$L_i=\frac{\mu_0}{\pi}\ln\frac{d}{a}+\frac{\mu}{4\pi}\ [\mathrm{H/m}] \tag{11.50}$$

으로 표현할 수 있다. 길이가 $l\,[\mathrm{m}]$인 경우 인덕턴스는

$$L=\frac{\mu_0 l}{\pi}\ln\frac{d}{a}+\frac{\mu l}{4\pi}=l\left(4\ln\frac{b}{a}+\mu_r\right)\times 10^{-7}\,[\mathrm{H}] \tag{11.51}$$

이 된다.

수련문제

1 저압배전선의 지름이 5 [mm]이며 선간거리 40 [cm]일 때 길이 25 [m]의 자기 인덕턴스를 구하시오.

답 $53.3\times 10^{-6}\,[\mathrm{H}]$

5. 2조의 왕복 배전선 간의 상호 인덕턴스

그림 11.10과 같이 $\pm I_1\,[\mathrm{A}]$, $\pm I_2\,[\mathrm{A}]$가 흐르는 2조의 왕복 배전선 간의 상호 인덕턴스는 A_1에서 B_1까지의 거리를 d_1, A_1에서 B_2까지의 거리를 d_2, A_2에서 B_1까지의 거리를 d_3, A_2에서 B_2까지의 거리를 d_4라 할 때 A_1, A_2의 전류 $\pm I_1\,[\mathrm{A}]$에 의한 도선 B_1, B_2사이의 점 P의 자계는

$$H_1=\frac{I_1}{2\pi r}\ [\mathrm{A/m}]\quad (d_1<r<d_2)$$

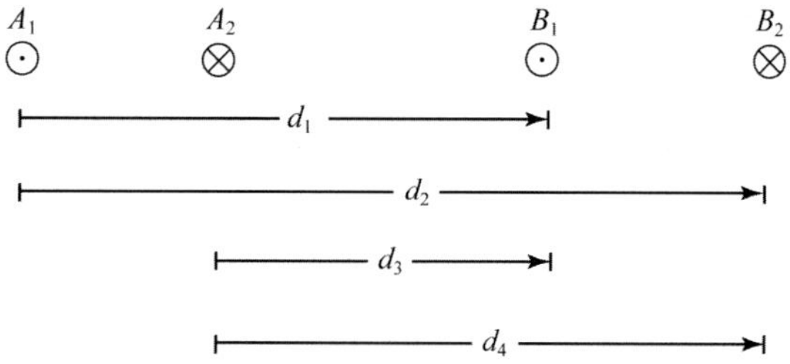

그림 11.10 2조의 왕복 배전선 간의 상호 인덕턴스

$$H_2 = \frac{-I_1}{2\pi r}\ [\mathrm{A/m}] \quad (d_3 < r < d_4)$$

가 되어 단위길이당 쇄교자속은

$$\phi_1 = \int_{d_1}^{d_2} B_1 \cdot dS = \frac{\mu_0 I_1}{2\pi} \ln \frac{d_2}{d_1}\ [\mathrm{Wb/m}]$$

$$\phi_2 = \int_{d_3}^{d_4} B_2 \cdot dS = \frac{\mu_0 I_1}{2\pi} \ln \frac{d_3}{d_4}\ [\mathrm{Wb/m}]$$

가 되므로 합성자속은

$$\phi = \phi_1 + \phi_2 = \frac{\mu_0 I_1}{2\pi}\left(\ln \frac{d_2}{d_1} + \ln \frac{d_3}{d_4}\right) = \frac{\mu_0 I_1}{2\pi} \ln \frac{d_2 d_3}{d_1 d_4}\ [\mathrm{Wb/m}]$$

이다. 따라서 단위길이당 상호 인덕턴스는

$$M_0 = \frac{\phi}{I_1} = \frac{\mu_0}{2\pi} \ln \frac{d_2 d_3}{d_1 d_4}\ [\mathrm{H/m}]$$

이며 길이가 l [m]인 경우

$$M = \frac{\mu_0 l}{2\pi} ln \frac{d_2 d_3}{d_1 d_4}\ [\mathrm{H}]$$

이다. 이 경우 $d_2 \cdot d_3 = d_1 \cdot d_4$의 관계가 되도록 배치를 하면 $\ln 1 = 0$로 $M = 0$ [H]가 되어 상호간에 유도가 발생하지 않는다.

수련문제

1 그림 11.10에서 선간거리 $A_1A_2 = B_1B_2 = 50\ [\mathrm{cm}]$, $A_2B_1 = 80\ [\mathrm{cm}]$이고 길이 $8\ [\mathrm{km}]$일 때 상호 인덕턴스를 구하시오.

답 $-2.5 \times 10^{-4}\ [\mathrm{H}]$

연습문제

❶ 200회를 감은 철심코일에 8 [A]의 직류를 흘렸을 때 코일 내를 관통하는 자속이 3.68×10^{-3} [Wb]이었다. 누설자속을 무시할 때 이 코일의 자기 인덕턴스를 구하시오.
… 92 [mH]

❷ 평균직경 30 [cm], 단면적 12 [cm^2]의 토로이드에 총권수 500회의 코일을 감았을 때 자기 인덕턴스를 구하시오.
… 0.4 [mH]

❸ 어느 철심에 도선을 25회 감고 여기에 1 [A]의 전류를 흘릴 때 0.01 [Wb]의 자속이 발생하였다. 자기 인덕턴스를 1 [H]로 하려면 도선의 권수는 얼마인가?
… 50회

❹ 두 개의 코일이 있다. 각각의 인덕턴스가 0.15 [H], 0.2 [H]이고 상호 인덕턴스가 0.1 [H]일 때 결합계수를 구하시오.
… 0.577

❺ 철심이 들어있는 환상 코일이 있다. 1차 코일의 권수 $N_1 = 100$[회]일 때 자기 인덕턴스는 0.01 [H]였다. 이 철심에 2차 코일 $N_2 = 200$[회]을 감았을 때의 2차 코일의 자기 인덕턴스를 구하시오. 또 상호 인덕턴스는 얼마인가?
… $L = 0.04$ [H], $M = 0.02$ [H]

❻ 환상 철심에 A, B의 코일이 감겨 있다. 전류가 150 [A/s]로 변화할 때 코일 A에 45 [V], 코일 B에 30 [V]의 기전력이 유도되었다. 각각의 자기 인덕턴스와 상호 인덕턴스를 구하시오.
… $L_A = 300$ [mH], $L_B = 200$ [mH], $M = 235$ [mH]

7 2000회의 코일을 균일하게 감은 무단 솔레노이드가 있다. 단면적은 3 [cm^2]이고 길이는 20 [cm]이다. 다음 경우의 자기 인덕턴스를 구하시오.

a) 철심이 없는 경우 … 7.54 [mH]

b) 비투자율 1000의 철심이 들어있는 경우 … 7.54 [H]

8 자기 인덕턴스가 각각 90 [mh], 490 [mH]인 두 코일 간의 상호 인덕턴스가 72 [mH]라 할 때 두 코일의 결합계수를 구하시오.

… 0.343

9 2개의 코일을 직렬로 연결한 합성자기 인덕턴스가 20 [mH]와 8 [mH](반대방향)일 때 2코일 간의 상호 인덕턴스를 구하시오.

… 3 [mH]

10 그림과 같이 정방형의 한 번 감은 코일 2개가 나란히 놓여있을 때 두 코일 간의 상호 인덕턴스를 구하시오.

… 0.0545 [mH]

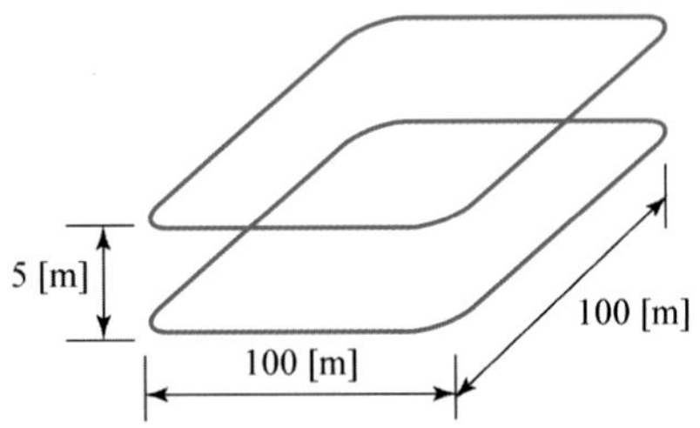

11 환상 철심의 단면적이 4 [cm^2]이고 평균 반지름 20 [cm], 권수 200, 비투자율 1000, 전류가 1 [A]일 때 전자 에너지 및 자기 인덕턴스를 구하시오.

… 0.8×10^{-3} [J], 16 [mH]

12 2개의 얇은 코일이 상하에 평행으로 배치되어 있다. 아래 코일을 고정시키고 위의 코일을 간격 $d_1 = 5$ [cm]만큼 띄어 놓았을 때 코일의 상호 인덕턴스가 $M_1 = 8$ [mH], 간격 $d_2 = 7$ [cm]만큼 띄어 놓았을 때 상호 인덕턴스가 $M_2 = 6$ [mH]로 되었다. 두 코일에 각각 전류 $I_1 = I_2 = 5$ [A]가 흘렀을 때 두 코일 사이에 작용하는 전자력의 평균값을 구하시오.

··· -2.5 [N]

13 4 [mH]의 자기 인덕턴스를 갖는 코일에 3 [A]의 전류가 흐르고 있다. 이 회로를 열 때 개폐기에 생기는 아크의 열량을 구하시오.

··· 4.3×10^{-3} [cal]

14 $L = 10$ [mH]의 회로에 전류 5 [A]가 흐르고 있다. 이 회로의 자계 내에 축적되는 에너지를 와트시로 나타내시오.

··· 3.47×10^{-5} [Wb]

Chapter 12

전자계에서 해석하기

1. 맥스웰 방정식
2. 균일평면파
3. 헬몰츠 방정식
4. 포인팅 벡터와 전력
5. 전송선로 방정식
6. 정재파비와 스미스 도표
7. 전자파의 복사

이 장에서는 지금까지 고려된 정전계와 정자계의 기본 관계로부터 시간변화에 의한 동일한 현상들을 고찰하도록 한다. 시간변화장(time varing field)에 관한 법칙들은 정전계과 정자계 경우와 대부분 비슷하므로 시간변화장에 관한 현상을 간단히 취급할 수 있다. 이들은 자계를 변화시킬 때 전계현상을 고찰한 Faraday의 실험 법칙과 전계를 변화시킬 때 자계현상을 고찰한 Maxwell의 이론적 고찰로 나눌 수 있다. 이후 J.C.Maxwell(1864)은 Faraday, Henry, Ampere의 원리를 묶어서 「전자파의 원리」라는 이론을 발표하게 되었다. 이 이론에 사용된 4개의 방정식이 유명한 Maxell 기초방정식이 되었으며, 이것을 기초로 하여 전자파의 전파를 예견하게 되었다. 전자파의 전파를 위해 구성되는 전계와 자계의 구성 공간을 전자계 또는 전자장(electromagnetic field)이라 한다.

12.1 맥스웰(Maxwell) 방정식

Faraday의 실험 법칙은 자계의 시간변화에 의한 전계 형성 과정에서 출발한다. 자계의 시간변화에 의한 전류의 전도는 지금까지는 하전입자의 운동에 의한 전도전류만을 생각해왔다. 그러나 맥스웰은 컨덴서를 충전하는 경우에 전극에 유입하는 전류는 있어도 전극 사이를 흐르는 전류는 존재하지 않으므로 불연속적인 컨덴서 전극 간의 전류의 불연속성 문제를 해결하기 위하여 변위전류의 개념을 도입하였다.

그림 12.1과 같은 평행판 컨덴서에서 전극면적을 S, 전극에 축적된 전하를 Q, 전극의 표면 전하밀도 ρ_s, 전극 간의 전속밀도 D, 전극 간에 유전율 ϵ 인 매질에 의하여 전계의 세기 $\boldsymbol{E}$는

$$D = \rho_s = \frac{Q}{S}\ [\mathrm{C/m^2}]$$

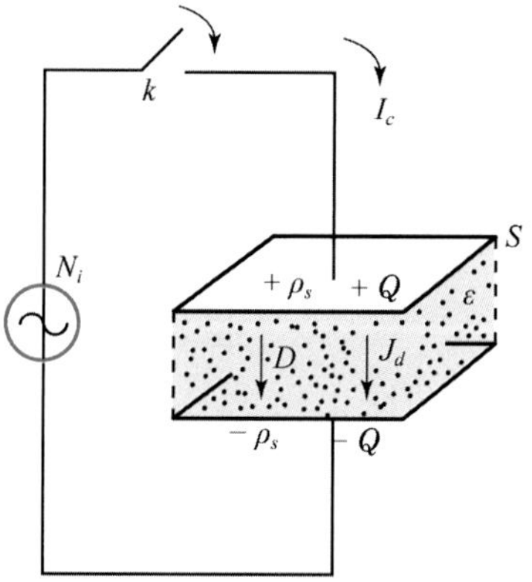

그림 12.1 컨덴서 안에서 변위전류

$$\boldsymbol{E} = \frac{D}{\epsilon}\ [\mathrm{V/m}] \tag{12.1}$$

이 된다. 또한 전극의 전하 Q의 시간적 변화에 의하여 컨덴서에 유입하는 전류 I는 다음 식과 같다.

$$I = \frac{dQ}{dt} = S\frac{dD}{dt}\ [\mathrm{A}] \tag{12.2}$$

위 식에서 우변의 전류성분은 컨덴서의 전극 간에 흐르는 전류로써 도선의 전도전류와 연속이다. 식 (12.2)의 양변을 컨덴서의 전극면적 S로 나누어 전류밀도 J_d라 하면

$$J_d = \frac{I}{S} = \frac{dD}{dt}\ [\mathrm{A/m^2}]$$

이다.

맥스웰은 전속밀도 A를 **전기변위(electric displacement)**라 하고, J_d는 전기변위의 시간접 변화에 의한 전류라고 하는 의미로 **변위전류(displacement current)**라고 구분하여, 변위전류도 전도전류와 같이 자계를 만든다고 생각하였다. 따라서 컨덴서를 포함하는 회로에 대한 암페어의 법칙인 식 (12.3)은 전도전류 I_c와 변위전류 J_d에 의한 합으로서 스토크스 정리를 적용하여 다음과 같이 표현할 수 있다.

$$\oint_c H \cdot dI = I_c + I_d = \int_s J \cdot ndS + \int_s \frac{\partial D}{\partial t} \cdot ndS\ [\mathrm{A}] \tag{12.3}$$

이 식 우변의 적분은 J, D의 변수가 포함된 컨덴서 단면 내의 전분형태이다. 맥스웰은 앞에서와 같이 변위전류를 규정하여 암페어의 법칙을 확장시키고, 전계 및 자계에 관한 실험 법칙을 정리하여 4개의 방정식을 만들었는데, 이것을 맥스웰의 전자계 기초방정식(Maxwell's fundermental equation of electromagnetic field)이라 한다.

$$\begin{aligned} \nabla \cdot D &= \rho \\ \nabla \cdot B &= 0 \\ \nabla \times \boldsymbol{H} &= \boldsymbol{J} + \frac{\partial \boldsymbol{D}}{\partial t} \\ \nabla \times \boldsymbol{E} &= -\frac{\partial \boldsymbol{B}}{\partial t} \end{aligned} \tag{12.4}$$

식 (12.4)에서 $\nabla\cdot$ 의 모양은 연산자의 발산(divergence)이라 하고 $\nabla\times$는 연산자 회전(curl)이라 한다. 제3식의 양변에 발산 연산을 취하면

$$\begin{aligned}\nabla\cdot(\nabla\times\boldsymbol{H}) &= \nabla\cdot\left(\boldsymbol{J}+\frac{\partial\boldsymbol{D}}{\partial t}\right) = \nabla\cdot\boldsymbol{J}+\frac{\partial\boldsymbol{D}}{\partial t}\\ &= -\frac{\partial\rho}{\partial t}+(\nabla\cdot\boldsymbol{D})\\ &= 0\end{aligned}$$

이고, $\nabla\cdot D=\rho$이다.

또한 식 (12.4)의 제 4식에 div의 연산을 하면, $\nabla\cdot B=0$을 얻을 수 있다. 즉, 식 (12.4)의 위의 두 개의 방정식은 아래 두 개의 방정식으로부터 유도될 수 있다. 여기서 전계와 자계 공간의 매질에 관한 관계식

$$\begin{aligned}\boldsymbol{D} &= \epsilon\boldsymbol{E}\\ \boldsymbol{B} &= \mu\boldsymbol{H}\\ \boldsymbol{J} &= \sigma\boldsymbol{E}\end{aligned}$$

을 식 (12.4)의 제 3, 4식에 대입하면

$$\begin{aligned}\nabla\times\boldsymbol{H} &= \sigma\boldsymbol{E}+\epsilon\frac{\partial\boldsymbol{E}}{\partial t}\\ \nabla\times\boldsymbol{E} &= -\mu\frac{\partial\boldsymbol{H}}{\partial t}\end{aligned}\qquad(12.5)$$

이고, $\sigma=0$, $\rho=0$인 자유공간에서는

$$\begin{aligned}\nabla\times\boldsymbol{H} &= \epsilon\frac{\partial\boldsymbol{E}}{\partial t}\\ \nabla\times\boldsymbol{E} &= -\mu\frac{\partial\boldsymbol{H}}{\partial t}\end{aligned}\qquad(12.6)$$

과 같이 표시된다. 식 (12.6)의 물리적 의미는 전계 $\boldsymbol{E}$의 시간적 변화가 자계 $\boldsymbol{H}$의 회전을 만들고, 자계 $\boldsymbol{H}$의 시간적 변화도 전계 $\boldsymbol{E}$를 만들어 서로 직각으로 쇄교하게 된다는 것을 뜻한다. 다음은 전자파동방정식에 대해 고려해 본다. 식 (12.6) 제 1식의 양변에 회전의 연산을 취하여 제 2식을 대입하면

$$\nabla \times (\nabla \times \boldsymbol{H}) = \epsilon \frac{\partial}{\partial t}(\nabla \times \boldsymbol{E})$$

$$= \epsilon \frac{\partial}{\partial}\left(-\mu \frac{\partial \boldsymbol{H}}{\partial t}\right)$$

$$= -\mu\epsilon \frac{\partial^2 \boldsymbol{H}}{\partial t^2} \tag{12.7}$$

이 되고, 여기에 벡터 공식

$$\nabla \times \nabla \times \boldsymbol{H} = \nabla(\nabla \cdot \boldsymbol{H}) - \nabla^2 \boldsymbol{H}$$

을 적용하면 식 (12.7)은

$$\nabla(\nabla \cdot \boldsymbol{H}) - \nabla^2 \boldsymbol{H} = -\mu\epsilon \frac{\partial^2 \boldsymbol{H}}{\partial t^2}$$

$$\nabla^2 \boldsymbol{H} = \mu\epsilon \frac{\partial^2 \boldsymbol{H}}{\partial t^2} \; (\text{단}, \; \nabla \cdot \boldsymbol{H} = 0) \tag{12.8}$$

이 되고 마찬가지 방법으로 식 (12.6)의 제 2식은

$$\nabla^2 \boldsymbol{E} = \mu\epsilon \frac{\partial^2 E}{\partial t^2} \tag{12.9}$$

가 된다. 식 (12.8)과 (12.9)를 **전자파방정식(electromagnetic wave equation)**이라 한다. 시간과 거리의 함수인 $\psi = f(x, y, z, t)$로 주어지는 ψ에 대한 일반 파동방정식은

$$\nabla^2 \psi = \frac{1}{v_2} \cdot \frac{\partial^2 \psi}{\partial t^2} \tag{12.10}$$

의 형식으로 표시된다. 여기서 v는 파동의 전파속도로

$$v = \frac{1}{\sqrt{\mu\epsilon}}$$

가 되고 진공 중에서는 유전율(ϵ_0)과 투자율(μ_0)이므로 빛의 속도 $c = 3 \times 10^8$ [m/s]와 같다. 맥스웰은 이 파동방정식에서 빛은 전자파의 일종이라고 가정하였으며 이후 이 가정이 옳다는 것이 증명되었다.

수련문제

1 임의의 매질 속에 전자파의 전파속도가 2×10^8 [m/sec]이고 비투자율이 1이라면 매질의 비유전율 ϵ_r은 얼마인가?

답 2.25

2 비유전율 4, 비투자율 1인 매질 내를 주파수 2 [MHz]인 전자파가 전파하는 속도[m]는?

답 1.5×10^8 [m]

12.2 균일평면파

균일평면파(uniform plane wave)란 전계 및 자계의 세기가 각각 전자파의 전파 진행방향에 그 진폭 및 위상이 같은 전자파를 말한다. 이러한 전자파는 실제로는 존재하지 않으나 구면파의 경우도 발생원으로부터 멀리 떨어져 있는 어떤 한정된 영역에서는 평면파로 간주된다. 균일평면파의 해석은 수학적인 복잡성을 감해주기 때문에 이론적으로 많이 사용된다.

$$\boldsymbol{E} = E_x\boldsymbol{a}_x + E_y\boldsymbol{a}_y + E_z\boldsymbol{a}_z$$

로 표시되며, 평면파의 경우 전자파의 진행방향을 z축으로 $E_z = 0$이고, E_x와 E_y는 xy 평면상 어느 점에서도 진폭과 위상이 동등하므로 E_x 성분만 생각하기로 한다. E_x의 파동방정식은 식 (12.9)에 의하여

$$\nabla^2 E_x = \frac{\partial^2 E_x}{\partial x^2} + \frac{\partial^2 E_x}{\partial y^2} + \frac{\partial^2 E_x}{\partial z^2} = \mu\epsilon\frac{\partial^2 E_x}{\partial t^2} \tag{12.11}$$

과 같이 표시된다. 여기서 E_x는 xy 평면상에서 균일하여 x, y 방향의 거리에 따르는 변화는 없기 때문에 x, y 방향의 미분은 모두 0이 되어 식 (12.11)은

$$\frac{\partial^2 E_x}{\partial z^2} = \mu\epsilon\frac{\partial^2 E_x}{\partial t^2}$$

이 된다. 같은 방법으로 E_y 성분의 균일평면과 파동방정식을 정리하면 다음과 같다.

$$\frac{\partial^2 E_x}{\partial t^2} = v^2 \frac{\partial^2 E_x}{\partial z^2}$$

$$\frac{\partial^2 E_y}{\partial t^2} = v^2 \frac{\partial^2 E_y}{\partial z^2} \qquad (12.12)$$

식 (12.12)의 미분방정식을 풀기 위한 일반해는 f_x, f_y, g_x, g_y를 임의의 함수로 하여

$$E_x = f_x(-z+vt) + g_y(z+vt)$$

$$E_y = f_y(-z+vt) + g_y(z+vt) \qquad (12.13)$$

로 표시할 수 있다. 여기서 $f_x(-z+vt)$, $f_y(-z+vt)$는 z의 (+)방향에 속도 v로 나가는 **진행파(traveling wave)**이고 $g_x(z+vt)$ 및 $g_y(z+vt)$는 z의 (−)방향으로 진행하는 **반사파(reflected wave)**가 된다.

또한 맥스웰 방정식에서

$$\nabla \times \boldsymbol{E} = -\mu \frac{\partial \boldsymbol{H}}{\partial t}$$

의 전계와 자계를 성분별로 표시하면

$$\left(\frac{\partial E_z}{\partial y} - \frac{\partial E_x}{\partial z}\right)\boldsymbol{a_x} + \left(\frac{\partial E_x}{\partial z} - \frac{\partial E_x}{\partial x}\right)\boldsymbol{a_y} + \left(\frac{\partial E_y}{\partial x} - \frac{\partial E_x}{\partial y}\right)\boldsymbol{a_z}$$

$$= -\mu \frac{\partial}{\partial t}(H_x \boldsymbol{a}_x + H_y \boldsymbol{a}_y + H_z \boldsymbol{a}_z)$$

와 같이 된다. 여기에 앞에서의 균일평면파의 조건

$$E_z = 0, \quad \frac{\partial}{\partial x} = 0$$

$$H_z = 0, \quad \frac{\partial}{\partial y} = 0$$

을 적용시키면

$$-\frac{\partial E_z}{\partial_z}\boldsymbol{a}_x + \frac{\partial E_z}{\partial_z}\boldsymbol{a}_y = -\mu \frac{\partial E}{\partial} t(H_x \boldsymbol{a}_x + H_y \boldsymbol{a}_y) \qquad (12.14)$$

가 되므로 각 성분 사이에는

$$\frac{\partial E_y}{\partial z} = \mu \frac{\partial H_x}{\partial t}, \quad \frac{\partial E_x}{\partial z} = -\mu \frac{\partial H_y}{\partial t}$$

와 같은 관계가 성립한다. 여기서 식 (12.13)의 Ex, Ey를 대입하면 최종적으로

$$H_x = \frac{1}{\mu}\int \frac{\partial E_y}{\partial z} dt = -\sqrt{\frac{\epsilon}{\mu}}\frac{f}{y}(z - vt) + \sqrt{\frac{\epsilon}{\mu}} g_y(z + vt)$$

$$H_y = -\frac{1}{\mu}\int \frac{\partial E_x}{\partial z} dt = -\sqrt{\frac{\epsilon}{\mu}}\frac{f}{x}(z - vt) - \sqrt{\frac{\epsilon}{\mu}} g_x(z + vt) \qquad (12.15)$$

로 표시된다.

예제 12.1

전계 E_x는 거리 z와 시간 t의 함수로 식 (12.12)로 표현된다. 이 식을 이용한 전자파의 물리적 현상을 고찰하도록 하자.

풀이 전계 및 자계가 x 및 y방향에 정현파적으로 변화하고 z방향으로 진행한다면

$$E_x = \sin\beta(z + mt)$$

로 표시할 수 있다. 이 식을 식 (12.12)의 제 1식에 대입하면

$$-m^2 \sin\beta(z + mt) + v^2 \sin\beta(z - mt) = 0$$

이고, $-m^2 + v^2 = 0$에서 $v = \pm m$이다.
따라서 E_x는

$$E_x = \sin\beta(z + vt) + \sin\beta(z - vt)$$

이다. 여기서 제1항은 반사파(backward traveling wave), 제2항은 전진파(forward traveling wave) 성분임을 알 수 있다. 마찬가지로 E_y도

$$E_y = \sin\beta(z + mt) + \sin\beta(z - mt)$$

와 같이 표시된다.

지금 z의 (+)방향으로 나아가는 전진파만을 생각할 때에는 식 (12.13) 및 식 (12.14)에 있어서 제1항만을 고려하며, 전계와 자계가 정현파적으로 변화한다고 보면

$$E_x = E_{0x} e^{j\omega(z - vt)}$$

$$E_y = E_{0y} e^{j\omega(z - vt)}$$

$$H_x = H_{0x} e^{j\omega(z - vt)}$$

$$H_y = H_{0x} e^{j\omega(z - vt)}$$

이므로

$$\frac{\partial E_x}{dz} = j\omega E_x, \quad \frac{\partial E_y}{dz} = j\omega E_y$$

$$\frac{\partial H_x}{dt} = -j\omega v H_x, \quad \frac{\partial H_y}{dt} = -j\omega v H_y$$

이다. 이 식을 식 (12.14)에 대입하면

$$-E_y \boldsymbol{a_x} + E_x\, \boldsymbol{a_y} = \mu v (H_x \boldsymbol{a}_x + H_y \boldsymbol{a}_y)$$

가 된다. 이 식의 양변에 단위벡터 $\boldsymbol{a_x}$ 의 벡터적을 취하면

$$(-E_y a_x + E_x a_x) \times a_z = \mu v (H_x a_x + H_y a_y) \times a_z$$
$$E_y a_x + E_x a_x = \mu v (H_x a_x + H_y a_y) \times a_z$$

가 된다. 따라서

$$E = \mu v H \times a_z$$

라는 관계식을 얻을 수 있는데, 이 식은 전계 E와 자계 H는 언제나 a_x 와 수직인 평면 내에서 직교하고 있다는 것을 의미한다. 또한 전자파의 파장을 λ, 주파수를 $f = v/\lambda$, 각 주파수를 $\omega = 2\pi f$ 라 하고 전계 E의 x 방향성분은

$$E_x = E_{0x} e^{j\omega(z - vt)} = E_{0x} \sin\omega(z - vt)$$
$$= E_{0x} \sin\left(\frac{2\pi vt}{\lambda} - \frac{2\pi}{\lambda}\right) = E_m \sin\left(\omega t - \frac{\omega z}{v}\right)$$

로 표시할 수 있다.

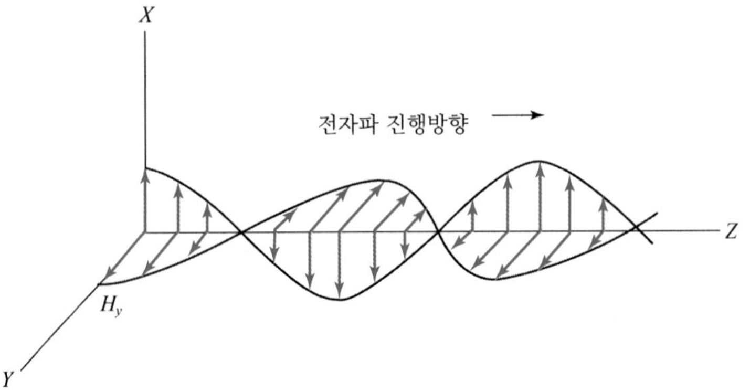

그림 12.2 평면 전자파의 진행 예

자계 H_y 에 대해서도 위와 똑같은 결과를 얻을 수 있고 동일한 시간과 위치에서 그 주기적인 변화는 전계와 동위상이며, 공간 좌표에서는 식 (12.26)에서와 같이 90°이다. 따라서 전자파, 즉 z축(+) 방향으로 전파하는 파동만을 도시하면 그림 12.2와 같이 된다. 이와 같은 평면파를 어떤 순간을 잡아서 xy 평면에 도시하면 그림 12.3과 같다.
그림 12.3에서 알 수 있는 바와 같이

$$\eta = \frac{E}{H} = \sqrt{\frac{E_x^2 + E_y^2}{H_x^2 + H_y^2}} = \sqrt{\frac{\mu}{\epsilon}} \tag{12.16}$$

과 같은 관계가 있다. 이 η를 **고유임피던스(intrinsic impedance)** 또는 **파동임피던스(wave**

impedance)라 하는데, 매질에 따라 결정되는 고유한 값이다. 자유공간에서의 고유임피던스 η_0는

$$\eta = \sqrt{\frac{\mu_0}{\epsilon_0}} = 120\pi = 377\,[\Omega]$$

이 된다. 따라서 임의의 시각의 임의의 점에서의 전계와 자계의 크기의 비는 항상 일정하므로 전계 또는 자계의 한쪽 크기만 알면 나머지의 크기를 구할 수 있음을 알 수 있다.

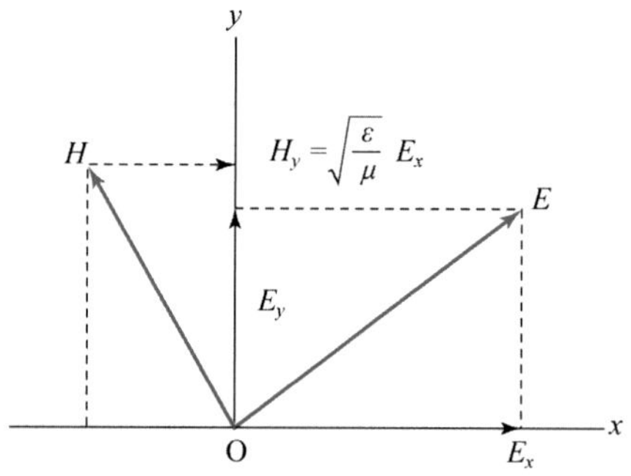

그림 12.3 한순간에서의 평면파

예제 12.2

평면 전자파의 전계가 $E = E_m \sin\left(\omega t - \frac{\omega z}{v}\right)$일 때 물속에서의 자계의 세기 및 전파속도를 구하시오. 단 물의 비유전율 80, 비투자율 1이다.

풀이 고유임피던스는 식 (12.16)에 의하여

$$\eta = \frac{E_m}{H_m} = \sqrt{\frac{\mu}{\epsilon}} = 377\sqrt{\frac{\mu_r}{\epsilon_r}} = 2.37 \times 10^{-2}\,[\Omega]$$

이므로 H는

$$H_m = \eta E_m = 2.37 \times 10^{-2} E_m$$

이다. 물속에서 자계의 세기는

$$H = H_m \sin\left(\omega t - \frac{\omega z}{v}\right)$$
$$= 2.37 \times 10^{-2} E_m \sin\left(\omega t - \frac{\omega z}{v}\right)\,[\mathrm{A/m}]$$

이고, 물속의 전파속도 v는

$$v = \frac{1}{\sqrt{\mu\epsilon}} = \frac{1}{\sqrt{\mu_0\mu_r\epsilon_0\epsilon_r}} = \frac{3\times 10^8}{\sqrt{80}} = 3.5\times 10^7\,[\mathrm{m}]$$

이다. 이것은 자유공간에서 전파의 전파속도인 $3\times 10^8\,[\mathrm{m/s}]$보다 느리다.

12.3 헬몰츠(Helmholtz) 방정식

이전 절에서 구한 전자파장정식은 벡터성분을 포함한 방정식이다. 이 절에서는 파의 크기 성분에 의한 방정식인 **헬몰츠 방정식(Helmholtz equation)**에 대하여 고찰하도록 한다.

매질이 도전율 σ를 갖는 경우의 전자파방정식을 맥스웰 전자방정식인 식 (12.5)를 사용하여 파동방정식을 구하면

$$\nabla^2 \boldsymbol{H} = \sigma\mu \frac{\partial \boldsymbol{H}}{\partial t} + \mu\epsilon \frac{\partial^2 \boldsymbol{H}}{\partial t^2}$$

$$\nabla^2 \boldsymbol{E} = \sigma\mu \frac{\partial \boldsymbol{E}}{\partial t} + \mu\epsilon \frac{\partial^2 \boldsymbol{E}}{\partial t^2} \qquad (12.17)$$

이다. 여기서 전계 $\boldsymbol{E}$와 자계 $\boldsymbol{H}$는 시간에 대하여 정현적인 변화 $e^{j\omega t}$를 한다고 가정하여

$$\frac{\partial \boldsymbol{E}}{\partial t} = j\omega \boldsymbol{E}_0 e^{j\omega t} = j\omega \boldsymbol{E}$$

$$\frac{\partial \boldsymbol{H}}{\partial t} = j\omega \boldsymbol{H}_0 e^{j\omega t} = j\omega \boldsymbol{H}$$

$$\frac{\partial^2 \boldsymbol{E}}{\partial t^2} = -\omega \boldsymbol{E}_0 e^{j\omega t} = -\omega^2 \boldsymbol{E}$$

$$\frac{\partial^2 \boldsymbol{H}}{\partial t} = -\omega^2 \boldsymbol{H}_0 e^{j\omega t} = -\omega^2 \boldsymbol{H}$$

이 된다. 이 관계식을 식 (12.17)에 대입하면

$$\nabla^2 \boldsymbol{E} = \omega^2 \mu\epsilon \left(1 + \frac{\sigma}{j\omega\epsilon}\right) \boldsymbol{E} = 0$$

$$\nabla^2 \boldsymbol{H} = \omega^2 \mu\epsilon \left(1 + \frac{\sigma}{j\omega\epsilon}\right) \boldsymbol{H} = 0 \qquad (12.18)$$

와 같이 표현되는데, 이 식을 헬몰츠 방정식이라 한다.
이 방정식에서

$$\epsilon_e = \epsilon \left(1 + \frac{\sigma}{j\omega\mu}\right)$$

로 표시한다. ϵ_0는 실효유전율, 전파상수 k는 $k^2 = \omega^2 \epsilon_0 \mu$라 놓으면 이것을 이용하면 헬몰츠

방정식의 일반적인 형태는

$$\nabla^2 \boldsymbol{E} = k^2 \boldsymbol{E} = 0$$

$$\nabla^2 \boldsymbol{H} = k^2 \boldsymbol{H} = 0 \tag{12.19}$$

가 된다.

예제 12.3

매질이 진공인 영역에서 평면파가 존재한다면 헬몰츠 방정식을 사용하여 물리적 특성을 고찰하시오.

풀이 매질이 진공인 경우 헬몰츠 방정식 (12.19)의 제1식은

$$\nabla^2 \boldsymbol{E} + k^2 \boldsymbol{E} = \frac{\partial^2 \boldsymbol{E}}{\partial x^2} + \frac{\partial^2 \boldsymbol{E}}{\partial y^2} + \frac{\partial^2 \boldsymbol{E}}{\partial z^2} + k_0^2 \boldsymbol{E} = 0$$

와 같이 표시되고 E_x 의 성분은

$$\frac{\partial^2 E_x}{\partial x^2} + \frac{\partial^2 E_x}{\partial y^2} + \frac{\partial^2 E_x}{\partial z^2} + k_0^2 E_x = 0$$

이다. 변수분리법에 의하여

$$E_x = f(x) g(y) h(z)$$

인 해를 갖는다고 가정하여 원식에 대입하여 fgh로 나누면

$$f'' gh + fg'' h + fgh'' + k_0^2 fgh = 0$$

$$\frac{f''}{f} + \frac{g''}{g} + \frac{h''}{h} + k_0^2 = 0$$

이다. 이때 앞의 3항은 x, y, z만의 함수이므로 모든 x, y, z에 대해서 위 식이 성립하려면

$$f'' + k_x^2 f = 0$$

$$g'' + k_y^2 g = 0$$

$$h'' + k_z^2 h = 0$$

된다. 단 $k_x^2 + k_y^2 + k_z^2 = k_0^2$인 관계가 성립하여야 한다. 이 3식의 해로서 $e^{\pm jk_x x}$, $e^{\pm jk_y y}$, $e^{\pm jk_z z}$을 취할 수 있으므로

$$E_x = E_{0x} e^{\pm j(k_x x + k_y y + k_z z)}$$

는 기본 방정식을 만족하는 하나의 해가 된다. 지금 벡터 k의 방향을 Ex의 전파방향으로 하고 k에 수직면 한 점(x, y, z)의 위치벡터를 r이라 하면 $k \cdot r + k_x + k_y + k_z$가 되므로 전계 E_x, E_y, E_z는

$$E_x = E_0 e^{-j\boldsymbol{k} \cdot \boldsymbol{r}}$$

$$E_y = E_0 e^{-j\boldsymbol{k} \cdot \boldsymbol{r}}$$

$$E_z = E_0 e^{-j\boldsymbol{k} \cdot \boldsymbol{r}}$$

이 된다. 그러므로 전계 $\boldsymbol{E}$는

$$\boldsymbol{E} = E_x \boldsymbol{a_x} + E_y \boldsymbol{a_y} + E_z \boldsymbol{a_z} = E_0 e^{j\boldsymbol{k} \cdot \boldsymbol{r}}$$

이 된다. 자유공간에서 $\rho = 0$ 이므로

$$\nabla \boldsymbol{E} = \nabla (\boldsymbol{E_0} e^{-jk \cdot r}) = \boldsymbol{E_0} \nabla e^{-jk \cdot r}$$

$$= -j\boldsymbol{k} \cdot \boldsymbol{E_0} e^{-jk \cdot r} = -j\boldsymbol{k} \cdot \boldsymbol{E} = 0$$

따라서 $\boldsymbol{k} \cdot \boldsymbol{E} = 0$이 되어 전계벡터 $\boldsymbol{E} = \boldsymbol{E_0} e^{-jk \cdot r}$는 K와 수직이면 도위상면에 있음을 알 수 있다. 자계에 대해서도 마찬가지이므로 이 전자계는 동위상면이 평면이 되는 평면파이며, 동위상면에서의 크기가 동일하므로 균일평면파이다.

12.4 포인팅(poynting) 벡터와 전력

균일 전계와 자계가 평면파를 이루고 전파한다면 진행 방향에 수직되는 단위면적을 단위시간에 통과하는 에너지를 전계와 자계의 함수로 표현한 것이 포인팅정리라 하며, 이 값을 전력으로 표현할 수 있다. 이 정리는 1884년 영국의 물리학자 J.H.Poynting에 의하여 제안되었다.

포인팅 정리를 이해하기 위해서 맥스웰 방정식

$$\nabla \times \boldsymbol{H} = \boldsymbol{J} + \frac{\partial \boldsymbol{D}}{\partial t}$$

각 변에 $\boldsymbol{E}$ 벡터 내적을 취하면

$$\boldsymbol{E} \cdot \nabla \times \boldsymbol{H} = \boldsymbol{J} \cdot \boldsymbol{E} + \boldsymbol{E} \cdot \frac{\partial \boldsymbol{D}}{\partial t}$$

이 된다. 벡터공식 $\nabla (\boldsymbol{A} \times \boldsymbol{B}) = \boldsymbol{B}(\nabla \times \boldsymbol{A}) - \boldsymbol{A}(\nabla \times \boldsymbol{B})$을 이용하여 $\boldsymbol{A}$ 대신 $\boldsymbol{E}$, $\boldsymbol{B}$ 대신 $\boldsymbol{H}$를 대입하면

$$\nabla (\boldsymbol{E} \times \boldsymbol{H}) = \boldsymbol{H}(\nabla \times \boldsymbol{E}) - \boldsymbol{E}(\nabla \times \boldsymbol{H}) \tag{12.20}$$

이다. 이 식에 맥스웰 방정식을 대입하여

$$\nabla \cdot (\boldsymbol{E} \times \boldsymbol{H}) = \boldsymbol{H} \cdot (\boldsymbol{E} \times \boldsymbol{H}) = \boldsymbol{J} \cdot \boldsymbol{E} + \boldsymbol{E} \cdot \frac{\partial \boldsymbol{D}}{\partial t}$$

이다. 여기서

$$\nabla \times \boldsymbol{E} = -\frac{\partial \boldsymbol{B}}{\partial t} = -\mu \frac{\partial \boldsymbol{H}}{\partial t}$$

이므로 결과적으로

$$-\boldsymbol{H}\cdot\frac{\partial \boldsymbol{B}}{\partial t}-\nabla\cdot(\boldsymbol{E}\times\boldsymbol{H})=\boldsymbol{J}\cdot\boldsymbol{E}+\boldsymbol{E}\cdot\frac{\partial \boldsymbol{D}}{\partial t}$$

$$-\nabla\cdot(\boldsymbol{E}\times\boldsymbol{H})=\boldsymbol{J}\cdot\boldsymbol{E}+\epsilon\boldsymbol{E}\cdot\frac{\partial \boldsymbol{E}}{\partial t}+\mu\boldsymbol{H}\cdot\frac{\partial \boldsymbol{H}}{\partial t} \tag{12.21}$$

이 된다. 식 (12.21)에서

$$\epsilon\boldsymbol{E}\cdot\frac{\partial \boldsymbol{E}}{\partial t}=\frac{1}{2}\epsilon\frac{\partial E^2}{\partial t}=\frac{\partial}{\partial t}\left(\frac{1}{2}\epsilon E^2\right)$$

$$\mu\boldsymbol{H}\cdot\frac{\partial \boldsymbol{H}}{\partial t}=\frac{1}{2}\mu\frac{\partial H^2}{\partial t}=\frac{\partial}{\partial t}\left(\frac{1}{2}\mu H^2\right)$$

이 되므로 식 (12.21)에 대입하면

$$-\nabla\cdot(\boldsymbol{E}\times\boldsymbol{H})=\boldsymbol{J}\cdot\boldsymbol{E}+\frac{\partial}{\partial t}\left(\frac{1}{2}\epsilon E^2+\frac{1}{2}\mu H^2\right)$$

이다. 이 식의 양변을 체적에 대하여 적분하면

$$-\int_v\nabla\cdot(\boldsymbol{E}\times\boldsymbol{H})dv=\int_v\boldsymbol{J}\cdot\boldsymbol{E}dv+\frac{\partial}{\partial t}\int_v\left(\frac{1}{2}\epsilon E^2+\frac{1}{2}\mu H^2\right)dv \tag{12.22}$$

이다. 여기에 발산정리인 벡터공식

$$\int_v\nabla\cdot\boldsymbol{A}dv=\oint_s\boldsymbol{A}\cdot\boldsymbol{n}dS$$

를 적용하면

$$\oint_s(\boldsymbol{E}\times\boldsymbol{H})\cdot\boldsymbol{n}dS=\int_v\boldsymbol{J}\cdot\boldsymbol{E}dv+\frac{\partial}{\partial t}\int_v\left(\frac{1}{2}\epsilon E^2+\frac{1}{2}\mu H^2\right)dv \tag{12.23}$$

이 된다. 여기서

$$\frac{1}{2}\epsilon E^2=\omega_e,\ \frac{1}{2}\mu H^2=\omega_m$$

는 각각 전자계 내의 단위체적에 저축되어 있는 전계 및 자계 에너지인 에너지 밀도이며, 식 (12.23)의 우변 제 1식은 체적 내에서 소비되는 Ohm 전력손의 순간치이다. 따라서 우변은 체적 내에서 단위시간당 소모되는 에너지 손실과 저축되어 있는 전자에너지의 증가를 합한 것이 된다. 따라서 에너지 보존 법칙에서 좌변은 폐곡선 S를 통해서 면 내로 들어가는 전력을 말한다.

$$\oint_s (\boldsymbol{E}\times \boldsymbol{H})\cdot \boldsymbol{n}dS = \oint_s \boldsymbol{P}\cdot \boldsymbol{n}dS[\mathrm{W}] \tag{12.24}$$

이 벡터적 $E\times H$를 포인팅벡터 P라고 한다. 즉 단위면적을 통과하는 에너지밀도는

$$\boldsymbol{P}=\boldsymbol{E}\times \boldsymbol{H}[\mathrm{W/m^2}]$$

이다. 따라서 면 S를 매초 통과하는 전자파의 에너지인 포인팅 복사전력 P는

$$P=\oint_s \boldsymbol{P}\cdot \boldsymbol{n}dS=\oint_s (\boldsymbol{E}\times \boldsymbol{H})\cdot \boldsymbol{n}dS=[\mathrm{W}] \tag{12.25}$$

이다.

수련문제

1 임의의 점에서 전계강도가 $2\pi\,[\mathrm{mV/m}]$일 때 단위시간당 단위면적을 통과하는 전자파의 에너지$[\mathrm{J}]$는 어떠한가?

풀이 $\boldsymbol{P}=\boldsymbol{E}\times \boldsymbol{H}=\dfrac{E^2}{120\pi}=\dfrac{(2\pi\times 10^{-3})^2}{120\pi}=\dfrac{\pi}{30}\times 10^{-6}\,[\mathrm{V/m^2}]$

$$W=\oint_s \boldsymbol{P}t\cdot \boldsymbol{n}dS=PtS=\frac{\pi}{30}\times 10^{-6}\times 1\times 1=\frac{\pi}{30}\times 10^{-6}\,[\mathrm{J}]$$

12.5 전송선로 방정식

전기에너지를 전송하는 전송계는 도체를 따라 에너지를 전송하는 선로전송과 공간을 전파하는 공간 전파하는 공간 전파로 나뉘어진다. 이 두 가지 전파방식은 에너지를 전송한다는 점에서는 서로 같으며, 거의 동일한 이론으로 취급할 수 있다. 그러나 공간전파에 의한 전력전송은 수학적으로 고려될 어려운 부분이 많이 있으므로 선로전송에 의한 간편한 해석 방법을 이 절에서 다루도록 한다.

전송선로상에서는 시간적인 것만이 아니라, 위치에 따라서도 전압이나 전류가 변화하므로 집중정수회로는 그대로 적용할 수 없고 회로정수가 회로 전체에 균일하게 분포되어 있다고 생각하여 분포정수회로로 취급해야 한다. 균일한 단면을 갖는 평행 왕복선로는 가장 간단하면서도 기본이 되는 분포정수회로이다.

그림 12.4의 길이가 Δx인 평행 2선 선로의 미소구간에 대한 등가회로를 고려하도록 한다. 여기서 Z와 Y는 평행 2선 선로상에서 전류와 전압이 시간에 대해서 $e^{j\omega t}$로 변화하고 있을 때 이 선로를 따라 연속적으로 분포되어 있는 단위길이에 직렬 임피던스와 단위길이의 병렬 어드미턴스이다.

여기서 R, L, G, C는 선로의 단위길이당 저항, 인덕턴스, 컨덕턴스 및 커패시턴스를 표시한다. 이 그림에서 $V(x+\Delta x) = V(x) + \Delta V(x)$, $I(x+\Delta x) = I(x) + \Delta I(x)$라고 하면

$$\Delta V(x) \cong -IZ(x)\Delta x, \ \Delta I(x) \cong -VY(x)\Delta x$$

인 관계가 성립한다. 여기서 $V(x)$, $I(x)$ 등을 V, I로 표시하고 $\Delta x \to 0$인 경우를 생각하면

$$\frac{\partial V}{\partial x} = -IZ \tag{12.26}$$

$$\frac{\partial I}{\partial x} = -VY \tag{12.27}$$

위 식 (12.26)을 x에 대해 미분하면 균일선로에서 Z, Y의 x에 대한 변화가 없으므로

$$\frac{\partial Z}{\partial x} = \frac{\partial Y}{\partial x} = 0$$

이 되고

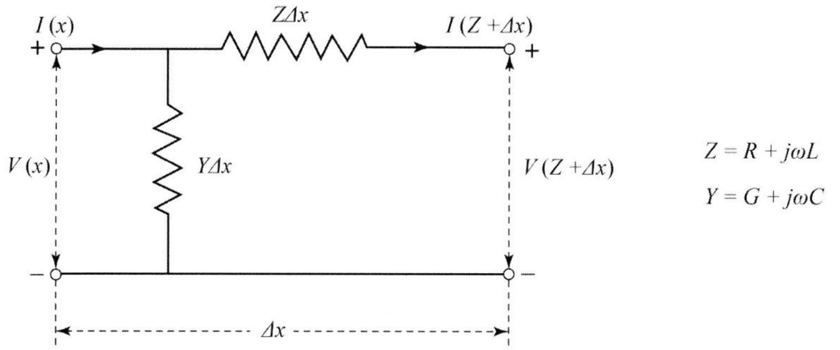

그림 12.4 전송선로 미소구간의 등가회로

$$\frac{\partial^2 Y}{\partial x^2} - ZYI = 0 \tag{12.28}$$

$$\frac{\partial^2 I}{\partial x^2} - ZYI = 0 \tag{12.29}$$

가 되며, 이들 식 (12.28), (12.29)을 균일전송선로의 기본미분방정식이라 한다. 이들 식은

$$\frac{\partial^2 Y}{dx^2} = r^2 v,\ dr^2 = ZY \tag{12.30}$$

$$\frac{d^2 I}{dx^2} = r^2 I,\ r^2 = ZY \tag{12.31}$$

으로 놓을 수 있으며 여기서 $r = \sqrt{ZY}$ 를 **전파상수**라고 한다. 식 (12.30)의 미분방정식은 서로 독립적인 해 e^{-rz}, e^{+rz}를 갖는다. 따라서 식 (12.31)에서 C를 계산하면 $x=0$일 때

$$V(0) = C_1 + C_2$$

여기서 $V(0)$는 $x=0$인 점에서의 전압이 된다. 이 $V(0)$를 진폭이 같지 않고 시간에 대해서 정현파적으로 변하는 2개의 전압의 합으로 생각할 수 있다. 이 전압의 진폭을 각각 V_1, V_2라 하고 C_1, C_2를 x에 대해서는 일정하고 단지 시간에 관한 변수라고 생각하면

$$V = V_1 e^{j\omega t} e^{-rz} + V_2 e^{j\omega t} e^{-rz} \tag{12.32}$$

를 얻는다. 그리고 식 (12.30)의 해도 마찬가지로 구할 수 있다. 이 식을 식 (12.26)에 대입하여

$$\begin{aligned} I &= -\frac{1}{2}\frac{dV}{dx} = \frac{r}{2}(V_1 e^{-rz} - V_2 e^{-rz})e^{j\omega t} \\ &= \frac{1}{Z_c}(V_1 e^{-rz} - V_2 e^{-rz})e^{j\omega t} \end{aligned}$$

이 된다. 여기서

$$Z_c = \frac{Z}{r} = \sqrt{\frac{Z}{Y}}\ [\Omega] \tag{12.33}$$

이며 이것을 선로의 특성 임피던스라 한다. 이 임피던스는 단위길이당의 직렬 임피던스 Z와 Y의 함수로

$$Z_c = \sqrt{\frac{Z}{Y}} = \sqrt{\frac{R + j\omega L}{G + j\omega C}} \ [\Omega] \tag{12.34}$$

가 된다. 이 식에서 선로정수 R, C가 크면 선로에서의 여러 손실이 커지며, 실제 사용되는 선로에서는 이 손실이 작아야 한다. 따라서 $R \ll \omega \mathrm{L}$, $G \ll \omega C$ 인 조건이 성립한다. 이때 특성 임피던스 Zc는

$$Z_c = \sqrt{\frac{L}{C}} \ [\Omega], \ Y_c = \sqrt{\frac{C}{L}} \ [\Omega]$$

되고 순저항 성분만 남게 되며 이러한 선로를 저손실 선로라고 부른다. 이것은 무왜곡 선로가 되기 위한 조건으로 헤비사이드 조건이라 한다. 전파상수 r은

$$\begin{aligned} r &= \sqrt{ZY} = \sqrt{(R + j\omega L)(G + j\omega C)} \\ &= j\omega\sqrt{LC}\sqrt{1 + \frac{R}{j\omega L}}\sqrt{1 + \frac{G}{j\omega C}} \\ &= j\omega\sqrt{LC}\left(1 + \frac{R}{j2\omega L}\right)\left(1 + \frac{G}{j2\omega C}\right) \\ &= j\omega\sqrt{LC} + \left(\frac{R}{2Z_c} + \frac{G}{2Y_c}\right) \end{aligned} \tag{12.35}$$

가 되어 복소량이 된다. 따라서 $r = \alpha + j\beta$로 놓고

$$\alpha \fallingdotseq \frac{R}{2Z_c} + \frac{G}{2Y_c} \ [\mathrm{nep/m}]$$

$$\beta \fallingdotseq \omega\sqrt{LC} \ [\mathrm{rad/m}]$$

이며, α는 감쇠정수 β는 위상정수라고 한다. 이들 관계식을 전류와 전압식 (12.32), (12.33)에 대입하면

$$V = V_1 e^{-\alpha_x} e^{j(\omega t - \beta x)} + V_2 e^{\alpha_x} e^{j(\omega t + \beta x)} \tag{12.36}$$

$$I = \frac{V_1}{Z_c} e^{-\alpha_x} e^{j(\omega t - \beta x)} - \frac{V_2}{Z_c} e^{\alpha_x} e^{j(\omega t + \beta x)} \tag{12.37}$$

이 된다. 식 (12.36)은 전송선로의 전압에 관한 해로서 $\omega t - \beta x$를 갖는 첫째 항은 $+x$ 방향으로 이동하는 파를 의미하며, 이 파의 크기는 $x = 0$, $t = 0$에서 V_1이고, $e^{-\alpha_x}$는 $+x$ 방향으로

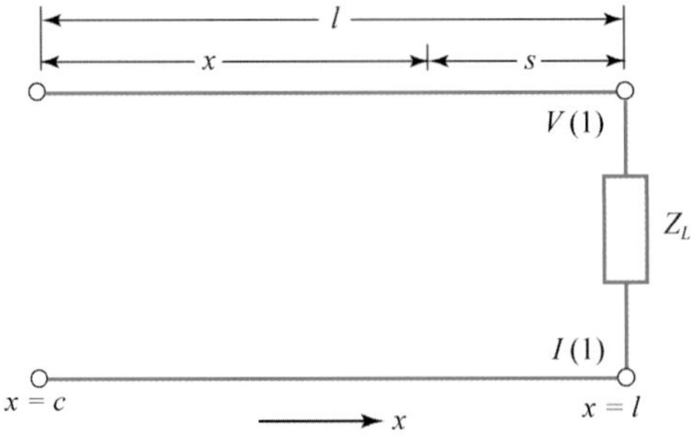

그림 12.5 수전단 전압전류의 전송선로

이동함에 따라 크기가 감쇠한다는 것을 보여주고 있다. 식 (12.37)은 전류에 관한 해로서 첫째 항은 $+x$ 방향으로, 둘째 항은 $-x$방향으로 이동하는 전류를 의미하고 전 전류는 항상 2개 파의 합성값으로 주어진다.

식 (12.32), (12.33)의 전압 전류 일반식에서 V_1, V_2는 선로의 경계조건으로부터 구할 수 있다. 그림 12.5와 같이 송전단으로부터 거리 l에 부하가 접속되어 있다고 하자. $x=l$에 걸리는 전압, 전류를 각각 V_L, I_L이라고 하면 식 (12.36), (12.37)에서 시간에 관한 함수를 없애고 $x=l$을 대입하면

$$V_L = V_1 e^{+rl} + V_2 e^{+rl}$$

$$I_L = \frac{1}{Z_c}(V_1 e^{-rl} - V_2 e^{+rl})$$

이다. 여기서 V_1, V_2를 구하여 식 (12.36), (12.37)에 대입하면

$$V = \frac{I_L}{2}[(z_L + z_C)e^{rs} + (a_L - z_C)e^{rs}] \tag{12.38}$$

$$I = \frac{I_L}{2Z_C}[(z_L + z_C)e^{rs} - (a_L - z_C)e^{rs}] \tag{12.39}$$

가 된다. 여기서 $x = 1 - x$이고 $Z_L = V_L / I_L$이다. 이들 두 식은 V_L, I_L이 주어진 경우의 일반식이며 s는 수전단에서 송전단쪽으로 본 거리를 말한다. 또한 $x=0$, $t=0$일 때 송전단 전압과 전류를 각각 Vs, Is 라 하면 V_1, V_2는

$$V_s = V_1 + V_2, I_s = \frac{1}{Z_c}(V_1 - V_2)$$

$$V_1 = \frac{V_s + Z_s I_s}{2}, \quad V_2 = \frac{V_s - Z_s I_s}{2}$$

이 된다. 이 식을 식 (12.36), (12.37)에 대입하여 송전단으로부터 거리 x 점의 전압과 전류를 구하면

$$V = \frac{V_s + Z_c I_s}{2} e^{-rx} + \frac{V_s - Z_c I_s}{2} e^{+rx} \tag{12.40}$$

$$I = \frac{1}{2_c}\left(\frac{V_s + Z_c I_s}{2} e^{-rx} - \frac{V_s - Z_c I_s}{2} e^{+rx} \right) \tag{12.41}$$

이다.

그림 12.6과 같이 특성 임피던스가 Z_C인 선로상에 Z_L인 부하를 가한 종단선로를 고려하면, 임의의 점 s 에서 수전단측을 바라본 임피던스를 s 에서의 임피던스

$$Z(s) = \frac{V(s)}{I(s)}$$

와 같이 정의할 수 있으며, $V(s)$, $I(s)$와 $Z(s)$는 s 의 함수이다. 식 (12.38), (12.40)을 식 (12.39)에 대입하면

$$Z(s) = \frac{V(s)}{I(s)} = Z_c \frac{(Z_L + Z_C)e^{+rs} + (Z_L - Z_0)e^{-rs}}{(Z_L + Z_C)e^{+rs} - (Z_L - Z_0)e^{-rs}} \tag{12.42}$$

가 된다. 여기서 $Z_L = V_L / I_L$이고 이를 부하 임피던스라 한다. 이때 $s = 0$이면 $Z = Z_L$이 되며 식 (12.42)을 Z_C로 나누어 정규화시키면

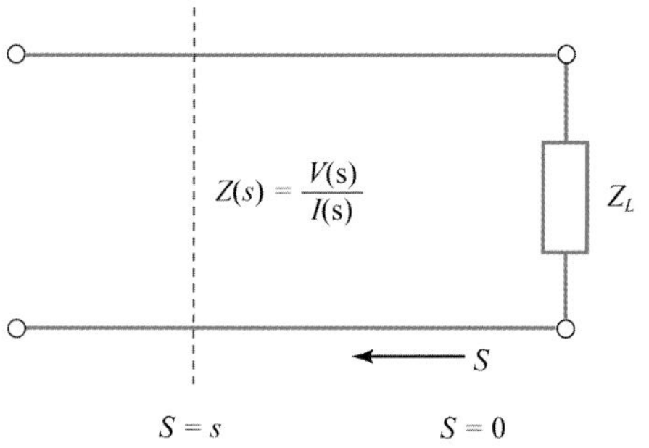

그림 12.6 전송선로상의 입력 임피던스

$$\frac{Z(s)}{Zc} = \frac{Z_L Z_C + \tanh\gamma_s}{1 + \left(\frac{Z_L}{Z_C}\right)\tanh\gamma_s} \quad (12.43)$$

이 된다. 여기서 $\frac{Z(s)}{Zc} = z(c)$이고, $\frac{Z_L}{Z} = Z_t$이라고 하면 식 (12.43)

$$z(s) = \frac{Z_l + \cosh\gamma_s}{1 + Z_l \tanh\gamma_s} \quad (12.44)$$

가 된다. 이 식은 z에 대한 **정규화 임피던스**를 나타낸다.

앞에서 설명한 바 있는 $Z_L = V_L / I_L$의 관계를 식 (12.38), (12.39)에 이용하면 다음 식을 얻을 수 있다.

$$V(s) = V_{1s}e^{rs} + V_{2s}e^{-rs}$$

$$I(s) = \frac{1}{Z_c}(V_{1s}e^{rs} - V_{2s}e^{-rs})$$

이며, 여기서

$$V_{1s} = \frac{1}{2}V_L\left(1 + \frac{Z_c}{Z_L}\right), \quad V_{2s} = \frac{1}{2}V_L\left(1 - \frac{Z_c}{Z_L}\right)$$

이 된다.

그림 12.7과 같이 선로상의 임의의 점에서의 전압을 생각하면 수전단쪽을 향하는 $V_{1s}e^{rs}$의 입사파와 송전단쪽을 향하는 $V_{2s}e^{-rs}$의 반사파가 동시에 존재한다. 이 입사파와 반사파의 비를 반사계수로 한다. 즉, 전송선로상의 점 S에서 **반사계수**를 Γ_v라 하면

$$\Gamma_v = \frac{V_{2s}e^{-rs}}{V_{1s}e^{rs}} = \frac{V_{2s}}{V_{1s}}e^{-2rs} \quad (12.45)$$

를 얻는다. 같은 방법으로 전류반사계수 Γ_1를 구하면

$$\Gamma_1 = \frac{-\frac{V_{2s}\,e^{-rs}}{Z_0}}{\frac{V_{1s}\,e^{-rs}}{Z_c}} = -\frac{V_{2s}}{V_{1s}}e^{-2rs} = -\Gamma_v \quad (12.46)$$

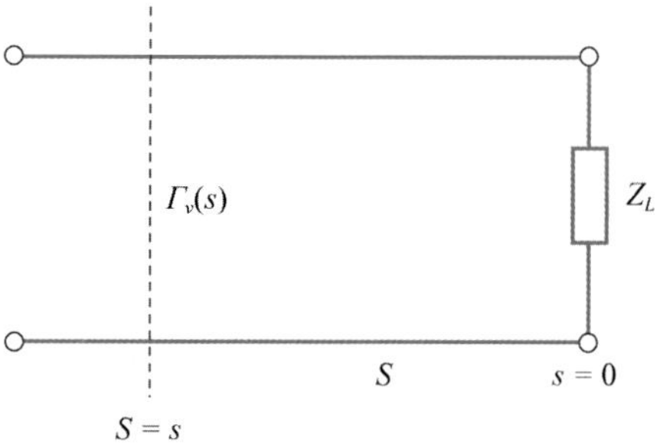

그림 12.7 전송선로상의 반사계수

을 얻는다. 식 (12.45)를 전압과 전류식에 대입하면

$$V(s) = V_{1s}e^{rs}(1+\Gamma_v)$$
$$I(s) = \frac{1}{Z_c}V_{1s}e^{rs}(1-\Gamma_v) \tag{12.47}$$

이 되며, 이들 전압과 전류를 나누어 입력 임피던스 관계식에 적용하면

$$Z(s) = \frac{V(s)}{I(s)} = Z_c\frac{1+\Gamma_v}{1-\Gamma_v} \tag{12.48}$$

이 되며 이것을 정규화하기 위해 양변을 Z_c 로 나누면

$$Z(s) = \frac{1+\Gamma_v}{1-\Gamma_v}$$

이 된다.

수련문제

1 전송선로에 전송되는 신호가 아주 높은 주파수인 경우 특성 임피던스는 어떠한가?

답 $Z_o = \sqrt{\frac{L}{C}}$

12.6 정재파비와 스미스 도표(Smith chart)

일반적으로 부하 임피던스가 선로의 특성 임피던스와 같지 않은 선로에서는 수전단에서 반사파가 생기게 되므로 결과적으로 정재파가 생긴다. 선로상에 정재파가 발생하고 있을 때 그 정재파의 최댓값과 최솟값과의 비를 **정재파비**라 한다.

그림 12.8에 나타낸 바와 같이 무손실 선로에서는 정재파비는 어떤 점에서도 동일하고 전압정재파비와 전류정재파비는 같아진다.

$$S = \frac{|V(s)|_{max}}{|V(s)|_{min}} = \frac{|I(s)|_{max}}{|I(s)|_{min}} \tag{12.49}$$

그림 12.9에서와 같이

$$|V(s)|_{max} \propto (1+\Gamma_v) = (1+\Gamma_L)$$
$$|V(s)|_{min} \propto (1-\Gamma_v) = (1-\Gamma_L)$$

이 되므로 식 (12.49)에 대입하면

$$S = \frac{1+|\Gamma_v|}{1-|\Gamma_v|} = \frac{1+|\Gamma_L|}{1-|\Gamma_L|} \tag{12.50}$$

가 된다. 여기서 Γ_L은 반사계수이다.

전송선 문제에서는 흔히 복소수 계산을 수행하여야 하므로 이의 해를 구하는 데는 많은 시간이 요구된다. 이때 정확도를 크게 떨어뜨리지 않고 도식으로 해를 구하는 방법이 여러 가지

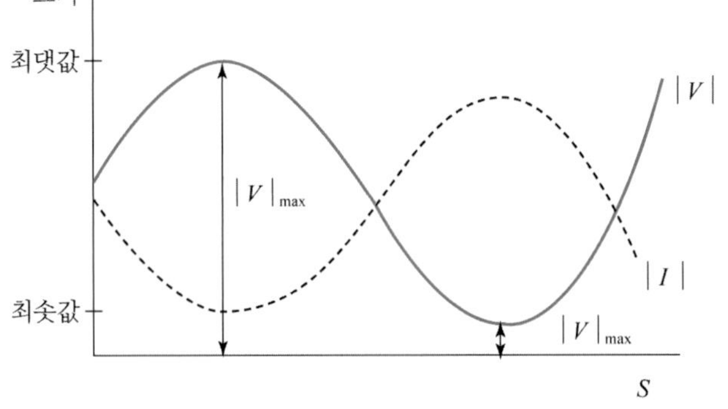

그림 12.8 정재파비

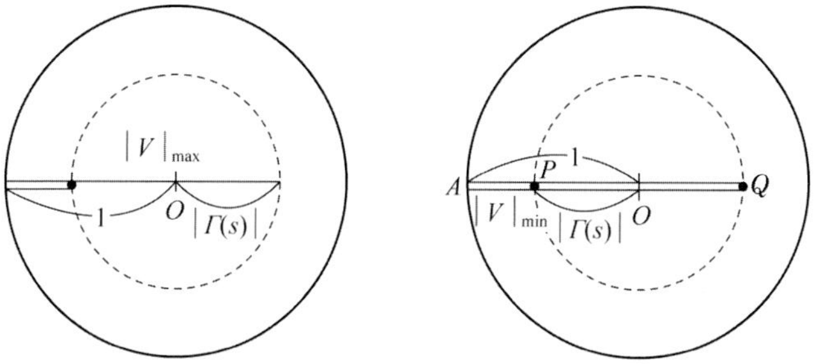

(a) $|V|_{max}$ 경우　　(b) $|V|_{min}$ 경우

그림 12.9 반사계수와 전압

고안되었으며, 이 중 가장 널리 사용되는 것이 스미스 도표이다. 반사계수는 복소량이므로 $\Gamma_y = u + jv$가 되며, $Z(s)$와 Γ_v와의 관계식은 식 (12.50)으로부터

$$Z(s) = \frac{1 + \mid \Gamma_v \mid}{1 - \mid \Gamma_v \mid} = \frac{1 + (u + jv)}{1 - (u - jv)} = R + jX$$

여기서 R와 X는 정규화 저항 및 정규화 리액턴스이다. 이의 범위로는 $0 \leqq R \leqq \infty$, $-\infty \leqq X \leqq \infty$이다. 식 (12.50)을 정리하면

$$\left(u - \frac{1}{R+1}\right)^2 + v^2 = \left(\frac{1}{R+1}\right)^2 \tag{12.51}$$

$$(u-1)^2 + \left(v - \frac{1}{X}\right)^2 = \left(\frac{1}{X}\right)^2 \tag{12.52}$$

이 된다. 여기서 R = 일정, X = 일정인 곡선은 그림 12.10에서 보는 바와 같이 반사계수 평면

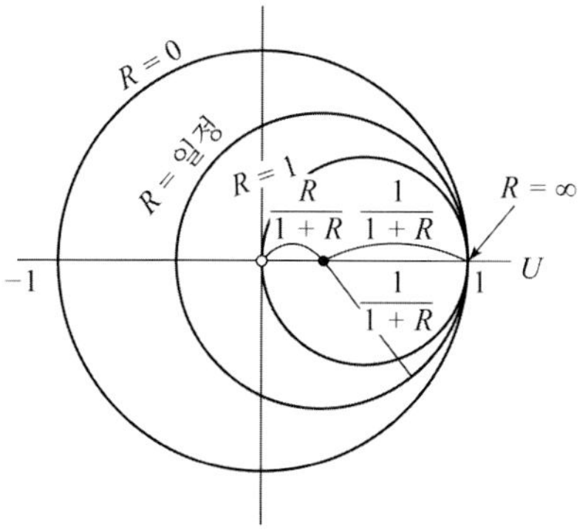

그림 12.10 저항이 일정한 경우

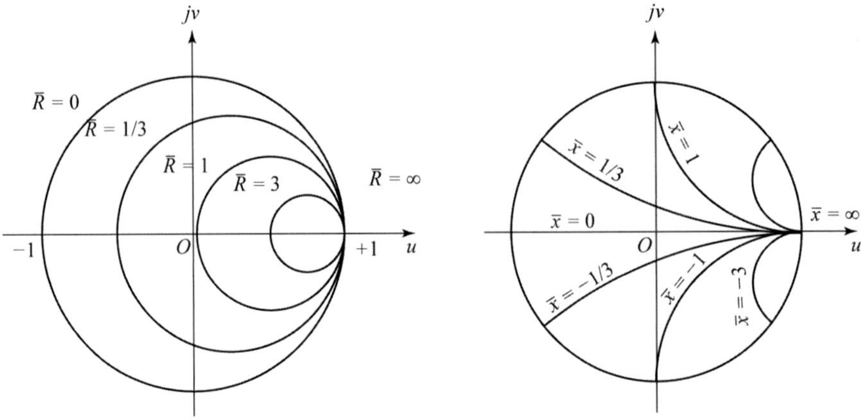

그림 12.11 R=일정, X=일정한 경우

$(u,\ jv)$상에서 원이 된다. 이때 R=일정한 곡선은 중심좌표가 $\left(\frac{R}{R+1},\ j_0\right)$에 있고 반지름이 $\frac{1}{R+1}$인 원이 되며 X=일정한 곡선은 중심이 $\left(1,\ \frac{j}{X}\right)$에 있고 반지름이 $\frac{1}{X}$인 원이 된다. 따라서 R=일정, X=일정한 원들은 모두 $(1,\ j_0)$인 점을 통과하며 R, X의 값이 주어지면 그림에서의 반사계수는 R원(R=일정인 원)과 X원과의 교점을 구함으로써 그 크기 $|\Gamma|$

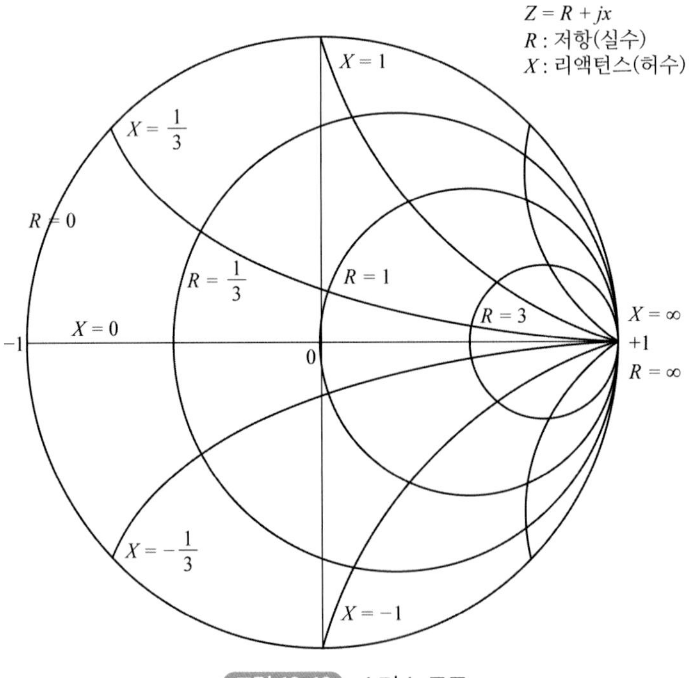

그림 12.12 스미스 도표

와 위상각 θ를 그림에서 구할 수 있다. 그림 12.11은 몇 개의 R원, X원을 보인 것이다.

$R=0\sim\infty$, $X=-\infty\sim\infty$ 사이의 많은 값들에 대한 원들을 그려서 그림 12.12와 같은 스미스 도표를 만든다. 전체 스마트 차트는 부록 A.10에 수록한다.

12.7 전자파의 복사

전파가 존재한다는 것을 실험에 의해 설명한 헤르쯔는 짧은 도체봉의 양단에 2개의 금속구를 붙여 대치시키고 여기에 고전압을 가하여 아크를 일으킴으로써 전파를 복사시켰다. 이 헤르쯔의 다이폴은 안테나 중에서 가장 간단한 것으로 2개의 금속구를 여진전류의 파장보다 매우 짧은 도선으로 연결해 놓았기 때문에 도선상의 전류분포는 거의 같다고 볼 수 있다. 그림 12.13에서와 같이 자유공간에 세운 헤르쯔의 다이폴 소스로부터 공간의 임의의 점에 만드는 전계의 세기를 알아보기 위하여 길이 dz인 도체에 정현파전류 $I=I_0e^{j\omega t}$가 흐른다고 가정하여 이를 z축 위에 놓는다.

이때 점 $P(\Gamma,\ \theta,\ \psi)$에 생기는 지연벡터퍼텐셜 A는

$$\boldsymbol{A}=\frac{\mu_0 I_0}{4\pi r}dz e^{j\omega(t-\frac{\beta}{\omega})r}$$

와 같이 표현된다. 지금 A는 z성분만이며, 수식을 간소화시키기 위하여 $e^{j\omega t}$를 생략한 복소

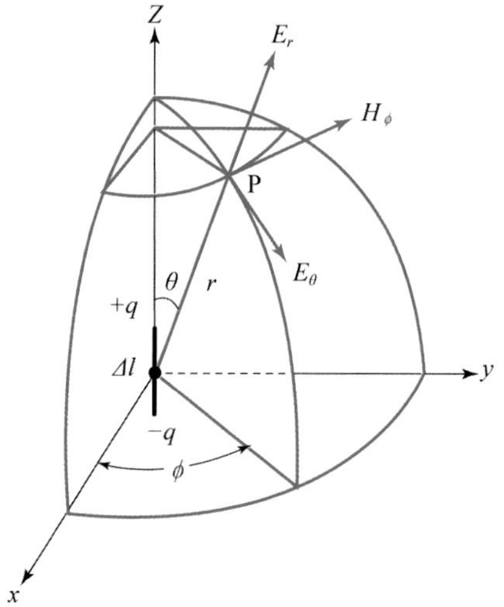

그림 12.13 헤르쯔 소스로부터 복사

진폭을 Az 라 하면

$$A_z = \frac{\mu_0 I_0 dz}{4\pi r} e^{-j\beta r} \tag{12.53}$$

이다. 따라서 Ax를 구좌표를 사용하여 표시하면

$$A_r = A_x \cos\theta = \frac{\mu I dz}{4\pi r} e^{-j\beta r} \cos\theta$$

$$A_\theta =- A_x \sin\theta =- \frac{\mu I dz}{4\pi r} e^{-j\beta r} \sin\theta$$

$$A_\phi = 0 \tag{12.54}$$

이 된다. 따라서 점 P의 자속밀도 B는

$$\nabla \times \boldsymbol{A} = \begin{vmatrix} \dfrac{\boldsymbol{a}_r}{r^2 \sin\theta} & \dfrac{\boldsymbol{a}_\theta}{r^2 \sin\theta} & \dfrac{\boldsymbol{a}_\phi}{r} \\ \dfrac{\partial}{\partial r} & \dfrac{\partial}{\partial \theta} & \dfrac{\partial}{\partial}\phi \\ A_r & rA\theta & r\sin\theta A\phi \end{vmatrix}$$

에서 전자계는 z축에 대하여 대칭이므로 $\dfrac{\partial}{\partial_\psi} = 0$, 또 $A_\psi = 0$, $\beta = \dfrac{2\pi}{\lambda}$, $H = \dfrac{B}{\mu}$에 의해서 자계의 성분을 구하면

$$H_r = 0$$

$$H_\theta = 0$$

$$H_\phi = \frac{Idz}{4\pi} e^{-i\beta r} \left(j \frac{2\pi}{\lambda r} + \frac{1}{r^2} \right) \sin\theta \tag{12.55}$$

가 된다. 한편 전계와 자계 사이에는 전도전류가 없는 매질이라 하면

$$\nabla \times H = \frac{\partial D}{\partial t} = j\omega\epsilon E$$

의 관계가 있으므로 $\nabla \times \boldsymbol{H}$를 전개하고, 식 (12.55)의 $H_r = 0$, $H_\theta = 0$과 $\dfrac{\partial}{\partial_\psi} = 0$, $\eta = \sqrt{\dfrac{\mu}{\epsilon}}$ $\eta = \sqrt{\dfrac{\mu}{\epsilon}}$ 를 이용하면

$$\nabla \times \boldsymbol{H} = \frac{\boldsymbol{a}_r}{r\sin\theta}\frac{\partial}{\partial\theta}(\sin\theta H_\phi) - \frac{\boldsymbol{a}_\theta}{r}\frac{\partial(rH_\theta)}{\partial r}$$

$$j\omega\epsilon\boldsymbol{E} = j2\pi\frac{v}{\lambda}\epsilon\boldsymbol{E} = j2\pi\sqrt{\frac{\epsilon}{\mu}}\boldsymbol{E} = j\frac{2\pi}{\lambda\eta}\boldsymbol{E}$$

가 되며 이 식을 이용하여

$$E_r = \eta\frac{Idz}{2\pi}E^{-j\beta r}\left(\frac{1}{r^2} - j\frac{\lambda}{2\pi r^3}\right)\cos\theta$$

$$E_\theta = \eta\frac{Idz}{4\pi}E^{-j\beta r}\left(j\frac{2\pi}{\lambda r^2} + \frac{1}{r^2} - j\frac{\lambda}{2\pi r^3}\right)\sin\theta$$

$$E_\phi = 0 \tag{12.56}$$

식 (12.55), (12.56)에서 $\frac{1}{r}$ 에 비례하는 항을 정전계라 하며 헤르쯔 다이폴에 의한 전계는 이들의 합으로 구성되어 있음을 알 수 있다. 따라서 헤르쯔 다이폴의 중심으로부터 거리 r 이 파장에 비하여 커지면 $\frac{1}{r^2}$, $\frac{1}{r^3}$ 에 비례하는 항은 무시할 수 있으므로 원거리에서는 보통 E, H만을 생각한다. 즉, 복사 전자계는 $e^{j\omega t}$ 의 항을 넣어서

$$H_\phi = j\frac{Idz}{2\lambda r}e^{-j\beta r}\sin\theta e^{j\omega t}$$

$$E_\theta = j\sqrt{\frac{\mu}{\epsilon}}\frac{Idz}{2\lambda r}e^{-j\beta r}\sin\theta e^{j\omega t} \tag{12.57}$$

과 같이 되어 자유공간에 세운 헤르쯔 다이폴이 임의의 점에 만드는 전계의 세기는 식 (12.57)에서 그 크기만 생각하면

$$E = \frac{60\pi}{\lambda r}Il\sin\theta \text{ [V/m]} \tag{12.58}$$

이 되고 결국 통신에 사용되는 에너지는 방사계이므로 주파수가 높을수록 좋다는 것을 알 수 있다. 한편, 헤르쯔 다이폴에 있어서 단위시간에 단위면적당 통과하는 전자파 에너지, 즉 포인팅 전력 P는 식 (12.57)에서

$$P = E_\theta \times H_\phi = \frac{(Idz)^2}{4r^2\lambda^2}\sqrt{\frac{\mu}{\epsilon}}\sin^2\theta \tag{12.59}$$

이다. 따라서 그림 12.14에 표시한 헤르쯔 다이폴을 포함한 그의 전표면에 표면적분을 취하면 헤르쯔 다이폴에서의 전 방사전력 P_r는

$$P_r = \int_o^{\pi} P\, 2\pi r \sin\theta \; rd\theta = \frac{2\pi (Idz)^2}{3\lambda^2} \sqrt{\frac{\mu}{\epsilon}} = 80\pi^2 \left(\frac{Idz}{\lambda}\right)^2$$

이 된다. 여기서 미소전류와 같은 전류가 흐르고 방사되는 총전력과 같은 전력을 소비하는 복사저항이라 한다. 복사저항을 Rr 이라 하면 $80\pi^2$

$$R_r = \frac{P_r}{I^2} = 80\pi^2 \left(\frac{dz}{\lambda}\right)^2 \tag{12.60}$$

와 같이 표시되고 식 (12.58)과 (12.59)에서 방사전계와 방사전력 사이의 관계식을 구하면 다음과 같다.

$$E = \frac{\sqrt{45R_r}}{r} \sin\theta = \frac{6.7\sqrt{P_r}}{r} \sin\theta \tag{12.61}$$

이 식을 보면 $\theta = 90$도의 방향, 즉 최대 지향성의 방향에 대한 전계는

$$E = 6.7 \frac{\sqrt{P_r}}{r}$$

로 표시되므로 거리 r인 점에서의 수신전계는 송신전력의 평방근에 비례하고 거리에 반비례함을 알 수 있다. 이것을 응용하여 안테나의 송수신 원리에 이용할 수 있다.

연습문제

1 원통좌표계의 축 근방의 자속밀도는 $B=(1/r)\cos(5000t)a_r$ [Wb/m^2]이다. 지금 원형 폐곡선의 반지름이 500 [m/s]의 비율로 시간에 비례하여 증가한다. 반지름이 2 [cm]일 때 폐곡선에 유도되는 기전력을 구하시오.

… 2.5×10^4 [V]

2 $H_s=2e^{j0.1z}a_y$ [A/m]인 균일평면파가 있다. 비유전율이 1.8인 매질 내의 광속도가 2×10^8 [m/s]일 때

a) 비투자율 … 0.79

b) 고유 임피던스 … 2.98[Ω]

c) Es의 크기 … 2.978 [Hs]

3 안테나에 발진기를 연결할 때 파장이 40 [cm]인 균일평면파가 자유공간에 복사된다. 이와 동일한 신호가 어떤 비자성 플라스틱 내에 복사되고 파장이 25 [cm]일 때

a) 발진주파수 … 7.5×10^8 [Hz]

b) 플라스틱의 비유전율을 구하시오. … 1.6

4 주파수 20 [MHz], 진폭 30,000 [V/m]인 균일 평면파가 공기로부터 $\epsilon_r=2.25$, $\mu_r=6.25$인 내질에 수직으로 입사할 때 공기 영역 내의 전체 자계 H의 최대진폭치 및 H가 최대 진폭을 갖는 가장 경계면에서 가까운 위치를 구하시오.

… $H_{max}=212$(경계면에서 $\frac{\lambda}{4}$ 위치)

5 $Z<0$에서 $\eta=250$ [Ω]이며 $\beta=0.01$ [rad/m]이다. 다음 (a), (b)의 경우는 수직 입사 균일평면파에 대한 이 영역 내의 정재파를 구하시오.

a) $Z>0$에서 $\eta=400$ [Ω]일 때 … $SWR=1.6$

b) $Z=0$에 완전 도체판이 있는 경우 … ∞

c) $Z=-100/3$ [m]에 도체판이 있을 때 η_{in}의 물리항비 … $\eta_{in}=j433$ [Ω]

6 $E_0 = 6$ [V/m]인 10 [MHz]의 평면파가 자유공간을 전파할 때 다음을 구하시오.

a) 평균 포인팅 벡터 … 9.55×10^{-2} [V/m^2]

b) 최대 에너지밀도 … 9.55×10^{-2}[J/m^2]

7 평균 포인팅 벡터가 5 [W/m^2]인 100 [MHz]의 평면파가 있다. 매질이 $\mu_R = 2$, $\epsilon_R = 2$이고 무손실일 때 다음을 구하시오.

a) 파의 속도 … 1.5×10^8 [m/sec]

b) 파장 … 1.5 [m]

c) 매질의 임피던스 … 377 [Ω]

d) E의 실효값 … 43.41 [V/m]

e) H의 실효값 … 16363.71 [A/m]

8 최대전계 $E_0 = 6$ [V/m]인 평면파가 있다. 매질이 $\mu_r = 1$, $\epsilon_r = 3$이고 무손실일 때 다음을 구하시오.

a) 파의 속도 … 1.732×10^8 [m/sec]

b) 최대 포인팅 벡터 … 165.4 [mW/m^2]

c) 평균 포인팅 벡터 … 82.7 [mW/m^2]

d) 매질의 임피던스 … 217.66 [Ω]

e) H의 최댓값 … 27.6 [mA/m^1]

9 50 [mW], 11 [GHz]의 송신기가 자유공간을 전 방향으로 균일하게 전파할 때 5 [km]의 거리에서 다음을 구하시오.

a) 전계 E의 실효값 … 245 [μV/m^1]

b) 자계 H의 실효값 … 650 [nA/m]

c) 단위면적당 평균전력(포인팅벡터) … 159 [pW/m^{-2}]

d) 평균 에너지밀도 … 2.66×10^{-19} [J/m^3]

10 100 [kW]의 전력이 안테나에서 사방으로 균일하게 방사될 때 안테나에서 다음 거리에 있는 점의 전계의 실효값을 구하시오.

a) 1 [km] … 1.195×10^3 [V/m]

b) 10 [km] … 1.195 [V/m]

c) 100 [km] … 1.195×10^{-3} [V/m]

11 1 [GHz]에서 중류수($\mu_r = 1,\ \epsilon_r = 81$)의 전력벡터가 0.05일 때 다음을 구하시오.

a) 1 [GHz]에서의 침투 깊이 $\delta\left(\frac{1}{\epsilon}\right)$ … 3.56×10^{-1} [m]

b) 1 [GHz]에서의 $\delta(1\%)$ … 3.56×10^{-3} [m]

12 전파는 표피두께의 몇 배(또는 몇 분의 1)의 길이 만큼 도전매질 내를 전파하면 그 전력의 반이 열로 손실되는가?

… $\frac{1}{3}$

13 단면이 2×8 [mm^2]인 동막대가 있다. 0인 주파수에 대한 1 [m]당 저항값을 계산하고 주파수 1 [MHz]에서의 저항의 근사값을 구하시오.

… 2.54×10^{-3} [Ω], 3.18×10^{-2} [Ω]

14 특성 임피던스 50 [Ω], 길이 10 [m]의 무손실 선로의 수단을 단락할 경우 100 [MHz]에 대한 입력 임피던스는?

… 7.54×10^{3} [Ω]

15 특성 임피던스가 50 [Ω]인 송전선이 $100 + j100$ [Ω]의 임피던스로 중단되어 있다.

a) 부하에서 $\frac{3}{8}\lambda$되는 지점의 임피던스는? … $3.2 \times 10 + j3.2 \times 10$ [Ω]

b) 송전선의 $VSWR$을 구하고 스미스 도표를 사용하여 구한 값과 비교하시오.

c) 전압에 대한 반사계수는? … 0.3

16 무손실 50 [Ω] 선로상의 정재파비가 1.5이며 부하로부터 0.3λ인 위치에서 전압이 최소가 되었다. 이때 스미스 도표를 사용하여 부하 임피던스를 구하시오.

… $Z_L = 1.34 + j0.33$ [Ω]

⑰ 특성 임피던스 50 [Ω], 선로상의 전파속도 $2.4\times10^{*}$[m/s]인 무손실 전송선이 있다. 동작주파수가 1 [MHZ]일 때 β, L, C와 선로상의 파장을 구하시오.

… $\beta=2.6\times10^{-2}$ [rad/m], $L=0.208$ [μH/m], $C=83.3$ [PF/m]

⑱ 150 [Ω] 송전선이 다음 그림에서 보인 바와 같이 두 부하에 연결되어 있다. 부하가 동일한 전력을 받지만 전압의 위상은 반대가 될 수 있도록 d_1, d_2와 R_1, R_2의 값을 구하시오.

… $d_1=\frac{3}{4}\lambda$ [m], $d_2=\frac{1}{4}\lambda$ [m], $R_1=244.9$ [Ω], $R_2=173.2$ [Ω]

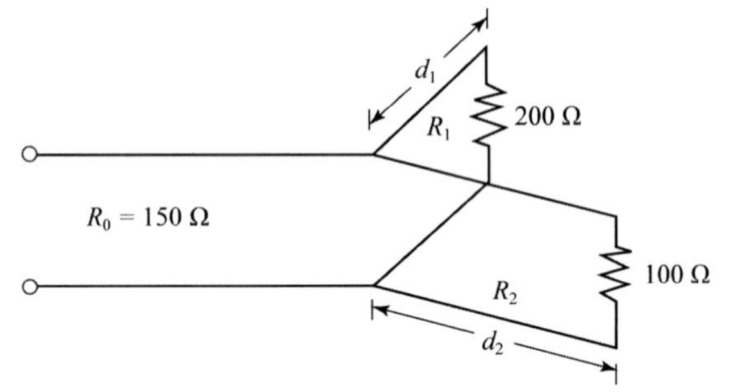

그림 12.14 전송선로의 위상례

⑲ 스미스 도표에서 다음 조건을 만족하는 점의 궤적을 구하시오.

a) 전재파비가 2인 경우

b) 반사계수의 크기가 0.5인 경우($S=3$)

c) 반사계수의 위상각이 90°인 경우

d) 입사전력의 1/4이 반사되는 경우

e) 부하의 저항성분이 $2Z_0$인 경우($Z=2+jX$)

f) 부하의 역률이 45°지상인 경우(유도성)($R=X$)

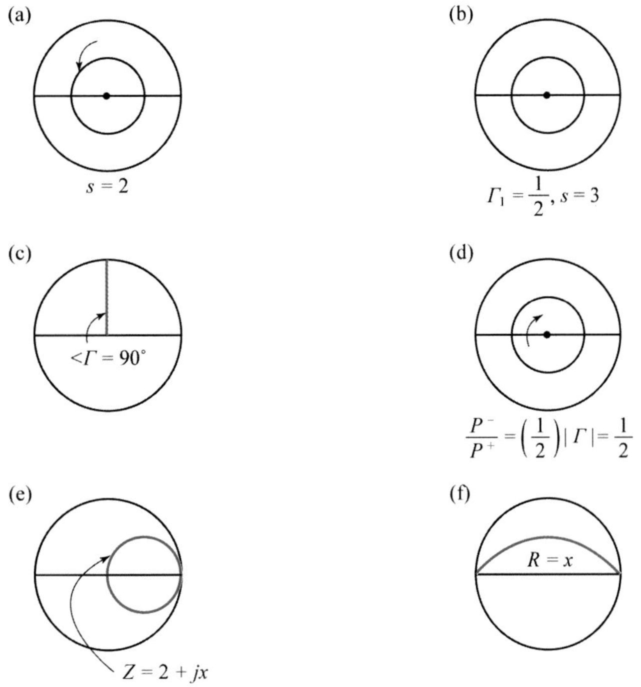

20 벡터퍼텐셜과 회전을 이용하여

a) 10 [mA]의 전류가 흐르는 길이가 L인 미소전류 … 6.28×10^{-3} [A]

b) 비오사바르의 법칙을 사용하여 B를 구하시오. … 4.187 [A/m]

21 a_r 방향에 I인 전류가 흐르고 있는 반지름 a인 원통도체 내부의 벡터 자기퍼텐셜은 쉽게 구할 수 있다. $\rho=a$에 대한 $\boldsymbol{H}$나 $\boldsymbol{B}$의 값을 알면 $\boldsymbol{A}$를 풀 수 있다. 지금 $\rho=a$에서 $A=\frac{\mu_\theta I_o \ln 5}{2\pi}$일 때 $\rho=0$에서 $\boldsymbol{A}$를 구하시오.

… $\frac{\mu I_0}{2\pi}$

22 원단면을 갖고 z방향 전류 I가 흐르는 자유공간 내의 도체의 외부에서 벡터 퍼텐셜의 영기준은 임의로 취할 수 있기 때문에 $\rho = b$를 영기준으로 취해도 무방하다. 지금 z축과 평행하게 놓여있는 반지름 모두 $1\,[\mathrm{cm}]$인 4개 중의 도체가 있다. 그 가운데 2개는 $(\pm 3.3)\,[\mathrm{cm}]$에 있고 a_z 방향으로 $10\,[\mathrm{mA}]$의 전류가 흐르며 $(\pm 3, -3)\,[\mathrm{cm}]$에 놓여 있는 2개의 도체에는 각각 $-10\,[\mathrm{mA}]$의 전류가 흐른다(즉 $-a_z$ 방향으로 흐른다). 원점에서 $A = 0$이라고 할 때 $(0, 3, 0)\,[\mathrm{cm}]$점의 A를 구하시오.

… $0.3 \times 10^{-3}\,[\mathrm{A/m^3}]$

부록(참고할 사항)

A.1 물리상수

A.2 단위(량)

A.3 물질상수

A.4 자주 사용하는 기호와 단위

A.5 좌표계 사이의 변환식

A.6 미소길이 벡터, 미소면적 벡터, 미소부피

A.7 벡터 미분

A.8 벡터 항등식

A.9 맥스웰 방정식 정리

A.10 스미스 차트

A.11 전자파의 물리적 특성

A.1 물리상수

상수	의미
$c \approx 3 \times 10^8$ [m/s]	자유공간에서의 빛의 속도
$\epsilon_0 = 8.854 \times 10^{-12}$ [F/m]	유전율(자유공간)
$\mu_0 = 4\pi \times 10^{-7}$ [H/m]	투자율(자유공간)
$\sqrt{\frac{\mu_0}{\varepsilon_0}} = \eta_0 \approx 120\pi = 377$ [Ω]	자유공간의 고유 임피던스
$-e = -1.602 \times 10^{-19}$ [C]	전자의 전하량
$m_e = 9.107 \times 10^{-31}$ [kg]	전자의 정지질량

A.2 단위(량)

단위	약어	의미	단위	약어	의미
데시(deci)	d	10^{-1}	데카(deka)	da	10^{1}
센티(centi)	c	10^{-2}	헥토(hecto)	h	10^{2}
밀리(mili)	m	10^{-3}	킬로(kilo)	k	10^{3}
마이크로(micro)	μ	10^{-6}	메가(mega)	M	10^{6}
나노(nano)	n	10^{-9}	기가(giga)	G	10^{9}
피코(pico)	p	10^{-12}	테라(tera)	T	10^{12}
펨토(femto)	f	10^{-15}	페타(peta)	P	10^{15}
아토(atto)	a	10^{-18}	엑사(exa)	E	10^{18}

A.3 물질상수

도전율(σ)

물질	σ, ℧$/m$	물질	σ, ℧$/m$
은	6.17×10^7	흑연	7×10^4
구리	5.80×10^7	실리콘	1200
금	4.10×10^7	페라이트	100
알루미늄	3.82×10^7	해수	5
텅스텐	1.82×10^7	석회석	10^{-2}
아연	1.67×10^7	점토	5×10^{-3}
놋쇠	1.5×10^7	정수	10^{-3}
니켈	1.45×10^7	증류수	10^{-4}
철	1.03×10^7	모래	10^{-5}
인동	1×10^7	화강암	10^{-6}
땜납	0.7×10^7	대리석	10^{-8}
탄소강	0.6×10^7	베클라이트	10^{-9}
게르마늄은	0.3×10^7	사기	10^{-10}
망간	0.227×10^7	금강석	2×10^{-13}
콘스탄탄	0.226×10^7	폴리스틸렌	10^{-16}
게르마늄	0.22×10^7	석영	7×10^{-17}
스텐레스강	0.11×10^7		
니크롬	0.1×10^7		

비투자율(μ_R)

물질	μ_R	물질	μ_R
비스무스	0.999 998 6	무쇠	60
파라핀	0.999 999 42	코발트	60
나무	0.999 999 5	분말철	100
은	0.999 999 81	기계철	300
알루미늄	1.000 000 65	페라이트	1000
베릴륨	1.000 000 79	퍼말로이45	2500
염화니켈	1.000 04	변압기철	3000
망간설터	1.000 1	실리콘철	3500
니켈	50	순수철	4000

비유전율(ε_R)과 $\sigma/\omega\varepsilon$

물질	ε_R	$\sigma/\omega\varepsilon$
공기	1.0005	−
에틸알코올	25	0.1
산화알미늄	8.8	0.000 6
호박	2.7	0.002
베클라이트	4.74	0.022
티탄바리움	1200	0.013
이산화탄소	1.001	−
페라이트(NiZn)	12.4	0.000 25
게르마늄	16	
유리	4～7	0.002
얼음	4.2	0.05
운모	5.4	0.000 6
합성고무	6.6	0.011

(계속)

나이론	3.5	0.02
종이	3	0.008
플렉시유리	3.45	0.03
폴리에틸렌	2.26	0.000 02
폴리폴로필렌	2.25	0.000 3
폴리스틸렌	2.56	0.000 05
사기	6	0.014
파이라놀	4.4	0.000 5
내열유리	4	0.000 6
석영	3.8	0.000 75
고무	2.5～3	0.002
실리카(SiO_2)	3.8	0.000 75
실리콘	11.8	–
눈	3.3	0.5
염화나트륨	5.9	0.000 1
흙	2.8	0.05
동석	5.8	0.003
스치로폴	1.03	0.000 1
테프론	2.1	0.000 3
산화티타늄	100	0.001 5
물	80	0.04
해수	–	4
증류수	1	0
나무	1.5～4	0.01

A.4 자주 사용하는 기호와 단위

양	기호	단위	약어
각주파수(angular frequency)	ω	라디안/초(radian/second)	rad/s
커패시턴스(capacitance)	C	패럿(farad)	F
전하(charge)	Q, q	쿨롱(coulomb)	C
부피(volume)전하밀도	ρ_v	쿨롱/미터^3(coulomb/meter^3)	C/m^3
표면(surface)전하밀도	ρ_s	쿨롱/미터^2(coulomb/meter^2)	C/m^2
선(line)전하밀도	ρ_l	쿨롱/미터(coulomb/meter)	C/m
컨덕턴스(conductance)	G	지멘스(siemens) 또는 모(mho)	S 또는 ℧
전도율(conductivity)	σ	지멘스/미터(siemens/meter)	S/m
전류(current)	I, i	암페어(ampere)	A
부피(volume)전류밀도	J	암페어/미터^2(ampere/meter^2)	A/m^2
표면(surface)전류밀도	J_s	암페어/미터(ampere/meter)	A/m
유전 상수(dielectric constant)	ε_r		–
전기 쌍극자 모멘트 (electric dipole moment)	p	쿨롱–미터(coulomb–meter)	C · m
변위벡터(displacement vector)	D	쿨롱/미터^2(coulomb/meter^2)	C/m^2
전기장(electric field)	E	볼트/미터(volt/meter)	V/m
전위(electric potential)	V	볼트(volt)	V
기전력(electromotive force(emf))	V	볼트(volt)	V
에너지(일)(energy(work))	W	줄(joule)	J
에너지 밀도(energy density)	w	줄/미터^3(joule/meter^3)	J/m^3
힘(force)	F	뉴턴(newton)	N
주파수(frequency)	f	헤르츠(hertz)	Hz

(계속)

임피던스(impedance)	Z, η	옴(ohm)	Ω
인덕턴스(inductance)	L	헨리(henry)	H
자기 쌍극자 모멘트 (magnetic dipole moment)	m	암페어 – 미터^2(ampere – meter^2)	A · m^2
자기장(magnetic field)	H	암페어/미터(ampere/meter)	A/m
자기 선다발(magnetic flux)	Φ	웨버(weber)	Wb
자기 선다발 밀도 (magnetic flux density)	B	테슬라(tesla) 또는 웨버/미터^2(weber/meter^2)	T 또는 Wb/m^2
자기 벡터 퍼텐셜 (magnetic vector potential)	A	웨버/미터(weber/meter)	Wb/m
자화벡터(magnetization vector)	M	암페어/미터(ampere/meter)	A/m
투자율(permeability)	μ, μ_0	헨리/미터(henry/meter)	H/m
유전율(permittivity)	ε, ε_0	패럿/미터(farad/meter)	F/m
편극벡터(polarization vector)	P	쿨롱/미터^2(coulomb/meter^2)	C/m^2
전력(power)	P	와트(watt)	W
포인팅 벡터(전력밀도) (Poynting vector(power density))	S	와트/미터^2(watt/meter^2)	W/m^2
전파상수(propagation constant)	k	미터$^{-1}$(meter^{-1})	m^{-1}
저항(resistance)	R	옴(ohm)	Ω
돌림힘(torque)	T	뉴턴 – 미터(newton – meter)	N · m
속도(velocity)	v	미터/초(meter/second)	m/s
전압(voltage)	V	볼트(volt)	V
파장(wavelength)	λ	미터(meter)	m

A.5 좌표계 사이의 변환식

$x = \rho\cos\phi = r\sin\theta\cos\phi$	$\rho = \sqrt{x^2+y^2} = r\sin\theta$	$r = \sqrt{x^2+y^2+z^2} = \sqrt{\rho^2+z^2}$
$y = \rho\sin\phi = r\sin\theta\sin\phi$	$\phi = \tan^{-1}\dfrac{y}{x}$ *	$\theta = \tan^{-1}\dfrac{\sqrt{x^2+y^2}}{z} = \tan^{-1}\dfrac{\rho}{z}$
$z = r\cos\theta$	$z = r\cos\theta$	$\phi = \tan^{-1}\dfrac{y}{x}$ *

A.6 미소길이 벡터, 미소면적 벡터, 미소부피

미소길이 벡터	$d\mathrm{l} = \mathrm{a}_x dx + \mathrm{a}_y dy + \mathrm{a}_z dz$ $= \mathrm{a}_\rho d\rho + \mathrm{a}_\phi \rho\, d\phi + \mathrm{a}_z dz$ $= \mathrm{a}_r dr + \mathrm{a}_\theta r\, d\theta + \mathrm{a}_\phi r\sin\theta\, d\phi$
미소면적 벡터	$d\mathrm{s} = \pm\, \mathrm{a}_x dy\, dz,\ \mathrm{a}_y dz\, dx,\ \mathrm{a}_z dx\, dy$ * $= \pm\, \mathrm{a}_\rho \rho\, d\phi\, dz,\ \mathrm{a}_\phi d\rho\, dz,\ \mathrm{a}_z \rho\, d\rho\, d\phi$ $= \pm\, \mathrm{a}_r r^2 \sin\theta\, d\theta\, d\phi,\ \mathrm{a}_\theta r\sin\theta\, dr\, d\phi,\ \mathrm{a}_\theta r\, dr\, d\theta$
미소부피	$dv = dx\, dy\, dz$ $= \rho\, d\rho\, d\phi\, dz$ $= r^2\sin\theta\, dr\, d\theta\, d\phi$

A.7 벡터 미분

직각좌표계(x, y, z)

$$\nabla V = \mathbf{a}_x \frac{\partial V}{\partial x} + \mathbf{a}_y \frac{\partial V}{\partial y} + \mathbf{a}_z \frac{\partial V}{\partial z}$$

$$\nabla \cdot \mathrm{A} = \frac{\partial A_x}{\partial x} + \frac{\partial A_y}{\partial y} + \frac{\partial A_z}{\partial z}$$

$$\nabla \times \mathrm{A} = \mathbf{a}_x \left(\frac{\partial A_z}{\partial y} - \frac{\partial A_y}{\partial z} \right) + \mathbf{a}_y \left(\frac{\partial A_x}{\partial z} - \frac{\partial A_z}{\partial x} \right) + \mathbf{a}_z \left(\frac{\partial A_y}{\partial x} - \frac{\partial A_x}{\partial y} \right)$$

$$\nabla^2 V = \frac{\partial^2 V}{\partial x^2} + \frac{\partial^2 V}{\partial y^2} + \frac{\partial^2 V}{\partial z^2}$$

원통 좌표계(ρ, ϕ, z)

$$\nabla V = \mathbf{a}_\rho \frac{\partial V}{\partial \rho} + \mathbf{a}_\phi \frac{1}{\rho} \frac{\partial V}{\partial \phi} + \mathbf{a}_z \frac{\partial V}{\partial z}$$

$$\nabla \cdot \mathrm{A} = \frac{1}{\rho} \frac{\partial}{\partial \rho} (\rho A_\rho) + \frac{1}{\rho} \frac{\partial A_\phi}{\partial \phi} + \frac{\partial A_z}{\partial z}$$

$$\nabla \times \mathrm{A} = \mathbf{a}_\rho \left(\frac{1}{\rho} \frac{\partial A_z}{\partial \phi} - \frac{\partial A_\phi}{\partial z} \right) + \mathbf{a}_\phi \left(\frac{\partial A_\rho}{\partial z} - \frac{\partial A_z}{\partial \rho} \right) + \mathbf{a}_z \frac{1}{\rho} \left[\frac{\partial}{\partial \rho} (\rho A_\phi) - \frac{\partial A_\rho}{\partial \phi} \right]$$

$$\nabla^2 V = \frac{1}{\rho} \frac{\partial}{\partial \rho} \left(\rho \frac{\partial V}{\partial \rho} \right) + \frac{1}{\rho^2} \frac{\partial^2 V}{\partial \phi^2} + \frac{\partial^2 V}{\partial z^2}$$

구 좌표계(r, θ, ϕ)

$$\nabla V = \mathbf{a}_r \frac{\partial V}{\partial r} + \mathbf{a}_\theta \frac{1}{r} \frac{\partial V}{\partial \theta} + \mathbf{a}_\phi \frac{1}{r \sin\theta} \frac{\partial V}{\partial \phi}$$

$$\nabla \cdot \mathrm{A} = \frac{1}{r^2} \frac{\partial}{\partial r} (r^2 A_r) + \frac{1}{r \sin\theta} \frac{\partial}{\partial \theta} (A_\theta \sin\theta) + \frac{1}{r \sin\theta} \frac{\partial A_\phi}{\partial \phi}$$

$$\nabla \times \mathrm{A} = \mathbf{a}_r \frac{1}{r \sin\theta} \left[\frac{\partial}{\partial \theta} (A_\phi \sin\theta) - \frac{\partial A_\theta}{\partial \phi} \right] + \mathbf{a}_\theta \frac{1}{r} \left[\frac{1}{\sin\theta} \frac{\partial A_r}{\partial \phi} - \frac{\partial}{\partial r} (r A_\phi) \right] + \mathbf{a}_\phi \frac{1}{r} \left[\frac{\partial}{\partial r} (r A_\theta) - \frac{\partial A_r}{\partial \theta} \right]$$

$$\nabla^2 V = \frac{1}{r^2} \frac{\partial}{\partial r} \left(r^2 \frac{\partial V}{\partial r} \right) + \frac{1}{r^2 \sin\theta} \frac{\partial}{\partial \theta} \left(\sin\theta \frac{\partial V}{\partial \theta} \right) + \frac{1}{r^2 \sin^2\theta} \frac{\partial^2 V}{\partial \phi^2}$$

A.8 벡터 항등식

벡터 삼중곱	(1) $\mathbf{A} \cdot (\mathbf{B} \times \mathbf{C}) = \mathbf{B} \cdot (\mathbf{C} \times \mathbf{A}) = \mathbf{C} \cdot (\mathbf{A} \times \mathbf{B})$ (2) $\mathbf{A} \times (\mathbf{B} \times \mathbf{C}) = \mathbf{B}(\mathbf{A} \cdot \mathbf{C}) - \mathbf{C}(\mathbf{A} \cdot \mathbf{B})$
곱셈 규칙	(3) $\nabla(VW) = V(\nabla W) + W(\nabla V)$ (4) $\nabla(\mathbf{A} \cdot \mathbf{B}) = \mathbf{A} \times (\nabla \times \mathbf{B}) + \mathbf{B} \times (\nabla \times \mathbf{A}) + (\mathbf{A} \cdot \nabla)\mathbf{B} + (\mathbf{B} \cdot \nabla)\mathbf{A}$ (5) $\nabla \cdot (V\mathbf{A}) = V(\nabla \cdot \mathbf{A}) + \mathbf{A} \cdot (\nabla V)$ (6) $\nabla \cdot (\mathbf{A} \times \mathbf{B}) = \mathbf{B} \cdot (\nabla \times \mathbf{A}) - \mathbf{A} \cdot (\nabla \times \mathbf{B})$ (7) $\nabla \times (V\mathbf{A}) = V(\nabla \times \mathbf{A}) - \mathbf{A} \times (\nabla V)$ (8) $\nabla \times (\mathbf{A} \times \mathbf{B}) = (\mathbf{B} \cdot \nabla)\mathbf{A} - (\mathbf{A} \cdot \nabla)\mathbf{B} + \mathbf{A}(\nabla \cdot \mathbf{B}) - \mathbf{B}(\nabla \cdot \mathbf{A})$
2차 미분	(9) $\nabla \cdot (\nabla \times \mathbf{A}) = 0$ (10) $\nabla \times (\nabla V) = 0$ (11) $\nabla \times (\nabla \times \mathbf{A}) = \nabla(\nabla \cdot \mathbf{A}) - \nabla^2 \mathbf{A}$

A.9 맥스웰 방정식 정리

맥스웰 방정식(미분형)

$$\nabla \times \mathrm{E} = -\frac{\partial \mathrm{B}}{\partial t}$$: 파라데이 법칙

$$\nabla \times \mathrm{H} = \mathrm{J} + \frac{\partial \mathrm{D}}{\partial t}$$: 암페어 법칙(일반형)

$$\nabla \cdot \mathrm{D} = \rho_v$$: 가우스 법칙(전기장)

$$\nabla \cdot \mathrm{B} = 0$$: 가우스 법칙(자기장)

맥스웰 방정식(적분형)

$$\oint_C \mathrm{E} \cdot d\mathrm{l} = -\iint_S \frac{\partial \mathrm{B}}{\partial t} \cdot d\mathrm{s}$$

$$\oint_C \mathrm{H} \cdot d\mathrm{l} = \iint_S \left(\mathrm{J} + \frac{\partial \mathrm{D}}{\partial t}\right) \cdot d\mathrm{s}$$

$$= I + \iint_S \frac{\partial \mathrm{D}}{\partial t} \cdot d\mathrm{s}$$

$$\oiint_S \mathrm{D} \cdot d\mathrm{s} = \iiint_V \rho_v \, dv = Q$$

$$\oiint_S \mathrm{B} \cdot d\mathrm{s} = 0$$

A.10 스미스 차트(Smith Chart)

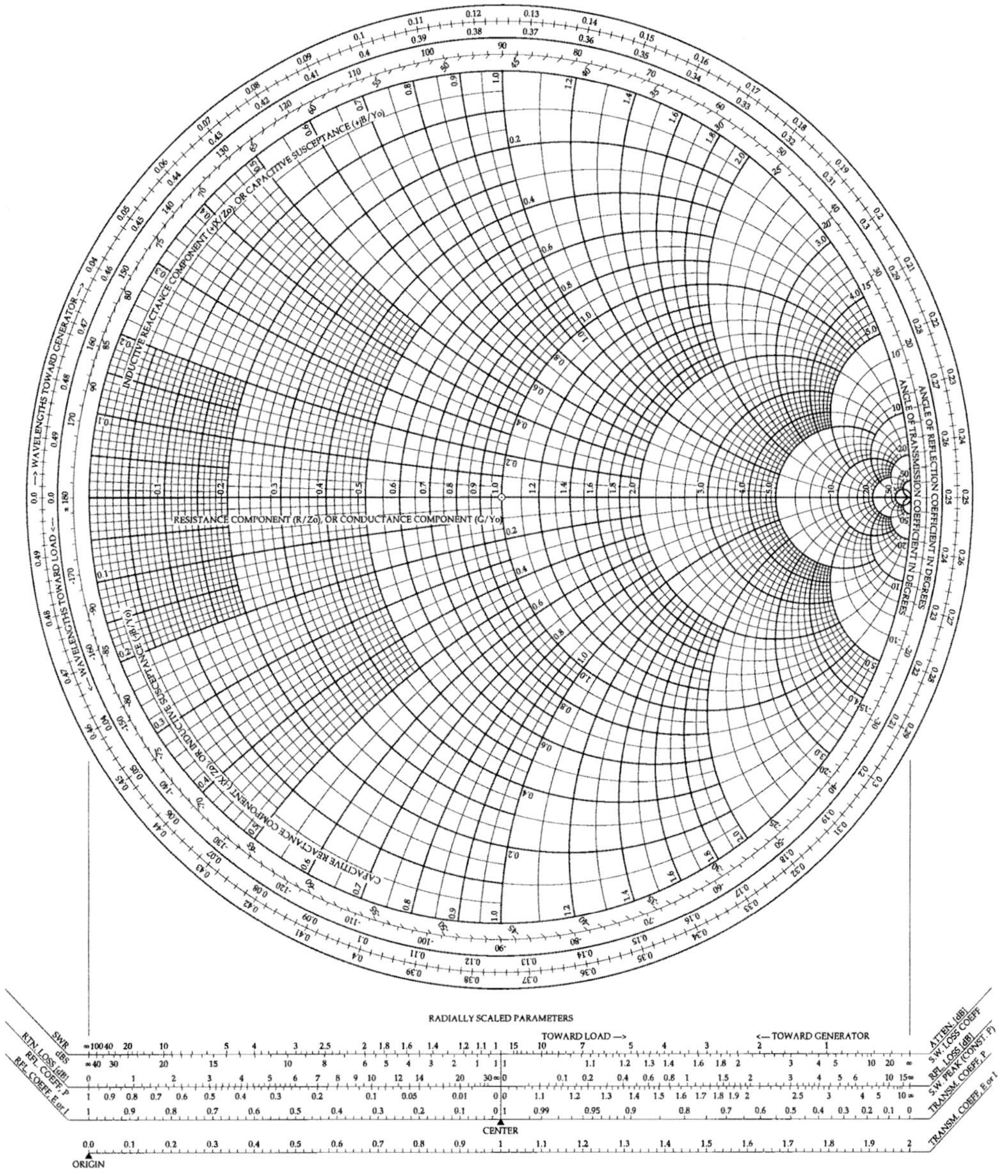

A.11 전자파의 물리적 특성

- **직진** 전자파는 진행시 최단거리를 이동하려는 특성이며, 전자파에 국한하지 않고 파동 전반에 걸쳐 공통적으로 나타나는 성질
- **회절** 전자파의 파동이 진행할 때 장애물을 만나게 되면, 장애물을 직진하지 않고 돌아 장애물의 뒤쪽까지 도달하는 현상이며, 무선통신이 원거리까지 가능하게 하는 성질(diffraction)
- **반사** 전자파가 특정 물체인 도체 등을 만나면 흡수되지 않고 완전히 튕겨져 나가는데, 이러한 현상을 반사라고 하며, 이러한 특성을 이용하여 전자파의 차폐나 특정 방향으로 전자파 송신이 가능(reflection)
- **흡수** 전자파가 진행하다 다른 물질을 만나면 굴절(refraction)되거나 반사되며, 굴절하여 진행하는 경우 발생하는 현상
- **산란** 전자파의 반사 특성과 유사하나, 반사하는 표면이 편평(flat)하지 않고 굴곡이 심한 경우에 여러 방향으로 난반사가 발생하는데, 이러한 성질을 산란이라 함(scattering)
- **간섭** 두 개 이상의 파동이 겹치는 경우에 발생하는 현상으로 전자파에서 역위상인 경우에는 두 파동이 서로 상쇄되어 파동의 크기가 작아지며 결국 간섭현상이 나타나며, 반대로 동위상일 경우에는 두 파동이 겹쳐져 파동의 크기가 더욱 커지며 보강되는 현상(interference)

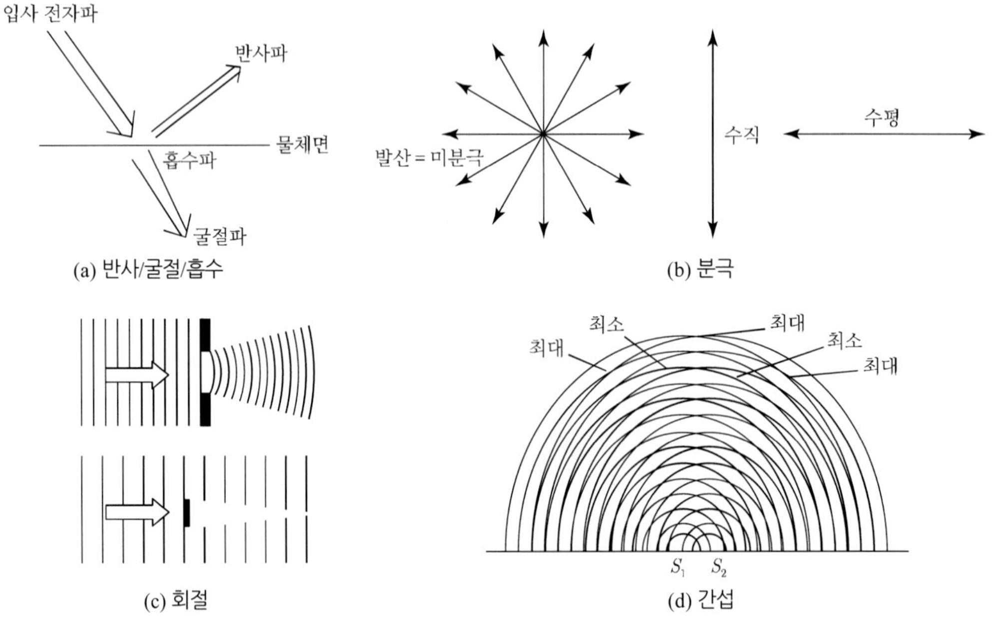

그림 전자파의 전파 특성

찾아보기

ㄱ

가우스의 법칙 83
가우스의 선속정리 99
감자력 208
강자성체 205, 261
경도 39
고유임피던스 340
구 좌표계 45
균일평면파 337
길버트 13, 15

ㄷ

단부효과 122
단위벡터 21, 23
단절연 126
대류전류 169
대전 14
대전현상 53
도체 53
동축 케이블의 인덕턴스 322
등가용량 140
등전위면 74

ㄹ

라플라션 42
라플라스 100
라플라스 방정식 101
렌츠(Lenz)의 법칙 282
로렌츠 16
로렌츠(Lorentz)의 힘 246

ㅁ

마르코니 18
마이스너 효과 189
마찰전기 53
맥스웰 13, 17
맥스웰 방정식 333
맥스웰(Maxwell)의 제2전자 방정식 286
맥스웰의 전자계 기초방정식 334
면적전하밀도 73
물질의 저항률 54
미분 연산자 39

ㅂ

반도체 53
반사계수 352
반사파 338
발산 40, 335
발산의 정리 97, 99
발전기의 기초 원리 288
배분용량 140
배향 분극 109
벡터 21
벡터 퍼텐셜 249
벡터의 미분 39
벡터적 33
변위전류 169, 171, 334
보자력 263
볼타 14
분극 107, 109
분극의 세기 110
비도-사바르(Biot-Savart)의 법칙 223
비유전율 112
비자화율 207
비전화율 111
비투자율 206

ㅅ

상호 유도계수 304
상호 인덕턴스 303, 304
선전하밀도 73
선전하분포 62
솔레노이드 234
슈타이메츠 정수 264
스미스 도표 355
스칼라 21
스칼라 퍼텐셜 250
스칼라적 32
스토크스(Stokes)의 정리 237
시간변화장 333
실험적 사상법 156

ㅇ

암페어 15, 169
암페어 주회적분 법칙의 미분형 238
암페어(Ampere)의
오른손(오른나사) 법칙 16, 221
암페어(Ampere)의 주회(적분의) 법칙 227, 228
양자 전하 55
양자 질량 55
영구자석 205
옴 172
옴의 법칙 172, 178
와류손 291
와전류 290
외르스테드 16
원통좌표계 44
유도계수 138
유전율 183
유전체 107
유전체의 경계조건 115
이온 분극 107
인덕턴스 303
임계자계 189
입체각 81

ㅈ

자계 195
자계 에너지 211
자계 에너지밀도 212
자계의 세기 197
자구 205, 261
자기 15, 195
자기 인덕턴스 303
자기모멘트 205
자기쌍극자 200
자기쌍극자 모멘트 205
자기유도 204
자기차폐 208, 209
자기포화 205, 261
자기회로(자로) 266, 268
자성체 204
자성체의 경계조건 210
자위 199
자위차 199
자화 204
자화의 세기 205
잔류자기 263
저항률 173
저항의 온도계수 174, 175
전계 59
전계세기의 발산 93
전계의 일 68
전기 13
전기 쌍극자 78
전기 쌍극자 능률 79
전기 영상법의 적용 예 152
전기력선 64
전기력선의 발산 92

전기력선의 방정식 66
전기력선의 수 83
전기영상법 149
전기저항 172
전도전류 169
전력선 64
전류 169
전류에 의한 자계에너지 238
전속밀도 113
전속밀도의 경계조건 116
전송선로 방정식 346
전위 69
전위경도 76, 77
전위계수 135
전자 분극 107
전자 전하 55
전자 질량 55
전자계 333
전자기학 13
전자력 241, 243
전자유도 281
전자유도 법칙 281, 282
전자장 333
전자파방정식 336
전장 59
전파상수 348
전파의 복사 357
전하 53
전하량 53
전화율 111
절연내력 112
절연체 53
점전하계 61
정규화 임피던스 352
정상전류 169
정재파비 354
정전 유도 55
정전계 59
정전용량 118
정전차폐 142
제에벡 효과 189
주울(Joule)의 법칙 177, 178
지연벡터퍼텐셜 357
직류 169
진행파 338

ㅊ

체적전하밀도 73
초전도 188
초전도 원소 189
침투 깊이 294

ㅋ

컨덕턴스 173
쿨롱 14
쿨롱의 법칙 14, 56, 195
키르히호프(Kirchhoff)의 제2법칙 238

ㅌ

탈레스 13, 53
테슬라 16
토로이드 236
토로이드의 자기 인덕턴스 310
톰슨 효과 190
톰슨의 정리 72
투자율 241

ㅍ

파동임피던스 340
파라데이 16
파라데이(Faraday) 법칙 282
페레그리누스 15

펠티에 효과 189
포아송 100
포아송(Poisson)의 방정식 100, 251
포인팅 복사전력 346
표피 두께 294
표피 효과 293
프랭클린 14
플레밍(Fleming)의 오른손 법칙 287
플레밍(Fleming)의 왼손 법칙 243
핀치 효과 252

ㅎ

헤르쯔다이폴 359
헤르츠 17
헬몰츠 방정식 342
홀 효과 253
환상 솔레노이드 236
회전 41, 335
히스테리시스 현상 263

A

Ampere, A 169
Ampere의 오른손 법칙 221
Arago 원판 291

C

capacitance 118
coefficient of Induction 138
coefficient of potential 135
coercive force 263
conductance 173
conduction current 169
conductor 53
convection current 169
Coulomb 법칙 195
curl 335

D

dielectric materrial 107
direct-current 169
displacement current 169, 334
divergence 40, 335

E

electric dipole moment 79
electric current 169
electric dipole 78
electric field 59
electric potential 69
electricity 13
electrification 14
electromagnetic field 333
electromagnetics 13
electron 13
electrostatic field 59
equipotential 74
equvivalent capacitance 140
electromagnetic wave equation 336

F

frenging effect 122

G

Gauss 법칙 83, 84
graded insulator 126
gradient 39

H

Hall effect 253
Helmholtz equation 342
Henry[H] 303

I

insurator 53
intrinsic impedance 340

K

Kirchhoff 제1법칙 182

L

Laplace 100
Laplacian 42
line of electric flux 64

M

magnetism 15, 195
Maxwell 333
Maxwell's fundermental equation of electromagnetic field 334
meissner effect 189

N

Neumann의 공식 306

O

Ohm 172

P

partial capacitance 140
Peltier effect 189
pinch effect 252
Poisson 100
polarization 107, 109
potential gradient 76, 77

R

reflected wave 338
relative permeability 206
residual magnetism 263
rotation 41

S

scalar 21
scalar potential 250
seebeck effect 189
semi-conductor 53
siemens 173
solid angle 81
stationary current 169
super conductivity 188

T

Thomson effect 190
traveling wave 338

U

uniform plane wave 337

V

vector 21
vector potential 249

W

wave impedance 340

전자기학의 이해

2016년 8월 31일 1판 1쇄 펴냄 | 2019년 8월 10일 1판 2쇄 펴냄
지은이 이상회 · 김형락
펴낸이 류원식 | 펴낸곳 (주)교문사(청문각)

편집부장 김경수 | 본문편집 김미진 | 표지디자인 유선영
제작 김선형 | 홍보 김은주 | 영업 함승형 · 박현수 · 이훈섭
주소 (10881) 경기도 파주시 문발로 116(문발동 536-2)
전화 1644-0965(대표) | 팩스 070-8650-0965
등록 1968. 10. 28. 제406-2006-000035호
홈페이지 www.cheongmoon.com | E-mail genie@cheongmoon.com
ISBN 978-89-6364-284-0 (93560) | 값 20,000원

* 잘못된 책은 바꿔 드립니다. * 저자와의 협의 하에 인지를 생략합니다.

청문각은 ㈜교문사의 출판 브랜드입니다.